머 리 말

발효란 미생물이 영위하는 생명현상이 여러 갈래의 복잡한 대사물질 흐름을 고도의 기술을 이용하여 유용한 물질을 생산하는 수단이다. 그러나 미생물의 존재가 인식되기 훨씬 이전부터 인류는 경험적으로 이 기술을 이용하여 포도주, 빵, 치즈, 요구르트, 장류 등 각종 발효식품을 만들어 이용해 왔다.

그후 17C 후반에 발효의 주체가 되는 미생물이 발견되었고, 19C 후반 이래 알코올발효의 효소설 정착, 미생물취급법 개발, 발효기작 연구 등에 힘입어 발효공업은 근대적인 과학으로 자리잡게 되었다. 금세기에 들어와서 발효공업은 비약적인 발전을 거듭하여 알코올, 유기산, 아미노산, 핵산관련물질, 생리활성물질, 효소, 항생물질 등의 발효생산은 물론이고, 에너지, 광업, 환경, 식량 등의 문제해결에도 기여할 수 있을 정도로 영역이 확대되고 있다.

또한 기술적인 측면에서도 미생물변이주의 육성법과 대사제어의 기술은 발효산물의 생산성 향상에 크게 기여하였으며, 더욱이 70년대에 등장한 유전자조작기술의 발전은 미생물이 가진 기능의 비약적인 개량과 새로운 기능을 가진 균주의 효과적인 육성을 가능케 하였다.

생물공학에서 가장 중요한 위치를 차지하는 발효공학은 발효생산물의 생산에 대한 법칙성을 추구하는 학문으로서 발효공업분야의 합리적인 생산설비와 생산수단, 발효기술개발을 목적으로 하고 있다.

이 책에서는 발효공학분야 전반에 걸쳐 최신 내용을 골고루 다루려고 노력하였다. 특히 균주개량, 2차대사산물, 발효공정제어, 발효생산물의 분리·정제 등에 비교적 많은 지면을 할애하였으며, 98년 이래 바뀐 주세법에 입각하여 주류편을 기술하였다.

필자들의 미흡한 지식으로 인하여 아직 완전치 못하리라 생각된다. 선후배 여러분의 지도와 편달을 바라마지 않으며 앞으로 계속 보완하여 나아갈 것을 다짐한다.

끝으로 이 책의 출판을 위해 힘써 주신 지구문화사 주병오사장님과 임직원 여러분께 깊은 감사를 드리는 바이다.

기해년 새 봄에
저자 씀

◆◇ 차　　례 ◇◆

제 1 부 발효공학의 기초

제 1 장 서　　론 ······································· 13

1-1 발효와 발효공학 ······································· 13
1-2 발효학의 발달사 ······································· 13
1-3 발효기술의 발달과정 ······································· 16
1-4 발효공학의 현재와 미래 ······································· 20

제 2 장 발효와 미생물 ······································· 23

2-1 유용미생물의 분리와 보존 ······································· 23
2-1-1 유용미생물의 분리／23　　2-1-2 미생물의 보존／24
2-2 균주의 개량 ······································· 27
2-2-1 균주개량의 기본원리／27　　2-2-2 돌연변이／31
2-2-3 세포 내 유전자조합기술／36
2-2-4 재조합 DNA 기술／40

제 2 부 발효공학

제 3 장 발효와 대사 ······································· 53

3-1 기본대사과정 ······································· 53
3-1-1 혐기적 대사와 호기적 대사／53

3-1-2 생체열역학／57
3-1-3 탄수화물의 혐기적 대사／59
3-1-4 탄수화물의 호기적 대사／63

3-2 2차대사산물의 생합성과 제어 ………………………… 71

3-2-1 1차대사와 2차대사／71
3-2-2 2차대사산물의 생합성경로／72
3-2-3 2차대사산물의 생합성 및 생산제어／74

3-3 대사제어 및 발효의 전환 ………………………… 77

3-3-1 효소합성제어／77 3-3-2 효소활성제어／80
3-3-3 대사제어발효／82

제4장 배양공학(培養工學) ………………………… 87

4-1 배양공학의 기본원리 ………………………… 87

4-1-1 발효공정의 일반체계／87 4-1-2 생산물 생성의 유형／88
4-1-3 Scale up／90

4-2 배양방법 ………………………… 92

4-2-1 고체배양과 액체배양／92
4-2-2 회분배양과 연속배양／93

4-3 배양장치 ………………………… 98

4-3-1 통기교반형 배양장치／98 4-3-2 탑형 배양장치／104
4-3-3 표면배양형 배양장치／107

4-4 산소공급 ………………………… 109

4-5 제균 및 무균조작 ………………………… 110

4-5-1 통기공기의 제균／110 4-5-2 무균조작／112

4-6 살 균 ………………………… 112

4-7 발효공정제어 ······ 114

4-7-1 발효공정의 자동제어／115
4-7-2 발효공정의 컴퓨터제어／117

4-8 발효생산물의 분리·정제 ······ 121

4-8-1 분리·정제공정의 기본적 구성／121
4-8-2 회수(고액분리)공정／122
4-8-3 세포파쇄／125 4-8-4 분리공정／126
4-8-5 정제공정／130

제 3 부 발효공학의 산업이용

제 5 장 주류 및 발효식품 ······ 135

5-1 개 설 ······ 135

5-1-1 주류의 분류／135 5-1-2 한국재래주／137

5-2 과 실 주 ······ 138

5-2-1 포 도 주／138 5-2-2 사 과 주／154

5-3 맥 주 ······ 156

5-3-1 맥주의 종류와 type／157 5-3-2 맥주의 제조공정／158
5-3-3 맥주의 원료／159 5-3-4 맥아제조／168
5-3-5 맥아즙제조／174 5-3-6 발 효／180
5-3-7 맥주의 제품화／187 5-3-8 맥주의 품질／190

5-4 탁·약주 ······ 193

5-4-1 원료 및 원료처리／194 5-4-2 발 효 제／195
5-4-3 주 모／199 5-4-4 담 금／201
5-4-5 제 성／203 5-4-6 탁·약주의 품질／204

5-5 청 주 ······ 204

5-5-1 원료 및 원료처리／205 5-5-2 제 국／208

5-5-3 주 모/211
5-5-4 담 금/214
5-5-5 제 성/217
5-5-6 청주의 성분/218

5-6 증류주 및 리큐르 ………………………………………… 220

5-6-1 소 주 류/221
5-6-2 위스키류/223
5-6-3 브랜디류/227
5-6-4 일반 증류주/229
5-6-5 리큐르(Liqueur)/232

5-7 장 류 ……………………………………………………… 234

5-7-1 간 장/234
5-7-2 된 장/238

5-8 식 초 ……………………………………………………… 240

5-8-1 식초의 종류/240
5-8-2 초 산 균/241
5-8-3 초산발효의 기작/241
5-8-4 식초의 제조/242
5-8-5 식초의 성분/246

제6장 대사생성물의 생산 ………………………… 248

6-1 유기산발효 ………………………………………………… 248

6-1-1 유기산 생성경로/248
6-1-2 해당계 및 TCA 회로와 관련되는 유기산발효/251

6-2 알코올 발효 ……………………………………………… 258

6-2-1 총 론/258
6-2-2 각종 알코올발효법/262
6-2-3 증 류/275

6-3 유기용매발효 ……………………………………………… 278

6-3-1 아세톤-부탄올 발효/278
6-3-2 글리세롤 발효/280

6-4 아미노산발효 ……………………………………………… 282

6-4-1 아미노산의 생합성경로 및 생산방법/283
6-4-2 Glutamic acid 발효/287
6-4-3 Lysine 발효/294
6-4-4 기타 아미노산 발효/300

6-5 핵산발효 ······ 304

6-5-1 Nucleotide의 화학구조와 정미성／305
6-5-2 정미성 nucleotide의 제조／306
6-5-3 기타 핵산관련물질의 생산／320

6-6 항생물질 ······ 322

6-6-1 주요 항생물질／323

6-7 생리활성물질 ······ 332

6-7-1 Vitamin／332
6-7-2 스테로이드계 호르몬／339
6-7-3 식물생장호르몬／341
6-7-4 Dextran／341
6-7-5 효소저해물질／342

6-8 생물 고분자물질 발효 ······ 344

6-8-1 미생물다당류／344
6-8-2 플라스틱성 생물고분자／348

6-9 효 소 ······ 350

6-9-1 미생물에 의한 효소의 생산／351
6-9-2 고정화효소／354
6-9-3 미생물 효소제제의 생산／359

제 7 장 그 밖의 발효공업 ······ 371

7-1 미생물균체의 생산 ······ 371

7-1-1 식용 및 사료용 미생물／371
7-1-2 빵효모의 생산／384

7-2 미생물의 특수한 이용 ······ 388

7-2-1 폐수처리／388
7-2-2 미생물 정련(Bacterial leaching)／391
7-2-3 미생물분해／392
7-2-4 미생물살충제／393

7-2-5 바이오센서(Biosenser)／393

7-2-6 미생물화학전지(Micnobial fuel cell)／394

7-2-7 미생물 정량법／394

참고 문헌／397

◇◆ 찾아보기／401

◆◇ 영문 찾아보기／408

제 1 부
발효공학의 기초

제 1 장 서　　론
제 2 장 발효와 미생물

제 1 장 서　론

1-1 발효와 발효공학

발효(fermentation)는 라틴어의 fervere에서 유래된 말로서 알코올이 생성되는 과정에서 탄산가스의 거품이 방출되어 비등하는 모양을 나타낸 것으로 "괴이다", "액체가 끓어오르다"라는 뜻을 가진다. 오늘날 발효과는 말은 막연하고 광범위하게 사용되고 있는데, 넓은 뜻의 발효란 미생물의 생리활동에 의해 일어나는 화학변화로서 유기물이 산화, 환원 또는 분해 등에 의하여 인간생활에 유익한 다른 물질로 변화되는 현상을 말하고, 좁은 의미로서는 탄수화물이 미생물에 의해 혐기적으로 분해되는 현상이라고 정의할 수 있다.

요컨대 발효란 미생물이 영위하는 생명현상, 즉 여러 갈래의 복잡한 물질대사의 흐름을 교묘하게 이용함으로써 값싼 탄소원, 질소원을 출발물질로 하여 유용한 물질을 생산하는 수단이라고 말할 수 있다.

발효공업이란 발효과정을 거쳐 이루어지는 생물화학적 또는 생물공학적 수법을 이용하여 유용한 물질을 생산하는 것을 말한다. 한편 발효공학이란 발효생산물의 생산에 대한 법칙성을 추구하는 학문으로서 발효공업분야의 합리적인 생산설비와 생산수단, 발효기술개발을 목적으로 하며, 학문적 영역으로 볼 때 발효공학은 미생물공학 내지는 생물공학의 일부이지만 그 가운데 가장 중요한 위치를 차지하고 있는 기초적인 학문분야라 할 수 있다.

1-2 발효학의 발달사

인간은 유사이전부터 미생물을 이용하여 왔다. 미생물의 존재가 밝혀지기 이전인 지금부터 6천년전에 세워진 이집트의 피라미드에서 나온 빵은 효모에 의해 발효된 것이고, 그리스 신화에 나오는 포도주, 서양의 주요식품인 치즈, 요구르트, 동양의 간장, 된장 등의 발효식품은 인류의 문명사와 그 역사를 같이한다. 중세기에 이르러서도 미생물의 실체는 밝혀지지 않고있다가, 미생물의 작용을 처음으로 확실히 인식하고 포도주나 맥주 중의 알코올이 효모에 의해 생성된다는 사실을 처음 밝힌 사람은 1860 년 프랑스의 Pasteur 였다.

발효작용은 효모의 생활기능에 의하고, 알코올발효 때 당이 소비되고 알코올과 탄산가스가 생성되며, 산소가 풍부하게 되면 알코올생성이 약화된다는 파스퇴르효과 등이 포함된 파스퇴르의 연구는 저온살균법의 발견에 까지 이르게 된다.

1897 년 독일의 Büchner 형제(H.Büchner 와 E.Büchner)는 효모의 무세포추출액(cell-free extract)에 의해서도 알코올발효가 일어난다는 사실을 확인하고 이 추출액을 zymase 라 명명하였으며, 발효현상은 생효모가 생성하는 zymase 에 의해 이루어진다는 사실을 밝혀 비로소 발효현상을 효소 수준에서 연구하게 되는 계기를 마련하였다. 독일 근대세균학의 시조로 불리우는 Köch 는 결핵균을 위시한 많은 병원균을 발견하여 전염병의 세균설 확립에 큰 공헌을 하였으며, 1881 년 gelatin 고체배지를 이용한 미생물의 순수배양법, Köch 살균법 등을 처음으로 고안하였다.

1878 년 덴마크의 Hansen 은 그가 고안한 희석법으로 맥주효모의 순수분리에 성공하였고, 그 분리효모를 실제 맥주양조에 이용함으로써 자연발효법에서 순수배양법의 시대를 열었다. 1893 년 Lindner 는 맥주효모의 순수배양을 위한 소적배양법(小滴培養法)을 고안하였다.

1912 년 독일의 Neuberg 는 처음으로 알코올발효의 화학적 기작에 대한 4 가지 형식을 발표하였다. 1928 년 스웨덴의 Euler 는 coenzyme I (NAD)을, 독일의 Warburg 는 coenzyme II (NADP)를 발견한 것을 필두로 1905 년 영국의 Harden 과 Young 은 발효중간체가 되는 hexose phosphate 를 발견하였고, 1933 년 Meyerhof 등에 의한 근육 내의 해당작용과 젖산균의 젖산발효에 관한 연구 등으로 1940 년경에는 알코올발효현상이 거의 해명되었으며, 이들 결과를 종합하여 1942~1943 년에 Embden-Meyerhof-Parnas 경로(EMP 경로)가 확립되어 알코올발효의 화학적인 측면이 밝혀지게 되었다.

1 차대전 당시(1915) 영국의 Weizman 은 *Clostridium acetobutylicum* 을

이용하여 옥수수에서 아세톤의 발효생산에 성공하여 폭약의 원료로 사용하였다. 이때부터 발효에 의해 butanol, 초산, oxalic acid, gluconic acid, fumaric acid 등이 만들어지기 시작하였다.

1929년 Fleming에 의한 최초의 항생물질 penicillium의 발견은 항생물질 산업의 길을 열어놓았으며, 이후 항생제 산업은 Waksman(1944)의 streptomycin을 발견한 것을 비롯하여 kanamycin, chloramphenicol, tetracycline 등 오늘날 상품화 된 것만도 200여종에 이를 정도로 발전하였다.

종래 글루타민산나트륨은 단백질 등의 산분해에 의해 얻었으나 1956년 일본의 Kinoskida 등은 당질을 원료로하여 다량의 글루타민산을 배양액중에 축적하는 *Corynebacterium glutamicum*의 분리에 성공하였으며, 그후 글루타민산은 발효법에 의하여 생산하게 되었다. 그리고 이들 성과를 기초로 lysine, aspartic acid, arginine, isoleucine 등의 아미노산이 세균에 의해 생산가능하게 되었다. 또한 핵산계 조미료인 이노신산 및 구아닐산이 효모에서 추출한 RNA의 효소분해에 의해 제조하는 방법이 Sakaguchi, Kuninaka에 의해 개발되었다. 현재 정미성(呈味性) nucleotide는 직접발효법으로 미생물에 의해 생산된다.

세계의 식량문제와 관련하여, 쉽고 값싸게 얻을 수 있는 탄화수소, 천연가스, 농산폐기물 등을 원료로 한 균체단백질(single cell protein, SCP)의 생산방법도 1970년대에 개발되었다. 현재 SCP는 사료로 이용되고 있으나 장래 식량문제 해결에 크게 기여할 것으로 기대된다.

이와 더불어 아미노산, 비타민, 효소, 다당류, 식물생육촉진물질, 효소저해제 등도 미생물을 이용하여 생산되기 시작하였다. 또한 미생물의 특수능력을 이용한 광물정련(bacterial leaching)방법이 고안되어 동, 우라늄, 몰리브덴, 티탄 등의 금속에 일부 이용되고 있다.

한편 1973년 미국 스탠퍼드대학의 Cohen교수와 캘리포니아 대학의 Boyer 교수는 이제까지의 균주개발방식인 변이(變異)와 검색에 의한 방식과는 전혀 다른 획기적인 방법인 유전공학(genetic engineering)을 이용하는 방법을 개발하였다. 이들은 2종의 세균으로부터 각각 다른 유전정보(항생제에 대한 저항성)를 가지는 plasmid DNA를 분리하여 2종의 plasmid를 제한효소로 끊어 서로 맞붙여서 재조합 plasmid를 만들고, 이것을 다시 세균세포 내에 도입함으로써 2종의 세균이 갖고 있던 plasmid의 유전정보를 함께 지니는 신종

plasmid를 함유하는 세균을 만드는데 성공한 것이다.

이러한 유전자 조작기술은 고등동식물의 특수한 DNA를 미생물 내에 도입, 발현시킴으로써 새로운 동식물의 특수물질을 미생물이 만들도록 하는 것으로, 1977년 Itakura 등이 성장조절호르몬인 somatostatin을 생산하는 유전자조작에 성공한 것을 위시하여 유용물질생산에 크게 기여하고 있다.

다른 세포의 유전형질을 얻는데 재조합 유전자와 함께 널리 쓰이는 방법이 세포융합(cell fusion)이다. 두가지의 다른 형질을 가지는 세포의 세포벽을 제거한 후 원형질을 융합하여 새로운 세포를 만드는 방법이다. 유전자조작과 세포융합 기술은 알코올이나 항생물질의 발효생산에서 균주의 개량 등에 필수적으로 이용되고 있으며 앞으로 더욱 많은 발전과 이용이 기대된다.

1-3 발효기술의 발달과정

18세기말 Lavoisier에 의해 알코올발효에 관한 연구가 발표되기 이전부터 인류는 경험적으로 미생물을 이용하여 주류, 식초, 된장, 간장, 치즈, 요구르트 등의 발효식품을 생산하여 왔다.

이 시대는 천연발효공업시대라 할 수 있으며 제 0세대에 해당한다. 전술한 바와 같이 19세기 중반에 파스퇴르는 2가지 기본적인 사실을 발견하게 된다. 즉 생명체는 생명체에서만 발생한다는 것과 발효현상은 미소생명체가 관여하는 화학반응이라는 것이었다. 이 2가지 기본적 사실의 발견이 오늘날 발효공업의 단서로 되었다고 볼 수 있다.

파스퇴르 이후 다수의 미생물학자, 의학자, 물리학자의 노력에 의해 미생물의 멸균기술이 발달되어 순수배양법이 확립되었다. 이때부터 사람들은 미생물을 자유롭게 취급할 수 있게 되었으며, 이 시대를 소위 발효기술의 제 1세대라고 부른다.

20세기에 들어와서 생화학의 발전과 더불어 발효기술도 크게 발전하게 된다. 특히 제 1차대전 중 영국의 Weizman에 의해 발견된 acetone-butanol 발효, 독일의 Delbrück에 의해 개발된 효모단백질의 생산, 독일의 Neuberg에 의해 개발된 glycerine 발효는 주목을 끌었다.

발효기술의 발달과정을 종합하여 보면 그림 1-1과 같다.

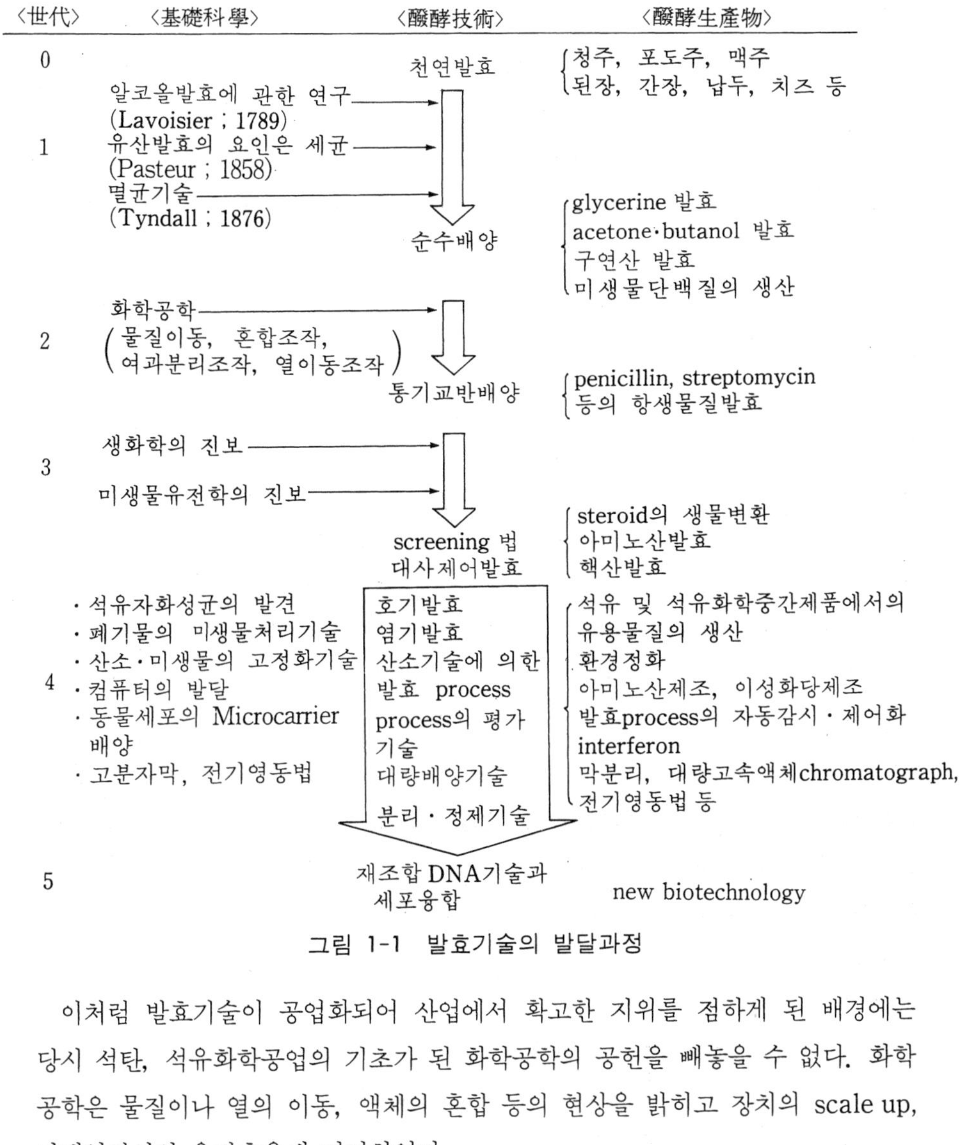

그림 1-1 발효기술의 발달과정

이처럼 발효기술이 공업화되어 산업에서 확고한 지위를 점하게 된 배경에는 당시 석탄, 석유화학공업의 기초가 된 화학공학의 공헌을 빼놓을 수 없다. 화학공학은 물질이나 열의 이동, 액체의 혼합 등의 현상을 밝히고 장치의 scale up, 다계열장치의 운전효율에 기여하였다.

발효기술은 플래밍, 왁스만에 의해 발견된 항생물질을 대량생산하는 과정에서 크게 발전하였다. 즉 순수배양법이 공업적 규모의 발효조에서 실현되었으며, 이러한 기술의 진보는 통기교반조를 이용한 통기교반배양기술을 확립시켰다. 또한 발효에 이용되는 세균, 효모, 방선균, 곰팡이 등의 공업용 미생물의 종류도 크게 증가하였다. 20 세기초에서 제 2 차세계대전 직후까지를 발효기술의 제 2 세대라고 한다.

1950년대에 생화학과 미생물유전학으로 대표되는 기초생물과학이 미국을 중심으로 급속히 발전하였다. 이 동안의 중요한 기술상의 성과를 보면, 공업유용 미생물의 screening법 확립, steroid의 생물변환기술개발, 글루타민산 및 리신의 발효생산에 적용된 대사제어발효기술의 개발이다. 이 중에서 대사제어발효는 일본의 Kinoshida, Nakayama 등에 의하여 개발된 기술로서 일본의 발효기술을 세계적 수준으로 끌어올리는 계기를 마련하였다.

발효 process의 주체는 미생물인 바, 항생물질의 대량생산을 위시하여 발효공업의 생산성을 높여 다른 화학공업과 경쟁하기 위한 수단으로 미생물을 screening하여 농축하는 기술이 응용미생물학자들에 의하여 확립되었다. 그 원리는 미생물을 X선이나 자외선을 이용해 조사하거나 변이유발제로 처리하여 돌연변이를 인위적으로 일으키는 것이다. 그 결과 *Penicillium chrysogenum*이라는 공업생산용 균주의 경우 플레밍이 발견한 원주(原株)에 비하여 배지단위용적당 1000배까지 penicilline을 생산할 수 있게 되었다.

대사제어발효는 미생물의 물질대사에 있어서 복잡하게 얽힌 각종 대사조절기구의 일부를 파괴하여 대사의 흐름을 의도적으로 변화시켜 발효생산을 행하는 기술이다. 이 기술은 앞에서 설명한 미생물변이주 조성기술과 생화학의 진보에 힘입은 바 크다고 할 수 있으며, 오늘날에도 항생물질과 같은 2차대사산물의 발효생산에 확대적용되고 있다. 이런 점을 고려할 때 대사제어발효는 발효기술 발전에 있어서 제 3의 전기를 마련한 셈이며, 그 기술이 개발된 1950년대를 발효기술의 제 3세대라고 부른다.

1960년대에 들어오면, 석유 또는 천연가스를 자화(資化)하는 미생물이 발견되어 미생물단백질을 대량 생산하는 방법과 장치가 개발된다. SCP 생산은 석유파동에 의한 원료값의 폭등, 3, 4-benzpyrene과 같은 발암물질의 혼입위험성 때문에 기업화에 어려움을 겪었으나 현재는 원료를 메탄이나 메탄올로 대체하여 대량생산되고 있다. 이 기술은 발효원료의 전환과 다종다양한 bioreactor의 개발, 호기적 발효기술의 발전에 기여한 바 크다.

이와함께 공업폐액, 농산폐기물 등을 미생물에 의해 처리하는 기술이 발전되었다. 이 기술은 환경정화에 미생물의 물질대사가 유효하다는 사실을 증명하였으며, biomass 에너지라는 새로운 에너지 공급을 가능하게 하였다. 또한 특정의 세균을 이용하여 저품도(低品度)의 광석에서 금속을 대규모로 추출하는 금속

정련법도 1960 년대에 발전된 주요한 기술의 하나이다.

효소의 고정화법이 개발된 것도 1960 년대이다. 1897 년 독일의 Büchner 에 의해 효소가 발견되어 생화학(生化學)이라는 새로운 분야가 생겨났으나 세포 내의 효소를 단리(單離)하여 통상의 무기촉매처럼 반응공정에 사용한 것은 그 뒤의 일이었다. 일본의 Chibata, 이스라엘의 Katchalski 는 거의 같은 시기에 효소의 고정화에 착수하여 1969 년 고정화 aminoacylase 를 이용하여 DL－아미노산의 광학분할을 연속반응으로 공업화하는데 성공하였으며, 일본의 Takahara 등은 isomerase 를 고정화하여 이성화당을 공업생산하는데 성공하였다.

생체촉매로서의 효소의 특징인 효소의 특이성과 상온, 상압 등을 효과적으로 이용하여 공업생산에 이용하기 위한 고정화기술, reactor(좁은 뜻의 bioreactor)의 설계와 그 조작기술은 이 시기에 확립된 것이다.

1960 년대에는 또한 컴퓨터의 hardware, software 가 크게 발전하였다. 컴퓨터가 아미노산제조 process 의 감시, 제어 등에 사용된 것을 계기로 컴퓨터의 발효 process 에의 응용기술이 1970 년대에 크게 발전하게 된다. 부착의존성의 동물세포를 교반에 의해 부유하는 작은 구체(球體, microcarrier) 위에서 배양하는 기술도 van Werzel(1967)에 의해 개발되었다. 이 microcarrier 배양기술은 세포배양에 있어서 새로운 가능성을 제시하였으며, 최초로 부착의존성의성(性)세포를 공업적인 규모로 배양할 수 있는 길을 열었다. 이 기술은 후에 백신이나 효소, 호르몬, 항체, interferon, 핵산 등을 생산하는데 크게 기여하였다.

이와 병행하여 1960 년대에는 다종다양한 고분자막이 개발되고 전기영동법이나 고속액체 chromatography 등 미량분석기술이 발달하여 발효기술의 발전에 큰 도움을 주었다. 이 기술은 분리, 정제기술로 체계화되어 새로운 미생물학 시대에 있어서도 아주 중요한 역할을 담당하게 되었다.

이상에서 기술한 바와 같이 1960 년대는 발효기술의 제 4 세대라 볼 수 있다. 이 시대에는 생물학을 근간으로 한 여러가지 기초과학이 급속히 발전하여 산업상의 각종 기술과 상호영향을 미치면서 발전한다. 또한 석유파동이나 환경문제 등의 사회, 경제상의 어려움이 현시점에서 보면 적당한 자극제가 되어 각종 발효기술을 활성화 시켰다고 볼 수도 있다.

지금까지 발효기술의 발달을 중요한 기술 중심으로 해설하였으나 이 기술은 자연에 존재하는 미생물이나 동식물세포를 어떻게 활용하는가에 머물러 있었다. 다시 말해서 대사와 자기복제라는 세포의 2가지 기능을 담당하는 유전정보까지는 사람의 손이 미치지 못했다.

이에 비하여 재조합 DNA 기술은 어떤 생물의 특정 유용유전자를 인공적으로 다른 특정 미생물의 유전자 중에 이식시켜 새로운 유용미생물을 인공적으로 조성하거나 유용물질을 증식이 빠른 미생물세포 내에 증식시켜 대량생산하는 기술이다. 한편 세포융합기술은 종래의 screening 법과는 달리 의도적으로 2종의 생물을 교잡육종(交雜育種)하는 방법으로서, 미생물에 의한 물질생산량을 늘이거나 전혀 다른 물질을 생산하게 하거나 새로운 기능을 발휘하게 할 수 있는 유용한 기술이다.

재조합 DNA 기술과 세포융합기술을 근간으로하는 new biotechnology 시대를 제 5 세대라고 볼 수 있다.

앞으로 발효기술은 발효산업에 이미 축적되어 있는 고도의 공정기술에 new biotechnology 기술이 접목되어 미지의 유용물질 개발생산이 가속화될 전망이며, 화학공학이나 계측공학(計測工學) 등과 유기적으로 상부상조하여 종합적 생물화학공업(生物化學工業)으로 발전되어 나가야 할 것이다.

1-4 발효공학의 현재와 미래

사람들은 미생물을 인식하기 이전부터 자연에 존재하는 미생물의 도움으로 주류, 장류, 식초, 요구르트 등의 발효식품을 만들어 이용하여 왔지만 이에 작용하는 미생물의 존재가 처음으로 확인된 것은 1674년 9월 7일 네덜란드의 A. van Leeuwenhoek에 의해서였다. 그 후 미생물의 분리·배양법, 살균법 등이 개발되어 미생물의 인공배양이 가능해짐에 따라 순수배양 미생물을 알코올발효 등에 이용해 왔으며, 이어 유용한 미생물의 선별과 미생물의 능력을 개량하는 방법이 고안됨에 따라 항생물질, 아미노산, 핵산 등의 발효생산이 가능하게 되었다.

더욱이 1973년 유전공학시대의 도래와 함께 근년에는 생명현상, 특히 생물이 영위하는 생화학반응을 인류의 행복을 위해 이용하는 것을 목표로 하는 과학기술인 biotechnology와 그것을 기초로 하는 산업인 bioindustry가 선진공업국에서는 산업구조의 신국면전개측면에서, 개발도상국에서는 국가산업의 발전촉진 측면에서 깊은 관심을 가지고 진흥에 온 힘을 기울이고 있다.

미생물만이 가진 다양성과 특수성에 대한 지식을 넓혀나가는 것도 발효공업의 기반을 다지고 응용범위를 보다 확대하는데 중요한 역할을 하고 있다. 미생물은 자연변이나 인공돌연변이에 의하여 변이주(變異株)를 용이하게 얻을 수 있어서 발효공업에서 미생물의 응용을 크게 확대시키는 요인이 되었다. 유전공학기술로 지칭되는 DNA 조작이나 세포융합기술은 미생물이 가진 기능을 비약적으로 개량하고 미생물에 존재하지 않는 성질까지도 인위적으로 부여할 수 있는 길을 열어 놓은 셈이다.

전통적으로 발효공업에 있어서 중요한 생산물이었던 아미노산, 핵산관련물질, 비타민, 항생물질, 효소 등의 생산수율은 분자육종법(分子育種法)에 의해 개량된 인공변이주의 사용으로 크게 개선되고 있다. 또한 항생물질의 생합성, 효소의 구조와 기능 해명 등에 힘입어 유전자의 인위적인 조작이 가능해짐에 따라 지금까지 생산할 수 없었던 우수한 항생물질이나 유기용매, 고온, 산성 및 알칼리성에서도 안정된 효소를 미생물을 이용하여 생산할 수 있게 되었다.

식품공업분야에서는 식품의 풍미·물성의 개량, 안전한 식품첨가물의 개발, 미생물단백질의 식·사료에의 응용 등이 앞으로 발효공학이 해결해야 할 중심과제라 볼 수 있다. biomass에 의한 연료알코올, 메탄, 수소 등의 생산, 광에너지를 이용한 수소생산, 광합성미생물에 의한 유용물질의 생산, 수소세균을 이용한 수소, 탄산가스에서의 유용물질 생산 등이 핵심과제로 되어있는 에너지 분야, 미생물에 의한 정련이 관련되어 있는 광업분야, 산업·생활폐수의 처리와 관련된 환경문제 등에서도 우수한 미생물 또는 그 세포의 일부(세포소기관이나 효소)를 응용함으로써 괄목할만한 발전을 기대할 수 있을 것으로 생각된다.

최근 미생물이용에 있어서 가장 획기적이고 진보적인 방식은 이용목적에 부합되는 우량균주를 자연계에서 분리·선별하여 돌연변이, DNA 조작이나 세포융합 등에 의하여 개량한 다음 배양하고 균체나 효소를 고정화시켜 bioreactor나 biosensor용 고정화생체촉매를 만들어 여러가지 목적에 이용하는 기술이라 볼 수 있다.

효소, 핵산 등의 생체고분자물질이나 생산물의 대량 분리·정제기술, 배양장치의 제어, biosensor의 개량 등에 있어서도 상당한 발전을 이룩하고 있지만 개량발전시켜 나가야 할 여지도 많다.

오늘날 과학·기술의 가속도적인 진보·변천과 정치, 사회 및 경제의 급격한 변화는 먼 장래의 예측을 거의 불가능하게 만들고 있다. 그 중에서도 발전의 속도가 빨라 유동적인 요소를 많이 지니고 있는 biotechnology와 그 중심이 되는 발효공학의 발전을 예측한다는 것은 극히 어려운 일이다. 그러나 과학·기술의 최대목표가 자연의 비밀을 탐구하여 인류의 행복에 이바지하는 데 있으므로, 앞으로도 미생물응용기술의 중요성은 더욱 커질 것이며, 앞서 기술한 것처럼 생명현상의 해명이 진전됨에 따라 발효공학의 발달은 더욱 가속화될 것으로 전망된다.

제 2 장 발효와 미생물

2-1 유용미생물의 분리와 보존

2-1-1 유용미생물의 분리

일반적으로 미생물의 분리목적은 ① 어느 특정 분류군(속, 과, 목 등)에 속하는 미생물의 분리 ② 어느 특정기질에 출현하는 미생물의 분리 ③ 어느 특정지역에 서식하는 미생물의 분리 ④ 어느 특정 생리적 기능을 가진 미생물의 분리 등 4가지로 볼 수 있다. 발효공업에서 이용되는 유용미생물을 분리하는 경우에도 위의 4가지 목적이 모두 포함될 수 있으며, 그 분리방법은 ① 분리시료의 채취 ② 배양 ③ 순수분리 ④ 검색(선별)의 순서로 실시된다.

미생물의 분리에 있어서 가장 먼저 해야하는 것은 미생물이 정착(colonization)하고 있다고 생각되는 기질, 즉 분리원을 채취하는 일이다. 출현이 예상되는 미생물은 기질의 종류, 부위, 기질의 상태, 산지, 계절 등에 따라 달라질 수 있다. 어떤 목적으로 어떤 미생물을 분리할 것인가를 미리 정한 다음 분리의 대상이 되는 분리원(分離源)과 출현이 예상되는 미생물에 대하여 기질채취이전에 충분한 문헌조사를 실시하고 분리원의 종류, 채취장소, 채취시기, 분리방법, 분리·배양용 배지, 배양조건 등을 선정한다. 또한 미생물은 온도, 식염농도, 산소, pH, 영양원 등의 인자에 따라 생육도가 달라지므로 분리의 목적에 맞도록 배지조성이나 배양온도 등의 분리조건을 선택해야 한다.

분리원으로서는 토양, 강물, 바닷물, 퇴비, 동물의 똥 등이 자주 이용된다. 또 특이한 생리적 특성을 가진 균은 그 균과 유사한 자연환경에서 분리하는 것이 바람직하다. 예를들면 온천에서 고온균을, 암염(岩塩)에서 고도호염균을, 포도과피에서 포도주효모를 분리하면 효율적이다. 그러나 자연계에 있어서 미생물의 분포가 극히 다양하므로 상온에서 생육되지 않는 고온균이나 석유자화균 등이 일반토양에서도 분리될 수 있다.

자연계에서 미생물은 많은 종류가 섞여서 집단으로 생활하기 때문에 미생물의 종류와 그 수에 있어서 큰 차이를 나타낸다. 순수분리는 혼재(混在)하는 미생물을 단리하는 조작으로써 한천 등을 첨가한 고체배지를 사용한다. 순수분리조작에서 colony로 나타나는 미생물은 분리원에 서식하고 있던 미생물의 일부이므로 목적미생물을 직접 분리하기가 어려운 경우도 적지 않으며, 특히 그 균주가 분리원에 적게 존재할 경우에는 분리가 거의 불가능하다. 이 때에는 목적 미생물의 농축조작인 집적배양(enrichment culture)을 실시하게 된다.

집적배양은 영양원, 산소농도 등의 조절에 의하여 특정 미생물만이 증식가능한 환경조건을 인공적으로 조성하여, 그와같은 배양조건에서 분리원을 처리하고 미생물을 증식시킨 다음 그 배양액을 분리원으로 하여 목적 미생물을 분리하는 방법이다. 집적배양에는 목적 미생물 이외의 생육을 저해하는 약제인 항생물질, 색소류, 계면활성제, 세정제, 유기산, 페놀 등이 첨가된 배지도 이용된다.

특정의 생리적 특성을 가진 균, 예를들면 고온균, 혐기성균 등은 그 균에 적합한 조건인 고온, 혐기성 등의 조건에서 분리가 가능하다. 토양 또는 물속에 적당한 기질을 가하여 거기서 미생물을 분리할 수도 있는데(baiting method), 모발을 기질로 이용하여 gelatin 분해균을 분리하는 것이 하나의 예이다. 분리원을 열, 산, 알코올 등으로 전처리하여 특정미생물의 사멸을 유도하거나 생육을 자극하여 분리를 쉽게 하는 방법도 있다.

단리(單離)된 미생물을 대상으로 목적에 부합되는 성질여부나 생산물의 유무를 조사하는 검색(screening)은 유용미생물의 발견과 수집측면에서 대단히 중요한 조작이다. 검색에는 ① 다수의 시료를 동시에 취급할 수 있고 ② 조작이 단순하고 ③ 소요시간이 단축되며 ④ 결과가 명확해야 되는 등의 조건이 요구된다.

2-1-2 미생물의 보존

(1) 미생물의 보존법

미생물의 연구나 미생물을 이용한 물질생산에 있어서 가장 중요한 재료는 미생물, 즉 미생물균주(microbial strain)이다. 미생물은 부적당한 환경이 되거나 장기보존하면 그 형태, 생리적 성질이 변하거나 사멸될 우려가 있다. 특히 발효공업에 이용되는 미생물은 필요로 하는 형질이 어느 특정균주에만 존재하는 경우가 많고, 더욱이 그와같은 형질의 퇴화나 소멸은 균의 사멸 등에 의하여 훨씬 높은 빈도로 일어난다는 것이 밝혀져 있으므로 발효공업에 있어서 우량균주의 보존은 일반적인 연구분야 이상으로 중요하다 하겠다.

보존이란 균주를 어떤 연구목적에 이용하기 위하여 생활활성을 유지하면서 필요한 기간, 대부분은 반영구적으로 보존하는 것을 말하며, 실제로 균주보존은 그것을 전문으로 하는 기관만이 아니고 균주를 사용하여 연구, 생산하는 모든 사람들에게 부과된 대단히 중요한 과제이다.

미생물의 보존시 유의할 점은

① 보존중에 사멸이나 변이를 방지할 것

② 보존기간을 길게 유지할 것

③ 오염이 일어나지 않게 할 것

④ 조작이나 필요한 장치 등이 가능한 한 간단할 것 등이다.

미생물은 그 종류에 따라 가장 효과적인 보존방법과 보존가능기간이 다르기 때문에 각각에 대하여 실험하거나 정기적으로(6 개월~1 년) 생존율 등을 조사하는 등의 주의가 요망된다.

널리 이용되는 미생물보존법을 표 2-1 에 나타내었다.

(2) 균주의 보존기관

균주를 항구적으로 보존하면서 분양을 목적으로 하는 기관을 미생물균주보존기관(culture collection)이라고 한다. 사용자는 필요한 경우 균주보존기관에 의뢰하여 유상 또는 무상으로 균주를 분양받을 수 있다. 응용미생물과 관계 깊은 균주보존기관으로서는 네덜란드의 CBS, 영국의 CMI, NCTC 및 NCIB, 서독의 DSM, 미국의 ATCC 및 NRRL, 일본의 IFO, IAM 및 JCM, 한국의 한국종균협회(KFCC)부설 한국미생물보존센터(KCCM), 한국과학기술연구원 부설 유전공학센터(KCTC), 한국식품개발연구원 등이 있다.

미생물에 관련된 특허출원에 대해서는 미생물의 기탁(deposit of microorganisms)제도가 채용되고 있다. 특허출원인이 출원에 관련된 미생물을 승인된 국제특허미생물 기탁기관(한국의 경우는 KCCM, KCTC 및 서울대 의대 암연구소 부설 한국세포주연구재단임)에 기탁하면 그 기탁번호를 특허의 명세서에 기재하게 되며, 일정의 조건하에서 제 3 자가 그 기관에서 해당균주를 입수할 수 있다.

표 2-1 미생물군에 적용되는 보존방법

보존방법		적용미생물군						
		곰팡이		효모	세균	방선균	bacteriophage	virus
명칭	설명	포자	균사					
계대배양법	영양배지 위에 생육시켜 3～6개월마다 이식한다.							
사면배양법		+	+	+	+	+	+	
천자배양법				+	+	+		
유동 paraffin중층법	한천위의 균체를 paraffin으로 봉인한다.	+	+	+	+	+		
현 탁 법	균체를 물 등에 현탁하여 보존한다.	+	+	+	+	+		(+)
건 조 법								
Silica gel법	균체를 건조제와 같은 용기에 넣어 밀봉한다.	+	+	+	+	(+)		
자기bead법	균체를 자기bead에 부착시켜 건조제와 같은 용기에 넣어 밀봉한다.	+		+	+	+		
토양보존법	균체를 토양에 흡착시킨다.	+		(+)	(+)	+		
Paper disk법	균현탁액을 paper disk에 흡수시켜 건조한다.	+		+	+	+		
Stamp법	균체를 gelatin에 현탁시켜 wax paper 위에서 건조한다.	(+)		(+)	+	(+)		
Disk-in-bag법	균체를 혈청육즙에 현탁시켜 sheet 위에서 건조한다.	+		+	+	(+)		
L건조법	수분을 감압하에서 증발시킨다.	+		+	+	(+)		
동 결 법	한천배양을 그대로, 또는 균체현탁액이나 배양액을 보호액과 함께 동결한다.							
−20℃		+		+	+	+		
−80℃		+	+	+	+	+	+	
액체질소		+	+	+	+	+	+	+
동결건조법	균현탁액을 예비동결하여 감압하에서 수분을 기화시켜 건조한다.	+		+	+	+	+	+

＋：적용가능, (＋)：중간, 공란：적용불가능

2-2 균주의 개량

발효공업에서는 여러 종류의 미생물이 이용된다. 유전적 조작에 의한 균주개량을 위해서는 우선 이들 미생물의 광범위한 유전체계를 이해하고 거기에 부합되는 방법을 채택해야 한다. 지금까지 균주개량은 *Saccharomyces cerevisiae, Corynebacterium glutamicum* 과 같은 일부 균에만 국한되고 있어서 유전적인 조작에 의하여 개량한 미생물을 실제 발효공업에 이용하는 예는 많지 않으며 초보단계에 있다고 보여진다. 여기서는 미생물균주개량의 기본원리와 그 방법을 설명하고자 한다.

2-2-1 균주개량의 기본원리

(1) 미생물의 유전적 특성

현재 미생물유전학의 연구성과는 생물학의 기본적 문제에 대하여 많은 지식을 제공해 줄 뿐만 아니라, 이핵공존체(異核共存體, heterokaryon), 형질전환, 형질도입, 세포융합, 유전자조작 등 미생물에서 발견 또는 개발된 기술이 고등생물의 연구와 육종에 이용되기에 이르렀다. 대부분의 미생물은 각 개체가 단상핵(單相核)을 가진 단세포이지만 곰팡이는 각 세포가 다핵으로 구성된 다세포이다. 버섯의 세포는 단핵이지만 격벽공(隔壁孔)을 통한 연락이 가능하므로 다핵체(多核體)로 보여진다.

효모는 단세포의 단핵체이고 안정세대가 2배체인 종류도 많다. 단세포미생물에서는 무성·유성의 포자형성이나 성의 결정 등이 있지만 고등생물처럼 분화(分化)가 일어나지는 않는다. 그러나 곰팡이에서는 단세포의 포자가 발아하여 균사를 형성하고 다시 기균사(氣菌絲)를 만들어 무성포자를 착생한다. 또한 버섯에서는 1차균사의 번식에 이어 성적(性的)으로 다른 균사간의 융합에 의한 2핵균사체세대(2차균사)가 있고 자실체로서 버섯의 갓을 형성하는 등의 분화가 일어난다.

농업, 목축에 있어서의 생산은 고등생물의 기관분화에 크게 의존하지만 미생물에 의한 생산은 세포에 의한 기본적 대사에 의존한다. 따라서 미생물의 육종(育種)은 고등생물의 그것과 전혀 다른 방법으로 이루어지지 않으면 안된다.

미생물에 있어서도 변화하는 환경에 대한 적응, 기질적응, 광선이나 영양물질에 대한 주성(走性) 혹은 pheromone 감수성 등이 인정되지만 이들은 대개 직접적인 유전자발현 제어계에 의해 대응된다. 자극에 대한 미생물의 감각기구는 잘 알려져 있지 않으며, 물질대사에 있어서 allosteric 효소의 feedback 저해에 의한 활성조절과 유전자발현 조절기구가 알려져 있는 정도이다.

(2) 미생물의 유전적 변화

미생물의 유전적 변화는 다음과 같다.

- 유전적 변화
  - 세포질성 : plasmid
  - 염색체성
    - 염색체성 이상
      - 염색체수 변화 : 배수성, 반수성, 이수성(異數性)
      - 형태변화 : 절단, 결실, 역위, 중복, 전좌
    - 유전정보 변화
      - 재조합 : 형질전환, 형질도입, 접합, transfection
      - 돌연변이 : 염기치환, 염기삽입, 염기삭제, 주사슬절단

미생물의 세포질이 변화하는 원인은 plasmid 이고 최근 항생물질과 같은 2 차 대사산물의 생성은 plasmid 에 의해 지배되는 경우가 많다는 보고가 있다. 따라서 항생물질생산에 관여하는 plasmid 의 결실방지, 증강, 개량 등에 관한 실험자료가 축적되면 항생물질의 역가를 향상시키는데 유용한 정보가 될 수 있을 것이다. 그러나 아직까지는 염색체를 변화시키는 방법이 많이 사용된다.

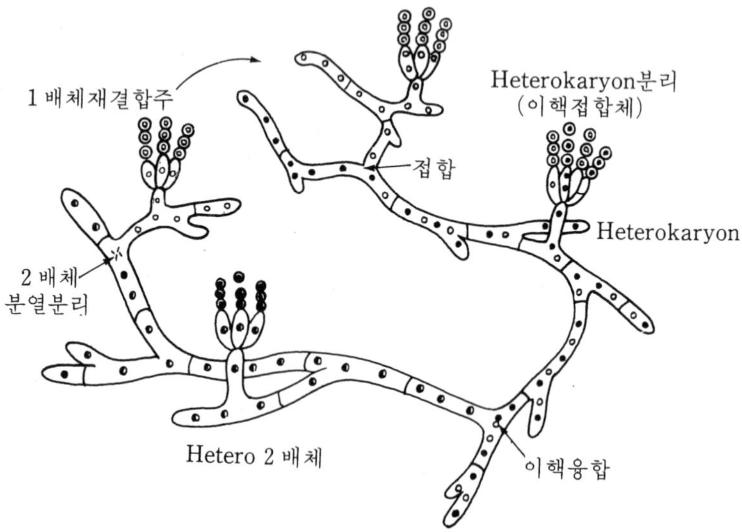

그림 2-1 곰팡이의 parasexual cycle

염색체의 이상적 변화, 특히 배수체의 조성 등에 의한 준유성적(parasexual) 방법은 penicillin 생산균에 많이 이용되어 왔다(그림 2-1 참조).

Parasexual cycle 을 이용한 parasexual breeding 방법은 일반적으로 역가면에서는 현저한 성과가 없으나 강력한 균을 얻을 수 있다고 한다.

그 외에 phage transduction 과 DNA recombination 방법이 있으며 이 방법은 앞으로 발전가능성이 높다. 돌연변이에 의한 방법은 지금까지 미생물개량에 가장 많이 이용되어 온 전통적인 방법으로서 큰 성과를 얻은 경우가 많다. 이러한 전통적인 방법 이외에도 오늘날은 인공적으로 유전자를 조작할 수 있는 기술(유전자조작, 세포융합 등)이 개발되어 미생물육종의 전망을 밝게 해주고 있다.

(3) 유전자의 구조

1) 유전자의 본체 : 핵산의 일종인 DNA 가 Miescher(1871)에 의해 백혈구의 핵에서 발견된 이래 1924 년 Feulgen 반응이라고 부르는 DNA 검출을 위한 세포화학적 방법이 고안되고 핵과 염색체의 주성분이 DNA 라는 것이 증명되었다. 또한 유전자가 염색체상에 일정순서로 배열되어 있으며(Morgan 등), 염색체가 DNA 로 구성되어 있다는 사실에서 유전자는 DNA 라고 추론되었다. 그 외에도 핵의 DNA 함량이 생물종에 따라 일정하고, 대사에 의해 변동되지 않으며, 세포분열시에 2 배로 불어났다가 낭세포로 분배된다는 점, 또한 자외선조사가 돌연변이의 유발에 유효하고 돌연변이를 가장 잘 유발시키는 파장은 DNA 가 흡수하는 파장과 일치한다는 점 등도 유전자가 DNA 라는 것을 시사하고 있다.

이와같은 논의는 어느 것이나 유전자가 DNA 라는 간접적인 증거일 뿐 직접적인 증거는 될 수 없었다. 유전자의 본체가 DNA 라는 직접적인 증거는 폐렴쌍구균을 이용한 Avery 등(1944)의 형질전환실험과 Hershey 와 Chase(1952)의 bacteriophage 생활사연구에 의해 얻어지게 되었다.

2) 유전자의 종류 : 유전자는 세포의 어느 부위에 있는가, 어떤 형질을 지배하는가, 어떤 작용을 하는가 등에 의해 분류되어 일반적인 명칭이 붙여진다. 세포 내 분포에 의한 명칭을 붙이면, 핵유전자(nuclear gene), 염색체유전자(chromosomal gene), 세포질유전자(cytogene), 미토콘드리아유전자(mitochondrial gene), 색소체유전자(plastogene) 등이 있다.

1 유전자 1 효소설에 따라 단백질의 1 차구조를 결정하는 구조유전자(structural gene)가 있고, 구조유전자의 작동을 유도하거나 억제하는 것은 조절유전자(reguratory gene)이다. 자연계에서 보편적으로 볼 수 있는 미생물의 유전자는 정상형인 야생형유전자(wild type gene)이고 그것이 변이되면 돌연변이유전자(mutant gene)가 된다.

돌연변이는 보통 드물게 일어나지만 때로는 돌연변이가 일어나기 쉬운 유전자가 발견되기도 하는데 이 유전자를 불안정유전자(unstable gene) 혹은 이변유전자(易變遺傳子, mutable gene)라고 한다. 한편 다른 유전자의 돌연변이율을 증가시키는 작용을 하는 돌연변이유발유전자(mutator gene)가 있는가 하면, 다른 유전자에 일어난 돌연변이 형질을 정상 형질로 바꾸는 작용을 하는 억압유전자(suppressor gene)도 있다. 교잡, 조합, 형질전환, 형질도입 등에 의한 유전자 분석시 marker로 사용되는 유전자를 marker gene이라하고, 조합형을 얻는데 선택의 목적으로 사용되는 표현형은 선택(selected) marker이며, 선택되지 않는 것은 비선택(unselected) marker이다.

3) 유전자 핵산의 구조 : 유전자의 본체인 핵산은 purine 또는 pyrimidine 염기, 당, 인산으로 구성된 nucleotide를 기본단위로 하고 이것이 연결되어 이루어진 고분자 polymer이다. DNA를 만드는 nucleotide는 deoxyribonucleotide이고, purine 염기는 adenine (A)과 guanine (G), pyrimidine 염기는 cytosine (C)과 thymine (T)이 있으며, 당은 D-2-deoxyribose이다. RNA를 구성하는 것은 ribonucleotide이고, 염기는 A, G, C 외에 uracil (U)을 가지며, 당은 D-ribose이다. 어떤 종의 미생물은 C 대신에 5-methyl cytosine이나 5-hydroxymethyl cytosine을 함유하기도 한다.

DNA의 고차구조는 2 가닥의 deoxyribonucleotide 사슬이 우권(右卷)의 이중나선(double helix)을 형성하고 있음이 Watson과 Crick(1953)에 의해 제안되었다(그림 2-2).

Watson-Crick의 2 중나선구조에서 가장 특징적인 개념은 상보적인 염기짝(base pairing)이다. DNA 이중나선은 2 가닥의 역평행 deoxyribonucleotide 사슬의 각 염기가 나선 안쪽에서 나선의 중심축과 수직방향으로 짝을 이룬 나선계단모양의 구조를 하고 있다. 이 구조모델은 구조자체에 유전정보를 정확히 복제하여 보존하기 위한 중요한 특징을 가지고 있다.

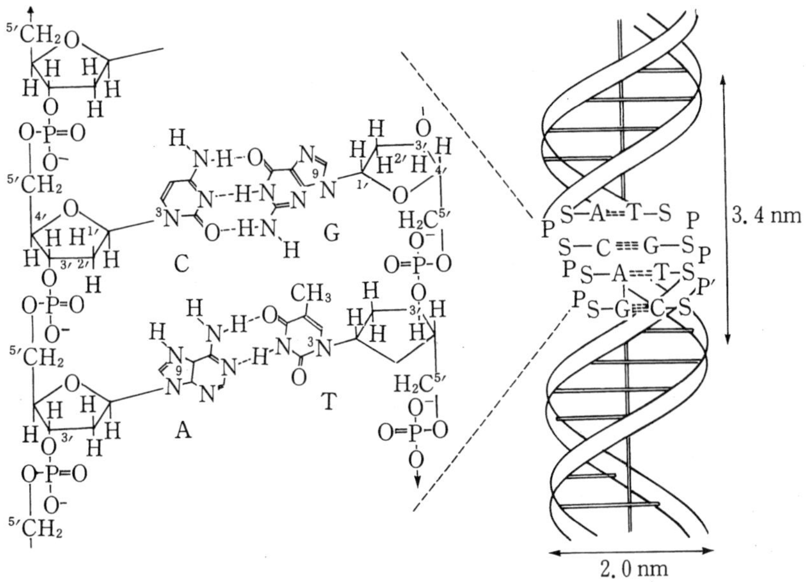

그림 2-2 Watson-Crick의 DNA 2중나선구조

염기짝은 수소결합(hydrogen bond)으로 이루어져 있으며 A와 T 사이에는 2개, G와 C 사이에는 3개로 되어 있다. 이러한 상보적인 염기짝 형성에 의하여 2가닥 사슬상의 염기배열(유전정보)은 상호보완적이다. 각각의 nucleotide 사슬을 주형(template)으로 하여 A에는 T, G에는 C, C에는 G, T에는 A가 각각 대응하여 새로운 사슬이 만들어진다. 이와같이 원래와 똑같은 DNA가 반복합성된다. 따라서 DNA의 자기복제(replication)가 가능하게 된다. 유전자의 구조는 DNA의 염기배열을 분석하면 밝혀질 수 있으나 DNA 분자의 어느 부분이 문제의 유전자에 해당하는가는 유전학적 또는 생화학적 방법으로 결정된다. 유전자 DNA의 유전정보는 mRNA에 전사되고 mRNA의 염기배열이 읽혀져서 단백질의 아미노산 배열로 번역된다. 따라서 특정의 유전자에서 전사되는 RNA(mRNA, tRNA 등)를 분리하여 염기서열을 결정하면 그 RNA를 만드는 유전자의 염기배열을 결정할 수 있다. 또한 유전자를 만드는 단백질의 아미노산배열을 알면 유전암호표에서 그 단백질을 만드는 mRNA나 유전자 DNA의 구조를 추정할 수 있다.

2-2-2 돌연변이

(1) 돌연변이에 의한 표현형의 변화

효소 등 단백질의 아미노산배열은 구조유전자의 염기배열에 의해 규정되어 있다. 따라서 돌연변이에 의해 염기배열이 변화하면 아미노산배열도 변하므로

단백질의 기능에도 변화가 일어난다. 즉,

① 단백질(효소)의 촉매기능이 변하고 활성을 잃거나 기질친화성이 변한다.

② feedback 제어물질 등의 effector에 대한 친화성이 변한다.

③ 단백질 고차구조의 변화와 불안정화 등을 생각할 수 있다.

①의 변화가 세포의 1차대사산물(아미노산, 핵산, 비타민 등)의 합성을 촉매하는 효소에 일어날 경우에는 그 대사산물은 합성되지 않으므로 그 물질을 외부에서 공급하지 않으면 세포는 증식할 수 없다.

DNA 염기배열의 변화는 구조유전자뿐 아니라 제어부위(조절유전자) 혹은 tRNA나 rRNA 유전자에도 일어날 수 있다. 그렇게 되면 1차적으로는 단백질의 성질이나 생성량에, 2차적 또는 3차적으로는 세포의 증식, 대사, 기능, 색소생산, 형태 등의 형질(표현형)에 영향을 준다(그림 2-3).

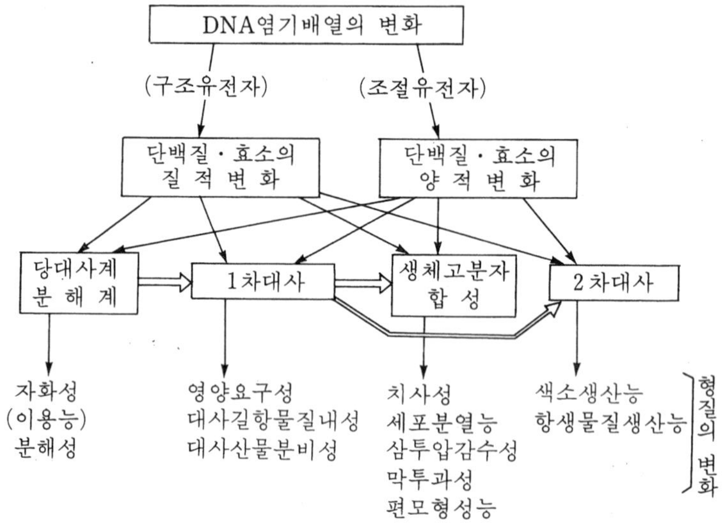

그림 2-3 DNA 염기배열 변화와 형질변화와의 관계

(2) 돌연변이에 의한 DNA 변화

변이에 의한 DNA 염기배열의 변화는 다음 3가지형으로 나누어진다.

제 1의 염기치환형(base substitution)은 어떤 염기가 다른 염기에 의해 치환되는 것으로서 purine간 또는 pyrimidine간의 상호 변환인 transition과 purine과 pyrimidine간의 변환인 transversion으로 구분된다. 이같은 염기의 변화가 단백질의 아미노산배열의 변화와 기능의 변화를 초래하면 변이주로서 분리될 수 있다.

제 2 는 염기삽입형(base insertion)이다. 염기배열 중에 염기가 새로 삽입되면 단백질합성시 변이점(變異點)에서부터 암호해독의 frame이 변화되어 아미노산배열이 크게 바뀐 불완전한 polypeptide가 합성된다. 이것을 제 3 의 염기결실변이와 함께 frameshift mutation이라 한다. 최근 특수한 phage나 전이인자의 DNA를 삽입함으로써 목적으로 하는 유전자를 불활성화하는 방법도 이용되고 있다.

제 3 은 염기결실형(base deletion)이다. 이 변이는 염기의 결실때문에 배열의 변화가 일어나고 변역시에 frameshift가 일어나서 정상적인 아미노산 배열의 polypeptide가 합성되지 않는다. 이와같은 결실변이는 DNA의 상당히 긴 영역에서 일어나 몇 개의 유전자가 동시에 결실되는 수도 있다.

(3) 돌연변이 유발법

세포집단에는 저빈도(10^{-6} 이하)이지만 변이주의 세포가 존재한다. 이는 DNA 복제시 일정 확률로 일어나는 error에 의한 염기배열변화가 그 원인이며 자연변이(spontaneous mutation)라고 한다.

표 2-2 주요 변이원

변 이 원	변이의 기구	염기짝 변화의 형	특 징
자외선(방사선)	pyrimidine dimer	치환(GC→AT) 결실	모든 미생물에 적용, 높은 치사율에도 유효
NTG(alkyl화제)	DNA복제점에서 purine의 alkyl화	치환(GC→AT)	미생물, 동식물세포에 적용, 낮은 치사율에도 높은 변이율, 다중변이를 일으킴
EMS(alkyl화제)	guanine의 alkyl화	치환(GC→AT)	효모, 곰팡이에 높은 변이율, NTG보다 다중변이가 적음
아질산, 아황산 (탈아미노화제)	cytosine, adenine의 탈아미노화	치환(AT→GC) 결실	
5-bromouracil, 2-aminopurine (염기 analogue)	DNA복제시 염기 analogue의 삽입	치환(AT→GC)	변이율이 높지 않음
proflavine (acridine색소)		삽입, 결실 (frameshift)	변이율이 높지 않고 plasmid 제거에 사용
DAPA		삽입, 결실 (frameshift)	세균, 방선균에 적용

NTG=N-methyl-N′-nitro-N-nitrosoguanidine EMS=ethylmethanesulfonate
DAPA=p-dimethylaminobenzene-diazosulfonate

목적으로 하는 변이주를 선택하기 위해서는 변이유발조작이 필수적인 것은 아니지만 확률을 높이기 위해서는 변이유발조작(induced mutation)을 실시한다. 변이유발조작은 친세포(親細胞)를 변이원(mutagen)으로 처리하는 것이다. (표 2-2 참조)

자외선조사는 널리 이용되어온 방법으로서 DNA 중의 인접 pyrimidine이 결합하여 pyrimidine dimer를 생성한다. 이와같은 DNA 장해는 수복기구(repair mechanism)의 작용으로 수복된다. 그러나 수복전에 DNA 복제가 일어나거나 수복과정에서 error가 생기면 dimer 부분에 다른 염기가 들어가서 염기치환이 일어난다. 자외선에 의하여 변이주를 효율좋게 분리하기 위해서는 세균의 경우 0.1~1%의 생존율이 되도록 선량을 조사하는 것이 바람직하다.

현재 많이 사용되는 NTG는 대표적인 alkyl화제로서 NTG에 의한 변이는 purine, 주로 guanine의 methyl화에 기인한다. methyl화가 되면 염기특이성의 변화와 염기저해가 일어난다. 또 3-methyl adenine이 glycosylase에 의해 DNA에서 제거되는 탈 purine화도 일어난다. 그 결과 transition이나 transversion에 의해 염기가 치환된다. NTG의 특징은 낮은 치사율로서 대단히 높은 변이율을 나타낼 수 있다는 것이다. 그러나 DNA 복제점에서 다중변이를 일으키므로 주의를 요한다. NTG 외에 ethylmethane sulfonate(EMS)도 alkyl화제로 사용된다.

이밖에도 아질산 등의 탈아미노화제, 5-bromouracil 등의 염기 analogue 또는 proflavine 등의 acridine색소가 사용되기도 한다. 또한 frameshift형 변이를 특징적으로 유발하는 화합물도 알려지고 있다.

변이원의 선택에 있어서는 변이주나 미생물의 종류 등을 고려하여야 한다. 예를들면 효소결손주를 얻기 위해서는 염기치환형보다는 frameshift 형이 적당하다고 말할 수 있다.

또 변이원의 종류에 따라 처리하는 세포의 상태도 고려되어야 한다. 예를들면 NTG의 경우는 DNA의 복제점에 작용하기 때문에 세포분열이 왕성한 대수증식기의 세포가 적당하고, DNA에 직접 작용하는 자외선 조사에서는 휴면세포에 대해서도 효과를 기대할 수 있다. 이러한 점을 고려하여 대수증식기의 세포를 사용할 것인지, 세포를 증식배지에 현탁할 것인지 아니면 완충액에 현탁할 것인지를 결정한다.

변이처리한 세포는 DNA의 손상을 받게 되고 이런 손상에 의해 염기배열이 변화하여 정착하는 데는 DNA의 복제가 필요하다. 따라서 변이처리 후 통상 영양배지에서 세포를 몇 차례 분열시킨다. 또한 변이주의 선택방법에 따라서는 변이를 형질로서 미리 발현시킬 필요가 있기 때문에 이같은 중간배양을 하게 된다. 그러나 변이주의 종류에 따라서는 배양 중에 변이를 받은 세포가 야생형에 의해 도태되는 수도 있기 때문에 주의를 요한다.

(4) 변이주의 종류와 선택법

변이주의 선택은 대부분 야생형(wild type) 세포와 변이형(mutant type) 세포와의 증식능에 있어서의 차에 의해 이루어진다. 색소함유배지를 써서 colony의 염색성으로 식별하거나 대사산물의 분비나 효소활성의 유무를 배지상에서 직접 조사하는 방법 등도 알려져 있다.

1) 영양요구주 : 변이에 의해 1차대사에 관여하는 효소가 결손되면 그 대사산물(영양물질)을 첨가하지 않은 배지에서는 colony를 형성할 수 없다. colony의 선택은 replica법이 보통 이용된다. 또한 penicillin처리에 의해 야생형 세포를 선택적으로 사멸시켜 영양요구성 세포의 출현빈도를 높이는 농축법도 있다. 이 방법으로 아미노산, 핵산, 비타민, 불포화지방산 등의 요구주가 분리되어 공업용 균주의 육성에 활용되고 있다.

2) 자화능 결손주 : 당 발효능 결손주와 대사산물 분해능 결손주가 있으며, 효모의 경우는 단일 탄소원이나 질소원에 생육하지 않는 colony를 replica법으로 분리하고, 세균의 경우는 당함유배지에서 산을 생성하지 않는 colony를 pH 지시약으로 식별하는 방법이 쓰인다.

3) 감수성주 : 온도감수성 변이주가 대표적이며, 온도의 차에 의해 분리가 가능하다. 그 밖에도 항생물질, 아미노산, 대사 analogue, 중금속에 대한 감수성주가 있으며, 이들은 선택배지에서 소형의 colony를 검색하든가 생육도의 차이로서 분리할 수 있다.

4) 내성주 : 아미노산 analogue 내성변이주가 대표적이다. 야생형의 세포는 analogue(구조유사체) 존재하에서 대사가 방해되어 분열, 증식할 수 없으나 대사가 방해되지 않도록 변이된 세포는 그 analogue에 의한 생육저해에 내성을 가지고 있으므로 colony를 형성한다. 이 내성주 중에는 feedback 저해나 억제가 해제된 변이주가 다수 발견된다. 이밖에도 핵산, 비타민, 중간대사산물에 대

해서도 analogue 변이주가 얻어질 수 있다.

5) **자화능 증대주** : 특정화합물에 대한 자화능이나 분해능이 증대된 변이주는 야생주보다 큰 colony로서 분리된다. 이 변이주는 자화에 관여하는 효소생성조절이 해제되거나 기질특이성이 변화되어 있다.

6) **2차대사산물 합성효소결손주** : 2차대사산물의 합성은 세포증식에 필수적이 아니므로 변이형 세포와 야생형 세포의 증식속도차를 이용해 선택할 수 있다.

2-2-3 세포 내 유전자조합기술

지금까지 공업용 생산균주의 개량은 주로 돌연변이법에 의존하여 왔으나 근래에는 이 방법만으로는 소기의 목적을 달성할 수 없게 되어 유전자 조합기술의 활용이 바람직한 것으로 생각되고 있다. 형질전환, 접합 및 형질도입은 1940년대 후반에서 1950년대 전반에 발견된 세균의 유전자 조합현상으로 유전적 조합 또는 교잡이라고도 부른다.

공여균의 염색체 단편이 수용균세포 내에 들어가면 DNA의 상동성이 높은 부분에서 짝을 이룬다. 이어 DNA 사슬 사이에서 교차가 일어나 공여균의 유전자가 수용균 염색체에 끼어 들어간다. 형질전환, 접합, 형질도입에서는 염색체 단편의 이입방법(移入方法)이 다르지만 최종적으로는 같은 모양의 조합체가 만들어진다. 이러한 조합현상을 기술로 이용하면 2종류의 친주형질(親株形質)을 조합시킬 수 있어서 육종에 유용하다. 여기에다 최근 개발된 세포융합법을 포함하여 세포 내 유전자조합기술 또는 생체 내 유전자조작이라고 한다.

(1) 형질전환

형질전환(transformation)은 폐렴쌍구균의 유전적 조합현상으로서 발견되었다. 이 세균의 형질전환인자가 DNA라는 사실은 1944년 Avery 등에 의해 증명된 것이다. 그후 같은 현상이 influenza균, *Neisseria*균, 고초균 등의 Gram 양성균에서 확인되었다. 그림 2-4는 고초균 Marburg주의 형질전환을 나타낸 것이다. 공여균에서 화학적으로 추출한 염색체 DNA를 수용균(competent)에 도입시켜 재조합체를 만든다음 선택 marker에 의해 형질전환체만을 선택배지상에서 분리할 수 있다. 이를 생산균주의 육성에 이용한 경우가 고초균의 α-amylase 생산성 개량이며, 야생형의 2000배를 분비하는 균주를 얻을 수 있었다.

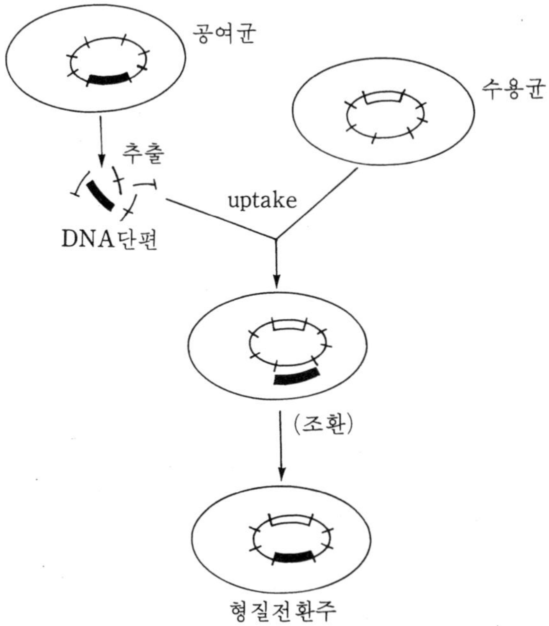

그림 2-4 형질전환

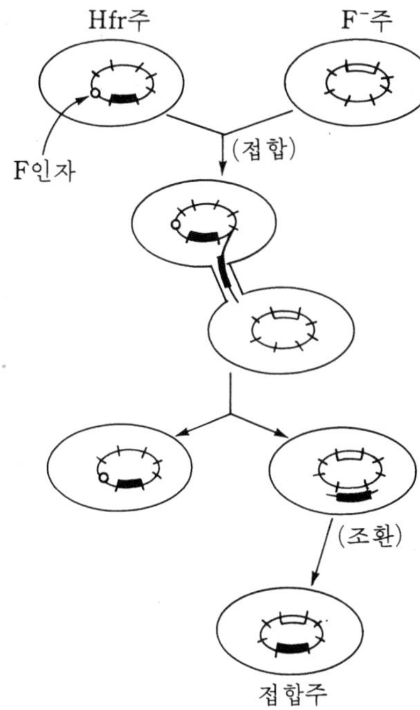

그림 2-5 접 합

(2) 접 합

대장균의 F 인자는 세포질 내에서 plasmid 로서 복제되는 환상 DNA 이다. F 인자는 염색체에 수용되는 수도 있으며 이 세포를 Hfr 주라 한다. F 인자를 가지고 있지 않는(F^-) 세포에 Hfr 세포를 접촉시키면 F 인자의 산물인 sex pili 를 통하여 Hfr 주의 염색체 일부가 F^-세포에 이입된다. 이입염색체 단편이 F^- 세포의 염색체와 교차하면 재조합 염색체가 형성된다(그림 2-5 참조).

이러한 세포는 적당한 선택배지상에서 colony 로서 식별·분리되며 친세포의 형질을 함께 가진다. Hfr 주에서는 일정의 빈도로 염색체에서 F 인자가 이탈한다. 이때 인접한 염색체 단편을 함유한 F 인자가 이따끔 생겨나는데 이것을 F prime 이라고 한다. F prime 은 F^-세포에 고빈도로 접합전달되어 이입된 염색체 부분이 2 배체로 된다. 이 원리를 이용하여 cis-trans test 등에 의한 유전해석이 행하여 진다. 또한 2 배체이기 때문에 목적으로 하는 효소활성을 증대시킬 수도 있다. 약제내성인자, colicin 생산인자, 방향족화합물 분해인자 등의 plasmid 는 접합에 의해 DNA 가 전달된다.

(3) 형질도입

Temperate(약독성) phage 는 phage 염색체를 다량 함유하지만 그 중에는 일부 숙주(공여균)의 염색체를 수용하는 것도 있다. 이처럼 phage 입자가 다른 세포(수용균)에 감염되면 공여균의 염색체 단편이 세포에 주입되어 수용균염색체와 짝을 이룬 후 교차에 의해 수용균염색체에 들어가게 된다. 이와같이 phage 를 운반체로 하여 유전자를 다른 세포에 운반하여 염색체 내의 유전자와 재조합시킬 수 있는데 이러한 현상을 형질도입(transduction)이라 한다. (그림 2-6)

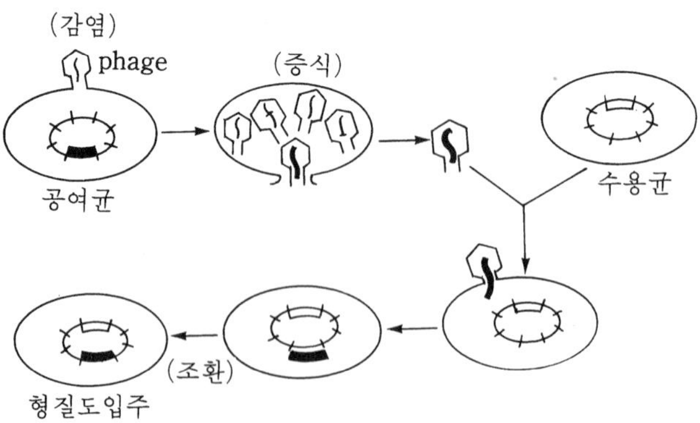

그림 2-6 형질도입

형질도입에는 대장균의 λ phage와 같이 숙주염색체의 특정부분을 운반하는 특수형질도입(specialized transduction)과 대장균의 P_1 phage, 쥐장티푸스균의 P_{22} phage와 같이 염색체의 어느 부위에서도 동일한 빈도로 운반되는 일반형질도입(generalized transduction)이 있다.

형질도입법은 다수의 형질(변이)을 용이하게 조합시킬 수 있으므로 공업용 생산균주의 육종에 널리 쓰인다. 그 예로는 *Serratia* 균의 각종 아미노산 생산균주를 들 수 있다. 형질도입은 다수의 장내세균에서 확인되고 있으며, 그 밖에 *Pseudomonas, Staphylococcus, Bacillus, Streptomyces* 등에서도 관찰된다.

(4) 세포융합

동물세포에 Sendai virus 처리나 polyethylene glycol 처리를 하면 세포간에 융합이 일어난다. 이 세포융합법(cell fusion)을 이용하면 임의로 잡종세포를 얻을 수 있기 때문에 고등동물의 체세포 유전학연구의 주요 수단으로 되어 있다.

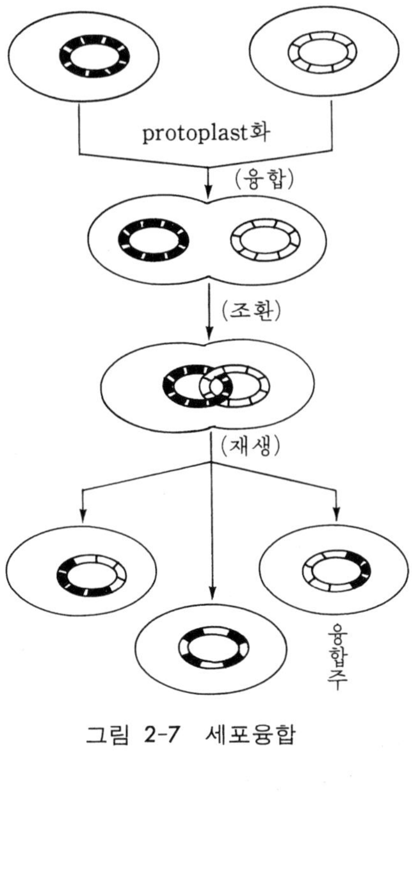

그림 2-7 세포융합

또한 세포융합에 의해 monoclonal 항체를 생산하는 hybridoma를 만들 수 있게 되어 면역학이나 의학의 진보와 각종 진단약, 항암제의 개발에 공헌하고 있다.

식물세포에서는 protoplast화하면 polyethylene glycol법에 의한 융합이 가능하며 식물육종에 이용되고 있다. 효모, 방선균, 곰팡이에서는 유성생식 이외에 유력한 유전자조합법이나 전달법이 개발되어 있지 않았으나 근년 다수의 균종(菌種)에 있어서 protoplast화에 의한 세포융합이 가능해졌다.

세포가 융합하면 일시적으로는 2종류의 염색체가 혼재하여 2배체나 4배체로 된다. 그러나 세포분열이 진행됨에 따라 염색체의 교차나 조합이 일어나서 조합 염색체는 1배체나 2배체로 존재한다. 세포융합은 이종간(異種間) 또는 이속간(異屬間)에서도 일어나지만 형질이 안정화된 융합주를 얻기는 어렵다. 이처럼 세포융합은 광범위한 미생물에 적용될 수 있는 이점이 있기 때문에 공업용 생산균주의 육종법으로서의 검토가 진행되고 있다(그림 2-7 참조).

2-2-4 재조합 DNA 기술

1973년 Cohen과 Boyer는 cut-and-join만으로 재조합 DNA를 시험관 내에서 만들어 대장균의 형질전환에 성공함으로써, 이른바 재조합 DNA 기술(recombinant DNA technique) 혹은 유전자 조작(gene manipulation)이 단순히 분자유전학(molecular genetics)상의 기술에 머무르지 않고 응용분야에서도 중요한 기술로 등장하게 되었다. molecular cloning이라고도 부르는 이 기술은 생물 종(species)의 벽을 넘어 재조합체를 얻을 수 있으므로 종래의 유전학적 방법에서는 찾아볼 수 없는 혁명적인 특징을 가지고 있다.

유전자조작은 어떤 생물의 특정 유전자를 염색체에서 절단하여 단리하고(cloning) 이를 이종생물에 도입하여 발현시키는 것, 유전자수를 증가시키는 것, 유전자의 구조를 임의로 변화시키는 것 등을 말한다.

따라서 이 기술은 발효공업분야에서도 미생물에 의해 생산되지 않았던 사람의 호르몬, 기타 고등동식물의 대사산물 생산을 가능하게 해 주었다. 특히 somatostatin, insulin, 성장호르몬, secretin, α-, β-, γ-interferon 등이 대장균의 유전자 조작에 의해 생산이 가능해 졌으며, 일부는 상업생산에 들어가 있다. 지금부터 발효공업은 새로운 혁명시대에 돌입하고 있다고 볼 수 있다.

(1) 재조합 DNA 기술의 개요

재조합 DNA 기술의 개요는 다음과 같다.

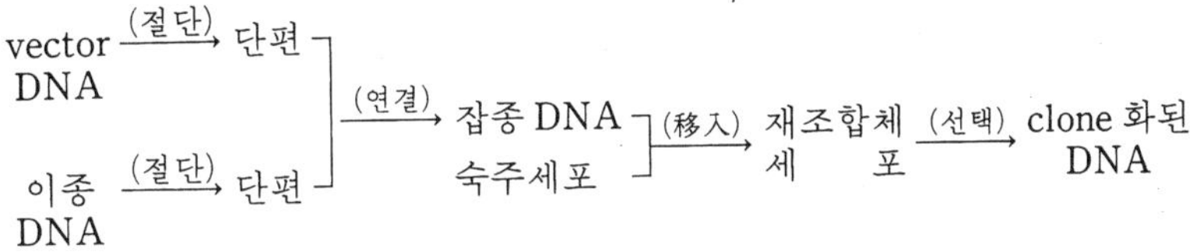

자기복제능을 가진 replicon, 즉 DNA 운반체(vector, vehicle)에 이종(異種) 유전자(DNA)를 연결하여 잡종 DNA 인 재조합 DNA(recombinant DNA) 혹은 chimera DNA 를 만든다. 원칙적으로 어떤 기원의 DNA(유전자)로 형성된 잡종 DNA 라도 replicon 을 복제하는 숙주세포 내에서는 복제·증식이 가능하다. 다음으로 시험관 내에서 만들어진 재조합 DNA 를 숙주세포에 이입하여 재조합체세포(recombinant cell), 즉 형질전환세포를 만든다. 이어 세포집단 중에 목적으로 하는 잡종 DNA 분자를 가진 세포를 선택하여 특정의 DNA(유전자)를 순화하거나(cloning) 증폭시킨다(amplification).

Clone 화된 DNA 에서 유전정보발현의 효율화를 위한 기술이나 연구는 유전자산물의 이용이라는 산업적인 측면에서도 커다란 기여가 기대된다. 이런 관점에서 보면 재조합 DNA 기술은 유전(자)공학(genetic engineering)이라는 영역의 중심에 위치하고 있다고 볼 수 있다.

유전자재조합에서의 주요한 기술로서는

① DNA 분자를 절단하거나 연결시키는 방법

② 이종 DNA 단편과 복제능을 가진 vector DNA 단편을 결합시켜 잡종 DNA 를 만드는 방법

③ 잡종 DNA 를 형질전환이나 transfection(transformation 과 infection 의 합성어로 형질전환에 의한 감염이 일어난다는 의미) 등에 의해 숙주세포에 이입하여 재조합체세포를 만드는 방법

④ 여러 세포가운데 필요한 잡종 DNA 를 함유한 세포를 검출하는 방법

등이 있다.

(2) 유전자 DNA 의 조제

어떤 유전자를 cloning 하기 위해서는 먼저 목적으로 하는 유전자를 함유하는 DNA 를 조제하지 않으면 안된다.

유전자 DNA 의 조제법은

① 염색체 DNA에서 제한효소를 사용하여 조제하는 방법
② 유전자의 전사산물인 mRNA에서 그것에 상보적인 염기배열을 가지는 DNA(complementary DNA, cDNA)를 역전사효소를 써서 시험관 내에서 합성하는 방법
③ DNA 합성기를 이용한 DNA의 화학적인 합성법 등이 있다.

표 2-3 제한효소의 인식염기배열

인식염기배열(5′→3′)	효 소 명
4 염기인식	
−A−G↓C−T−	*Aiu* I
−G−G↓C−C−	*Hae* III, *Hhg* I, *Blu* II, *Bsu* I, *Pal* I, *Sfa* I, *Bsp R* I
−G−C−G↓C−	*Hha* I
−C↓C−G−G−	*Hpa* II, *Hap* II, *Mno* I
↓−G−A−T−C−	*Mbo* I, *Dpn* II, *Mos* I, *Sau* 3 A I
5 염기인식	
−G−A−C−G−C−(1)	*Hga* I
−G↓A−N−T−C−	*Hin* f I, *Hha* II
−G−G−T−G−A−(2)	*Hph* I
6 염기인식	
−G↓G−A−T−C−C−	*Bam* H I, *Bat* I
−G↓A−A−T−T−C−	*Eco* R I
−A↓A−G−C−T−T−	*Hin* d III, *Hin* d III, *Bbr* I, *Chu* I, *Hin* f II, *Hsu* I
−T−G−G↓C−C−A−	*Bal* I
−G−T−Py↓Pu−A−C−	*Hin* d II, *Hin* c II, *Chu* II, *Mun* I
−C−C−C↓G−G−G−	*Sma* I
−C−T−G−C−A↓G−	*Pst* I, *Xma* II, *Bsu* 1247, *Sal* P I
−Pu−G−C−G−C↓Py	*Hae* II, *Hin* H I, *Ngo* I

(1) *Hga* I의 절단위치
−5′−GACGCNNNNN↓−
−3′−CTGCGNNNNNNNNNN↑−

(2) *Hph* I의 절단위치
−5′−GGTGANNNNNNNN↓−
−3′−CCACTNNNNNNN↑−

1) 제한효소 : 제한효소(restriction endonuclease)는 DNA 의 염기배열을 인식하여 특정부위에서 DNA 를 절단하는 효소군으로 endonuclease 의 일종이다.

제한효소의 명명은 그것을 생산하는 속명의 initial 1 문자와 종명의 2 문자를 합친 3 문자를 이탤릭체로 표기하고 여기에 주명(株名) 및 plasmid 유래의 1 문자를 부가하며 같은 주에 복수의 효소가 있으면 발견순으로 로마자로 구분한다. 제한효소는 그 성질에 따라 I 형, II 형, III형의 3 가지로 분류되지만 유전자조작용으로는 II 형이 주로 쓰인다.

II 형 제한효소는 DNA 상의 특정염기배열을 인식하여 그 배열 내 또는 부근의 일정부위에서 DNA 쇄를 절단하는 endonuclease 이다. 활성발현에 Mg^{2+}은 요구되지만 ATP 나 S-adenosylmethionine 은 필요로 하지 않는 분자량 2~10 만의 단일 단백질이다. II 형 제한효소의 인식절단부위는 대부분 2~6 염기쌍으로 구성된 2 회전 대칭배열(回文構造, palindrome)을 가지고 있다.

II 형 제한효소에 의해 절단된 DNA 단편은 거의 5′ 측에 인산기, 3′ 측에 −OH 가 붙은 구조로써 DNA ligase 에 의한 재연결시 쉽게 연결된다(표 2-3 참조). 또 II 형 제한효소에 의해 절단된 DNA 단편의 말단부근 구조에는 평활말단(平滑末端, blunt end, flush end)과 부착말단(附着末端, sticky end, cohesive end)의 2 종류가 있다.

① 평활말단을 생성하는 효소의 예

```
               ↓                                   ↓
Hin d II   5′GTPyPuAC          Hae III       5′GGCC
             CAPuPyTG 5′                       CCGG 5′
               ↑                                   ↑
```

② 부착말단을 생성하는 효소의 예

ⓐ 5′말단이 돌출 ⓑ 3′말단이 돌출

```
               ↓                    ↓
Eco R I  5′GAATTC     Pst I  5′CTGCAG
           CTTAAG              GACGTC 5′
             5′                  ↑
               ↑
```

평활말단은 2 가닥의 DNA 를 양쪽의 동일한 부위에서 절단하는 경우에 만들어지고, 부착말단은 절단위치가 2 가닥 DNA 에서 서로 달라 5′말단 또는 3′말단에 1 가닥의 DNA 구조가 돌출한 경우에 만들어진다.

2) DNA의 연결, 합성, 인산화 등에 관여하는 효소: 제한효소 이외에 유전자 조작에 필요한 효소로서는 DNA ligase, DNA polymerase, polynucleotide kinase, 역전사 효소, phosphatase 등이 있다.

(3) Vector DNA의 제조

재조합 DNA에 의한 유전자의 cloning에는 특정의 숙주세포에서 복제·증식할 수 있는 외래 DNA의 운반체, 즉 cloning vector 또는 간단히 vector가 필요하다. 이 vector는 복제 능력이 없는 외래 DNA 단편과 연결되어 전체로서 숙주세포 내에서 복제되기 때문에 기관차나 차에 해당된다고 말할 수 있다.

vector에는 plasmid, bacteriophage, plasmid와 phage의 중간형태인 cosmid, 동물세포의 형질전환에 쓰이는 SV-40 virus, 식물세포에 이용되는 Ti plasmid 등이 있다.

Vector는 항상 특정 숙주와의 관계에서만 유효하다. 이처럼 cloning vector와 숙주세포와는 불가분의 관계에 있으므로 대개 숙주-vector계(host-vector system)라고 부른다. 대장균-vector계가 가장 잘 개발되어 있으며, 최근에는 *Bac. subtilis, Streptomyces, Sac. cerevisiae* 등의 미생물에 있어서도 숙주-vector계가 확립되어 있다. 한편 원연(遠緣)의 2종 세포숙주의 어느 것에서도 복제, 증식하는 shuttle vector도 있다.

Plasmid는 세포 내에서 숙주염색체와는 독립하여 증식하며, 많은 세대동안 안정하게 유지되는 유전인자이다. plasmid는 세포 중에서 공유결합 폐환 2중쇄구조(covalently closed circular structure, CCC)를 취한다. CCC DNA는 초나선(supercoil, superhelix)이라 불리우는 구조를 가지며, 이러한 성질은 plasmid DNA의 검출이나 분리·정제에 유용하다.

Plasmid는 원핵생물에만 존재하는 것이 아니고 진핵생물에도 존재한다. 효모에는 2μm DNA라는 plasmid가 있고, 직쇄상 DNA plasmid가 방선균과 효모에서 보고되어 있다.

일반적으로 plasmid를 cloning vector로 사용하는 경우에 바람직한 성질로서 다음과 같은 것이 고려되고 있다.

① 분자량이 적고 plasmid DNA의 검출이나 분리, 정제가 용이할 것

② 제한효소에 의한 적당한 절단부위가 있고 거기에 이종 DNA를 삽입하여도 복제능을 잃지 않을 것

③ 재조합형 plasmid DNA를 세포에 도입했을 때 plasmid 보유균을 선택할 수 있는 유전 marker가 있을 것

대표적인 plasmid cloning vector는 표 2-4와 같다.

표 2-4 대표적인 plasmid cloning vector

plasmid	삽 입 부 위	유전 marker	분자size (kb)	비 고
pBR322	*Bam* HI, *Eco* RI, *Sal* I, *Hin* dIII, *Pst* I, *Sca* I	amp^r, tet^r	4.3	
pACYC177	*Pst* I, *Pvu* I, *Bam* HI, *Hin* dIII, *Sma* I, *Xhà* I	amp^r, kan^r	2.5	pBR322와 화합성
pJC74	*Eco* RI, *Bam* HI, *Sal* I, *Bgl* II	amp^r	16.8	cosmid vector
pKC16	*Bam* HI, *Eco* RI, *Hin* dIII	amp^r, imm^λ	11.4	runaway vector
pOP1	*Eco* RI	amp^r	17.4	*lac* repressor 조절기능 발현 vector
pDF41	*Bam* HI, *Eco* RI, *Hin* dIII, *Sal* I	trp^+	12.8	저 copy plasmid vector (F′ replicon 유래)

(4) 재조합 DNA의 조제

목적으로 하는 유전자를 함유한 외래성 DNA를 조제한 후 이것을 vector DNA와 시험관 내에서 결합시켜 재조합 DNA 분자를 조제하기 위해서는 다음과 같은 방법이 사용된다.

1) 제한효소에 의해 만들어진 부착말단의 연결법 : plasmid vector와 외부 DNA를 *Eco* RI와 같은 제한효소로 처리하여 부착말단을 만들어 이를 서로 공유결합시킨 후 DNA ligase를 처리한다(그림 2-8 참조).

주로 DNA 용액의 농도가 높을 때 사용한다.

2) Alkaline phosphatase를 이용한 평활말단연결법 : 사용되는 DNA 농도가 낮으면 plasmid vector가 ligase에 의해 plasmid dimer 등을 만들 가능성이 있다. 이 경우에는 alkaline phosphatase로 인산을 제거하여 −OH만 남게 한 후 외래성 DNA를 넣어서 ligase를 처리하면 DNA 재조합 확률을 높일 수 있다(그림 2-9 참조).

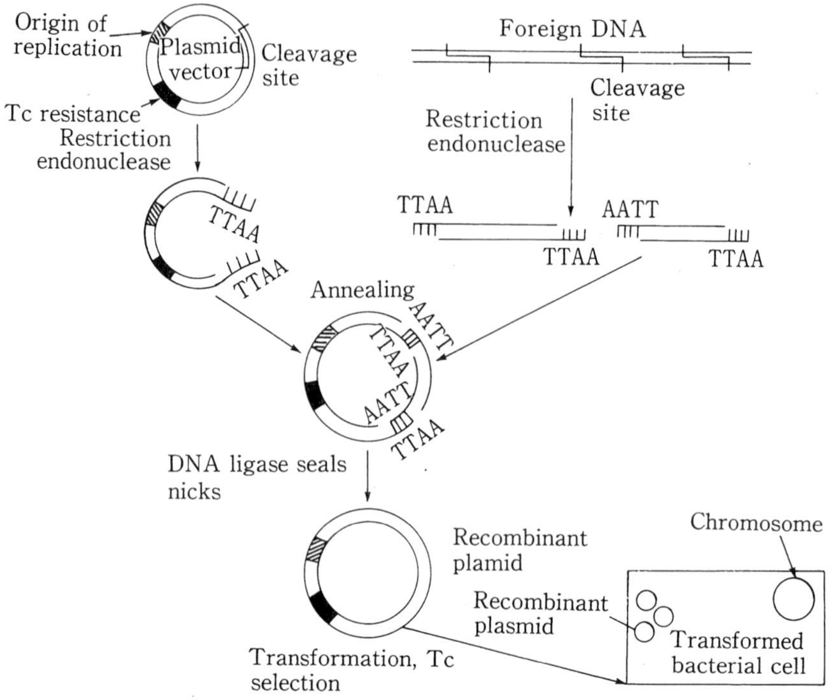

그림 2-8 제한효소에 의해 만들어진 부착말단의 연결법

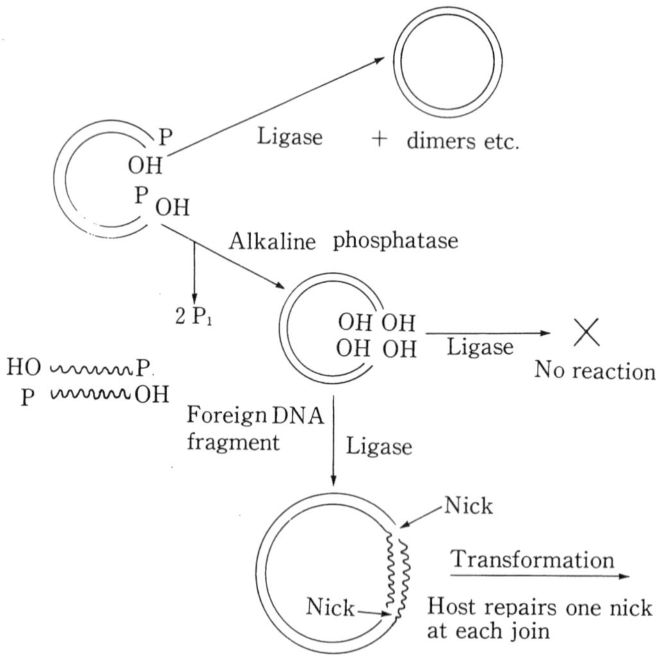

그림 2-9 alkaline phosphatase를 이용한 평활말단연결법

3) Linker molecule 부착법 : 평활말단의 외래 DNA 양 말단에 *Eco* RI target site를 함유한 linker molecule을 T_4 DNA ligase로 부착시킨 후 다시 *Eco* RI로 잘라 부착말단을 만들어 vector에 연결한다(그림 2-10).

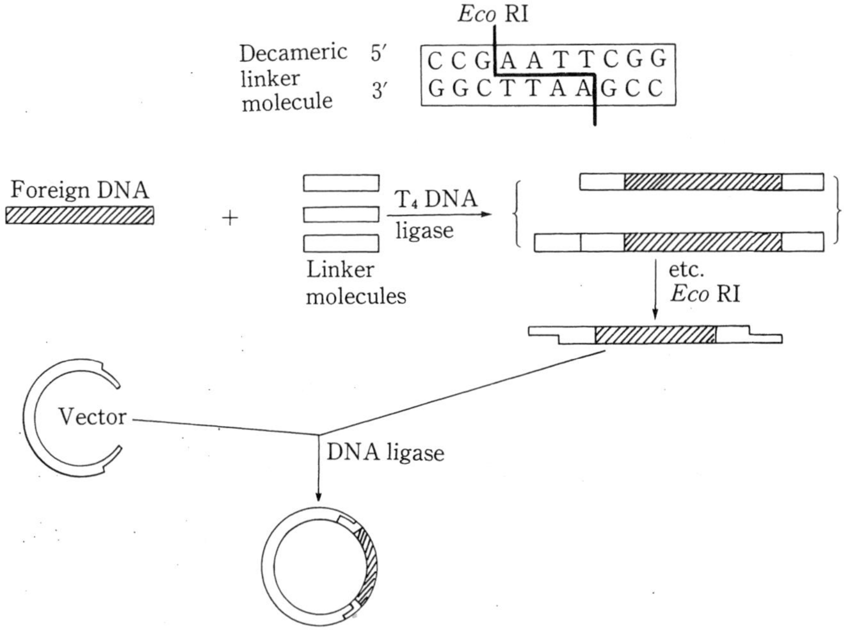

그림 2-10 linker molecule 부착법

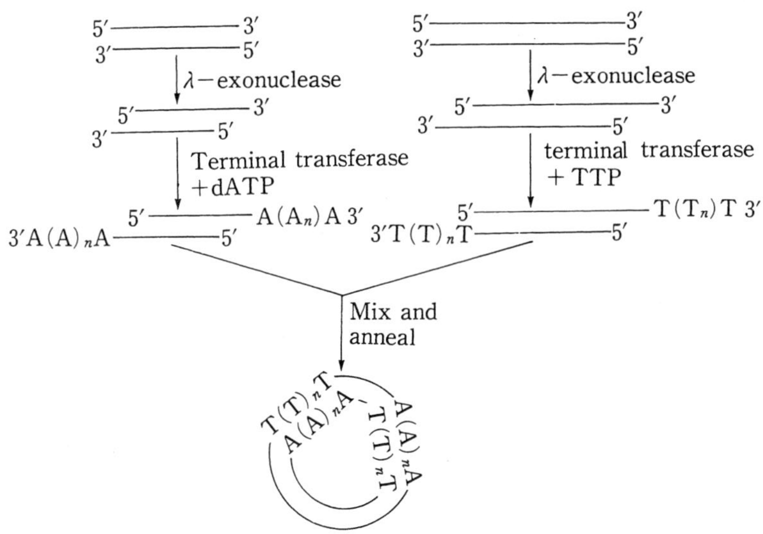

그림 2-11 homopolymer tailing 법

4) Homopolymer tailing 법 : λ-exonuclease 로 DNA 말단부분을 자른 후 terminal transferase 로 한쪽 DNA 가닥에는 dATP 로 adenine 을 붙이고, 다른 한쪽 DNA 에는 TTP 로 thymine 을 붙여서 2 개를 섞어 anneal 을 하면 homopolymer 에 의한 TA 결합으로 외래성 DNA 를 붙일 수 있다.
(그림 2-11 참조)

5) cDNA 를 이용한 homopolymer tailing 법 : 외래성 DNA 가 cDNA 인 경우의 재조합 DNA 조제법이다. 먼저 mRNA 에 terminal transferase 를 사용하여 adenine 을 붙이고 oligo(dT)를 adenine 에 붙여 역전사효소를 사용하여 cDNA 를 만든다. S1 nuclease 로 cDNA 의 hairpin loop 를 잘라낸다. 다시 terminal transferase 로 cytosine 을 붙이고 plasmid 를 *Pst* I 으로 자른 후 annealing 을 시키면 숙주가 gap 을 수리한다(그림 2-12).

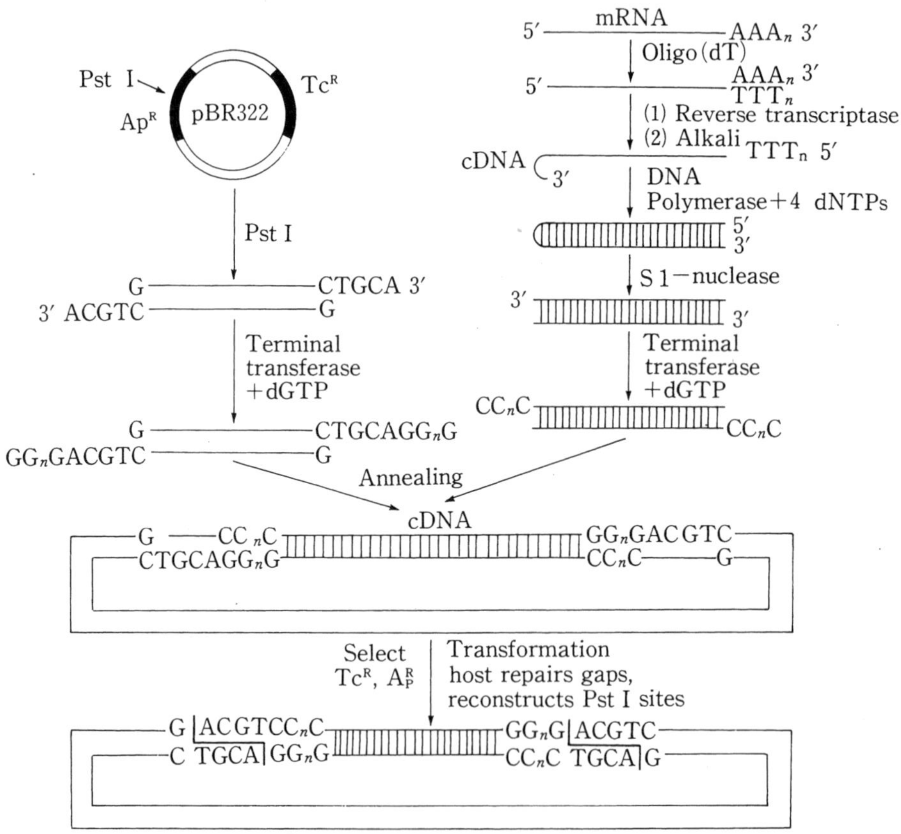

그림 2-12 cDNA 를 이용한 homopolymer tailing 법

(5) 재조합 DNA 분자의 숙주세포 내로의 주입

재조합 DNA는 형질전환법을 이용하여 숙주세포 내에 주입시키며 그 방법은 세포의 특성에 따라 다르다. 재조합 plasmid DNA를 대장균에 주입하기 위해서는 세포를 $CaCl_2$로 처리하는 방법이 가장 널리 쓰인다. *Bac. subtilis*와 같이 세포가 특별한 생리상태(competence)가 되었을 때 DNA를 받아들이는 성질을 가진 경우에는 배양시간을 적절히 조절한 후 재조합 DNA를 주입한다.

또한 protoplast를 만들어 polyethylene glycol로 처리하여 DNA를 주입시키는 방법이 있는데 이 방법은 *Bac. subtilis*, *Streptomyces*, *Sac. cerevisiae* 등 광범위한 세포에 적용된다. 이 방법은 protoplast를 재생(regeneration)시켜 정상세포로 만드는 조작이 필요하다.

(6) 재조합 DNA 함유 세포의 검출법

재조합 DNA를 세포 내에 주입시킨 후 그 세포집단 중에서 목적으로 하는 잡종 DNA를 가지는 세포를 선택할 필요가 있다. 형질전환의 경우에는 전환체를 선택하기 위한 marker, 예를들면 약제내성유전자 등을 가지고 있어야 한다.

형질전환체 중에 목적으로 하는 재조합체가 있는지의 여부를 판정하기 위한 방법으로서는 ① marker rescue법 ② 상보성 test ③ 발현유전자 산물 동정법 (면역학적 방법, 단백질 활성 검출법) ④ hybridization법 등이 있다.

(7) Clone화된 유전자산물의 증강

재조합 DNA 기술의 발전에 따라 여러가지 기원의 DNA(유전자)를 대장균 등의 숙주를 사용하여 cloning할 수 있게 됨에 따라 clone화된 유전자를 효율좋게 증강시키는 것은 기초적인 면에서 뿐 아니라 응용면에서도 대단히 중요하다. clone화된 유전자의 발현을 제어하거나 효율좋게 발현시킴으로써 유용단백질의 대량생산도 가능하다.

clone화된 유전자의 발현효율에 영향을 미치는 요인으로서는 다음과 같은 것이 있으며 이들을 적절히 조절함으로써 유전자 산물을 증강시킬 수 있다.

① 유전자량(gene dosage) : vector의 copy수, 안정성 등과 관련

② 전사효율 : promoter, terminator의 구조와 관련

③ 번역효율 : Shine-Dalgarno 배열(SD 배열), SD 배열과 개시 codon과의 거리, codon 사용빈도, mRNA 안정성 등과 관련

④ 생산물의 안정성 : 숙주 protease 등의 영향을 받음

(8) 유전자구조의 개변(改變)

종래의 유전학적 방법에서는 변이를 가지는 유전자(개변된 유전자)는 세포집단 중에서 특정의 표현형을 나타내는 세포를 선택함으로써 얻을 수 있었다. 따라서 표현형으로서 검출되지 않는 변이를 선택·분리하는 것은 불가능하였다.

그러나 재조합 DNA 기술을 이용하여 특정의 단리한 유전자에 대하여 임의의 부위에 적당한 종류(삽입변이, 점변이, 결실변이)의 변이를 도입할 수 있게 되었다. 이 경우 변이를 가지는 유전자의 선택에 표현형의 변화가 반드시 필요하지는 않다.

이같은 특징을 가지는 유전자상의 특정부위에 돌연변이를 도입하는 방법(directed mutagenesis)은 유전자 개변에 의해 단백질을 개량하고 단백질의 기능을 개량할 수 있는 가능성이 있어서 응용면에서 중요한 기술이라 할 수 있다.

이 방법은 효소 등의 활성중심을 조사하거나 효소의 특이성을 인위적으로 변화시키는데 이용할 수 있을 것이다. 또한 단백질의 구조와 기능과의 관계가 해명되면 천연에 없는 인공효소도 만들 수 있을 것으로 기대된다.

제 2 부
발효공학

제 3 장 발효와 대사

제 4 장 배양공학

제 3 장 발효와 대사

미생물이 물질을 체내에 흡수하여 그것을 분해하거나 생체의 구성성분으로 재합성하는 작용을 총칭하여 대사(代謝, metabolism)라고 한다. 대사에는 2종류가 있는데 분해하는 작용을 이화작용(異化作用, catabolism)이라 하고, 체성분을 구성하는 작용을 동화작용(同化作用, anabolism) 또는 구성대사(構成代謝, assimilation)라고 한다.

또한 대사(代謝)는 크게 나누어 1차대사(primary metabolism)와 2차대사(secondary metabolism)로 구분할 수 있다. 1차대사는 기본대사과정(basic metabolic process)이라고도 하고, 에너지 획득을 위한 대사와 생체고분자 합성에 필요한 소재를 공급하기 위한 대사로 구분할 수 있으며, 1차대사의 결과 만들어진 대사산물인 유기산, 아미노산, 비타민, 알코올, 용매, 지방, 지방산, 핵산 등을 1차 대사산물(primary metabolite)이라 한다.

반면 2차대사는 주로 합성반응이며, 그 결과로 생성되는 2차대사산물(secondary metabolite)은 생체의 생명유지에 중요한 역할을 하는 것도 적지 않지만 각종 식물이나 미생물에서 alkaloid, terpenoid, phenol류, 항생물질, 색소 등 그 생리적 의의가 명확하지 않는 것이 대량 축적되기도 한다.

2차대사산물의 대부분은 특정시기나 특정조직에서만 생성되기 때문에 대사산물의 경제적인 유용성과 더불어 형질발현의 조절에 관한 연구에서도 중요하다. 더욱이 주목되는 점은 1차대사가 모든 생물에 있어서 기본적으로 동일하지만 2차대사는 식물이나 미생물에만 국한된다는 점이다.

3-1 기본대사과정

3-1-1 혐기적 대사와 호기적 대사

생명체는 생명을 유지하기 위하여 물질을 흡수하여 그것이 분해될 때 발생되는 에너지를 이용하는 기구를 구비하고 있으며, 그 에너지는 자신의 체성분 합성이나 증식에 이용된다. 생물이 발육하고 기능을 발휘하면서 생명을 유지하기 위한 에너지가 ATP에 함유된 화학에너지라는 점은 미생물에서도 동일하다. 미생물의 ATP 생성기작은 본질적으로 고등생물과 공통인 점이 많지만 미생물은 서식하는 환경이 다양하므로 내용면에서는 고등생물에 비하여 변화가 심하다.

ATP 생성과 관련된 대사계는 발효, 호흡, 광합성의 3종으로 대별된다. 이 가운데 광합성(photosynthesis)은 가장 복잡한 ATP 생성반응이고 고등식물 이외에도 조류, 남조류, 광합성 세균 등이 관여하지만, 여기서는 그 설명을 생략하고 발효와 호흡에 대해서 살펴보고자 한다.

(1) 발 효

발효(fermentation)란 에너지 생성기작 중 가장 간단한 경우로서 기질인 유기화합물이 분해되고 그 분해산물이 상호 산화환원되어 일어나는 ATP 생성반응이다.

발효는 유기화합물이 미생물의 작용으로 더욱 간단한 화합물로 분해되는 산화환원반응이며, 대사과정에서 생성된 유기화합물 자체가 최종 전자수용체로 된다.

따라서 발효의 전과정을 통하여 산화환원의 balance가 유지되며, 이 산화환원 balance의 과정에서 생겨난 약간의 에너지를 화학에너지로 전환하는 것이 발효이다. 예를들면 효모에 의한 알코올발효에서 이 반응의 산화도를

$$O=+1, \quad H=-0.5$$

로 하여 계산하면 다음과 같다.

$$\begin{aligned} C_6H_{12}O_6 \quad &\longrightarrow \quad 2\,CO_2+2\,C_2H_5OH+57\ \text{kcal} \\ (-0.5\times12+1\times6) \ &= \ 2(1\times2)+2(-0.5\times6+1\times1) \\ 0 \ &= \ 4 \ - \ 4 \end{aligned}$$

즉, 산화환원의 balance는 엄밀히 유지됨을 알 수 있다. 발효에 있어서 이 산화환원의 balance는 전반응과정을 통하여 수소원자의 공여와 수용에 관여하는 산화형 및 환원형 pyrimidine nucleotide(NAD/NADH 및 NADP/NADPH)의 balance로서 반영된다. 이처럼 발효반응에서는 최종적으로 산화환원의 balance가 엄밀히 유지되어야 하기 때문에 한정된 범위 내의 유기화합물만이 발효의 기질로 된다. 탄수화물이 주기질이며, 그 밖에도 유기산, 아미노

산, purine, pyrimidine 등도 기질이 된다. 현저히 산화된 것이나 환원된 것은 발효의 기질이 될 수 없다. 또 cellulose, pectin, chitin, protein, 기타 자연계에 존재하는 동식물성의 고분자 물질은 가수분해되어 저분자의 당이나 아미노산으로 분해된 후 발효기질로 된다.

따라서 발효에 있어서는 기질준위인산화(substrate level phosphorylation)에 의해서만 ATP가 생성된다. 기질준위인산화란 인산화된 화합물이 탈수반응이나 탈수소반응에 의해 고에너지인산화합물이 형성되고 고에너지 인산결합은 ADP에 전달되어 ATP를 합성하는 반응인데 이때 1몰의 ATP가 생성된다.

기질준위인산화는 완전한 혐기적 조건하에서 일어난다. 발효로 인하여 ATP를 생성하는 미생물로는 편성 혐기성균(obligate anaerobe)과 통성 혐기성균(facultative anaerobe)이 있으며, 통성 혐기성균은 산소의 존재시 ATP 생성양식이 발효에서 호흡으로 바뀌는 것이 보통이다.

(2) 호 흡

호흡(respiration)이란 유기 또는 무기 화합물이 전자공여체로 되며, 주로 무기화합물이 전자공여체로 되어 전자전달계를 거쳐 ATP를 생성하는 반응이다. 통상 최종전자수용체는 분자상 산소인데 이를 호기호흡(aerobic respiration)이라 한다. 이것에 대하여 일부 세균에서는 산소 이외의 NO_3^-, SO_4^{2-}, CO_3^{2-} 등의 무기염이나 후말산염 등을 전자수용체로 하는 호흡반응이 있는데 이를 혐기호흡(anaerobic respiration)이라 한다.

전자전달계란 그림 3-1에 나타낸 바와 같이, 가역적으로 산화되거나 환원되는 일군의 전자공여체, 전자 carrier, 전자수용체 화합물로 구성되며, 이들이 산화환원효소에 의해 촉매되어 산화환원전위가 낮은 곳에서 높은 곳으로 chain을 형성하고 있다. 전자공여체에서 나온 전자는 이 chain에 들어가 carrier 사이에서 운반되어 결국 최종수용체로 운반되는데, 전자 carrier 화합물로는 flavoprotein, 보효소 Q, 각종 cytochrome 등이 있다.

혐기성 종속영양미생물의 전자전달계에 있어서의 최종단계는 cytochrome 산화효소의 촉매작용으로 산소와 반응하고, 그 결과 대부분의 carrier는 환원된 후 재산화되어 결국 산소는 환원되어 물로 된다. 미생물의 종류에 따라 전자전달계의 길이, 전자공여체, 말단의 전자수용체 등이 달라진다.

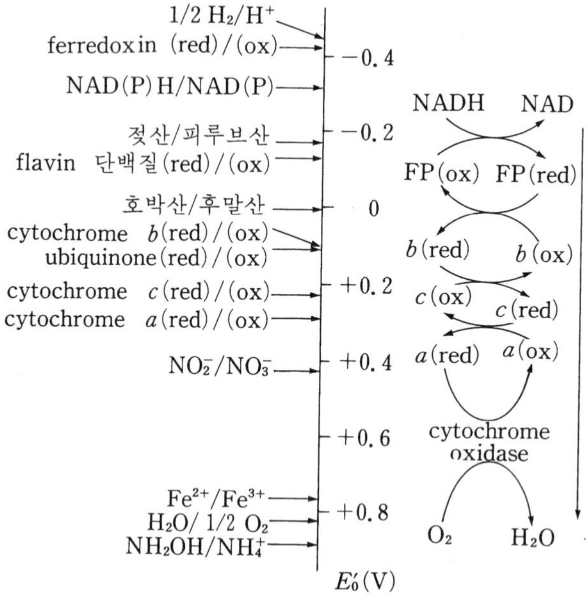

(red), (ox)는 각각 환원형과 산화형, FP는 flavine 단백질,
b, c, a는 cytochrome

그림 3-1 전자공여체, 전자 carrier, 전자수용체의 표준산화환원 전위값과 cytochrome계 호흡쇄에 있어서 산화경로

호기성 미생물에서는 산화적 인산화(oxidative phosphorylation)의 과정을 통하여 ATP를 생성한다. 산화적 인산화란 진핵세포의 미토콘드리아 내막에서 일어나며, 산화환원반응과 공역하여 일어나는 ATP 생성반응이다. 전자전달계와 산화적 인산화의 공역부위는 3개소로 생각된다. 즉 NADH와 flavin 사이, cytochrome b와 c 사이, cytochrome a와 O_2 사이이다.

ATP 합성량의 산소소비에 대한 비율(P/O 비)은 NADH 산화에서는 3, cytochrome b 이후에 전자가 전달되는 succinic acid 산화에서는 2, cytochrome c 이후에 전자를 전달하는 ascorbic acid 산화에서는 1에 가까운 값이다.

전자전달계에서 방출된 자유에너지를 고에너지 인산으로 변화시키는 기작은 화학공역설(chemical coupling hypothesis), 입체배위공역설(conformational coupling hypothesis), 화학삼투압공역설(chemiosmotic coupling hypothesis) 등이 있으나 현재로서는 화학삼투압공역설이 가장 유력하다.

발효에 의해서 포도당을 젖산으로 변화시키는 경우의 과정을 화학적 변화와 생화학적 변화로 나누어 살펴보자.

화학적 변화 $C_6H_{12}O_6 \longrightarrow 2\,C_3H_6O_3 + 52\,kcal$

생화학적 변화 $C_6H_{12}O_6 + 2\,ADP + 2\,Pi \longrightarrow 2\,C_3H_6O_3 + 2\,ATP$

또한, 해당계에서 TCA 회로를 거쳐 호흡에 의해 포도당을 완전산화시킨 경우의 과정을 나타내면 다음과 같다.

화학적 변화 $C_6H_{12}O_6 + 6\,O_2 \longrightarrow 6\,H_2O + 6\,CO_2 + 686\,kcal$

생화학적 변화 $C_6H_{12}O_6 + 6\,O_2 + 38\,ADP + 38\,Pi \longrightarrow$
$6\,H_2O + 6\,CO_2 + 38\,ATP$

즉, 호흡과 발효를 비교하면 호흡은 화학에너지로서 발효의 약 13배, ATP 수득량은 발효의 19배 정도 크다. 이처럼 호기적 조건에서는 혐기적 조건에 비하여 에너지 획득능이 현저히 높다. ATP 합성에 필요한 자유에너지를 7 kcal/mol로 볼 때 호흡은 포도당 1분자당 38 ATP가 얻어져서 약 40%, 발효는 약 30% 효율로 에너지가 얻어진다.

호흡에 의해 분해되는 유기화합물의 종류는 물질의 산화도가 CO_2보다 낮으면 되기 때문에 대단히 광범위하여 자연계에 존재하는 대부분의 유기화합물은 어떤 종류의 미생물에 의해 호흡의 기질로 이용될 수 있다. 또한 호흡에 있어서는 일부의 유기화합물이 더욱 산화된 형태인 CO_2까지 완전히 산화되지 않고 부분적으로 산화되는 수도 있는데 이를 불완전 산화(불완전호흡, 호기적 발효, 산화발효)라고 한다. 에탄올의 초산으로 산화, 포도당의 gluconic acid, itaconic acid로의 산화가 대표적이며 일부는 공업적으로 이용된다.

3-1-2 생체열역학

세포 내에서의 에너지 전환 및 이용에 관하여 논하는 학문을 생체열역학(bioenergetics)이라 하며, 발효화학에서 에너지 변화를 이해하기 위해서는 생체열역학의 기초가 필요하다.

일반적으로 화학반응이 일어나게 되면 관여하는 총에너지가 변화하게 된다. 이 총에너지변화는 전부가 일(work)을 하는데 이용되는 것이 아니고 일부는 그 system의 질서를 유지하는데 이용된다. 따라서 화학반응이 일어나면서 변화되는 총에너지 중에서 일을 하는데 이용될 수 있는 에너지를 자유에너지(free energy, G)라고 한다. 또한 system의 질서를 유지하는데 이용되는 에너지를 엔트로피(entropy)라고 하는데 이것은 일을 할 수 없는 에너지이다.

자유에너지는 일정한 온도와 압력하에서 일을 할 수 있는 에너지이고 따라서 세포는 자유에너지를 이용하여 세포 내의 일을 수행하게 된다. 어떤 물질 A가 가지는 자유에너지는 측정할 수 없으나 A가 B로 변할 때, 즉 $A \rightleftharpoons B$가 될 때 이 두 물질이 가지는 자유에너지변화량(ΔG)은 A가 B로 변할 때 이용될 수 있는 최고에너지량이다. 만일 생성물 B의 자유에너지(G_B)가 반응물 A의 자유에너지함량(G_A)보다 적으면 ΔG, 즉 $G_B - G_A$는 음의 값이 된다.

즉, $G_A > G_B$라면

$$\Delta G = G_B - G_A < 0$$

ΔG가 음의 값을 가진다는 것은 A→B 반응이 일어날 때 자유에너지의 감소, 즉 자유에너지의 발생을 의미한다. 따라서 역반응, 즉 B→A는 자유에너지의 흡수반응으로 ΔG가 양의 값을 갖게 된다. 자발적으로 일어나는 반응에서는 $\Delta G < 0$로서 ΔG의 감소가 수반되며, 반대로 $\Delta G > 0$인 반응이 일어나면 에너지를 공급하지 않으면 안된다. ΔG가 음인 반응을 발열반응(exergonic reaction) 또는 자발적 반응(spontaneous reaction)이라 하고, ΔG가 양인 때에는 흡열반응(endergonic reaction) 또는 비자발적 반응(nonspontaneous reaction)이라 한다.

ΔG값이 큰 양의 값이라 해서 반응속도가 빠른 것은 아니다.

$$C_6H_{12}O_6 + 6\ O_2 \longrightarrow 6\ CO_2 + 6\ H_2O$$

$$\Delta G = -\ 686\ \text{kcal}$$

위의 반응은 ΔG가 음의 값이므로 발열반응을 나타내지만 반응속도와는 관계가 없다. 반응속도를 지배하는 것은 자유에너지 변화가 아니라 그 반응에 대한 활성화에너지(activation energy)이다. 활성화에너지가 적으면 반응은 쉽게 진행된다. 효소는 활성화에너지를 감소시켜 반응이 빨리 진행되게 한다.

반응의 자유에너지변화 ΔG와 다른 열역학적 성질의 사이에는 다음과 같은 관계가 성립한다.

$$\Delta G = \Delta H - T\Delta S$$

이 식에서 ΔH는 총에너지(enthalpy) 변화이고, T는 절대온도, ΔS는 엔트로피변화이다. 물질 A와 B의 H와 S의 절대량을 측정하는 것은 어려우나 A가 B로 될 때의 ΔH, ΔS의 측정은 가능하다. $T\Delta S$값이 클수록 ΔG값이 큰 음의 값을 가짐을 알 수 있다.

반응 A⟷B에서의 ΔG는 다음 식으로 표시된다.

$$\Delta G = \Delta G° + RT \ln \frac{[B]}{[A]}$$

여기서 R은 기체상수, T는 절대온도, [A], [B]는 반응물질과 생성물질의 몰농도, $\Delta G°$는 표준자유에너지변화이다. 즉 표준상태(25℃, pH 7.0, 1기압, [A]=1 M, [B]=1 M)하에서의 화학변화에 따른 자유에너지변화이다.

표준상태에서의 평형상수 $keq = \frac{[B]}{[A]}$로 표시되므로

$\Delta G = \Delta G° + 2.303\ RT \log keq$로 된다.

표준상태에서의 자유에너지변화는 0으로 정의되므로

$\Delta G° = -2.303\ RT \log keq$로 표시된다.

여기서 화학반응의 방향을 결정짓는 것이 $\Delta G°$가 아니고 ΔG라는 것을 주의해야 한다.

3-1-3 탄수화물의 혐기적 대사

생물체에 존재하는 탄수화물은 에너지 저장원, 세포막 또는 조직의 구조물질 등 다양한 기능을 가지며, 탄수화물의 기본구성물질은 포도당이다. 포도당은 극히 소수의 미생물을 제외한 대다수의 미생물에 의해 이용될 수 있으므로 포도당의 이화작용 및 동화작용을 중심대사라 한다.

생물은 산소존재 유무에 관계없이 포도당을 이용할 수 있으며, 이용 경로는 생물이 가진 효소생산능력에 따라 결정된다. 혐기성 생물은 산소가 없는 조건에서도 포도당을 분해하여 발효에 의해 발효산물과 함께 에너지를 얻는다. 반면에 호기성 생물은 발효도 할 수 있으나 다시 그 생성물을 산소에 의하여 CO_2와 H_2O로 완전산화한다.

(1) 해 당

해당(解糖, glycolysis)은 진핵세포 미생물이 산소를 이용하지 않고 당을 분해하여 화학에너지를 얻는 과정을 말하며, 연구자들의 이름을 따서 Embden

-Meyerhof-Parnas(EMP) 경로라고도 한다. 해당은 미생물에 있어서 보편적으로 널리 이용되는 포도당분해대사의 가장 기본이 되는 대사과정이다.

해당과정은 포도당이 2분자의 젖산으로 분해되어 포도당 1몰당 2몰의 ATP를 생성한다.

$$\text{glucose} + 2\,\text{Pi} + 2\,\text{ADP} \longrightarrow 2\,\text{lactate} + 2\,\text{ATP} + 2\,H_2O$$
$$\Delta G^{0\prime} = -32.4\ \text{kcal}$$

효모균에서는 포도당이 2분자의 에탄올과 2분자의 CO_2로 분해되는데 이것을 알코올발효(alcohol fermentation)라 한다.

$$\text{glucose} + 2\,\text{Pi} + 2\,\text{ADP} \longrightarrow 2\,\text{ethanol} + 2\,CO_2 + 2\,\text{ATP} + 2\,H_2O$$
$$\Delta G^{0\prime} = -25.4\ \text{kcal}$$

해당은 포도당이 EMP경로에 의해서 pyruvic acid가 생성되고 이 pyruvate가 조건에 따라 변화하는 주요한 대사과정이다(그림 3-2).

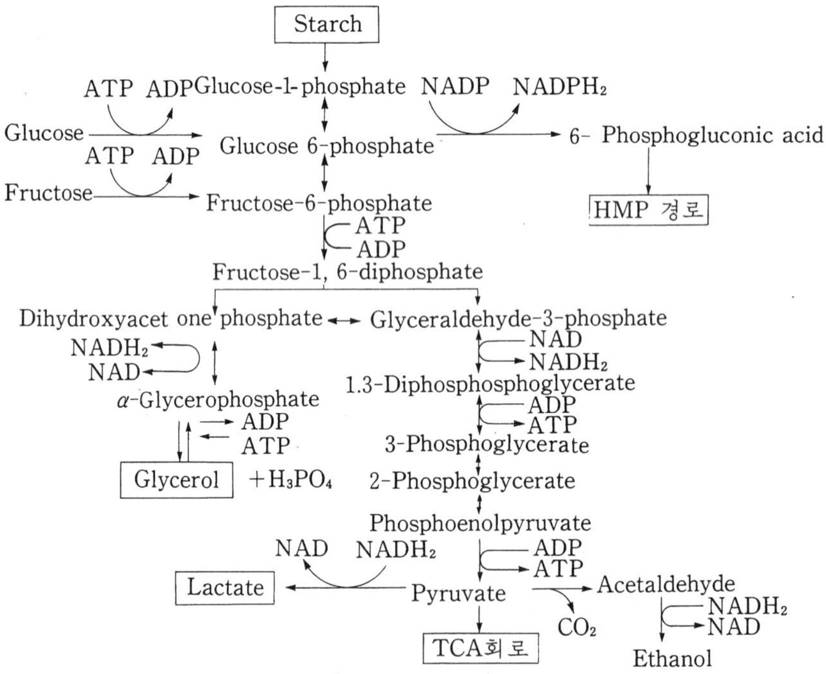

그림 3-2 EMP경로

이 경로에서 포도당은 인산화된 다음 aldolase에 의해 3탄당 인산화합물인 dihydroxyacetone phosphate와 D-glyceraldehyde-3-phosphate가 생성된

다. 이 두 화합물은 isomerase에 의해 평형이 유지되며, D-glyceraldehyde-3-phosphate는 산화되어 pyruvic acid로 전환된다. 이 과정에서 생성된 $NADH_2$는 lactate dehydrogenase와 공역하여 pyruvic acid에서 젖산을 생성하며(정상젖산발효), 반면에 alcohol dehydrogenase와 공역할 경우 acetaldehyde에서 알코올생성(알코올발효)이 이루어진다. 그러나 발효초기에는 acetaldehyde가 생성되어 있지 않으므로 $NADH_2$가 dihydroxyacetone phosphate를 환원시켜 glycerol phosphate를 거쳐 알코올발효의 부산물로서 glycerol을 생성(glycerol 발효)하게 된다.

또한 pyruvic acid는 산소가 있는 조건하에서는 acetyl CoA로 전환된 다음 TCA cycle을 통하여 CO_2와 H_2O로 산화된다(호흡). 통성혐기성 세균은 환경조건에 따라 호흡 또는 발효가 결정된다. 즉 전자수용체인 O_2의 존재유무와 호흡할 수 있는 기질의 농도에 의존한다.

발효와 호흡의 상호관계에서 Pasteur 또는 oxygen효과란 산소, 즉 호흡에 의한 해당, 환언하면 발효가 저해되는 현상을 말하며, 발견자인 Pasteur의 이름을 따서 붙이게 된 것이다. 호기적 조건에서의 당의 소비는 혐기적 조건보다 약 7배 저하되어 알코올생성이 크게 저해된다. 당의 소비가 둔화되는 이유는 호흡에 의해 생성되는 에너지가 발효에 의한 에너지보다 훨씬 크기 때문에 미생물은 약간의 당만을 소비하여도 다량의 에너지를 얻을 수 있기 때문이다. Pasteur효과의 기작은 구연산과 ATP에 의한 phosphofructokinase의 저해 때문인 것으로 알려지고 있다.

한편 Crabtree효과란 Pasteur효과의 역으로 해당이 활발할 때 호흡, 즉 산소의 소모가 저해되는 현상을 말한다. 이와같은 억제현상은 미생물에 있어서 호흡과 발효의 상호제어라고 생각되며, 호흡에 의한 ATP생산이 해당반응과 밀접한 관계가 있음을 나타낸다.

(2) Phosphoketolase 경로

젖산발효균에는 발효산물이 단일 젖산인 정상젖산발효균과 젖산 외에 초산, 에탄올 등을 함께 생산하는 이상젖산발효균이 있다. 정상젖산발효균은 당을 EMP경로로 대사하지만 이상젖산발효균은 HMP경로의 transaldolase, transketolase뿐 아니라 fructose-1, 6-diphosphate를 2개의 triose phosphate로 분해하는 aldolase가 없기 때문에 phosphoketolase라는 효소가 관여하는 특수한 경로, 즉 phosphoketolase(PK)경로로 당을 발효한다.

Leuconostoc mesenteroides 와 같은 이상젖산발효균은 다음과 같은 혐기적 분해에 의하여 젖산과 초산, 그리고 CO_2를 생성한다.

$$\text{glucose} \longrightarrow \text{lactate} + \text{ethanol} + CO_2 + 2\ \text{ATP}$$

그림 3-3 에서 보는 바와 같이 포도당은 HMP 경로 초기반응으로 ribulose-5-phosphate 로 산화되지만 HMP 경로와 달리 NAD 를 보효소로 한다. PK 는 xylulose-5-phosphate 에 만 작 용 하 여 glyceraldehyde-3-phosphate 와 acetyl phosphate 로 분해된다. 전자는 EMP 경로를 따라 pyruvate 로 산화된다. 이 pyruvate 와 acetyl phosphate 는 해당과정에서 NADH 산화과정의 전자수용체로 되어 각각 젖산과 에탄올로 환원된다.

젖산균은 cytochrome 계 호흡효소나 TCA 회로를 가지고 있지 않으므로 Pasteur 효과를 나타내지 않으며, 호기적이나 혐기적 어느 조건에서도 1 몰의 포도당에서 2 몰의 ATP 를 생성한다.

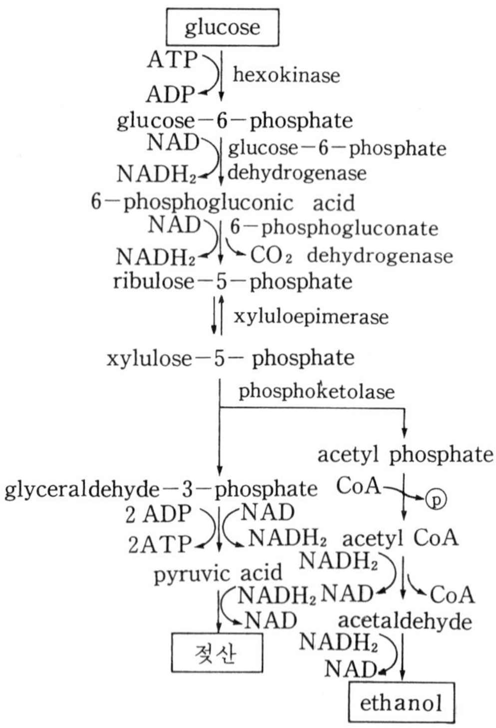

그림 3-3 phosphoketolase 경로

(3) 각종 혐기적 발효

미생물에 의한 혐기적 발효에는 알코올발효, 젖산발효(정상, 이상), butanol-acetone 발효, 낙산발효, propionic acid 발효 등이 있으며, 이들은 포도당에서 EMP 경로, HMP 경로, ED 경로 등을 거쳐 pyruvate로 된 다음 여러 대사경로로 생산된다.

(4) Malo-lactic 발효

사과산이 다수의 젖산균에 의해 젖산으로 분해되는 과정을 malo-lactic 발효(MLF)라 하며, 포도주 생산과정에서 상업적인 큰 의의를 지닌다. 사과산을 미생물에 의하여 젖산으로 변화시킴으로써 산의 감소를 가져와 순하고 부드러운 포도주를 생산할 수 있기 때문이다. 발효기구는 아직까지 확인되지 않고 있으나 사과산이 NAD 의존성 malic enzyme(EC. 1.1.1.38)에 의해 탈탄산되어 pyruvate가 되고 이어 pyruvate가 환원되어 젖산을 생성하는 것으로 생각되고 있다.

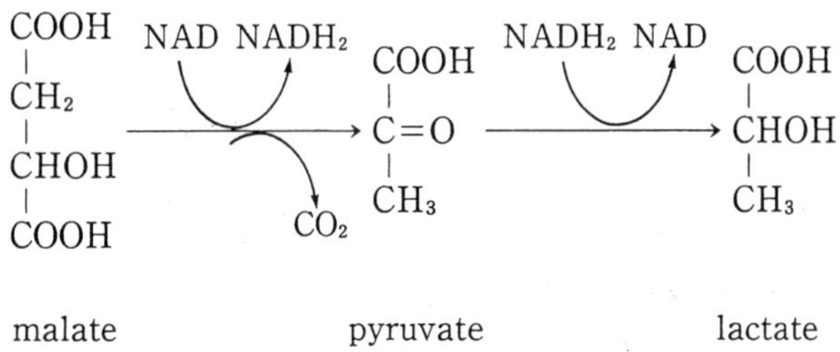

L-malate가 직접 L-lactate로 전환되는 것으로 보아 L-lactate dehydrogenase의 존재 가능성도 있다. 그러나 *Leuconostoc mesenteroides*는 그 효소를 가지고 있지 않음에도 불구하고 L-malate를 L-lactate로 전환시킬 수 있다.

3-1-4 탄수화물의 호기적 대사

(1) TCA 회로

해당(glycolysis)은 포도당을 산화시키지 않고 ATP를 얻는 과정이다. 그러나 1937년 영국의 Krebs 등이 동물조직에서 발견한 대사경로인 Krebs 회로는 tricarboxylic acid의 일종인 citric acid가 중요한 대사중간산물이므로 TCA

회로 또는 구연산회로라고도 하는데 이 과정에서 포도당은 호기적 조건하에서 CO_2와 H_2O로 완전히 산화된다.

Pyruvate 에서 pyruvate dehydrogenase 에 의해 생산된 acetyl CoA 가 이 회로에 의해 CO_2로 완전히 산화되면서 NAD, NADP 및 FAD를 환원시킨다 (그림 3-4).

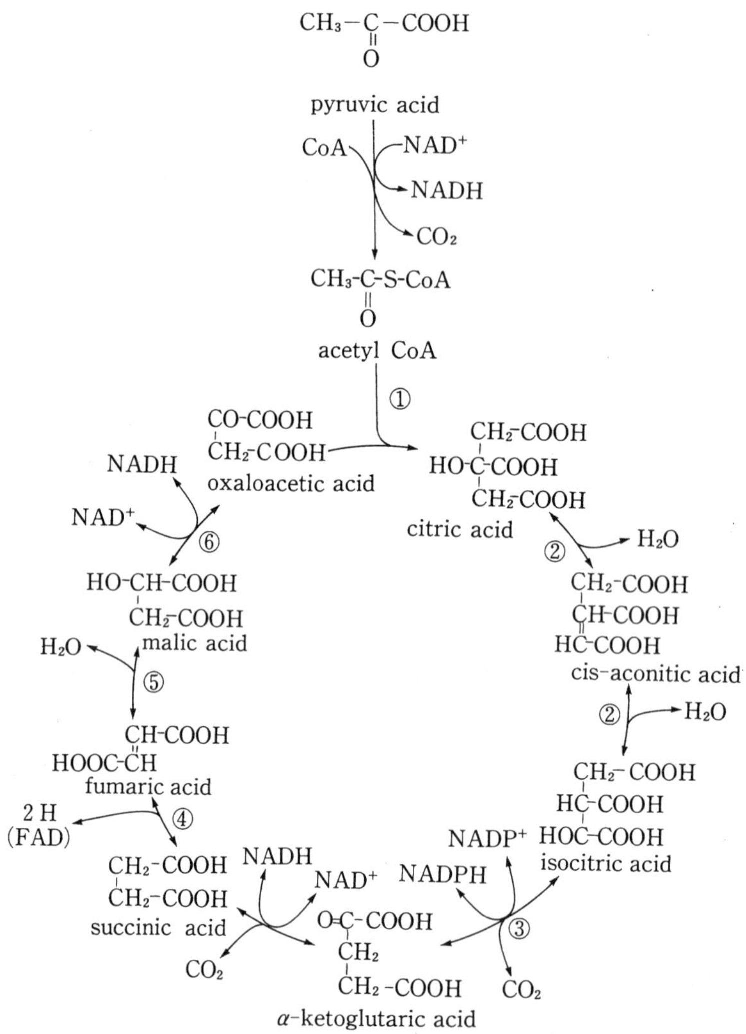

그림 3-4 TCA 회로
① citrate synthase ② aconitase ③ isocitrate dehydrogenase
④ succinate dehydrogenase ⑤ fumarase ⑥ malate dehydrogenase

환원된 전자전달체들은 전자전달계에 공여되어 산화적 인산화에 의해 산화되면서 ATP를 생산한다.

$$C_6H_{12}O_6 + 6\,O_2 + 38\,ADP + 38\,Pi \longrightarrow 6\,H_2O + 6\,CO_2 + 38\,ATP$$

포도당으로부터 해당작용에 의해 생성된 pyruvate는 pyruvate dehydrogenase라고 하는 효소복합체에 의해 acetyl CoA와 CO_2로 분해되면서 1분자의 NAD를 환원한다. 이 때 lipoic acid, TPP 및 FAD는 효소복합체의 보조인자로 작용한다.

$$\begin{array}{l} COOH \\ \,| \\ C{=}O \end{array} + CoA{-}SH + NAD \longrightarrow CH_3CO{-}S{-}CoA + CO_2 + NADH_2$$
$$\begin{array}{l} \,| \\ CH_3 \end{array}$$

pyruvate acetye CoA

이어 acetyl CoA는 oxaloacetate와 citrate synthase의 작용으로 축합되어 구연산이 생성되면서 TCA 회로가 시작된다. 구연산이 CO_2방출과 더불어 α-ketoglutarate, succinate, fumarate, malate를 거쳐 oxaloacetate로 재생되어 다시 acetyl CoA와 반응하는 순환을 계속하게 된다.

TCA 회로의 주기능은 ATP생산과 함께 생체합성에 필요한 탄소골격을 제공하는 것이다. 이처럼 ATP생산을 위한 분해반응(catabolism) 과정에서 합성반응(anabolism)에 필요한 전구물질을 동시에 생산하는 대사경로를 양성대사경로(amphibolic pathway)라 한다. 미생물이 왕성하게 생육할 때는 TCA 회로의 주된 기능이 생체합성에 필요한 탄소골격을 제공하는 것이지만 생육이 끝나면 CO_2로 산화되면서 ATP를 생산하는 것이 주된 기능이다.

한편 TCA 회로의 중간산물이 생체합성에 이용되고 보충되지 않으면 oxaloacetate의 농도가 낮아져서 구연산이 합성되지 못하며 이 때문에 TCA 회로는 중단될 것이다. TCA 회로를 계속 유지시키기 위해서는 생합성에 이용된 중간산물을 보충하는 반응이 필요하다. 이를 anaplerotic sequence라 한다. 당을 기질로 미생물이 생육할 때는 pyruvate 또는 phosphoenol pyruvate (PEP)로 부터 oxaloacetate를 합성하여 이 문제를 해결한다.

$$pyruvate + CO_2 + ATP + H_2O \xrightleftharpoons{\text{pyruvate carboxylase}} oxaloacetate + ADP + Pi$$

$$PEP + CO_2 + H_2O \xrightleftharpoons{\text{PEP carboxylase}} oxaloacetate + Pi$$

(2) 포도당의 에너지수율

1분자의 포도당이 해당 및 TCA 회로를 거쳐 CO_2와 H_2O로 완전 산화될 때의 에너지수율은 표 3-1과 같다.

표 3-1 포도당의 호기적 산화시 에너지수율

	ATP 소비(−) 또는 생성(+)	비 고
해 당		
glucose ⟶ glucose-6-phosphate	−1	−
fructose-6-phosphate ⟶ fructose-1,6-diphosphate	−1	−
glyceraldehyde-3-phosphate ⟶ 1, 3-diphosphoglycerate	+4 또는 +6	2 NADH=4 ATP (또는 6 ATP)
1, 3-diphosphoglycerate ⟶ 3-phosphoglycerate	+2	기질준위인산화
phosphoenolpyruvate ⟶ pyruvate	+2	기질준위인산화
TCA 회로		
pyruvate ⟶ acetyl CoA	+6	2 NADH=6 ATP
isocitrate ⟶ α-ketoglutarate	+6	2 NADH=6 ATP
α-ketoglutarate ⟶ succinyl CoA	+6	2 NADH=6 ATP
succinyl CoA ⟶ succinate	+2	2 GTP=2 ATP 기질준위인산화
succinate ⟶ fumarate	+4	2 $FADH_2$=4 ATP
malate ⟶ oxaloacetate	+6	2 NADH=6 ATP
계	+36 또는 +38	−

해당에서 포도당 1분자는 2분자의 glyceraldehyde-3-phosphate를 생성하므로 2분자의 NADH가 생성된다. 포도당의 해당은 세포질에서, NADH의 산화는 미토콘드리아에서 이루어지므로 해당작용에서 생성된 NADH가 산화되기 위해서는 반드시 미토콘드리아로 운반되어야 한다. 세포질의 NADH가 미토콘드리아로 들어가는 경로에는 malate-aspartate shuttle(콩팥, 심장, 간세포)과 glycerol phosphate shuttle(골격근, 뇌세포)의 2가지가 있다.

만일 NADH가 직접 미토콘드리아로 이동된다고 하면(malate-aspartate

shuttle) 1 분자의 NADH는 3분자의 ATP를 생산하지만, glycerol phosphate shuttle을 거칠 경우는 미토콘드리아 내막의 전자수용체가 FAD이므로 2분자의 ATP를 생산하게 된다. 따라서 1분자의 포도당이 완전히 산화되면 36 ATP 또는 38 ATP가 생산된다.

미생물에 있어서 포도당 1분자당 ATP 생성량을 살펴보자. 호기성 진핵미생물은 NADH가 미토콘드리아막을 통과할 수 없으므로 미토콘드리아로 이동하는 shuttle 형태에 따라 포도당 1분자당 36 ATP 또는 38 ATP가 생성된다. 반면 미토콘드리아가 없는 절대 호기성 원핵미생물(세균 등)은 세포질 내의 1분자의 NADH에서 3분자의 ATP가 생성되므로 38 ATP가 생성되는 셈이다. 그러나 세균의 경우 전자전달계가 진핵생물의 미토콘드리아에서와 다르기 때문에 ATP 생산량은 달라진다. 대장균에서는 FADH에서 1 ATP가 생산되는 등 포도당 1몰에서 16~26 ATP가 생산된다. 절대혐기성 미생물은 TCA 회로가 작동되지 않으므로 포도당 1분자당 2 ATP만이 생성된다.

(3) Glyoxylate 회로

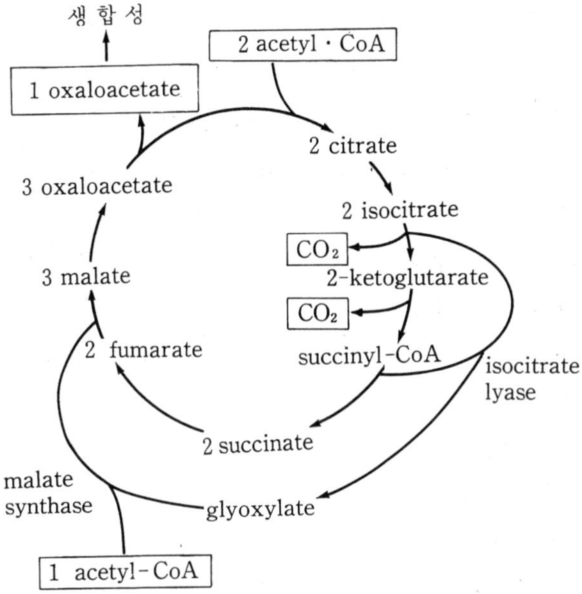

그림 3-5 glyoxylate cycle

미생물이 phosphoenolpyruvate와 pyruvate를 거치지 않고 TCA 회로에 들어가는 탄소원(초산, 에탄올 등의 C_2화합물)에서 생육하기 위해서는 그림 3-5

와 같은 glyoxylate 회로에 의하여 우선 glyoxylate 와 acetyl CoA 가 축합하여 C_4 화합물을 공급하여야 한다. 이 회로는 TCA 회로의 측로로서 2가지의 특이적인 반응, 즉 isocitrate 가 glyoxylate 와 succinate 로 분해되는 반응과 glyoxylate 와 acetyl CoA 가 축합하여 사과산을 생성하는 반응을 가지고 있다. 이 2가지 반응은 TCA 회로의 반응과 합쳐서 TCA 회로의 정상적인 작동을 가능케 함은 물론 TCA 회로의 측로도 가능케 해준다.

먼저 oxaloacetate 와 acetyl CoA 가 TCA 회로의 citrate synthase 와 aconitase 의 도움으로 citrate 를 거쳐 isocitrate 로 대사된다. isocitrate 는 isocitrate lyase 의 작용으로 succinate 와 glyoxylate 로 분해된다. 이때 succinate 는 TCA 회로를 통해 대사되고, glyoxylate 는 malate synthase 에 의해 acetyl CoA 와 결합하여 malate 합성에 이용된다. 이 반응을 요약하면 acetyl CoA 2분자에서 5개 효소에 의해 malate 1분자를 생성하는 셈이다.

(4) 6탄당인산경로

미생물은 6탄당인산경로(hexosemonophosphate shunt, HMP 경로)와 같은 호기적 분해에 의해 당을 분해하기도 한다. 이 경로는 6탄당인산의 제 2 대사과정이라는 점에서 해당반응과 구분하여 붙여졌으며, 이 경로의 중간산물이 5탄당인산이라는 점에서 흔히 5탄당인산회로(pentose phosphate cycle) 또는 연구자의 이름을 따서 Warburg-Dickens 경로라고도 한다(그림 3-6 참조).

HMP 경로는 3단계로 나누어 생각할 수 있다.

① Glucose-6-phosphate 가 $NADP^+$의 환원 및 CO_2 생산과 더불어 ribulose-5-phosphate 로 산화되는 과정

② Ribulose-5-phosphate 가 각각 ribose-5-phosphate 와 xylulose-5-phosphate 로 되는 단계

③ Transketolase, transaldolase 의 작용에 의해 5탄당인산이 6탄당 및 3탄당 인산으로 되는 과정

이때 생성된 3탄당인산은 EMP 경로와 같은 반응을 거쳐 pyruvate 로 대사되거나 gluconeogenesis 경로를 통해 glucose-6-phosphate 로 되어 다시 HMP 경로로 들어간다.

HMP 경로의 생화학적 의의는 핵산합성에 필요한 5탄당의 공급과 생체합성에 필요한 환원적인 NADPH 를 재생하는 것이다.

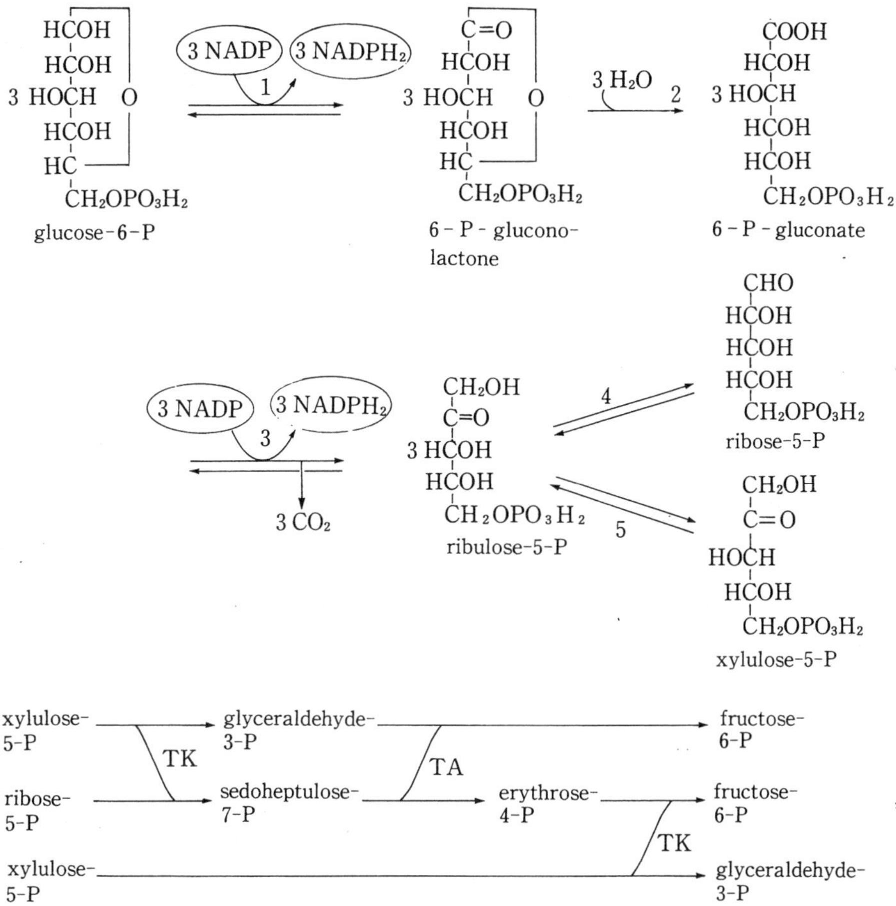

1, glucose-6-phosphate dehydrogenase ; 2, lactonase ; 3, 6-phosphogluconate dehydrogenase ; 4, phosphoribose isomerase ; 5, ribulose-5-phosphate-3-epimerase ; TK, transketolase ; TA, transaldolase.

그림 3-6 HMP 경로

또 하나의 주된 기능은 광합성에서 CO_2 고정에 필요한 5탄당인산을 생성하는데 관여하는 일이다.

일반적으로 미생물은 EMP와 HMP경로를 거쳐 포도당을 분해하지만 그 비율은 미생물의 종류에 따라 다르다. EMP : HMP의 비가 대장균은 72 : 28, *Sac. cerevisiae* 88 : 12, *Peni. chrysogenum* 56~70 : 30~44 정도이지만 *Rhizopus oryzae*는 100% EMP경로로 대사되고, *Acetomonas oxydans*는 100% HMP 경로에 의해 대사된다.

(5) Entner-Doudoroff 경로

이 경로는 *Pseudomonas saccharophila* 에서 처음으로 Entner 와 Doudoroff 에 의해 발견된 후 Entner-Doudoroff(ED) 경로로 알려져 있다. 이 경로로 포도당을 대사하는 세균은 phosphofructokinase 가 없는 것이 특징이며, 그 종류로는 통성 혐기성균인 *Zymomonas mobilis* 를 비롯하여 *Azotobacter, Streptomyces faecalis*, 호기적 대사를 하는 Gram 음성의 *Pseudomonas, Agrobacterium, Rhizobium* 등인 것으로 알려져 있다.

ED 경로의 처음 두반응은 HMP 경로에서와 같이 glucose-6-phosphate 가 6-phosphogluconolactone 을 거쳐 6-phosphogluconate 로 된다. 이어 탈수에 의하여 2-keto-3-deoxy-6-phosphogluconate(KDPG)를 생성하고 KDPG 는 pyruvate 와 glyceraldehyde-3-phosphate 로 분해된다(그림 3-7).

이 3 탄당인산은 EMP 경로와 같이 pyruvate 로 대사된다. 이 경로에서는 포도당 1 분자에서 1 ATP 가 생성된다.

한편 *Zymomonas mobilis* 를 이용한 연료용 알코올제조과정에는 이 경로를 따르게 되며, 이 과정에서 포도당 1 몰당 2 몰의 에탄올이 생성된다.

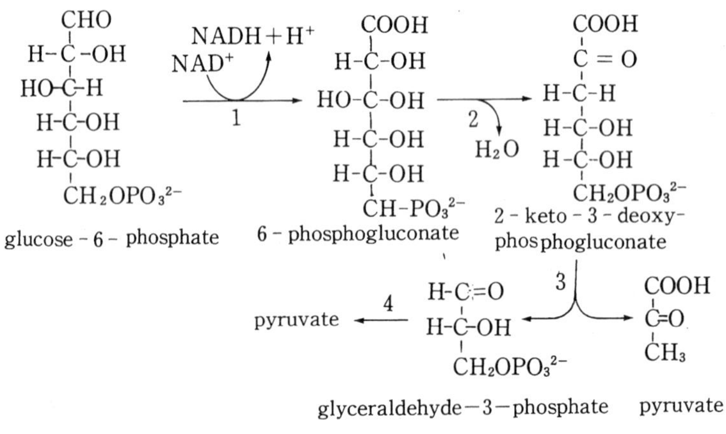

1. glucose-6-phosphate dehydrogenase
2. 6-phosphogluconate dehydratase
3. 2-keto-3-deoxy-6-phosphogluconate aldolase
4. EMP 경로와 동일

그림 3-7 Entner-Doudoroff 경로

3-2 2차대사산물의 생합성과 제어

3-2-1 1차대사와 2차대사

물질대사에서 기본적으로 생물의 생명유지에 필요한 대사가 1차대사이고, 2차대사는 1차대사에서 분지(分枝)되어 특정의 조건에서만 진행된다.

1차대사가 생명이라는 강의 주류라면 2차대사는 지류인 셈이다(그림 3-8). 1차대사와 2차대사의 구분은 다분히 개념적이고 명확하지 않다.

2차대사의 특징은 다음과 같다.

① 2차적으로 분지된 다양한 대사계에서 생산되므로 다종다양하다.

② 공통의 1차대사계에서 분지한 2차대사계에 의한 산물이기 때문에 화학구조가 유사한 물질이 하나의 배양계에서 생산되는 수가 많다.

③ 천연배지에서는 영양섭취기(trophophase, 대수증식기에 해당)가 종료된 후인 특이생산기(idiophase, 대수증식기 후기에서 정상기에 해당)에서 생산되는 것이 많다(그림 3-9). 특이생산기에 생산되는 산물을 특이대사산물(idiolite)이라고도 한다.

④ 생산균을 계대배양하거나 변이처리함으로써 그 생산성이 이따금 쉽게 소실된다.

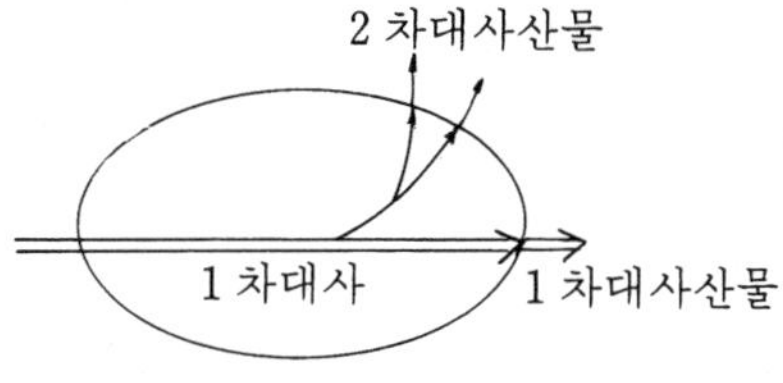

그림 3-8 1차대사와 2차대사

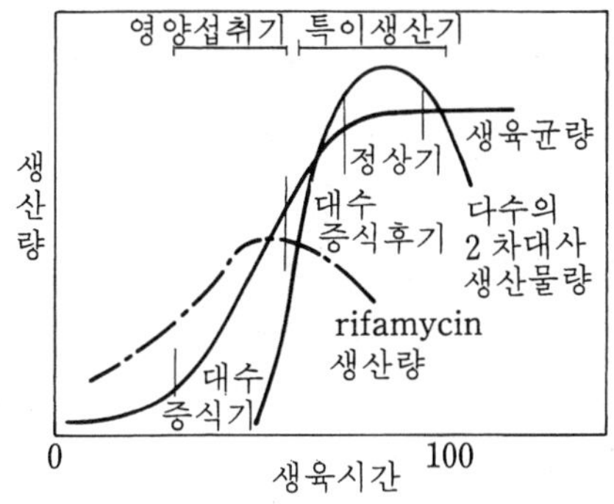

그림 3-9 생육시간과 생산량과의 관계, 2차대사산물의 생산시기

3-2-2 2차대사산물의 생합성경로

2차대사산물의 기본단위(출발물질)는 비교적 소수의 1차대사산물에서 유래하고 그후 2차대사에 있어서 변환, 중합 또는 다른 경로 유래의 구성단위와 축합에 의해 다양한 구조로 합성된다.

2차 대사산물의 생합성에 특이한 생화학적 반응에는 산화환원, 메틸화, 할로겐화 등이 있다. 기본적 생합성경로를 그림 3-10에 나타내었다.

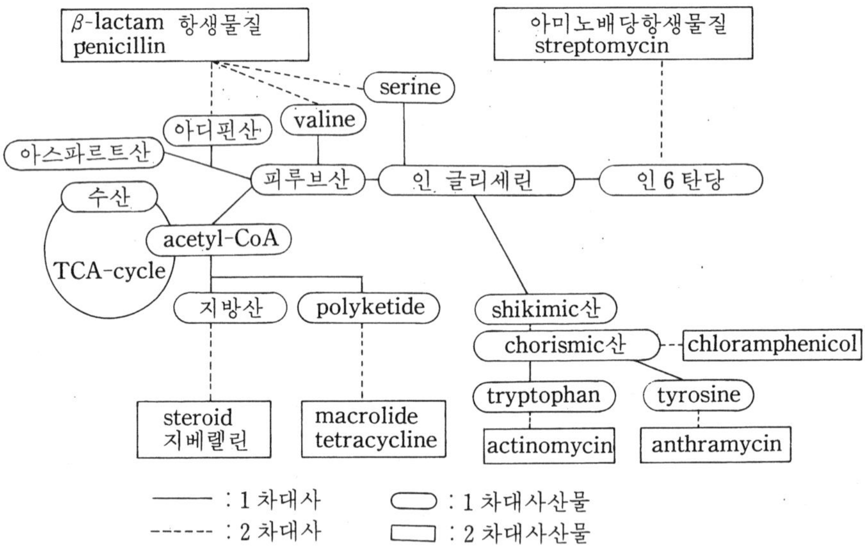

그림 3-10 TCA 회로를 중심으로한 1차대사와 2차대사의 관계(Turner)

(1) 초산이 관여하지 않는 경로

이 경로는 1차대사에 있어서 해당계 또는 5탄당인산경로 등의 당대사계에서 pyruvate가 되기 전 과정에서 유래하는 2차대사가 중심이 된다.

1) 포도당에서 직접 유래하는 경로 : *Aspergillus*가 생산하는 kojic acid, 독버섯인 *Amanita muscarina*가 가진 muscarine이 있다.

2) shikimic acid에서 유래하는 경로 : 균류에서 생산되는 caffeic acid, *p*-hydroxybenzoic acid, pyrogallol, anisaldehyde 등이 있고, 방선균이 생산하는 것으로는 chloramphenicol, novobiocin 등이 있다.

3) 5탄당인산경로를 거쳐 nucleoside가 되는 과정에 관련된 경로 : 방선균이 생산하는 puromycin, blastocidin S, polyoxin이 있으며, 균류에서도 cordycepin이 알려져 있다.

(2) 지방산대사와 관련된 경로

1) 지방산을 출발물질로 하는 경로 : polyacetylene과 cyclopentane 유도체가 있으며, 전자는 고등식물에는 다수 알려져 있으나 균류에는 담자균에만 있다. 균류가 생산하는 cyclopentane 유도체로서는 prostaglandin과 유사한 brefeldin A 등이 있다.

2) 지방산합성 경로에서 파생된 경로 : 다수의 polyketide 유래 2차대사산물이 알려져 있다. orcinol, penicillic acid, patulin, ochratoxin, citrinin, griseofulvin, luteoskyrin, aflatoxin, sterigmatocystin, tetracycline, erythromycin, variotin 등이 포함된다.

(3) Terpene, steroid 대사에 관련된 경로

Acetyl CoA를 기점으로 하는 terpene과 steroid의 합성경로에서 중간체로서 중요한 것은 mevalonic acid이다. 이 물질의 carboxyl기에 탈탄산이 일어나면 isoprene골격이 되고 이것의 축합에 의하여 terpene이나 steroid가 합성된다. 이 경로에서 합성된 2차대사산물로서는 fumagillin, geosmin, gibberellin, helvolic acid 등이 있다.

(4) TCA 회로와 관련된 경로

1) 중간산물인 유기산 유래 : α-ketoglutaric acid에서 환원된 glutaconic acid와 aconitic acid의 탈탄산으로 생성된 itaconic acid가 있다.

2) 초산에서 유래된 지방산과 TCA 회로 중간체와의 축합산물 : *Penicillium islandicum*이 생산하는 erythroskyrin, 담자균이 생산하는 agaricic acid, 곰팡이독 rubratoxin이 있다.

(5) 아미노산대사에 관련된 경로

1) 단일 아미노산 유래 : 방선균이 생산하는 cycloserine, azaserine이 있고 또 β-alanine의 nitro화체인 β-nitropropionic acid 등이 있다. 단일 비천연 아미노산 유래의 것으로는 항생물질 duazomycin, 담자균이 생산하는 살충성분 tricholomin, ibotenic acid 등이 있다.

또 환각작용을 가진 psilocybin과 남색색소의 indigo는 tryptophan 유래물질이다.

2) 2개의 아미노산이 diketopiperazine 환(環)을 형성한 것 : aspergillic acid,

gliotoxin이 대표적이고 그 밖에 diketopiperazine형 축합이 아닌 다른 축합의 예로서 cystein과 valine의 축합체인 penicillin이 있다. 같은 방법으로 cephalosporin도 생합성 된다.

3) 2개 이상의 아미노산이 축합된 것 : 2개 이상의 아미노산이 직선상으로 peptide결합한 것으로는 방선균이 생산하는 항생물질 gramicidin A와 *Fusarium*이 생산하는 enniatin이 있다. 다수의 아미노산이 환상으로 진열된 것은 항생물질인 actimomycin, polymyxin, bacitracin, viomycin, tyrocidine 등이 있다. 2개 이상의 아미노산이 복잡하게 축합하여 함질소방향환을 형성하고 있는 것으로는 맥각균이 생산하는 맥각 alkaloid가 있다. 맥각 알칼로이드는 lysergic acid와 ergotamine이 amide결합한 것이며, 전자는 2개의 아미노산, 후자는 3개의 아미노산 축합체이다.

3-2-3 2차대사산물의 생합성 및 생산제어

2차대사산물은 1차대사산물에 비하여 다종다양하고 일반적으로 생산량도 적기 때문에, 생합성의 제어도 1차대사산물의 제어보다 곤란한 경우가 많다. 가장 간단한 화학구조를 가진 항생물질의 하나인 chloramphenicol을 예로들어 보아도 그 생합성조절기구는 상당히 복잡함을 알 수 있다(그림 3-11).

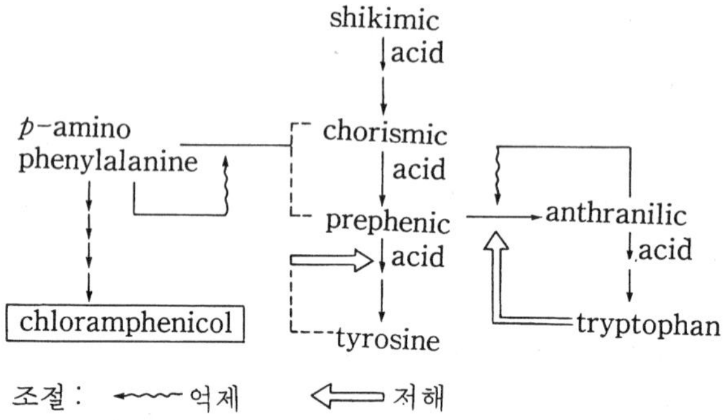

그림 3-11 Chloramphenicol의 생합성경로와 대사제어

(1) 1차대사제어에 의한 2차대사제어

2차대사는 1차대사의 분지대사이기 때문에 1차대사의 제어에 의해 2차대사산물의 생합성제어도 가능하다. 예를들면 tryptophan을 첨가하면 pyrrolnitrin이나 chloramphenicol의 생합성이 증대되고, valine첨가에 의해 penicillin생합성이 증대된다.

(2) 생합성과정 중의 물질에 의한 제어

Chloramphenicol의 생합성 과정에서 중간대사물질인 *p*-aminophenylalanine의 첨가에 의해 allylamine합성효소가 억제되어 chloramphenicol의 생산이 억제된다.

(3) Catabolite 제어

포도당과 같이 급속히 소비되는 탄소원을 사용하여 균을 배양할 때 각종 이화계 효소의 생성이 제어되는 현상으로써 포도당 첨가에 의해 penicillin, bacitracin, patulin, 맥각 alkaloid의 생산이 억제되는 것 등이 알려져 있다.

catabolite제어를 피하기 위해서 탄소원의 공급방법개량, 균주의 유전적 조작 등이 검토되고 있다.

(4) 무기인산에 의한 제어

무기인산을 10 g/*l* 첨가하면 맥각 alkaloid 생산균 *Claviceps*의 생육은 증대되지만 alkaloid의 생산은 저해되며, tryptophan을 가하면 저해가 없어진다. amphotericin B 등의 polyene-macrolide계 항생물질의 생산도 무기인산첨가에 의해 저해된다.

인산염에 의한 제어기구는 인산염이 세포내 ATP수준을 조절하여 energy charge가 항생물질 생합성개시의 effector로서 작용하기 때문인 것으로 생각된다.

(5) Nitrogen catabolite 제어

쉽게 이용될 수 있는 질소원의 과량첨가로 2차대사산물의 생합성이 제어된다. 암모니아태 질소의 첨가는 oleandomycin, novobiocin, candihexin 등의 항생물질 생산을 억제한다.

(6) 금속이온에 의한 제어

금속이온 첨가는 2차대사산물의 생합성에 영향을 미치는 것으로 알려져 있다. Mg^{2+}, Ca^{2+}, Zn^{2+}, Co^{2+} 등의 금속이온은 적당량 첨가하면 생산을 촉진한다. 예를들어 Mg^{2+}을 적당량 첨가하면 *Streptomyces kanamyceticus*의 kanamycin 생산이나 *St. fradiae*의 neomycin 생산을 촉진하는데, 그 이유는 생합성에 관여하는 효소작용의 촉진과 세포벽에 흡착된 항생물질의 유리를 촉진하기 때문인 것으로 알려져 있다.

(7) 미량제어인자

Streptomyces griseus 에 의한 streptomycin 생산배양 중 발견된 활성인자 A-factor 는 streptomycin 생합성을 유도한다.

최근에 *Nocardia mediterranea* 에 의한 rifamycin 생산과정에서 발견된 R-factor 는 rifamycin 생산에 꼭 필요한 물질임이 확인되었는데 구조는 butyrylphosphoadenosine 인 것으로 밝혀졌다.

Sclerotinia libertiana 의 배양에서 단리된 생리활성물질인 sclerin 은 산화적 인산화의 촉진제로도 알려져 있으며, kanamycin 의 생산을 촉진한다.

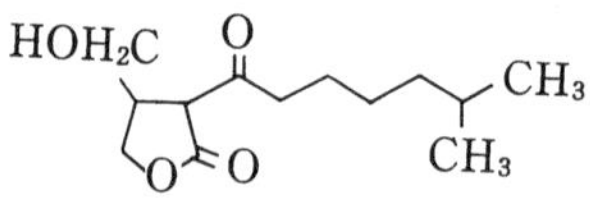

A-factor (*Streptomyces* species)

(8) 공통전구체에 의한 제어

Penicillin 을 사용하여 streptomycin 생산균의 세포벽합성을 저해하면 streptomycin 의 생산이 증대되고, bacitracin 첨가는 neomycin 이나 kanamycin 의 생산을 촉진한다. streptomycin 은 구성성분으로 glucosamine 또는 그 유연물질을 함유하고 있으며, 항생물질생산균인 방선균의 세포벽도 glucosamine 을 재료로 하는 mucopeptide 임을 감안할 때, 세포벽합성저해의 1 차대사와 streptomycin 합성의 2 차대사 사이에 glucosamine 을 공통전구체로 하는 제어가 있음을 시사한다.

(9) 막투과성의 제어

Palmitic acid, oleic acid 등의 지방산을 첨가하면 세포막 중의 지방산이 변화하고 그 결과 막투과성이 변하여 neomycin, istamycin 등의 amino-glycoside 계 항생물질의 생산이 증대된다.

(10) 최종산물의 축적이나 첨가에 의한 생산조절

Erythromycin 의 첨가는 erythromycin 자체의 생산을 증가시킨다고 알려져 있다. 그러나 대부분의 항생물질은 자기 항생물질에 의해 저해가 일어나는데 이는 최종산물에 의한 feedback 저해 때문이다. 따라서 생산균을 개량하여 저해가 되지 않게 하거나 erythromycin 처럼 촉진효과가 있도록 함으로써 생산을 증강시킬 수 있다. 항곰팡이물질인 fungicidin과 cycloheximide를 생산하는 방선균 *St. noursei*에서는 전자를 가하면 후자가, 후자를 가하면 전자의 생산이 촉진된다고 보고되어 있다.

3-3 대사제어 및 발효의 전환

대사조절기구에는 효소단백질 분자의 합성면에서의 조절과 현존하는 효소분자의 활성면에서의 조절이 있으며, 조절기작의 조밀도(粗密度)에 따라 구분하면 효소합성 조절은 coarse control, 효소활성 조절은 fine control이라고 볼 수 있다.

3-3-1 효소합성제어

(1) 효소의 유도

효소에는 배지중에 그 효소의 기질이나 analogue가 존재할 때만 생성하는 유도효소(inducible enzyme)와 배지의 조성에 관계없이 항상 합성되는 구성효소(constitutive enzyme)가 있다. 유도효소에서 효소합성을 유도하는 기질을 유도물질(inducer)이라 하며, 기질의 analogue처럼 유도효소에 의해 대사되지 않는 물질을 gratuitous inducer라고 한다.

효소합성의 유전적 조절기작을 통일적으로 설명해 주는 것이 Jacob과 Monod(1961)의 operon설이다. 분자수준의 연구가 가장 잘 이루어진 대장균의 lactose operon은 이를 잘 설명해 준다(그림 3-12 참조).

Lactose와 같은 유도물질이 없을 때는 조절유전자(*lac* I)에서 만들어진 억제물질(repressor)이 operator(O) 부위에 결합함으로써 구조유전자에서 mRNA 합성이 억제되어 효소합성은 일어나지 않는다.

한편 유도물질인 lactose 등을 첨가하면 이것이 억제물질과 결합하여 억제물질이 operator에 결합할 수 없게 되어 구조유전자에서 mRNA가 합성되어 효소합성이 이루어진다. 이처럼 조절유전자에 의해 제어되는 operator와 구조유전자군은 operon을 구성하고 조절의 단위가 된다.

Jacob 등(1964)은 operator 부위의 돌연변이체에 대한 연구에서 operator와 RNA polymerase에 의한 전사개시에 필요한 영역이 다르다는 것을 밝히고 전사를 지배하는 영역을 promoter로 명명했다.

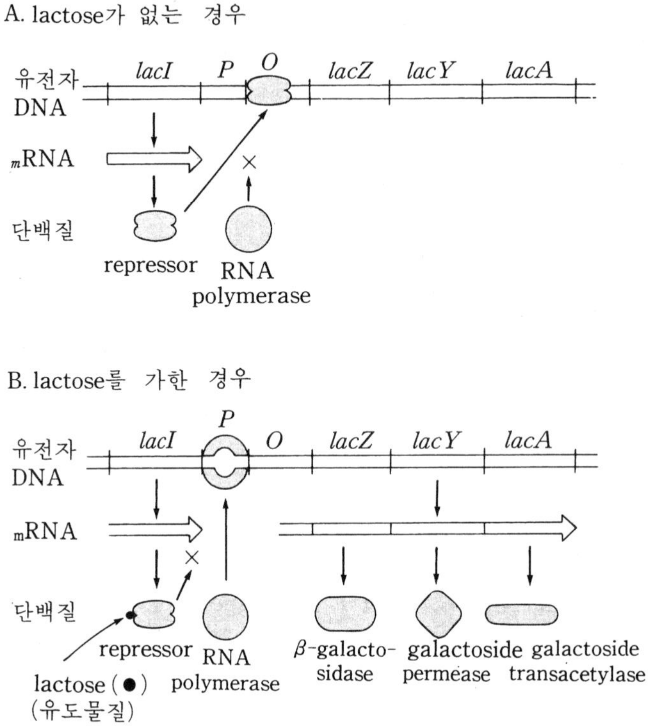

그림 3-12 대장균의 lactose operon 조절기작

그 후 lactose operon 발현에는 cAMP와 cAMP receptor protein(CRP)이 관여하며, cAMP와 CRP가 결합하여 promoter에 붙으면 promoter 부위로부터의 RNA polymerase 작용이 촉진된다는 것이 밝혀졌다.

한편, 대사산물 등 특이적인 저분자물질이 다량 존재하면 합성이 억제되는 억제효소(repressible enzyme)의 조절도 operon 설로서 설명할 수 있다. (그림 3-13 참조)

Tryptophan 생합성계 효소와 같은 억제효소의 생합성에 있어서 조절유전자(*trp R*)에서 합성된 repressor(aporepressor)는 tryptophan과 같은 억제를 유도하는 물질인 corepressor가 없으면 불활성이어서 operator 부위에 붙을 수 없기 때문에 mRNA가 생성되지만, corepressor와 결합하면 활성형으로 되어 operator와 결합하여 mRNA 생성을 억제한다. 최근 tryptophan operon에는 operator와 구조유전자 사이에 제 3의 제어부위인 attenuator가 있다는 사실이 밝혀져 있다.

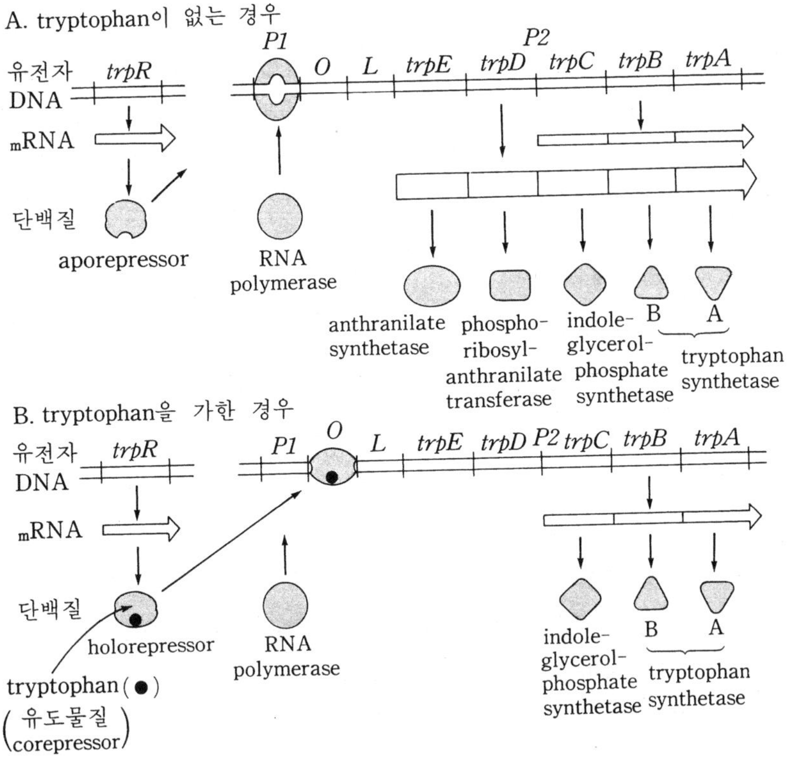

유도물질 *P1* 과 *P2* 는 제 1 및 제 2 의 promoter, *O*는 operator, *L*은 leader 영역

그림 3-13 대장균의 tryptophan operon 조절기구

(2) 효소의 억제

1) 최종산물 억제(feedback repression) : 생합성경로에서 그 경로의 최종산물에 의하여 효소합성이 억제되는 현상이다. 예를들면, 대장균의 aspartic acid 계열 아미노산 생합성경로에서 최종산물(lysine, methionine, isoleucine 등)이 key enzyme 인 aspartokinase 의 합성을 억제한다.

최종산물농도가 증가할 때에 억제되는 효소를 억제효소라 하고 그 농도가 극히 낮아지면 효소합성억제가 해제되는데 이를 억제해제(derepression)라 한다. 즉, 필요한 생산물이 없어지게 되면 그 합성에 필요한 효소의 양을 증가시키는 조절이 작동된다.

2) 이화대사산물 억제(catabolite repression) : 용이하게 대사되는 기질이나 그 대사산물이 존재할 때 제 2 의 기질이용에 필요한 효소의 합성이 억제되는 현상을 말한다. 이화대사산물(異化代謝產物)억제가 일어나고 있는 배지에 cAMP

를 첨가하면 억제가 해제된다. cAMP는 세균세포 중에 존재하며, 그 세포내 농도는 ATP/ADP가 클수록 감소한다. cAMP는 cAMP receptor protein (CRP 또는 catabolite activator protein, CAP)과 결합하여 mRNA 생성을 촉진한다. 포도당 등 이화대사산물이 존재하면 세포내 cAMP의 농도가 감소하기 때문에 효소의 합성이 억제된다고 생각된다.

3-3-2 효소활성제어

(1) 최종산물 저해(feedback inhibition)

생합성효소반응계에서 생산물이 과량 합성되었을 때 그것에 의하여 최초의 반응을 촉매하는 효소의 활성이 저해되는 현상을 말하며, 이때 feedback 저해를 받는 효소를 allosteric enzyme이라 한다.

Allosteric 효소는 2개 이상의 subunit를 가진 효소로서 기질과 결합하는 소위 활성부위(active site)와 기질과는 입체구조적으로 다른 물질, 즉 allosteric effector와 결합하는 allosteric 부위를 가지며, allosteric 부위에 특이적 대사산물인 allosteric effector가 결합하여 효소단백질의 구조적 변화(allosteric effect)를 일으키거나 활성부위의 변형(modification)을 일으켜 효소활성을 촉진 또는 저해한다.

Feedback 저해, 즉 end product inhibition의 기본적인 기구를 나타내면,

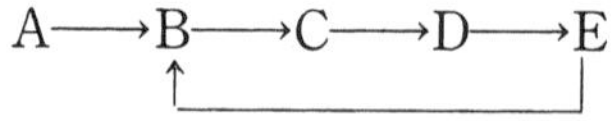

에서 처럼 최종산물 E가 최초효소와 결합하여 저해하는 것을 말한다.

그러나 세포 내의 대사흐름은 도중에서 분기하여 보다 복잡한 형태로 작동되는 다기능 경로인 경우가 대부분이다.

1) 협주적 생산물 저해(concerted end product inhibition) : 이 기구를 가장 교묘하게 이용한 것이 *Corynebacterium glutamicum*의 homoserine 요구주를 이용한 lysine 발효이다.

이 균주의 aspartokinase는 lysine과 threonine이 존재하면 저해되기 때문에 threonine 합성에 필요한 homoserine 양을 제한함으로써 threonine 결핍상태가 되어 lysine이 다량 축적된다.

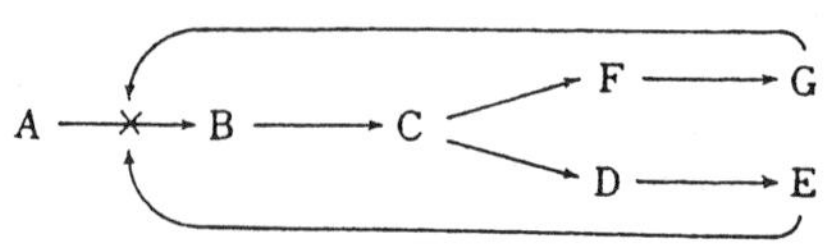

2) 협동적 생산물 저해(cooperative end product inhibition) : 복수의 종말대사산물이 각각 단독으로도 저해하지만 두개의 대사산물의 양이 동시에 과잉으로 되면 단독저해보다 강한 저해를 나타낸다.

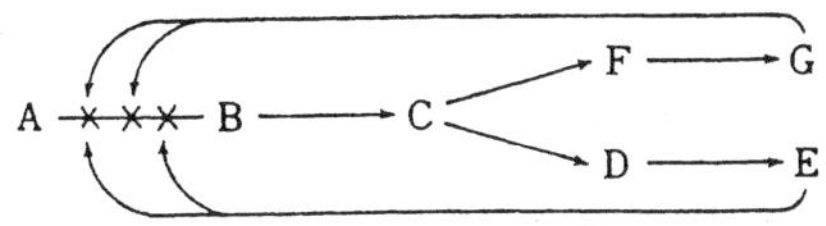

3) 누적적 생산물 저해(cumulative end product inhibition) : 최종산물 중의 하나가 과잉량 존재시에는 저해작용이 약하지만 최종산물이 모두 과잉량 공존할 때 그 작용은 누적되어 강력한 조절작용을 나타내는 경우이다.

Glutamate synthase에 대한 8종류 최종산물의 누적적 저해가 잘 알려져 있다.

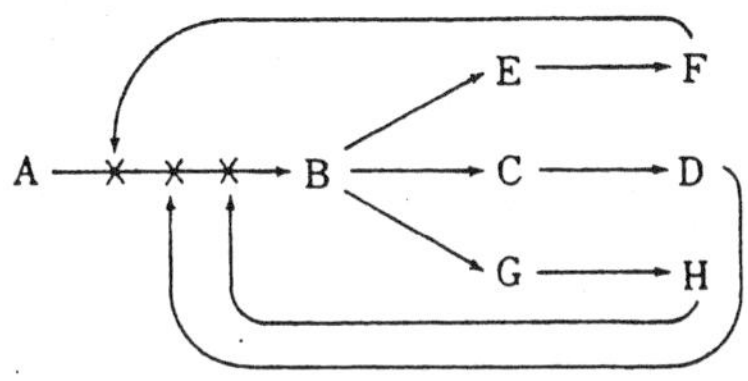

4) 연쇄형 저해(sequential inhibition) : 이 저해는 *Bacillus subtilis*의 방향족 아미노산 생합성계 제어에서 볼 수 있다. 이 저해는 종말대사산물의 저해가 아니고 분기점의 대사중간체에 의한 저해이다.

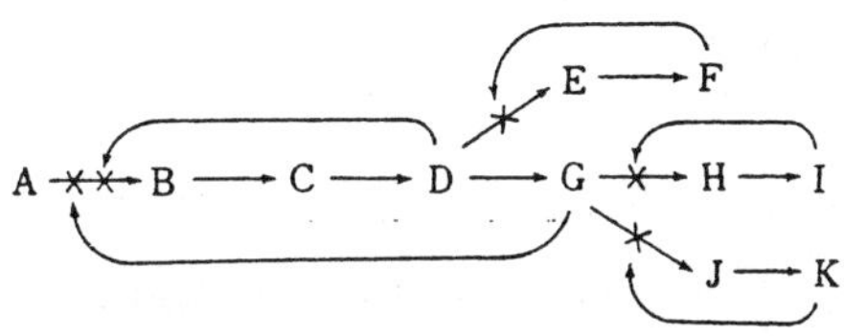

(2) 효소의 화학적 변형에 의한 제어

특정의 물질이 효소단백질의 구조를 변화시켜 활성을 제어하는 것을 말한다. 효소의 구조변형은 공유결합에 의한 화학적 변형(chemical modification)에 의해 주로 이루어진다.

화학적 변형이란 효소의 작용으로 인산기, adenyl기(AMP기), methyl기, acetyl기 등이 부착되거나 이탈되어 효소활성이 변동되는 것을 말하며, 인산화, adenyl화가 가장 흔하다(표 3-2).

표 3-2 화학적 변형에 의해 조절되는 효소

효 소 명	소 재	화학적 변형	활성변동
glutamine synthetase	대장균	AMP 화/탈 AMP 화	비활성/활성
translocase	효 모	ADP-ribosyl 화/탈 ADP-ribosyl 화	비활성/활성
glycogen phosphorylase	진핵세포	인산화/탈인산화	활성/비활성
glycogen synthase	진핵세포	인산화/탈인산화	비활성/활성

Glycogen phosphorylase와 glycogen synthase에서 처럼 대사조절이 활성—비활성형의 상호변화로 이루어지는 경우에는 최초의 작은 효소가 발단이 되어 이것이 확대되어가는 일련의 연쇄반응에 의하여 대사가 조절되고 있음이 밝혀지고 있다. 이를 확대계(cascade system, 증폭기구, 연쇄적 조절기구)라고 한다.

(3) 전구체효소 및 잠재효소

어떤 효소, 특히 protease 등은 촉매활성을 가지지 않는 전구체단백질로 합성되어 세포에 의해 적당한 시기에 활성화되어 본래의 기능을 발휘한다. 이같은 전구체단백질을 전구체효소(zymogen)라고 한다.

또한 세균의 ribonuclease처럼 세포 내에서 천연의 저해제와 결합한 불활성형으로 존재하며 적당한 시기에 저해제가 유리되어 활성화되는 경우도 있다. 이와같은 불활성 효소를 잠재효소(latent enzyme)라 한다.

3-3-3 대사제어발효

미생물의 대사를 인위적으로 개변·제어(改變·制御)하여 발효생산물을 대량생성·축적시키는 발효를 대사제어발효(metabolism regulating fermentation)라고 한다. 대사제어를 이용한 대표적인 발효가 아미노산발효와 핵산발효이다. 아미노산이나 핵산관련물질은 세포내 성분으로서 필수적인 것이고, 세포의 물질생산 및 에너지대사의 경제성을 유지하기 위하여 그 생합성경로가 극히 엄밀한 제어를 받아 대체로 여분으로 축적되지 않으므로 세포가 가진 대사제어를 목적에 부합되도록 해제시켜 대량생산이 가능하도록 한 것이다.

(1) 환경조건에 의한 발효의 전환·제어

환경조건에 의하여 발효를 전환·제어하는 방법은 오래전부터 효모의 배양에 이용되어 왔다. 알코올을 만들 때 혐기적 조건하에서 알코올발효를 하고, 빵효모나 미생물단백질을 제조할 때 호기적 조건을 유지하는 것이 그 예이다.

또한 글루타민산 생산균에 있어서도 환경조건의 변화에 따라 생산물이 달라진다. 즉 산소공급이 불충분하면 젖산이나 호박산의 생산으로 바뀌고, 암모니아 공급이 과잉이면 글루타민산이, 부족하면 α-ketoglutaric acid가 생산된다. 이와같은 예는 어떤 성분의 세포외 농도가 세포내 농도에 반영되어 대사의 흐름이 좌우될 수 있음을 나타낸다.

(2) 세포막 투과성에 의한 조절

세포막 투과성(cell membrane permeability)을 조절하는 방법은 글루타민산 발효에서 이용되고 있다. biotin 과잉상태에서는 세포막이 단단하게 되어 세포내 글루타민산 함량이 높아져서 합성이 억제된다. 따라서 biotin의 공급량 조절이 필수적이다. biotin은 oleic acid 첨가로 대체될 수 있으며, penicillin도 세포막의 합성을 저해하는 작용이 있기 때문에 효과적이다.

핵산발효 미생물에 있어서도 같은 효과가 관찰되는데 Mn^{2+}가 key factor이다. Mn^{2+}이 과잉으로 존재하면 균체증식은 촉진되지만 nucleotide 생산량이 저하되기 때문에 최적량을 첨가해야 한다. Mn^{2+}의 효과는 막투과성과 관련되어 있으며, Mn^{2+} 과잉시의 대책으로서는 항생물질 및 계면활성제의 첨가가 유효하다.

(3) 변이에 의한 대사조절

1) 영양요구변이주의 이용 : 대사제어 발효에서는 영양요구변이주(auxotrophic mutant)를 이용하는 방법이 개발되면서 성공적으로 중간대사산물을 축적시킬 수 있는 길이 열렸다고 볼 수 있다. 그 원리를 보면(그림 3-14), A에서 최종산물 E가 생산되는 합성계에서 중간산물 C를 생산하고자 할 때 우선 효소 c가 결여된 변이주를 이용한다.

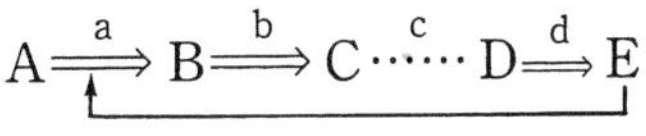

a, b, c, d : 효소
---------- 변이로 결여된 경로
——— feedback regulation

그림 3-14 영양요구변이주에 의한 대사산물의 축적원리

이 변이주는 효소 c의 결여로 E를 생산할 수 없으므로 E를 첨가하지 않으면 생육할 수 없는 영양요구변이주이다. 배지중에 증식이나 세포내부의 대사에 필요하고 feedback 저해를 받지 않을 정도의 제한된 양의 E를 공급하면 A에서 C까지의 반응이 활발하게 진행되어 생합성경로의 중간체인 C를 축적시킬 수 있다.

이처럼 영양요구변이주를 이용하여 feedback 저해나 억제를 해제하고 대사 balance를 붕괴시켜 목적물질을 대량 생산하는 예는 lysine, threonine, ornithine 등의 아미노산발효에서 볼 수 있다.

핵산발효에서도 영양요구변이주를 이용한 대사제어발효가 이용된다. 이노신산(5′-IMP) 생산균주로서는 SAMP(adenylsuccinate) 합성효소가 결실된 adenine 요구변이주가 쓰인다.

*Brevibacterium ammoniagenes*의 adenine 요구변이주에 의한 이노신산 생산에 있어서 feedback 기구는 다음과 같다(그림 3-15).

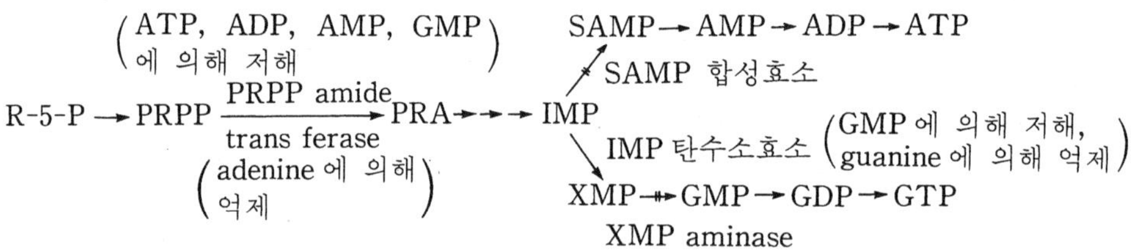

그림 3-15 *Brev. ammoniagenes*에 있어서 feedback 기구

이노신산 생합성경로의 최초효소 PRPP(5-phospho-α-D-ribosylpyrophosphate) aminotransferase는 ATP, ADP, AMP, GTP에 의해 feedback 저해를, adenine에 의해서 feedback 억제를 받는다. 따라서 영양요구변이주의 배양에 있어서 adenine을 제한함으로써 feedback 제어가 해제되어 이노신산의 축적이 일어나게 된다.

2) Analog 내성변이주의 이용 : analog란 최종산물과 화학구조가 유사한 물질로서 대부분 비천연물질이다. 일부 analog는 강력한 저해나 억제작용을 나타내어 생체구성 성분의 생합성에는 최종산물처럼 이용할 수 없으므로 metabolite analog 또는 antimetabolite라고도 한다. 충분한 양의 analog 존재하에서 균을 키우면 정상적인 세포는 대사과정이 진행되지 않아 생육하지 못하지만 이와 같은 조건하에서도 생육하는 균주가 있는데 이 균주를 analog 내성변이주(analog resistant mutant)라 한다.

Analog 내성주는 analog 가 다량 존재하더라도 최종산물이 생성되어 세포구성성분이 합성되기 때문에 생육할 수 있으며, feedback 저해나 억제를 받지 않는다. 따라서 이를 feedback 내성 변이주(feedback resistant mutant)라고도 한다.

이 변이주는 제어를 받는 효소의 구조가 변하여 feedback 저해 불감수성(不感受性)의 소위 탈감작(脫感作, desensitization)상태로 되어 repressor 가 정상적인 억제기능을 잃은 상태로 변함으로써 대사제어를 붕괴시켜 특정의 생산물이 대량 생산될 수 있는 것이다. analog 내성변이주를 이용한 대사제어발효는 아미노산, nucleotide, 비타민 등의 생산에 널리 이용되고 있다. analog 내성변이주를 선정하는데 사용되는 analog 의 종류를 표 3-3 에 나타내었다.

표 **3-3** Analog 내성변이주의 선정에 이용되는 analog

천연 metabolite	analogue
Phenylalanine	*p*-Fluorophenylalanine ; thienylalanine
Tyrosine	*p*-Fluorophenylalanine ; D-tyrosine
Tryptophan	5-Methyltryptophan ; 6-methyltryptophan ; 5-fluorotryptophan
Histidine	2-Thiazolealanine ; 1,2,4-triazole-3-alanine
Proline	3,4-Dehydroproline
Valine	α-Aminobutyric acid
Isoleucine	Valine; isoleucine hydroxamate ; α-aminobutyric acid ; α-amino-β-hydroxyvaleric acid; 0-methylthreonine
Leucine	Trifluoroleucine ; 4-azaleucine
Threonine	α-Amino-β-hydroxyvaleric acid
Methionine	Ethionine ; norleucine ; α-methylmethionine ; L-methionine-D,L-sulphoximine
Arginine	Canavanine ; arginine hydroxamate ; D-arginine
Adenine	2,6-Diaminopurine
Uracil	5-Fluorouracil
Hypoxanthine, inosine	5-Fluorouracil ; 8-azaguanine
Guanosine	8-Azaxanthine
Nicotinic acid	3-Acetylpyridine
Pyridoxine	Isoniazid
p-Aminobenzoic acid	Sulfonamide
Thiamine	Pyrithiamine

제4장 배양공학(培養工學)

4-1 배양공학의 기본원리

배양공학(생물화학공학, biochemical engineering)이란 생물공학(biotechnology)에 사용되는 화학공학(chemical engineering) 분야를 말하며, 실험실에서 발견된 현상을 정량적으로 나타내고 scale up에 활용해가는 화학공학적인 측면과, 실제의 공업장치에 어떠한 것을 사용할 것인가를 다루는 기계적인 측면의 두가지로 구분된다.

4-1-1 발효공정의 일반체계

전형적인 발효공정의 일반체계는 ① 배지의 조제 ② 살균 ③ 종균배양 ④ 본배양 ⑤ 배양물의 분리·정제 ⑥ 폐수·폐기물 처리 등의 6가지 기본단계로 나누어진다(그림 4-1 참조).

플라스크배양, 종균배양 및 본배양에 필요한 배지 및 원료의 조제공정에는 배지성분배합, 원료운반, 정선, 분해, 증자, 당화, pH 조정, 여과, 청징 등이 포함되며, 발효의 종류나 원료의 차이에 따라 처리방법은 달라진다. 살균공정은 배지나 원료, 발효조, 장치 등의 살균과 무균공기를 얻기 위한 제균 및 살균공정이 포함된다.

배양은 종균배양과 본배양으로 구분된다. 자연계에서 순수분리하여 발효생산균으로 개량하여 보관중인 보존균주는 플라스크배양을 거쳐 종균발효까지 확대증량배양을 실시한다. 즉 우량균주를 시험관 내의 한천배양에서 0.5~1.5 l 플라스크(배지용량은 플라스크용량의 20~40%)에 순차적으로 접종시켜 약 10배 규모로 용적을 확대해 나간다.

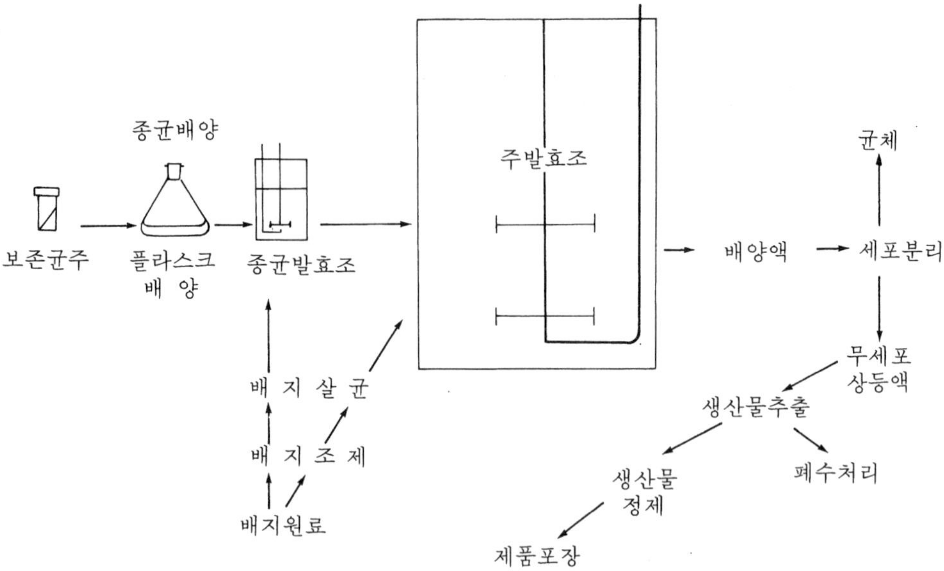

그림 4-1 전형적인 발효공정의 일반체계

종균배양에는 장치전체를 가압수증기로 예비살균하고 배지를 넣어 증기살균한 종균발효조(seed fermenter)가 사용된다. 이어 진탕플라스크에서 미리 배양한 미생물을 종균발효조에 무균적으로 접종하여 배양을 실시한다.

종균배양이 완료되면 미리 장치와 원료의 살균이 끝난 주발효조(main fermenter, production fermenter)로 옮겨 일정기간 발효시킨다. 배양시에는 온도, pH를 제어하고, 호기성 발효에서는 통기나 교반을 실시하는 것이 보통이다.

발효가 완료되면 축적된 생산물은 배양물의 분리·정제공정으로 옮겨서 제품으로 만들고, 발효과정의 폐수나 폐기물은 별도의 처리공정을 거쳐 이용되거나 방류된다.

4-1-2 생산물 생성의 유형

발효공정은 에너지대사와 생산물 생성과의 관계에 따라 분류할 수 있다. 균생육과 생산물 생성의 동력학적(動力學的) 관계는 세포 내 대사산물의 역할에 의존한다. 가장 보편적인 동력학적 유형은 생육과 더불어 생산물이 합성되거나(증식 관련형) 생육이 완료된 후 생산물이 합성되는(비증식관련형) 경우의 2가지이고, 다소 드물게는 그 중간형(증식·비증식관련형)도 일어난다(그림 4-2, 3).

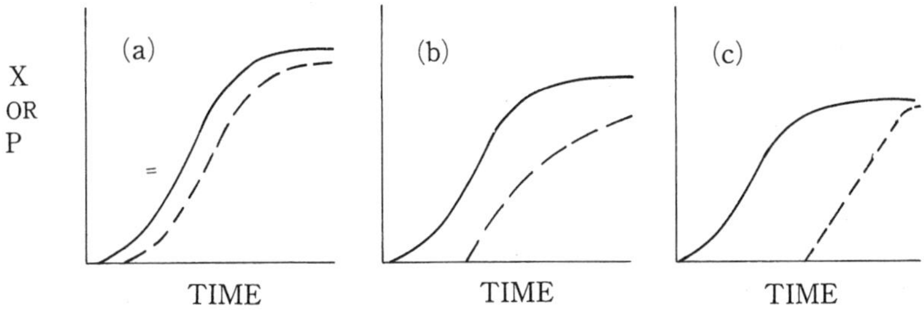

X는 균체농도, P는 생산물농도

그림 4-2 회분배양에서 생육(—)과 생산물 생성(…)의 동력학적 유형

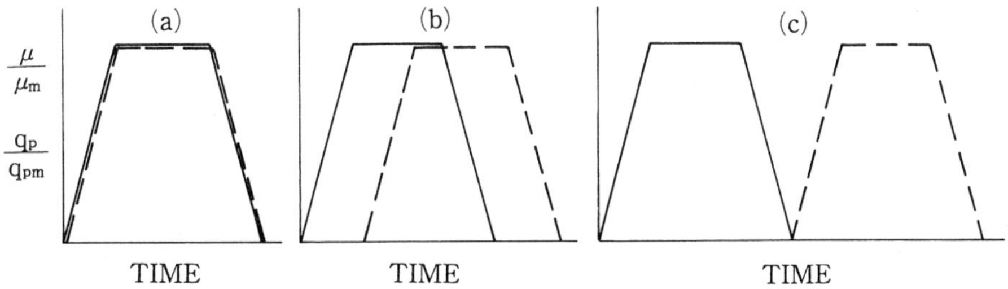

(a) 증식 관련형 (b) 증식·비증식 관련형 (c) 비증식 관련형

그림 4-3 비증식속도(—)와 비생성물합성속도(…)와의 관계

(1) 증식 관련형

균생육과 더불어 대수증식기에 생산물이 생성되는 경우를 증식관련형(growth associated)이라 한다. 탄소원이 에너지원일 때의 1차대사산물 생성이나 biomass 생성과정이 대부분 여기에 속한다. 생육과 생산물생성이 거의 평행상태를 유지하며 반응은 다음과 같다.

기질 A ⟶ 생산물

혹은, 기질 A ⟶ B ⟶ C ⟶ 생산물

SCP 생산, 에탄올발효, 글루콘산발효 등이 전형적인 예이고, cascade 계가 없이 생물반응기에서 이루어지는 연속발효도 여기에 분류할 수 있다.

(2) 증식·비증식 관련형

어떤 형의 발효에서는 증식과 생산물생성이 부분적으로 관련되어 있는 경우가 있는데, 이는 증식 관련형과 비증식 관련형의 중간형으로서 증식·비증식 관련형(mixed growth associated, 또는 growth and non-growth associated)이라 한다.

생산물은 1차에너지대사에 이용된 기질로부터 나오지만 생산은 1차대사와는 별개인 2차경로에서 일어난다.

기질 A ⟶ B ⟶ C ⟶ D ⟶ 1차대사
↓
E ⟶ F ⟶ 생산물

회분배양에서는 1단계로 생육이 왕성해지고 이어 기질소비가 크게 증대되며, 생산물생성은 적거나 거의 없다가, 2단계가 되면 생육이 둔화되고 생산물이 생성되기 시작하며, 뒤이어 기질소비율이 크게 높아지는 과정을 거치게 된다. 젖산, 구연산, itaconic acid, lysine, glutamic acid 등의 발효생산에 이용된다.

(3) 비증식 관련형

1차대사와 생산물생성이 별도의 시간에 일어나는 발효, 즉 생산물생성이 균증식이 끝난 뒤에 시작되는 경우를 비증식 관련형(non-growth associated)이라 한다.

생산물은 기질의 분해경로가 아닌 amphibolic 대사경로, 즉 합성반응과 분해반응이 함께 이루어지는 대사경로를 거쳐 합성된다. 이런 형의 발효에서는 1차대사가 먼저 시작되고 이어 기질소비와 생육이 일어나며, 그뒤 중간대사반응에 의하여 생산물이 생성된다. 항생물질, 미생물독소 등의 생산, glucoamylase 등의 효소생산, 비타민의 생산이 전형적인 예에 속한다.

이와같은 유형분류가 모든 발효에 적용되지는 않는다. 대사생산물의 종류, 배지조성, 사용균주의 조절기구 등에 따라 3가지 유형의 중간형태를 취할 수도 있다. 또한 *Streptomyces*와 같이 균사를 가진 미생물을 이용할 경우에는 앞서와 같은 단순한 발효형으로 구분되지 않고 더욱 복잡한 단계를 거쳐 생산물이 생성된다.

4-1-3 Scale up

(1) Scale up의 의의

발효산물을 공업적으로 생산하기 위해서는 우선 실험실규모의 기초실험에서 공정의 특성을 파악한 후에 약간 큰 규모의 장치에서 설계를 위한 자료를 얻은 다음 공장규모의 실용장치를 설계하는 단계를 거치는 것이 보편적이다.

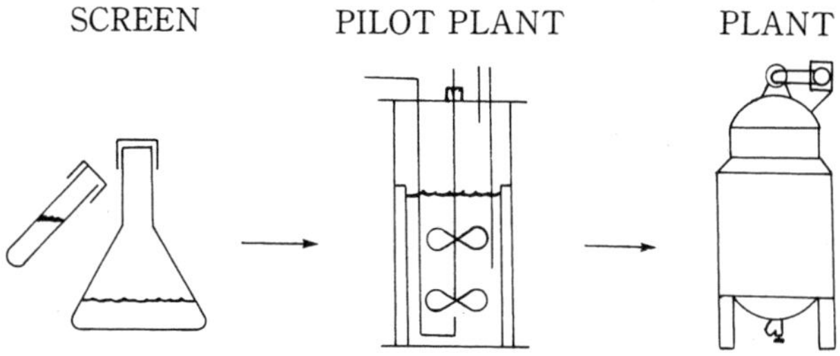

	SCREEN	PILOT PLANT	PLANT
크기 :	SLANTS TO 500 ml SHAKE FLASKS	5-40-200 LITERS	5,000-100,000 LITERS
기능 :	균주선별, 확대증량배양	환경인자에 대한 최적조건 검토	제품의 발효생산

그림 4-4 발효에 있어서 공정개발단계

이처럼 실험실규모의 결과를 공장규모의 산업적 생산으로 전환시키는 과정을 scale up 이라 하며, scale up 이란 장치의 규모가 커진다는 뜻에서 나온 말이다. scale 에는 실험실규모의 기초연구, 약간 큰 bench scale, 더욱 큰 pilot plant, 본격장치(semicommercial, commercial)의 4 단계가 있으며, 미생물의 생화학적 공정개발은 일반적으로 다음의 3 가지 단계 혹은 scale 로 수행된다(그림 4-4 참조).

① 기본적인 균주선별과정이 행하여지는 bench scale

② 최적조작조건을 찾기 위한 pilot plant

③ 공정이 경제적인 결실로 나타나는 plant scale

Scale up 은 새로운 공정이 발견되어 이를 plant scale 에 도입하고자 할 때, 우량균주(10~20% 이상 수율향상), 우수한 배지, 효율적인 장치 등의 개발로 기존의 배양공정을 개량할 필요가 있을 경우 등에 필요하다. scale up 의 비율은 공정에 따라 다르지만 일반적으로 10 배 정도이고 기술의 진보에 따라 그 배율은 커질 수 있다.

Pilot plant 는 scale up 이 곤란한 경우나 scale up 을 검토하기 위한 공업화의 단계에서 만들어지는 중간시험용 또는 공업시험용 plant 이다. 실제와 동일한 제품을 생산할 수 있으므로 학교나 연구소, 시험실에서 공장과 유사한 pilot scale 의 장치로 이용되고 있다.

(2) Scale up 의 기준

Scale 에 따라 물리적 환경인자가 변하기 때문에 환경인자의 변동을 관측 · 해석하여 얻어진 지표를 기준으로 scale up 하는 것이 보통이다.

① 산소이동속도를 일정하게 한다.

② 교반날개 선단의 속도를 일정하게 한다.

③ 통기배양에서 단위액량당의 교반소요동력을 일정하게 한다.

④ 혼합시간을 동일하게 한다.

⑤ Reynolds number 를 동일하게 한다.

⑥ Feedback control 에 의한 주요 환경인자를 가능한 한 동일하게 조정한다.

①~⑤는 화학공학을 기초로한 방법이고, ①과 ③이 가장 널리 사용된다. 용존산소가 중요한 제어인자인 경우는 ①의 방법이 가장 좋은 scale up 기준이 될 수 있다. ⑥의 방법은 배양미생물의 생리적 변동(세포내 대사활성의 변동)을 환경조건의 제어에 의해 조절하여 목적생산물의 생성을 재현하려고 하는 방법이다. 환경인자와 세포 내 생리활성의 상호관계를 파악하기 어렵고, 환경인자의 측정방법, feedback 제어계의 선택 등 해결해야 할 많은 배양기술적 문제가 남아 있다.

4-2 배양방법

4-2-1 고체배양과 액체배양

(1) 고체배양

고체배양(solid-state culture)은 비교적 건조한 고체기질의 표면에 주로 곰팡이를 증식시켜 배양하는 것으로 전형적인 예로 탁·약주, 청주, 장류 등의 생산과정에 이용되는 koji(麴)의 생산이다. 또한 주류, 장류 등의 양조식품생산, amylase 등의 효소생산에도 널리 쓰인다.

고체배양에서는 적당한 습기와 온도가 고체입자의 형상, 공극률 등에 중요한 조작변수가 된다.

고체배양의 배양형식에는 수분을 함유한 곡류 등을 용기에 넣고 곰팡이 포자를 접종하여 그대로 배양하는 정치배양과 회전에 의하여 공기와 미생물의 접촉이나 열의 발산을 용이하게 하는 rotary 형 배양장치를 사용하는 회전배양이 있다.

고체배양은 배지조성이 단순하고, 산소공급에 필요한 동력이 필요없으며, 종균배양조가 필요없는 등의 장점이 있는 반면, 열의 제거가 어렵고, 컴퓨터에 의한 제어배양이 어려운 점 등의 단점도 있다.

(2) 액체배양

액체배양(liquid culture)이란 액체배지 중에 미생물을 배양하는 것으로 호기성 발효의 경우 표면배양과 심부배양으로 나누어진다.

표면배양(surface culture)이란 용기 내 배양액의 표면적을 크게하여 표면으로부터 배양액 내부로의 산소이동을 촉진함으로써 산소를 미생물에 용이하게 공급하는 호기적 정치배양으로서 액상의 발효원료 표면에 미생물이 부유한 상태로 배양되는 것이 특징이다.

표면배양법의 전형적인 예가 초산발효이며, 곰팡이를 이용한 구연산 생산에도 이용된다.

한편 공기를 배양액중에 강제로 공급하고 미립화된 기포를 될 수 있는대로 배양액중에 체류시키는 방법으로 배양액의 산소용해를 촉진시키는 배양방법을 심부배양(액내배양, submerged culture)이라 한다. 산소의 이동성능을 높이고 소요동력을 줄이기 위한 각종 배양장치가 개발되어 있으며, 현재 아미노산, 항생물질 등의 생산에는 100 톤의 용량을 가진 대형발효조가 사용되고 있다.

4-2-2 회분배양과 연속배양

(1) 회분배양

회분배양(batch culture)이란 미생물을 일정량의 배지중에 배양하는 방법이며, 원료의 담금, 살균, 냉각, 식균, 배양, 배양액 배출, 세척 등 일련의 조작을 매 번 따로 하는 배양기술이다. 회분배양은 다품종소량생산에 적합하며, 잡균오염, 제법이나 운전조건의 변동시에도 쉽게 대처할 수 있는 장점이 있다.

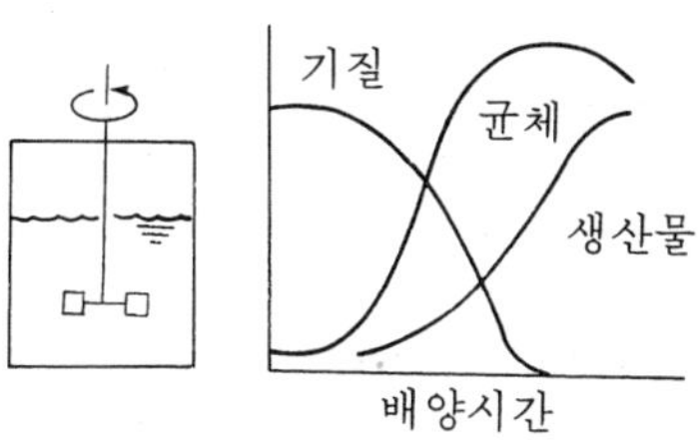

그림 4-5 회분배양과 배양경과

회분배양에서 배양된 세포는 유도기, 대수기, 정상기를 거쳐 성장하며, 배양과정에서 배지성분이나 미생물의 수가 변화하는 비정상조작법이다(그림 4-5).

배양 중에는 pH, 공기량 등을 배양의 최적조건이 되도록 제어한다. 미생물은 기질을 소비하면서 발효생산물을 만들며, 최초담금한 발효원료 중의 기질이 소비되면 배양은 완료된다.

회분배양에서 대수증식기의 미생물 증식속도를 속도론적으로 살펴보자. 임의의 시각에 있어서 미생물의 증식속도는 그때 존재하는 미생물량에 비례하므로, 미생물량을 x, 시간을 t 라 하면

$$\frac{dx}{dt}=\mu x \quad \cdots\cdots (1)$$

비례정수 μ는 단위미생물량당 증식속도로서 비증식속도(specific growth rate)라 한다.

초기조건을 $t=0$, $x=x_0$로 하여 (1)식을 적분하면

$$\ln\frac{x}{x_0}=\mu t \quad \cdots\cdots (2)$$

$$x=x_0\ e^{\mu t} \quad \cdots\cdots (3)$$

(1)~(3)식의 x 는 미생물세포수, 건조중량에 대한 농도 또는 단위체적당의 광학밀도 등으로 사용된다. (3)식은 대수증식기에 있어서의 증식방정식이다.

비증식속도 μ값은 log x 와 t 를 plot 한 직선의 기울기에서 구할 수 있으나 이때 $x/x_0=10$ 으로 되는데 요하는 시간 t 를 graph 상에서 읽으면 대수표를 사용하지 않고 μ를 구할 수 있어 편리하다.

또 미생물이 2 배로 되는데 요하는 시간을 세대시간(generation time) 또는 doubling time 이라고 하는데, 이것을 td 로 하면 (3)식에서

$$2.303\log 2=\mu td$$

$$td=\frac{0.693}{\mu} \quad \cdots\cdots (4)$$

doubling time 값은 미생물의 종류나 배양조건에 따라 다른데 대장균이 15~20 분, 일반공업적 발효에서는 1.5~3 시간, 활성오니에서는 5~8 시간이다.

(2) 유가배양

유가배양(流加培養, fed-batch culture)이란 배양기간 중에 제한인자로 되어 있는 어느 특정기질을 배양조에 공급하여 일정하게 저농도로 유지하면서 목적생

산물을 배양완료 때까지 조내에 그대로 유지시키는 방식으로 조작하는 배양법이다(그림 4-6).

유가배양의 특징은 유가하는 기질액의 농도와 유가속도(유가량)를 변화시켜 기질농도를 미생물농도나 생산물농도와 독립적으로 제어할 수 있다는 것이다.

유가배양은 ① 기질의 용해도가 낮을 때 ② 고농도 기질에 의한 증식저해가 있을 때 ③ 기질농도가 어느 농도범위를 벗어나면 목적생산물의 수율, 수량, 생산성이 저하될 때 등에 주로 이용되며, 유가배양법이 채용되고 있는 공업적 배양 공정의 예는 표 4-1 과 같다.

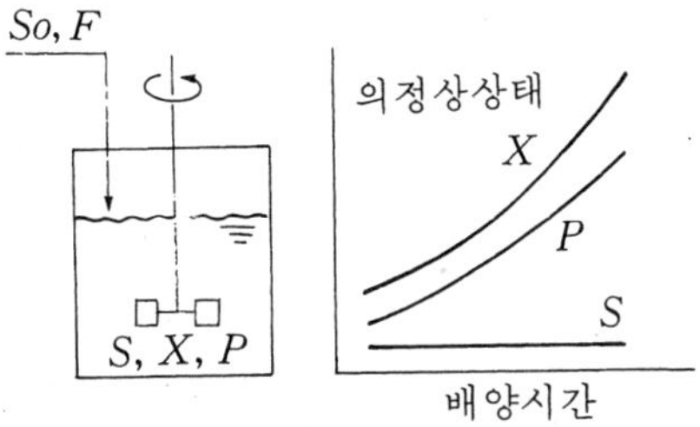

그림 4-6 유가배양과 배양경과

표 4-1 공업적 유가 process

생 산 물	유 가 물 질
빵효모	폐당밀, 질소원
페니실린 등 항생물질	포도당, 설탕, 암모니아, 전구물질
글루타민산 등 아미노산	암모니아, 폐당밀 등의 탄소원
글루콘산	포도당, 칼슘염
비타민 B_2	폐당밀
비타민 B_{12}	포도당, 전구물질
구연산	탄소원, 황산암모늄
아밀라제 등 효소류	탄소원, 질소원, 유도물질
미생물단백질	n-paraffin, 메탄올, 에탄올 등의 탄소원, 암모니아

(3) 연속배양

발효원료를 연속적으로 배양장치에 공급하여 배양을 계속하는 조작을 연속배양(continuous culture)이라 한다. 배양원료를 일정유량속도로 장치 내에 공급하며 동시에 일정 유량속도로 장치밖으로 배양액을 배출하여 장기간에 걸쳐 대수기의 증식을 유지시키고 배양액량을 항시 일정하게 유지하여 정상상태(steady state)를 얻는 조작을 연속정상배양 또는 통상 연속배양이라 한다.
(그림 4-7)

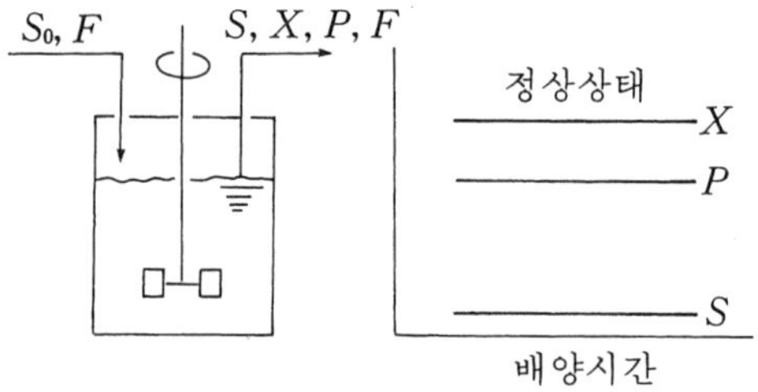

S_0 : 유입배지의 증식제한기질농도
S : 유출배양액의 증식제한기질농도($S_0 \gg S$)
X : 유출배양액의 균체농도
P : 유출배양액의 생산물농도
F : 유입 · 유출속도

그림 4-7 연속배양과 배양경과

표 4-2 연속배양의 특징

구분	장 점	단 점
장치	· 장치용량을 축소할 수 있다. · 다단식 연속배양의 활용에 의해 합리화할 수 있다.	· 기존설비에서의 전환이 다소 곤란하다. · 장치의 합리화가 필요하다.
조작	· 작업시간을 단축할 수 있다. · 전공정의 관리가 용이하다.	· 모든 작업이 다른 공정과 연결되어 있어서 일관성이 필요하다.
생산성	· 중간 및 최종제품의 품질이 일정하다. · 계통화에 의한 종합효과를 얻을 수 있다. · 인력, 동력에너지가 절감되어 생산비를 줄일 수 있다.	· 수율 및 생산물 농도는 회분식에 비해 다소 낮다. · 생산물의 분리비용이 높다.
생물	· 미생물의 생리 · 생태 · 반응기구의 해석수단으로서 우수하다.	· 잡균에 의한 오염 및 변이의 가능성이 있다. · 생물반응에 영향을 미치는 인자 및 동력학적 해명이 불충분하다.

이 배양법은 생산성을 높일 수 있기 때문에 클로렐라 및 빵효모의 생산, 맥주의 생산, 활성오니법에 의한 폐수처리 등에 공업적으로 이용되고 있으며, 앞으로 많은 이용이 기대된다.

연속배양법은 한정된 제품을 다량 장기간 생산하거나 처리하는데 적합하며, 자동적으로 이 공정을 수행할 수 있는 장치로는 chemostat와 turbidostat의 2가지가 있다.

연속배양장치에는 배양조의 수에 따라 단조(single stage)연속배양과 2개 이상의 배양조를 직렬로 연결하여 사용하는 다단(multi-stage)연속배양, 균체재순환 연속배양 등이 있다. 한편 연속배양의 특징을 장치, 조작, 생산성 및 생물학의 관점에서 정리하면 표 4-2와 같다.

연속배양에서 중요한 조작변수는 공급하는 원료 중의 증식제한기질농도와 원료의 배양장치내 평균체류시간의 역수(희석률)이다. 따라서 연속발효에서는 운전조건을 조작변수에 근거하여 설정한다.

연속배양조의 액량을 V(l), 배지의 투입속도를 F(l/hr)라 하면, 액의 평균체류시간(retention time) RT, 희석률(dilution rate) D(hr^{-1})와의 사이에 다음과 같은 관계가 성립한다.

$$RT=\frac{1}{D}=\frac{V}{F}$$

연속배양에서 균체를 증식시킬 때 RT(또는 D)를 일정하게 운전하면, $\mu=D$에 의해 결정되는 비증식속도로 되어 td로 증식한다.

기질의 공급을 일정하게 하고 RT(결과적으로 D)를 변화시켰을 때의 곡선을 그림 4-8에 나타내었다.

만약 RT를 짧게(D를 크게)하면 균체량은 감소하게 되어 기질을 소비할 수 없게 되고, 기질농도는 높아지며 생산성 XD는 상승하게 된다. 균이 가지고 있는 최대 비증식속도 μ에 상당하는 D까지 증가시킬 수 있으나 D를 그 이상으로 증가시키면 미생물의 증식이 따라갈 수 없게 되어 균체농도가 0이 되는 wash out 현상이 일어나 회복이 불가능하게 된다.

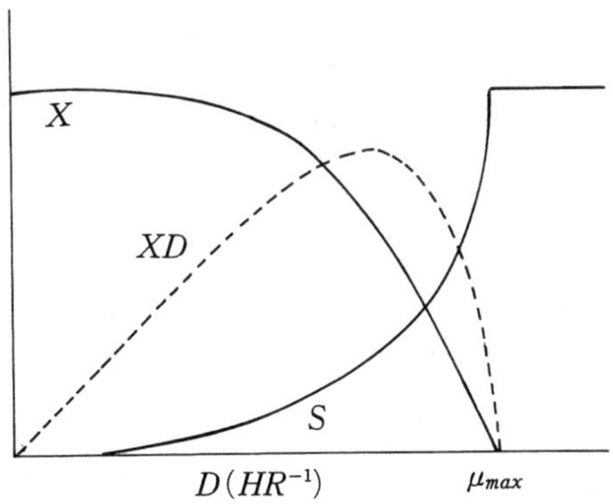

X : 균체량　*S* : 주요기질　*XD* : 생산성

그림 4-8 연속배양에서 D의 영향

또 대단히 낮은 D로 하면 증식속도를 조절하는 제한기질이 부족하여 기질의 에너지가 세포구조의 유지보전을 위한 최소한의 에너지, 즉 유지에너지(maintenance energy)로 우선적으로 사용되기 때문에 균증식은 일어나지 못하거나 정지된다.

따라서 생산성 XD의 최대치는 wash out 점보다 조금 낮은 D에 존재하지만 wash out의 위험성을 고려하여 그보다 조금 낮은 D에서 운전하는 것이 바람직하다.

4-3 배양장치

발효에서 미생물을 이용하여 발효생산물을 얻기위해서는 미생물을 넣고 배양하는 발효조 혹은 발효장치(fermenter)가 필요하다. 발효장치는 심부배양형과 표면배양형으로 나누어진다.

심부배양형 배양장치는 배양조에서 기체와 액체의 교환이 일어나고 연속적인 에너지 공급에 의해 공기가 액체속으로 분산되도록 되어 있는데 비해, 표면배양형 배양장치에서는 미생물이 고체표면에 부착되어 있어서 가스상 산소가 연속적으로 젖은 고체표면으로 공급된다.

심부배양형 배양장치는 기계적인 교반에 의해 산소가 공급되는 통기교반형 배양장치와 교반장치가 없는 탑형 배양장치의 두가지로 나눌 수 있으며, 표면배양형 배양장치는 배양장치내 고체입자의 충전상태에 따라 나누어진다.

4-3-1 통기교반형 배양장치

(1) 표준형 발효조

심부배양에 있어서 가장 널리 쓰이는 배양장치는 표준형 배양장치로서 원통형 탱크에 교반기(stirrer), 공기취입장치(air sparger), 방해판(baffle plate), 소포장치, 온도조절장치, pH 전극, 용존산소측정용 전극, 시료채취구, 배지주입구, 배출구 등을 갖추고 있다(그림 4-9, 10 참조).

1) 교반기 : 교반기(impeller, agitator)는 취입되는 공기를 세분·분산시켜 액중에 산소공급속도를 높이고, 발효조내 액전체를 혼합하여 균일한 상태가 되도록 하는 2가지 주요 기능을 한다.

교반날개는 형성되는 flow pattern에 따라 기본적으로 ① 교반기 회전의 원주방향 흐름(peripheral flow)을 일으키는 paddle형 ② 회전의 반경방향 흐름(radial flow)을 일으키는 turbine형 ③ 교반축방향 흐름(axial flow)을 일으키는 propeller형의 3가지로 대별된다(그림 4-11 참조).

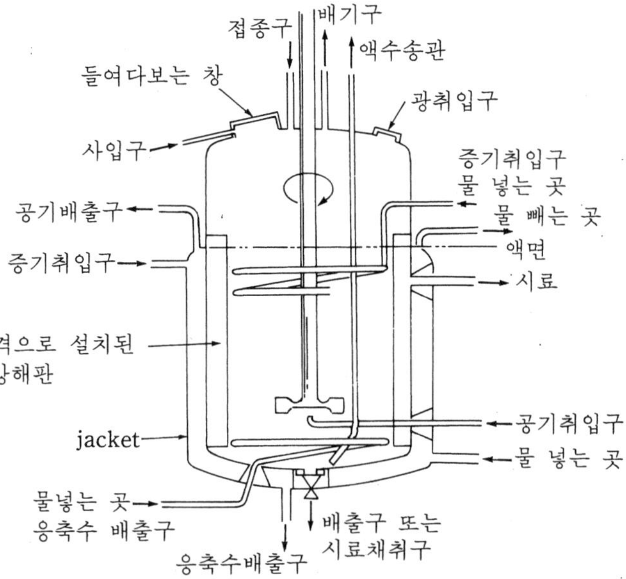

그림 4-9 심부배양용 표준형 배양장치

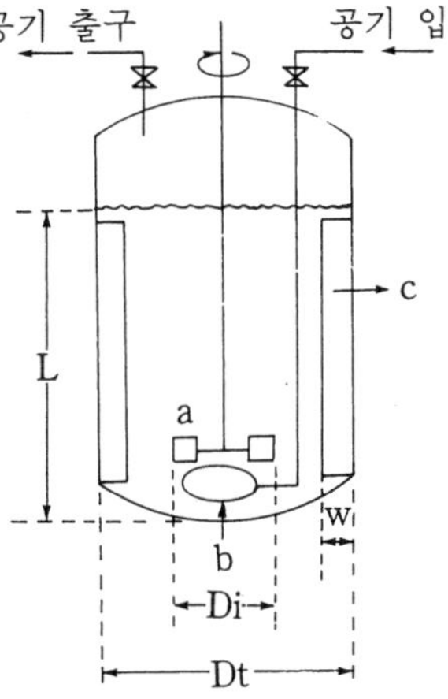

a : 교반기 b : sparger
c : baffle plate

그림 4-10 표준형 배양장치 모식도

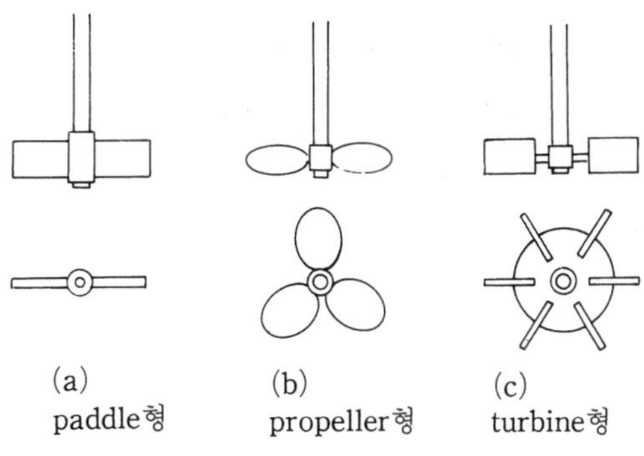

그림 4-11 대표적인 교반날개

Paddle형은 구조가 간단하며 혼합이 쉬운 액체의 교반에 사용된다. Di/Dt =0.8 정도로 설계되며 비교적 저속으로 운전된다. turbine형은 특히 점도가 큰 경우를 제외하고는 대규모의 탱크에 가장 널리 쓰이며 그 형상이 다양하다. Di/Dt=0.3~0.5 범위에서 설계되며 고속회전이 가능하다. propeller형은 비교적 다량의 액체혼합이 가능하며, Di/Dt는 대개 turbine형과 동일하고, 날개의 회전속도는 turbine형 보다 고속으로 조작하는 것이 보통이다.

교반기의 크기와 형태, 교반기의 수, 탱크 내 위치 등을 잘 고려해야만 적절한 통기교반이 이루어질 수 있다. 가장 이상적인 교반기는 Di/Dt가 1/3~1/2 이어야 하며 L/Dt이 1.0 이상이면 교반기를 추가로 설치해야 한다. 교반축에 여러개의 교반날개를 설치할 경우 고속회전시 거품을 일으키므로 탱크의 밑부분에 짧은 축의 고속교반기를 설치하면 편리하다. 이 방법은 Waldhof형 발효조나 acetator에 이용되고 있다.

2) 방해판 : 방해판(baffle plate)은 교반기에 의해 생기는 vortex를 방지하여 통기효율을 높이는 기능을 하며, 대개 W/Dt=0.08~0.1 정도의 폭을 가진 금속판 4매를 발효조 내부벽에 부착시킨다.

3) Sparger : Sparger는 액내에 공기를 분산·통기하는 장치로서 대개 발효조 최하단의 교반날개 밑에 설치한다. sparger에는 구조에 따라 porous형, orifice형, nozzle형의 3가지 기본형이 있으며, 그 밖에 실험실용으로 쓰이는 sparger와 교반기가 함께 부착된 겸용도 있다. 형태에 따라서 ring형, tube형, 방사형 등으로 구분되며 ring형이 널리 쓰인다.

4) 배지의 깊이 : L/Dt=1~1.25이고, 발효조의 용량에 대한 배지의 용량은 60~80% 정도로 하여 배양하는 것이 표준이지만 교반효율, 공기의 hold-up, 발포의 상태, 소포의 능력 등을 고려하여 결정한다.

5) 열제거장치 : 발효조에서 발생하는 발효대사열, 교반열 등을 냉각·조절하여 발효를 효율적으로 이루어지도록 하기위해서 냉각수에 의한 열제거 방법을 이용한다. 소형 발효조에서는 jacket, 대형조에서는 coil관, 외부열교환기가 사용된다.

(2) Waldhof형 발효조

아황산펄프폐액을 사용한 효모생산을 위하여 독일에서 개발된 발효조이며, 그 성능이 좋기 때문에 현재에도 널리 사용되고 있다(그림 4-12).

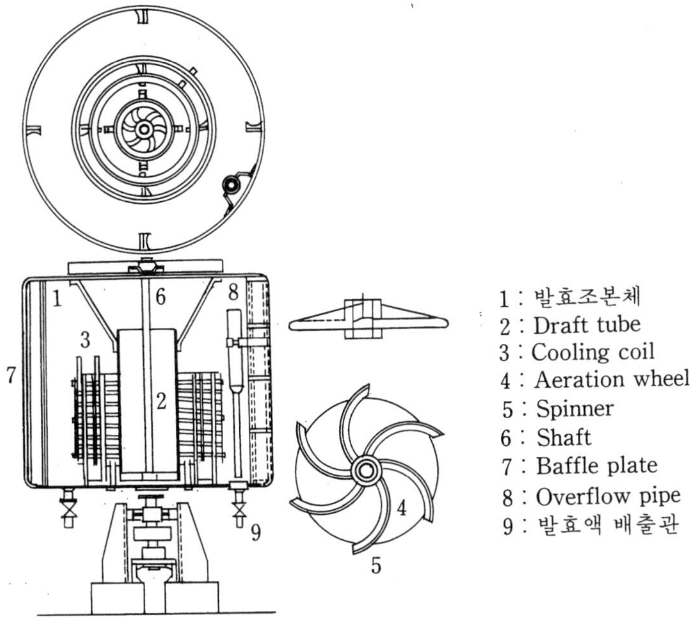

그림 4-12 Waldhof 형 배양장치

공기는 회전축(shaft)으로 들어가서 통기회전원판(aeration wheel)으로부터 액중에 방출된다. 통기회전원판위에는 원통(draft tube)이 있으며, 원판을 회전(1, 000 rpm)시키면서 공기를 흡입하면 액은 거품과 함게 소용돌이치면서 조바닥에서 원통밖으로 배출되고, 원통밖의 액면은 높아져서 액은 원통내부로 향하여 낙하하는 운동을 반복하게 된다.

발생하는 거품은 기계적으로 처리되고 산소이용률도 높으며, 공기의 제균이 요구되지 않는다. 적당량의 원료액을 연속적으로 공급하고 그 양만큼 over-flow 관을 통하여 외부로 배출시키면 연속배양도 가능하다. 발효열에 의한 온도상승은 조내의 냉각사관에 냉각수를 통하여 조절되거나 외부에 장치된 열교환기에 의해 조절된다.

(3) Vogelbusch 형 발효조

Waldhof 형 발효조와 비교적 유사한 발효조이지만 교반기와 통기장치에 특징이 있다. 그림 4-13 에 나타낸 바와 같이 구조상으로 교반날개와 sparger 가 분리되어 있지 않고 교반날개 하부에 공기흡입용 sparger 가 부착되어 있어서 통기에 필요한 동력을 절약할 수 있다.

교반날개의 모양은 유선형이며 속이 비어있다. 그 날개 끝의 반부분이 잘려져 있어 회전하면 cavitation이 일어나고, 조 외부와 통해있는 교반날개로부터 공기가 흡입되어 밑부분의 열려진 구멍을 통하여 공기를 분출시켜 작은 기포를 형성하게 한다.

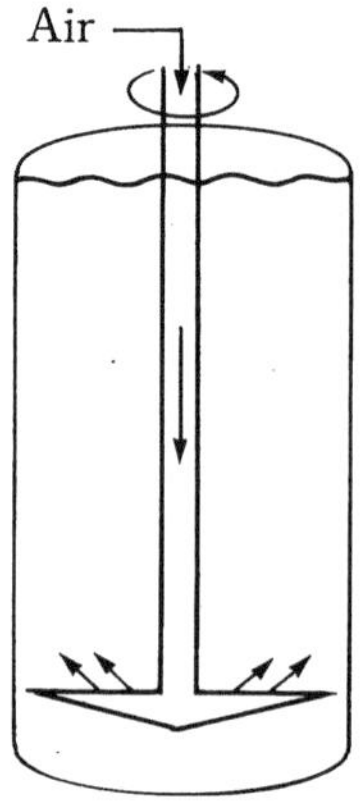

그림 4-13 Vogelbusch형 발효조

(4) Acetator와 cavitator

식초제조에서 초산균은 산소요구량이 많고, 극히 단시간의 산소결핍에 의해서도 현저하게 발효가 저해되며, 소포제의 사용도 바람직하지 않다. 이런 문제점을 해결하기 위해 Ebner 등(1967)에 의해 고안된 것이 공기의 자체 흡입·분산이 가능한 회전 rotor이다.

이 rotor를 발효조 내에 장치하여 compressor없이 통기가 가능하게 만든 발효장치가 Heindrich Frings(독일의 회사명)의 acetator이다(그림 4-14 참조). Cavitator는 acetator와는 다른 구조의 교반기를 가지며 Waldhof형 발효조를 변화시킨 것으로서 그 구조는 그림 4-15와 같다.

이 발효조의 특징은 속이 빈 교반축(shaft)에 장치된 교반날개의 직경을 발효조 내의 직경보다 현저히 작게하여 고속으로 회전시키는 점이다. 교반날개의 통기공 주변의 압력이 저하되어 교반축을 통하여 공기를 흡입한다.

강제통기가 바람직하지 못하거나 공기의 완전제균이 필요하지 않는 경우에 가장 적합하다.

에탄올을 원료로 하는 초산발효에 사용되고 있다.

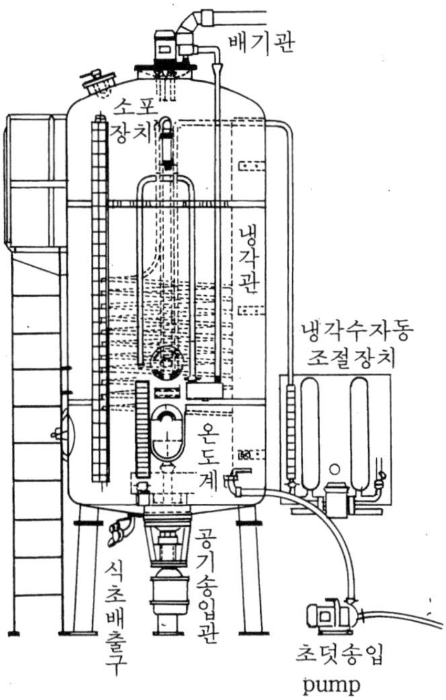

그림 4-14 Frings acetator

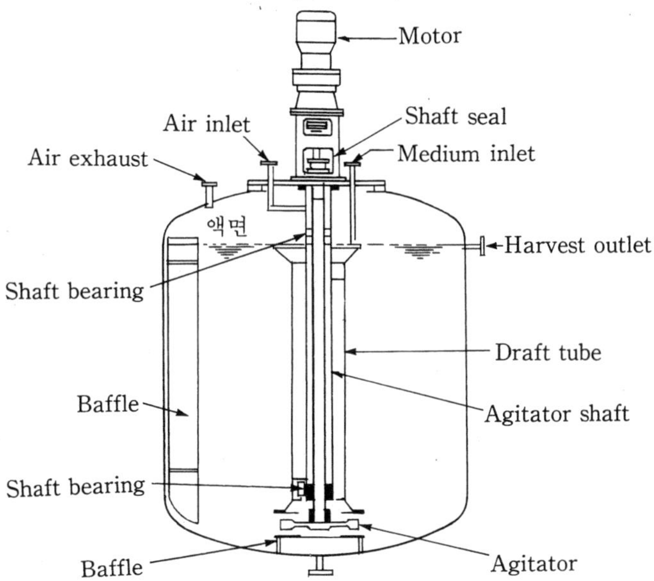

그림 4-15 Cavitator

4-3-2 탑형 배양장치

(1) 기포탑형 발효조

기포탑(bubble column)형 발효조는 가스와 액체배지가 접촉하는 발효조로서 기계적인 교반장치가 없고 기포가 교반과 산소전달의 2가지 기능을 하고 있으며, 교반발효조에 비해 탑의 높이가 지름에 비해 훨씬 높은 것이 특징이다.

그 구조는 간단한 원통모양의 탑에 하부로부터 공기를 불어넣고 위로 빠지는 형식으로 되어있다(그림 4-16).

기포탑은 고도의 유연성이 있어서 탑내부를 여러가지 변형된 형태로 설치할 수 있다(그림 4-17).

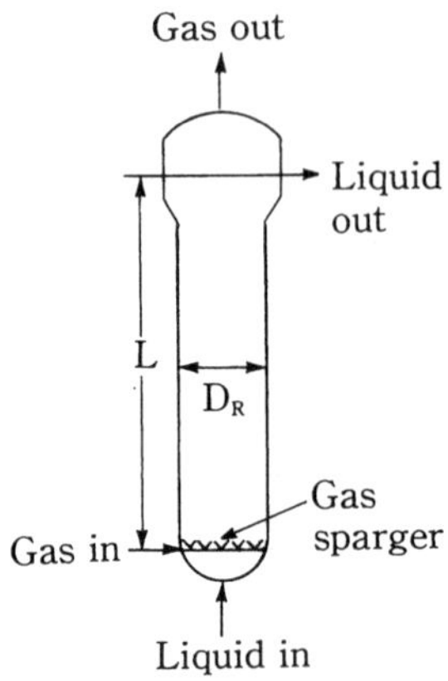

그림 4-16 전형적인 기포탑

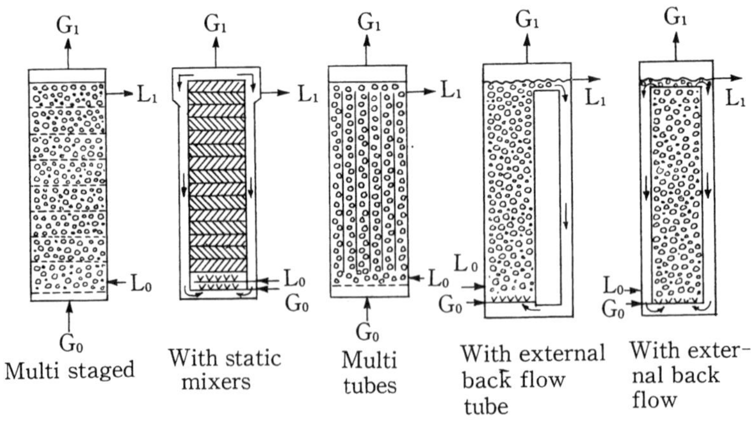

그림 4-17 변형된 기포탑

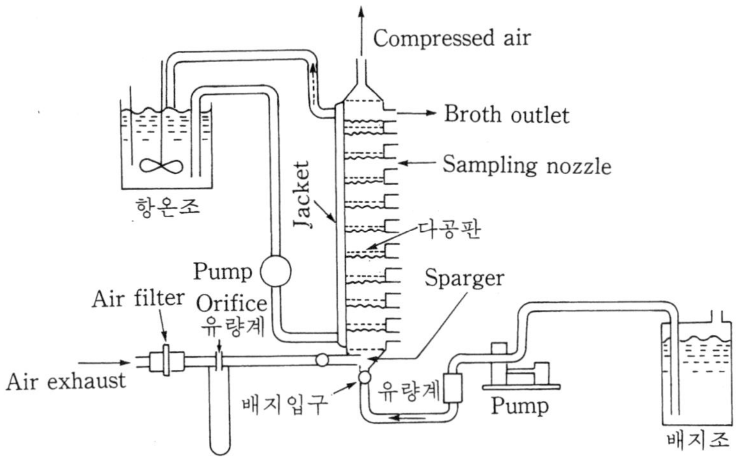

그림 4-18 다단형 기포탑발효조

공기는 sparger를 통해 불어넣는데 그 형식에는 단순히 공기만 불어넣는 static sparger와 jet pump를 이용하여 공기와 액체가 jet형태로 분사되는 dynamic sparger가 있다.

기포탑형 발효조는 연속적으로 대량 처리가 가능하므로 메탄올을 이용한 SCP 생산, 폐수처리에 이용되고 있으며, 페니실린 생산이나 동물세포의 배양에도 이용이 검토되고 있다.

호기적 발효에서 기포탑은 tower fermenter, tower bioreactor, tower loop reactor로 구분되며, 내부 혹은 외부에 loop를 가진 기포탑은 재순환이 가능하여 균일하게 배지를 분산시킬 수 있다. 또한 외부에 loop를 가진 경우는 열의 제거를 위해 이용되기도 한다.

기포탑의 원리를 이용한 다단형 기포탑발효조(그림 4-18 참조)는 탑 내부에 다공성의 시렁이 있고, 배양액과 공기는 연속적으로 하부로부터 취입되어 다공판을 통과하여 위로 빠진다. 다공판에 의해 상하 배양액의 혼합이 방해되고 전체로서는 다단식 통기교반발효조라 할 수 있다. 발효조의 냉각방식은 jacket형이고 연속배양에 알맞다.

(2) Air-lift 형 발효조

Air-lift란 분출하는 압축공기가 수직관속을 팽창하여 상승할 때 유체(流體)를 동반 수송하는 air-lift pump를 말한다. 이 원리를 미생물 배양에 응용하여 산소공급과 배양액의 순환을 동시에 가능케 한 장치가 air-lift형 발효조이다.

기포탑형 발효조처럼 교반이 필요없는 발효조이지만, 상승된 액체가 하부로 내려와서 재순환 될 수 있는 장점이 있다. 즉 air-lift 발효조에서는 상승하는 배지(공기량 풍부)와 내려오는 배지(공기량 결핍) 용액 사이의 비중차를 이용하여 순환이 이루어진다. 기포탑의 경우도 기포와 액체의 유동에 의해 재순환되기도 하지만 air-lift 발효조에서 처럼 혼합이 잘 되지 않는다.

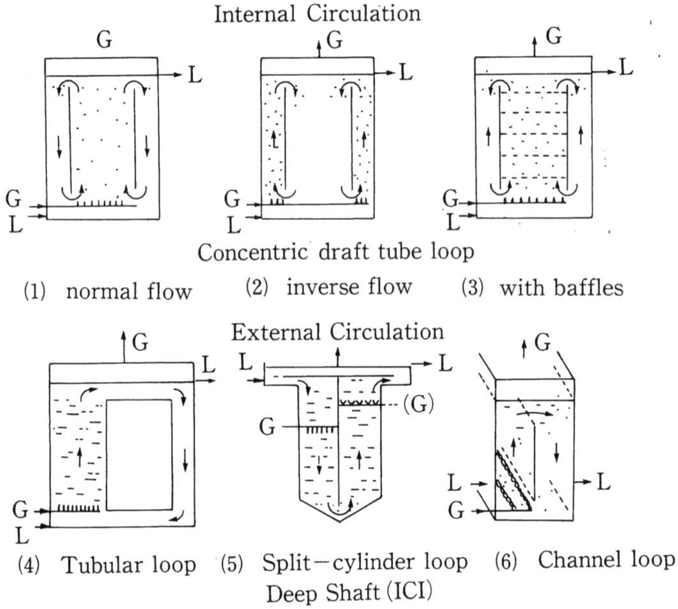

G : gas flow, L : liquid flow

그림 4-19 Air-lift형 reactor의 여러 형태

액체의 재순환은 그림 4-19에서 보는 바와 같이 내부와 외부 순환식이 있으며, 여러 형태가 개발되어 있다. air-lift 발효관 내부에는 원통(draft tube)이 있거나 기체를 미립자로 분산시키기 위한 다공판이 함께 설치되기도 한다.

Air-lift 발효조는 혼합특성이 좋고, 또 기체량을 범람없이 높일 수 있는 잇점이 있으며 연속배양이 가능하므로 SCP 생산이나 폐수처리 등 산업적으로 널리 활용되고 있다.

(3) Cylindro-conical 발효조

맥주발효를 위해 Nathan(1930)에 의해 최초로 제안되었으며 1960년대에 비로소 채택된 cylindro-conical 발효조(그림 4-20 참조)는 밑부분이 원추형이고 2개의 독립된 냉각용 jacket을 가지고 있는 것이 특징이다.

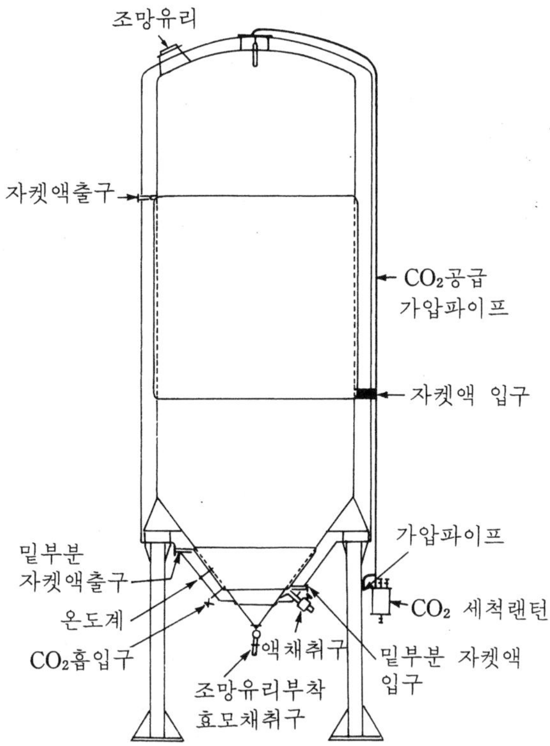

그림 4-20 Cylindro-conical 발효조

하나의 jacket은 발효조의 윗부분에 위치하여 대류에 의한 내용물의 혼합을 유도하여 발효온도를 조절하며, 또 하나의 jacket은 원추형의 밑부분에 위치하여 주발효 후 효모의 응집과 침전을 촉진하기 위한 내용물의 냉각에 이용된다. 발효조 내 내용물의 혼합은 CO_2기포의 발생에 의해 이루어진다.

4-3-3 표면배양형 배양장치

(1) 유동층 발효조

유동층(fluidized-bed) 발효는 미생물을 고정화하지 않고 응집성 미생물을 배양액 내에 부유시켜 연속적인 유동층 조작에 의해 이루어진다. 맥주 또는 식초의 생산, 포도당을 이용한 에탄올생산, 폐수처리 등이 알려져 있으며, 고체배양에 의한 koji 또는 효소의 생산에서도 유동층 발효를 이용한다.

맥주의 연속발효에 이용되는 유동층형 탑발효조(tower fermenter)는 응집성 효모 floc이 배지의 상승운동에 의한 끄는 힘에 의해 현탁상태로 유지되고, 탑꼭

대기에서는 끄는 힘의 약화로 탑의 본체로 다시 되돌려 보내게 되므로 조작조건과 미생물의 특성이 잘 조화되어 반응이 유지된다. 또한 알코올발효에 의해 생성되는 CO_2에 의하여 floc과 액의 혼합이 이루어진다(그림 4-21).

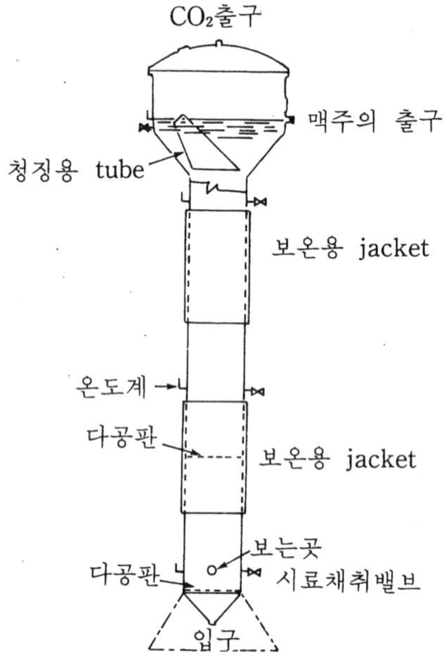

그림 4-21 유동층형 탑발효조

폐수처리의 경우는 탑 내에 유동상태로 있는 담체입자(担體粒子)의 표면에 부착·생육한 미생물막에 의해 폐수중의 유기물을 정화하는 방법이다. 이 방법은 미생물막과 폐수와의 접촉면적이 크기 때문에 표준활성오니법보다 5~10배 높은 유기물부하에서도 처리가 가능하다.

(2) 충진층 발효조

충진층(packed-bed) 발효조는 고정층(fixed-bed) 발효조라고도 하며, 에탄올을 이용한 식초제조(속초법, Frings의 generator)에 널리 쓰인다. 너도밤나무(beech)의 대패밥(shaving)으로 충진층을 만들고 그 위에 순수초산균을 접종·번식시킨다. 원료알코올을 상부에서 균일하게 살포하여 다공질의 충진물 표면을 흘러내리는 동안 공기와 접촉하여 초산으로 산화된다.

(3) 살수층 발효조

충진층 발효조는 효과적인 통기가 매우 어렵고, 유동층 발효조는 기체-액체-고체의 접촉과 물질이동이 다소 억제되는데 비하여 살수층(trickle-bed) 발효조는 미생물에 대한 기체와 액체의 공급이 매우 원활하다는 것이 장점이라 할 수 있다.

살수층 발효조의 최초 응용예는 오늘날도 널리 쓰이고 있는 폐수처리에 이용되는 살수생물막법이다. 회전살수기를 통하여 폐수를 생물막이 부착된 쇄석, 플라스틱 등으로 이루어진 여재층에 살포하면 폐수는 살수층을 흘러내려가면서 유기물이 분해·제거되고, 공기는 미생물 반응에 의해 생성된 대사열에 의한 자연대류작용으로 여재의 공극을 거쳐 올라오게 되므로 호기성으로 유지된다.

4-4 산소공급

심부배양에 있어서는 미생물이 배양액에 용해된 산소를 이용하여 증식이나 물질변환을 일으키지만, 배양액중의 산소용해도가 너무나 적기 때문에 인공적으로 공기를 발효의 전과정에 걸쳐 공급하는 것이 보통이다. 특히 호기배양에서는 산소공급속도에 특별히 관심을 가질 필요가 있다. 발효과정에서 공기중의 산소가 균체까지 이동하는 과정은 다음의 3단계를 거치게 된다.

① 기포로부터 배양액 중으로의 산소이동

② 배양액으로부터 균체 세포로의 용존산소이동

③ 균체에 의한 용존산소의 흡수

점성이 없는 일반배지에서 산소이동에 가장 큰 영향을 미치는 것은 ①단계이며, ②단계는 교반속도를 증가시킴으로서 극복할 수 있다. 그러나 고도로 점성이 강한 경우에는 ②와 ③단계 중 어느 하나가 산소이동에 영향을 미칠 수 있다.

①단계, 즉 기상으로부터 액상으로의 산소이동속도는 다음 식으로 나타낼 수 있다.

$$\frac{dW}{dt}=K_La(C_s-C)$$

단, W : 산소이동량(mol)
t : 시간(min)
K_L : 산소이동계수(cm/min)
a : 단위배양액당 氣-液 접촉면적(cm^2/cm^3)
C_s : 포화용존산소농도(mol/cm^3)
C : 액중의 용존산소농도(mol/cm^3)
$\frac{dW}{dt}$: 배양시간당 산소농도변화, 즉 산소이동속도 (O_2 mol/cm^3, min)

앞의 식에서 K_L은 氣-液 산소이동에 대한 저항성의 역수이고, (C_s-C)는 그 저항에 대한 driving force 이다.

K_L과 a 를 각각 별도로 측정하기는 어렵고 보통 K_La 로서 측정한다. K_La 는 산소의 이동용량계수(volumetric oxygen transfer coefficient)라 하여 산소공급속도의 지표가 되는 중요한 변수이다. K_La 값이 클수록 산소공급능력, 즉 통기능력이 크다는 것을 의미한다. K_La 의 측정법은 아황산소다법, gassing-out 법, 배양계에서의 측정법, 과산소공기를 이용한 방법 등이 있다.

4-5 제균 및 무균조작

4-5-1 통기공기의 제균

(1) 공기여과

공기중에는 무수히 많은 미생물($10^4/m^3$ 정도)이 존재하므로 배양액 중에 공급되는 공기는 잡균의 오염방지를 위해 무균상태에 가까와야 한다. 특히 대규모의 공업적 규모의 호기배양에서는 미생물에 산소를 공급하기 위하여 대량의 공기를 공급하지 않으면 안된다. 이를 위해서는 공기의 제균장치(除菌裝置), 즉 공기여과장치(air filter)가 필요하다. 배양장치에 공기를 공급하기 위해서는 compressor 가 이용되는데 공기가 compressor 에서 가압될 때 단열압축에 의해 온도가 상승되어 가열에 의한 살균이 이루어지기도 하지만 그것만으로는 불충분하고 compressor 에서 나온 공기는 다시 공기여과장치를 거치게 된다.

공기여과장치에는 입상 또는 섬유상 여재를 충진한 섬유충진층 여과기(depth filter)와 0.2∼0.5μ 정도의 미생물 크기보다 작은 구멍을 가진 막상 여과기(membrane filter)가 있으며, 전자를 심부여과(depth filtration), 후자를 절대여과(absolute filtration)라 한다.

섬유충진층 여과기(그림 4-22)는 여재로서 면, glass wool 등이 사용되어 왔으나 최근에는 PVA(polyvinyl alcohol)의 plate형 filter가 많이 사용되고 있다. PVA 여재는 포집효율이 높아 얇은 두께로서도 동일한 미생물 제거효과(99.99% 정도)가 있으며, 사용전 가열살균과정에서도 증기가 여재내부를 잘 통과하기 때문에 살균을 확실하게 시킬 수 있어 편리하다.

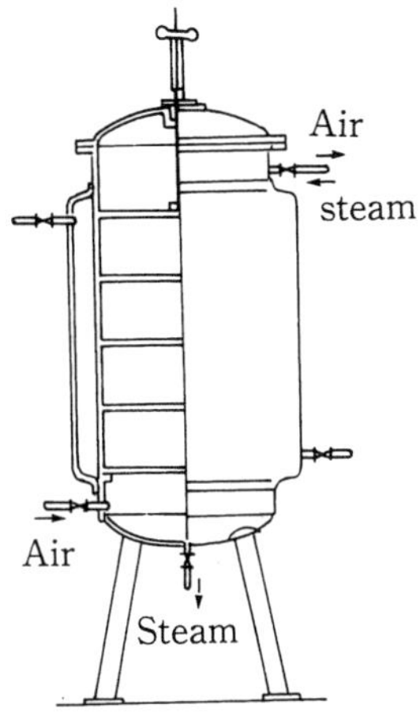

그림 4-22 섬유충진층 여과기

(2) 제균기구

섬유충진층 공기여과기에 의한 제균기구는 관성충돌, 접촉, 확산, 중력침전, 정전기 인력 등이 알려지고 있으나 다음 3가지가 주로 관여하는 것으로 생각된다(그림 4-23).

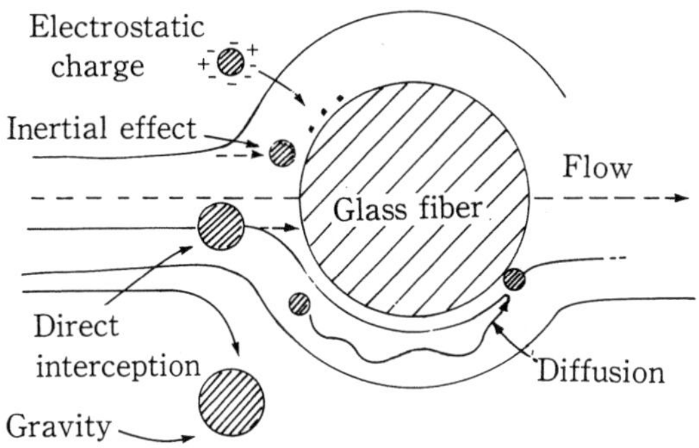

그림 4-23 Depth filter를 통과할 때 제균기구

1) 관성충돌(inertial impaction) : 운동량이 큰 미생물, 즉 비교적 무겁거나 속도가 큰 것이 그 관성 때문에 공기의 흐름에서 벗어나 섬유에 충돌하여 포집되는 것으로 유속이 높을 때는 관성충돌에 의한 미생물 포집이 가장 많아진다.

2) 접촉(차단, interception) : 운동량이 적어서 공기를 타고 이동하는 미생물이 섬유에 접촉하여 포집되는 것으로 이로 인한 포집률은 큰 미생물일수록 증가한다.

3) 확산(diffusion) : 공기의 유속이 느릴 때 미생물이 브라운운동(Browning

motion)에 의해 섬유에 부착・포집되는 현상으로 직경 0.3μ 이하의 미생물인 경우는 이 제균기구에 의한 포집이 특히 중요하다.

4-5-2 무균조작

미생물 배양장치는 외부와 완전히 차단된 상태에서 무균적으로 조작되어야 한다. 따라서 발효조에 부착되어 있는 교반축, 계기・검출기의 끝부분, valve, flange 등의 밀봉이 특히 중요하다. 회전축의 밀봉에는 mechanical seal, steam seal 이 이용된다. 또한 valve 류에는 접액부에 teflon 등을 이용한 diaphragm valve 가 이용된다. 일반적으로 장치의 기밀시험에서 3 kg/cm^2 이상이 유지되면 외부로부터의 잡균오염을 방지할 수 있다.

발효과정에서는 접종 또는 이송조작, 시료채취 등이 필요하다. 이 과정에서도 잡균의 오염을 방지하기 위한 방법으로 무균접종(aseptic inoculation), 무균시료채취(aseptic sampling) 등의 조작이 반드시 요구된다.

4-6 살 균

대부분의 발효공정에서는 순수배양(pure culture)법이 채용되고 있어서 필요로 하는 균주 이외의 미생물은 살균(sterilization)에 의해 제거된다. 따라서 배양탱크를 사용할 때는 먼저 살균에 의해 무균상태로 만들어야 한다.

식품공업에 있어서 제균이나 살균은 여과, 원심분리, 정전기적 제균 등 기계적 분리에 의한 방법과 자외선, 전자선, micro 파, 원적외선, 초음파처리, 가스살균 등 물리・화학적 방법이 있지만, 발효공업에 있어서 배양탱크의 살균은 일반적으로 가열에 의한다. 또한 배지의 살균도 배양탱크와 더불어 실시하는 것이 일반적이다. 탱크나 배지의 가열살균은 증기(steam) 취입에 의한 방법이 보편적이지만 전열, 간접증기(indirect steaming)에 의한 방법도 가능하다.

살균방법에는 회분식 살균(batch sterilization)과 연속살균(continuous sterilization)이 있으며 현재로서는 회분식이 널리 쓰인다. 연속살균법에는 직접 증기를 주입하는 방법과 판형 열교환기에 의한 방법이 있으며(그림 4-24 참조), 연속살균법은 살균기의 시동 또는 valve 의 개폐시에 온도의 변동에 유의하면 안전하고 편리한 살균법이라 할 수 있다.

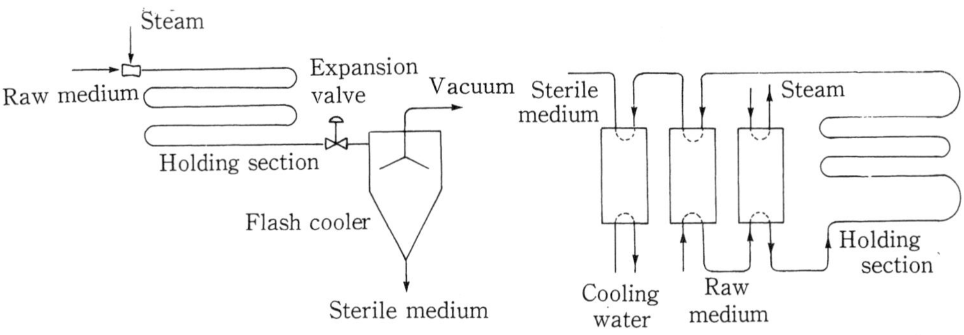

(a) 직접 증기주입 (b) 판형 열교환기

그림 4-24 연속살균장치

미생물의 사멸은 1차반응적으로 일어나며, 최초의 균수를 N_0, t시간 후의 균수를 N이라고 하면,

$N = N_0 \exp(-kt)$로 된다.

사멸속도정수(death rate coefficient) k는 온도에 관계하며, 온도의 영향은 Arrhenius식에 따라 나타난다. 또 사멸속도정수에 미치는 온도의 영향을 10℃ 차이가 있을 때 속도정수비 Q_{10}을 써서 나타낼 수 있다. 일반적으로 미생물 사멸현상의 Q_{10}은 10 이상이다. 즉 살균온도가 10℃ 올라가면 살균효과는 10배 이상으로 된다. 배지 중의 단백질, 비타민의 변성(denaturation)이나 착색반응 속도의 Q_{10}은 거의 2~3으로 알려져 있으므로 온도를 올릴 때의 살균효과의 상승에 비하여 배지성분에 미치는 영향은 적다고 말할 수 있다. 즉 고온단시간살균이 유리하고 연속살균의 장점을 주장하는 근거도 여기에 있다.

살균개시 때의 균농도는 $10^4 \sim 10^6$이고, 살균 후는 균수가 0이 되는 것이 바람직하지만 위의 식에 나타난 바와 같이 이론적으로는 0이 되지 않는다. 따라서 실용적 견지에서라면 1000회 살균에 1개가 남는 경우, 즉 N=1/1000이 되면 좋다. 여기서 오염균의 사멸속도정수를 k=11/min(115℃)로 하면 살균시간은 약 20분이 된다. 그러나 천연배지 등에서는 고형물이 있고 그것에 의해 열의 전도가 지연되는 점을 고려하여 살균시간을 길게해야 한다.

발효조의 일반적인 살균배관계통을 그림 4-25에 나타내었다. 발효조의 오염을 배제하고 완전한 살균을 위해서는 배관이나 측정용 sensor 부착부위에 이상이 없어야 하며, 발효조 내에 오목한 부분이 없도록 해야 한다. 그리고 배양 후에도 배양조의 세척을 완전하게 해야 한다.

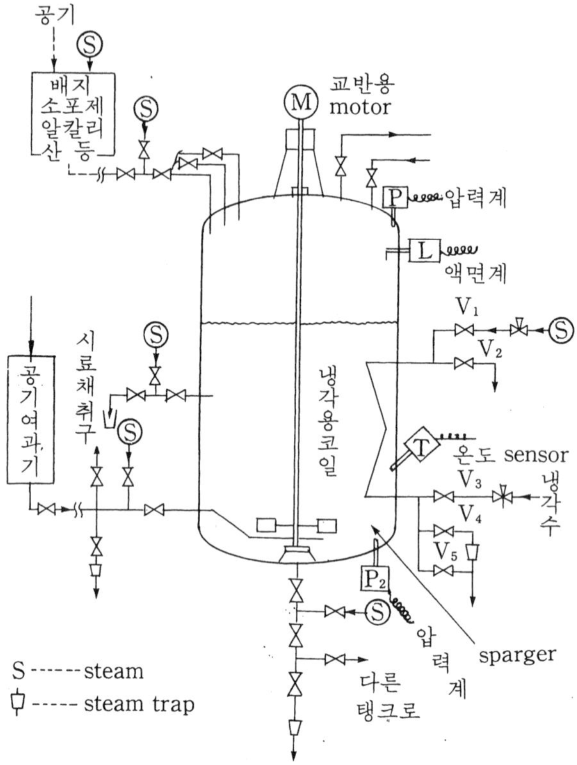

그림 4-25 발효조의 살균배관계통모식도

가열 · 살균 후의 냉각을 위한 coil은 열전달면적을 크게 하기 위하여 탱크 내에 꽉차게 설치하거나 2단, 3단으로 설치하기도 한다.

살균조작은 빈 탱크 살균, 배지의 주입, coil에의 증기도입에 의한 예비가열, 탱크 내의 증기취입에 의한 본살균, 살균종료 후의 냉각, 무균공기 취입에 의한 가압의 순서이다. 빈 탱크는 충분한 가열살균이 되도록 해야 하며, 이때 공기제균기도 살균한다. 최근에는 살균 system을 자동화한 sequence제어도 이루어지고 있다.

4-7 발효공정제어

발효공정제어의 목적은 미생물의 대사활동을 최대로 할 수 있는 환경조성에 있다고 볼 수 있으므로 환경변수인 온도, pH, 산소분압, 영양물질농도 등을 적절히 조절하는 것은 결국 발효공정제어의 핵심과제라 생각된다. 공업적인 발효공정에서 조절가능한 parameter는 온도, 압력, 가스유량, 기질공급량, 거품 등의 물리적 parameter와 pH, 용존산소 등의 화학적 parameter로 나눌 수 있다. 발효공정제어는 전통적인 방법과 컴퓨터에 의한 방법이 있다. 전통적인 방법은 직접 monitor될 수 있는 변수만이 조절된다. 일반적으로 변수의 목표치가 고정되어 있어서 발효과정에서 변화하는 배양액의 물리적 상태와는 무관하며, 주로 feedback control에 의존한다.

반면에 컴퓨터에 의한 방법은 배양액의 조건을 개량하기 위한 parameter의 목표치 변경을 가능케 하는 각종 제어 system을 가지고 있으며, 컴퓨터의 우수한 보조기능도 함께 이용할 수 있어서 대단히 편리하다.

4-7-1 발효공정의 자동제어

(1) 물리적 parameter

1) 온도 : 온도 sensor로서는 백금저항체온도계가 널리 쓰인다. 온도조절은 feedback 제어(P, PI, PID, 또는 on-off), feedforward 및 feedback 제어의 병용, adaptive 제어가 이용된다.

2) 압력 : 압력측정 sensor로서는 Bourdon tube pressure gauge가 이용된다. 무균상태에서 조작되는 상업적 규모의 압력측정에는 diaphragm gauge가 편리하며, 전기적인 방법을 이용한 것으로는 piezoelectric transducer가 있다. 제어 mode는 modulating feedback 제어(P, PI 혹은 PID)이다.

3) Gas 유량 : Gas 유량조절은 rotameter와 같은 부유체 flowmeter로 유량을 monitor하여 flowmeter에서의 부유체의 위치를 전기신호로 바꾸어 가스유입파이프의 valve를 조절함으로써 가능하다. modulating feedback 제어(P, PI 혹은 PID)가 채용된다.

4) 액체 및 배지의 유량 : 액체 유량은 rotameter 또는 electromagnetic flowmeter와 같은 유량계로 측정이 가능하고, 발효조의 액량을 일정하게 유지하기 위해서는 발효조의 무게나 액체의 level 측정이 이용된다. 기질의 feed rate는 sensor 개발이 이루어지지 않고 있어서 off-line으로 분석된다. 그러나 유가배양에서는 autoanalyzer에 의한 분석이 이루어지므로 일정간격의 feeding이 가능하다. 액체유량은 feedforward 및 feedback 제어의 병용, 기질의 feed rate는 feedback 제어(P, PI, PID 혹은 on-off)로 각각 조절된다.

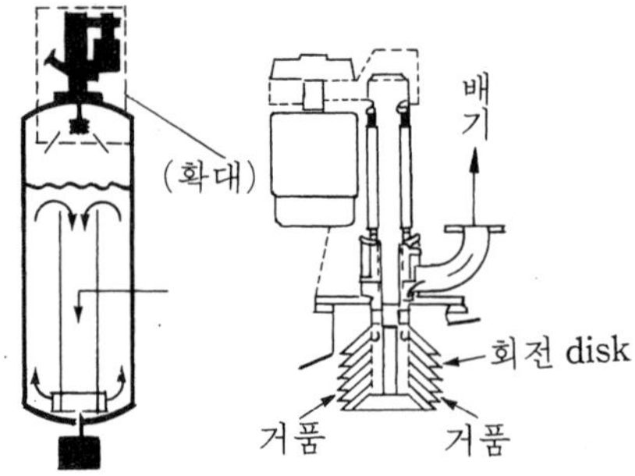

그림 4-26 Chemap 소포장치

5) 거품 : 소포제의 이용은 균의 생육저하, 산소이동속도저하, 분리 · 정제시에 악영향을 미칠 수 있으므로 기계적 소포가 바람직하다. 기계적 소포는 급격한 압력변화, 전단력(剪斷力), 압축력, 충돌력의 4가지 기구 중의 1가지 또는 몇가지를 조합한 원리로 이루어진다. 대표적인 기계적 소포장치로서는 Chemap 소포장치(그림 4-26), 유체흡입에 의한 소포, 회전원판형 소포장치, 유체충돌분산소포장치 등이 있다.

소포제 첨가에 의한 소포제어는 거품감지 sensor에 의해 자동적으로 이루어지며, 거품 level의 자동제어는 on-off feedback 방식에 의한다.

(2) 화학적 parameter

1) pH : pH 측정은 발효조에 부착된 pH 전극을 이용한다. pH는 발효과정에서 산 또는 염기의 생성에 따라 변할 수 있고, pH 값이 배양액의 $[H^+]$에 대하여 직선함수가 아닌 $pH=-\log[H^+]$의 관계에 있기 때문에 조절이 곤란한 경우가 많다. on-off 조절기는 배양액의 완충력 변화에 적응할 수 없으므로 PI 조절기가 더 적합하다. 최근에는 adaptive pH 조절기가 개발되어 이용되고 있다. 따라서 pH 조절은 feedback 제어(P, PI, PID 혹은 on-off)나 adaptive 제어에 의해 이루어진다.

2) 용존산소 : 용존산소의 측정에는 용존산소 sensor가 이용된다. 현재 이용되는 용존산소 전극은 소위 격막형 용존산소전극(Clark-type oxygen electrode)으로서 autoclave 등에 의한 가열살균이 가능하고, 장기간에 걸쳐 연속측정도 된다.

용존산소는 온도상승과 더불어 그 농도가 저하되므로 온도의 영향에 유의해야 한다. 용존산소농도의 자동제어는 교반속도조절기, 공기유량조절기 혹은 배지유입조절기의 목표치를 변화시키는 방식인 다변수 level 2 제어에 의해 이루어진다.

4-7-2 발효공정의 컴퓨터제어

컴퓨터는 발효공정을 제어하고 최적화하는데 가장 유용하다.

컴퓨터는 공업적인 생산공정의 각 단계, 특히 생화학적 공정에서 여러가지 기능을 수행할 수 있으며, 그림 4-27은 발효공정제어에 있어서의 컴퓨터의 기능을 나타낸 것이다.

(1) Data 취득

Data 취득(acquisition)을 위해 컴퓨터는 각종 sensor와 연결되어 있다. sensor가 pneumatic, voltage, current 혹은 digital signal과 같은 1차신호를 만들고, 이 신호들이 컴퓨터로 들어가기 전에 data 처리에 적합한 형태로 변환된다. 이러한 변환은 컴퓨터와 주변기기 사이의 interface에 의해 이루어진다.

이를 위하여 analog 신호는 1단계로 표준화된 voltage(mV)나 current 신호로 변환되고, 2단계로 digital 정보로 변환된다. 또한 sensor의 전기신호가 컴퓨터에 의해 조절되는 multiplexer에 의해 연속적으로 scan되기도 한다.

Interface로부터의 digital 신호는 컴퓨터에 의해 parameter 값으로 바뀌어 기록·저장되며, off-line으로 얻어지는 자료도 역시 컴퓨터에 입력되어 공정관리에 이용된다.

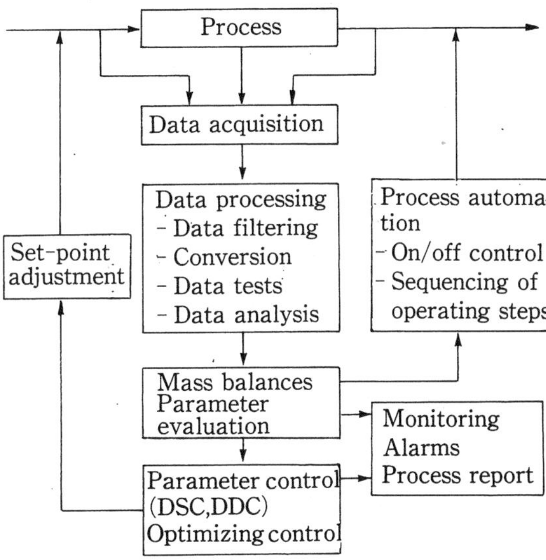

그림 4-27 발효공정제어에 있어서 컴퓨터의 기능

(2) Parameter 계산 및 data 처리

컴퓨터를 이용하면 측정가능한 sensor의 값으로부터 계산(evaluation)에 의해 연속적으로 대사 parameter, 즉 세포의 성장이나 활성에 관한 정보를 얻을 수 있다. 특히 이러한 sensor를 출입구(gateway) sensor라고 한다(표 4-3).

Sensor를 이용하면 연속적으로 정보를 취득할 수 있으므로 그 출력을 컴퓨터에 의해 연산처리하면 대사에 관련된 정보를 쉽게 얻을 수 있는 것이다.

발효공정은 기포를 포함한 유동의 복잡성, sensor에의 균부착 등으로 근원적으로 noise가 많이 포함되어 있는 system이므로 data 처리(processing)에 있어서 어려움이 많다. 실제 공정기기에는 기기내부에 필터(Kalman filter 등) 장치가 되어 있어서 안정된 값을 얻을 수 있다.

표 4-3 Gateway sensor에 의한 대사 parameter의 계산

gateway sensor	대사 parameter
pH	산(생성물) 생성
용존산소	산소이동속도(K_{La})
O_2분압(배기가스) 가스유속	산소소비속도
CO_2분압(배기가스) 가스유속	CO_2생성속도
O_2소비 CO_2생성	호흡상(RQ)
당농도와 기질공급속도 CO_2생성	균체수율과 균체농도

(3) 공정제어

컴퓨터에 의한 공정제어(process control)를 복잡성에 근거하여 순서대로 열거하면 다음과 같다.

① 단순 monitoring, on-off 제어, alarm

② batch 및 유가공정에서의 차례조작단계(공정자동화)

③ 개개 공정 parameter의 조절

④ 전공정의 조절(공정최적화)

①, ②의 단계는 공정자동화로서 공업적인 규모에서 널리 쓰이고 있으며, 컴퓨터에 의한 자료관리와 병행하면 효과적인 방법이 될 수 있다. ④단계는 뒤에 따로 취급한다. 컴퓨터에 의한 고급제어기술은 ③단계라 볼 수 있다. 고전적인

제어에서는 조절된 parameter가 목표치에서 유지되지만 컴퓨터 제어에서는 이 parameter값이 공정의 상태에 따라 적응할 수 있다. 이런 진보된 조절기능을 가진 것이 direct set-point control(DSC)과 direct digital control(DDC)이다.

발효공정 system을 제어방식에 따라 나누어 보면 system 또는 발효장치의 운전을 위한 제어와 발효공정제어가 있다. 전자의 경우에는 통상 sequence 제어가 많이 쓰인다. 후자의 경우는 가장 간단한 on-off 제어에서부터 정치(定値, constant value)제어, 최적화(最適化, optimizing) 제어 등이 있다. 정치제어가 pH나 온도 등에 적용되는 이유는 미생물이 온도나 pH에 대하여 극히 민감하기 때문이다.

(4) 발효의 modelling과 최적화

1) Modelling : 미생물반응의 양론식, 수지식, 생물반응의 동력학적 거동에 관한 정보 등은 실제 발효에서 파악되기 곤란하므로 발효공정의 목적에 맞는 대상이 나타내는 어느 일면을 모델로 하여 이를 수식화시켜 실제발효공정의 설계나 조작 등에 적용시키는 것을 modelling이라 한다. 발효공정에서는 주역이 되는 미생물의 반응동력학 모델작성이 modelling의 중심과제로 되어 있다.

공업적으로는 미생물반응 중에서도 비증식속도, 기질의 비소비속도, 목적생산물의 비생산속도가 중요하고, 이들과 온도, pH, 기타 상태변수(기질농도, 미생물농도, 생산물농도, 세포 내 성분농도, 미생물의 크기와 균령 등)와의 관계가 모델화되어 다수의 모델이 제안되어 있다.

균체의 증식모델로서 가장 잘 알려진 Monod식은 제한기질이 하나이고, 비구조모델의 가장 간단한 것으로서 효소반응의 Michaelis-Menten식과 같은 형으로 되어 있으며, 다수의 발효에 적용될 수 있다.

생산물생성모델로서는 Luedeking과 Piret식이 있는데 이 식은 균체의 증식과 생산물의 생성이 연동되지 않는 non-growth associate형 배양에서 적용범위가 넓고 간단하기 때문에 취급하기 쉽게 되어있다.

2) 최적화 : 최적화(optimization)란 발효공학에서 공정과 더불어 사용될 때는 최적조건의 탐색을 포함하여 공정이 최적조건에서 작동되는 것을 의미하고, 산업적인 공정에서는 최대수율 혹은 최대생산성과 같이 공정과 직접 관련되어 사용되기도 하겠지만 경제적인 최적을 의미한다고 볼 수 있다.

공정의 최적화를 위해서는 공정이 지정된 조건하에서 수행되도록 하고, 미리 설계된 프로그램을 사용하여 pH 나 온도와 같은 상태변수가 최적조건으로 움직이도록 하는 제어자체의 최적화가 이루어져야 한다. 한편 대사생산물이나 균체생산의 생산성향상을 목적으로 한 최적화는 배지조성, 온도, pH, 기질 feed rate 등을 조작변수로 하여 회분배양, 유가배양, 균체생산을 위한 연속배양 등에서 시도되고 있다.

(5) 컴퓨터제어발효의 기본구조

컴퓨터제어 발효조에서는 압력, 온도, pH, 용존산소, 공기유량, 배기가스조성 및 거품형성 등이 공기와 배기가스유량, 냉각수와 steam, 산과 염기의 첨가, 배지 feed 및 소포제 첨가에 의해 연속적 조절로서 측정된다. 공정조절용 컴퓨터는 sensor, 증폭기, 조절부위 외에도

① 신호조절, analog/digital(A/D) 변환 및 실시간(實時間) multiplexer 또는 scanner 로 이루어진 컴퓨터 interface

② 기억 및 mass 저장장치를 가진 processing unit

③ Data 저장(disk 또는 tape), date 입력(key board), data 출력(printer, plotter, display), alarm monitoring 을 위한 주변장치

④ 실시간 측정 시계 등으로 구성되어 있다.

그림 4-28 에는 컴퓨터제어발효의 기본구조를 나타내었다. 발효조에는 물리적·화학적 환경인자를 계측하기 위한 sensor 가 부착되어 있다. sensor 에서 나온 정보는 소형 컴퓨터에 의해 처리·연산·정리되어 발효조 내의 물리적·화학적 상태변동을 알려주며, 정보의 일부는 직접 발효제어신호로서도 이용될 수 있다. 즉 D/A 변환기에서 변환된 신호는 interface 를 거쳐 pump 의 작동, valve 의 개폐가 이루어지고, 발효조 내의 화학물질의 첨가, 통기량, 교반속도를 증감시키는 등의 물리상태의 변동에 의해 발효를 제어한다. 더욱이 고도의 발효제어가 필요할 때는 대형 컴퓨터 processor 와 on-line 화 함으로써 제어신호를 얻는 방법도 있으나 소형 컴퓨터를 이용한 발효제어만으로도 생산성을 증대시킬 수 있다.

발효제어를 실시하는데 있어서의 중요과제는 새로운 sensor 개발이라고 생각되며, 또한 sensor 에서 얻어진 정보를 이용하여 어떠한 방법으로 발효를 제어할 것인가에 대한 software 개발도 중요하리라 생각된다.

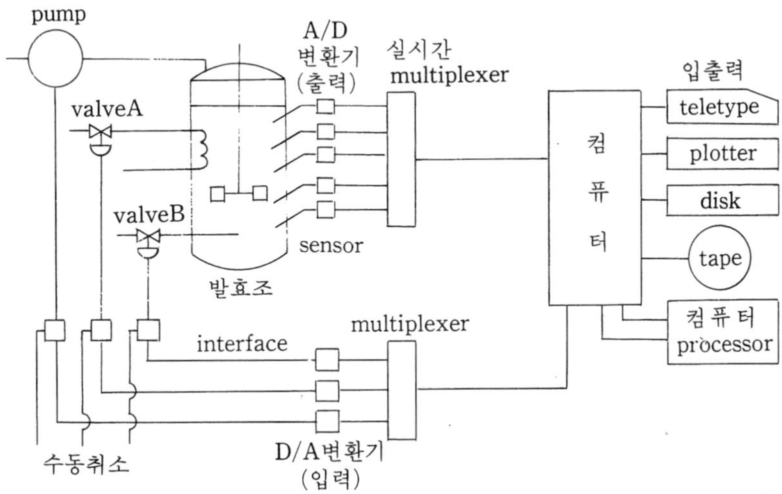

그림 4-28 컴퓨터제어발효의 기본구조

4-8 발효생산물의 분리 · 정제

배양물은 세포, 수용성 세포 외 생성물, 세포내생성물, 미발효기질, 발효될 수 없는 기질 등이 포함된 복잡한 수용액이다.

발효생산물의 생산공정은 생화학 반응, 효소반응 등에 의해 원료에서 배양물을 생산할 때까지의 단계, 즉 생산부문을 담당하는 발효공정과 배양물로부터 목적물질을 얻기위한 제품의 마무리단계, 즉 분리 · 정제를 중심으로한 발효후 공정으로 나누어진다. 전자를 upstream(상류) processing, 후자를 downstream(하류) processing이라고 한다. 발효공정은 궁극적으로 발효후 공정에 영향을 미치게 되며, 발효후공정의 성패가 전제조공정의 성패를 좌우하는 경우가 많다.

4-8-1 분리 · 정제공정의 기본적 구성

발효생산물의 분리 · 정제공정은 제품에 따라 다르겠지만 편의상 회수공정(세포파쇄를 포함시켜 전처리공정이라고도 함), 분리공정, 정제공정으로 구분할 수 있다.

(1) 회수공정

증기나 화학물질에 의해 목적물질이 실활되지 않을 때는 우선 멸균 후 회수공정에 들어간다.

회수공정에서는 목적물질이 ① 균체 그 자체인가 ② 균체 내에 들어있는가 ③ 배양액 중에 분비되는가에 따라 회수방법이 달라진다. 빵효모, SCP 등과 같이 균체자체가 제품으로 되는 경우는 집균조작이 회수공정의 전부이다.

대장균에 의한 인슐린, 성장호르몬, 인터페론, 세포내 효소의 생산과 같이 목적물질이 균체 내에 함유되어 있을 때는 ① 과립(inclusion 체, pellet) 상태로 있는가 ② 용해되어 있는가 ③ 용제에 의해 추출될 수 있는가에 따라 회수공정이 바뀌게 된다. 과립상태로 있을 때는 파쇄 후 과립획분을 회수·세척·재용해한 액을 여과멸균, 재활성화하여 다음의 분리공정으로 보낸다. 용해되어 있을 때는 파쇄 후 가용성획분을 회수하고 여과멸균하여 분리공정으로 보낸다. 용제에 의해 추출될 수 있으면 추출잔사를 분리한 후 추출액을 여과멸균하여 분리공정으로 보내면 된다. 아미노산발효, 세포외효소와 같이 목적물질이 배양액 중에 분비되는 경우에는 침강, 원심분리, 여과 등의 집균에 의해 얻어진 상등액을 여과멸균하여 분리공정으로 보낸다.

(2) 분리공정

일반적으로 상등액에서 목적물질을 분리하여 농축하는 것을 분리공정이라고 한다. 분리공정에서는 단백질이 실활되지 않도록 신속하게 분리해 내는 것이 목적이며, 그 밖에도 저분자물질의 제거, 즉 농축의 목적도 달성할 수 있다. 분리공정에서는 다량의 상등액을 처리할 수 있는 단위조작, 예를들면 용해도차 한외여과 또는 이온교환 chromatography 에 의한 분리조작이 널리 쓰인다.

(3) 정제공정

정제공정의 목적은 순도를 높이는 고분리도의 정제에 있다. 단백질의 경우 gel 여과, 소수성 및 affinity chromatography 분리조작이 널리 쓰인다. 전기영동은 아직 공업적 규모로는 사용되고 있지 않다. 최종제품은 보관·수송의 편리성을 감안하여 건조나 동결건조에 의해 건조고화시킨다.

4-8-2 회수(고액분리) 공정

(1) 원심분리

분리·정제를 목적으로 한 원심분리법은 분획원심법(differential centrifugation)과 zone 원심법(zonal centrifugation)으로 대별되며, zone 원심법은 다시 밀도구배침강속도법(rate-zonal density-gradient sedimentation)과 밀도

구배침강평형법(isopycnic density-gradient sedimentation)으로 구분된다. 분획원심법은 밀도가 균일한 용매 중에서 입자의 밀도에 따라 분획하는 방법이다.

Zone 원심법은 원심관 내의 용매에 밀도구배를 만든 후 그 상층에 시료용액을 중층하여 원심분리하는 방법으로써, 밀도구배침강속도법은 밀도구배를 만들기 위해 설탕이 사용되며, 밀도구배침강평형법은 고분자물질의 밀도차에 의한 분리법이다.

발효공업에서 공업적 규모로 이용되는 분획원심법은 고-액계(固-液系)나 액-액계(液-液系)를 대상으로 실시되는데 연속적인 처리가 가능하다. 이와같은 목적으로 사용되는 원심분리기에는 분리판형(disk plate type), 원통형(tubular bowl type) 및 decanter(scroll type)가 있으며, 분리판형은 다시 De Laval 형과 nozzle 형으로 구분된다(그림 4-29).

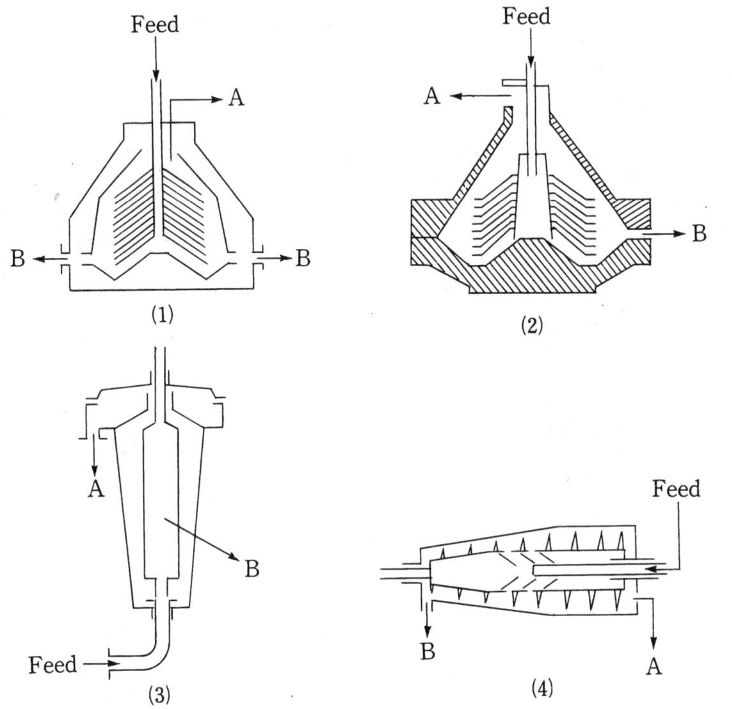

(1) nozzle 형 (2) De Laval 형 (3) 원통형 (4) decanter

A : light phase discharge, B : heavy phase discharge

그림 4-29 각종 원심분리기

De Laval 형은 회전수 10,000 rpm 이하이고, 액-액계는 연속조작이 가능하지만 고-액계는 반회분식(半回分式)이어서 균체 등의 회수에는 부적당하다.

Nozzle 형은 고-액계의 연속조작이 용이하므로 빵효모, 맥주효모 등 균체의 회수, 정제 또는 제거용으로 사용된다.

원통형원심분리기는 sharples 형이 널리 쓰인다. 회전수 10,000~20,000 rpm 정도이고, 원심효과가 높아 다용도로 쓰이지만 침강면적이 분리판형보다 작다는 결점이 있다. decanter(scroll type)는 고체입자의 침전이 회전 drum 벽위에 쌓이고 이것이 나선상 screw 의 회전에 의해 제거되므로 자동연속배출이 가능한 것이 특징이다. SCP 생산에서 효모의 탈수에 사용된다.

(2) 여 과

배양액 중의 균체분리에 널리 이용되는 여과기에는 회전식 진공여과기(rotary vacuum filter), 가압여과기(filter press, plate and frame filter), 엽상가압여과기(leaf filter), 원심여과기(basket centrifuge) 등이 있다(그림 4-30).

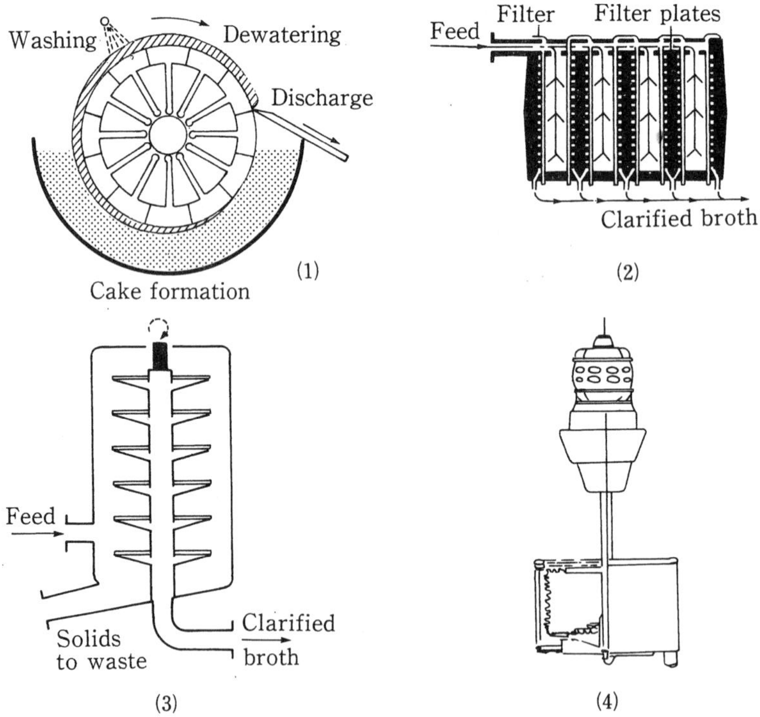

(1) 회전식 진공여과기 (2) 가압여과기 (3) 엽상가압여과기 (4) 원심여과기

그림 4-30 각종 여과기

회전식 진공여과기는 효모나 방선균의 분리, 세포외 효소의 생산에 널리 쓰이며, 연속적으로 대량처리가 용이하다.

가압여과기는 압력이 20 bar 정도여서 여과하기 어려운 배양액의 여과에 알맞으나 연속적이 아니고 찌꺼기의 제거, 세척, 조립에 비교적 많은 시간이 소요되는 단점이 있다.

엽상여과기는 엽상의 filter disc가 수직으로 배열된 구조이며, 진공 또는 가압하에서 연속적으로 조작이 이루어지고, 규조토와 같은 여과조제가 이용되기도 한다.

원심여과기는 소위 basket형 원심분리기라고도 하며, 금속원통에 다수의 작은 구멍을 가진 basket 내에 원액을 흘려보내서 전동기에 의해 이루어지는 원심력을 여과압력으로 이용하여 여과를 하는 방식이다. 방선균이나 효모의 분리에 쓰이며 세균의 분리는 불가능하다.

(3) 침강분리

미생물이 서로 응집하거나 혹은 다가 양이온이나 균체외 고분자 때문에 floc을 만들게 되면 균체가 침강하므로 회수가 가능하다. 이런 이유로 맥주제조에서 응집성이 좋은 효모를 사용하기도 한다. 침강에 의한 균체회수는 폐수처리에서 활성오니의 분리나 침강성 세균 등의 분리에 이용된다.

4-8-3 세포파쇄

표 4-4 세포 파쇄법

방 법	조작의 개요
삼투압법	저장액(低張液) 중에 투입
동결융해법	동결과 융해를 반복하여 세포벽 파괴
효소법	lysozyme 등의 세포벽분해효소에 의한 세포벽 용해
자기소화법	효모, 어떤 종류의 세균에 유기용매를 가하여 자기용해유도
기계적 파괴법	
potter형	작은 구멍을 통과시켜 파괴
warring blender	회전칼로써 파괴
Dyno-mill	glass 구와 더불어 진동마쇄
초음파법	초음파에 의한 기계적 진동으로 파괴
French press	급격한 감압에 의한 팽창파괴

목적물질이 균체나 세포 내에 존재할 경우 분리공정에 들어가기 전에 먼저 균체나 세포를 파쇄(disintegration)하여 목적물질을 통상 수용액 중에 추출하지 않으면 안된다. 표 4-4에는 대표적인 파쇄법과 그 조작의 개요를 나타내었다.

일반적으로 세포벽이 있는 식물세포나 세균 등은 French press나 Dyno-mill 등의 격렬한 방법이 쓰이며, 세포벽용해효소를 이용하는 효소법을 병용하기도 한다. 반면 동물세포는 비교적 파쇄되기 쉬워서 삼투압법이나 warring blender 등이 이용된다.

4-8-4 분리공정

(1) 증 류

두 성분 또는 그 이상의 성분을 함유하는 혼합액에서 각 성분을 증기압(비점)의 차를 이용하여 분리하는 조작을 증류(distillation)라 한다. 증류는 묽은 알코올용액에서 알코올을 농축시키는 가장 전통적인 방법이다. 알코올의 비점은 78.15°C이며 공비혼합물(azeotropic mixture)인 95.57 w/w%까지 농축이 가능하다. 알코올발효액에는 여러가지 알코올이 같이 포함되어 있으므로 주정용 알코올에서는 이들이 제거되어야 한다.

(2) 추 출

액-액간 용질의 분배차를 이용하여 분리하는 것을 추출(extraction)이라 한다. 추출에는 용매추출, 2상계수용액추출, 초임계유체추출 등이 있다.

1) **용매추출** : 용매추출(solvent extraction)은 물-유기용매계로써 항생물질이나 지질의 분리에 이용된다. 항생물질의 추출에는 부탄올, 메틸이소부틸, 부틸아세테이트가 흔히 쓰이며, 추출장치로서는 Podbielniak 연속원심접촉장치가 이용된다.

2) **2상계수용액추출** : 2상계수용액추출(aqueous two-phase extraction)은 수성이상분배법(水性二相分配法)이라고 하는데 수용성 고분자를 함유한 수용액이 적당한 조건하에서 2상으로 분배되는 원리에 근거를 둔 분리법이다. 수용성 고분자로 흔히 이용되는 것은 dextran-polyethyleneglycol(PEG), dextran-methyl cellulose, PEG-염(황산암모늄 등)과 같은 2종의 조합이다.

2상을 박층으로 향류(向流, counter-current) 접촉시키는 박층향류분배장치, 원심력장 내에서 고정액상 중을 액적상(液滴狀)의 이동상으로 하여 이동시키는 원심향류분배 chromatography 등이 고안되었다. 2 상계 system 은 효소나 단백질분리, 핵산분리, 세포 내 기관분리, 추출전환 등 활용도가 다양하다.

3) 초임계유체추출 : 초임계유체추출(supercritical fluid extraction)은 초임계유체가 액체나 가스의 중간적 성질을 가지므로 압력이나 온도 혹은 조성의 변화에 의해 추출능력이나 선택성이 크게 변한다는 것을 근거로 한 분리법이다.

초임계유체로는 CO_2가 가장 잘 쓰이며, N_2O, C_2H_4, C_2H_6, CF_3Cl 도 사용이 검토되고 있다. 비교적 저온에서 변성을 일으키지 않고 분리할 수 있으며, 추출제의 잔류가 적기 때문에 맥주 hop 의 추출이나 커피원두의 탈 caffeine 공정 등 식품, 의약품의 새로운 추출분리법으로 검토가 이루어지고 있다.

(3) 흡　　착

흡착(adsorption)은 흡착담체를 이용한 분리·농축법이며, 흡착담체로서는 ① 이온교환수지 ② 활성탄 및 탄소계 합성흡착제 ③ cellulose 계 이온교환체 ④ silica gel 및 활성 alumina ⑤ 기타 교환기가 없는 합성흡착제 등이 있다.

이온교환수지는 항생제 회수 등에 널리 이용되어 왔으며, 음이온교환수지는 암모니아기가, 양이온교환수지는 술폰기가 붙어있어 반대전하의 이온을 결합시킨다.

Cellulose 계 이온교환체는 단백질 회수에 이용되고 있으며, carboxymethyl(CM)-, diethylaminoethyl(DEAE)-, sulfopropyl(SP)-cellulose 가 있다. 단백질을 DEAE cellulose 에 흡착시켜 알칼리용액으로 재생시키면 단백질이 추출된다.

(4) 침　　전

분리의 초기단계에서 파쇄·추출에 의하여 일정량의 획분을 얻은 후 처리용량을 줄일 목적으로 침전(sedimentation)에 의한 분획이 이용된다. 이 방법은 단백질의 용해도가 염이나 유기용매의 농도에 따라 달라진다는 점과 단백질이 변성에 의해 침전된다는 점을 이용한 평형분리법이다.

1) 염　석 : 단백질의 물에 대한 용해도는 생리적 이온강도(0.15~0.2 mol/kg)보다 낮거나 높은 영역에서 감소한다. 이러한 성질을 이용하여 대개 고이온강도 영역에서 단백질을 분획하는 것을 염석(塩析, salting-out)이라 한다. 염석에서 가장 널리 쓰이는 것은 황산암모늄이고 다음 분리공정으로 들어가기 전에 통상 탈염(脫塩)이 필요하다.

2) **등전점침전** : 낮은 이온강도에서는 단백질의 용해도가 감소되고, 특히 등전점에서는 총전하가 0이 되기 때문에 동종하전간의 반발력이 적어져서 침전이 생성되기 쉽다. 이러한 성질을 이용한 것이 등전점침전인데, 낮은 이온강도에서 pH를 등전점에 접근시키거나 소정의 pH에서 투석 등에 의하여 이온강도를 저하시켜 목적물질을 침전시킨다.

3) **유기용매침전** : 아세톤이나 에탄올 등의 유기용매를 가하여 용매의 유전율(誘電率)을 저하시키고 이에 따른 단백질분자간의 정전기적 상호작용의 증가에 의해 침전을 생성시키는 분획법이다. 등전점침전법과 동일한 분자간 상호작용에 의한 것이기 때문에 낮은 이온강도, 등전점부근에서 침전 생성이 쉽다. 염석법에서와 같은 탈염조작이 필요없으나 변성을 일으키기 쉬우므로 저온에서 조작해야 한다.

4) **불용성 염생성에 의한 침전** : 용질과 반응하여 불용성염을 만들어 침전·분획하는 방법으로 항생제, 구연산, xanthan gum, 알긴산 등의 회수에 쓰인다. 구연산은 소석회를 첨가하여 불용성염인 Ca-citrate로 침전시켜 회수하며, xanthan gum이나 알긴산은 칼슘을 첨가하여 gel형태로 침전시켜 회수한다.

(5) 막분리(膜分離)

막분리법(membrane separation)은 막을 이용한 분리·정제법을 말하며, ① 역삼투압법(reverse osmosis, RO) ② 한외여과법(ultrafiltration, UF) ③ 정밀여과법(microfiltration, MF) ④ 투석법(dialysis, DS) ⑤ 전기투석법(electrodialysis, ED) ⑥ 투과기화법(pervaporization, PV)의 6종류로 나눌 수 있다. 막분리법의 특성과 응용분야를 정리하면 표 4-5와 같다.

RO, UF, MF는 막의 분자체기능을 이용하여 막사이에 삼투압 이상의 압력을 걸어 분리가 이루어진다. 이 3가지 방법은 원리적으로 동일하지만 분리되는 분자의 크기나 사용되는 막의 분리능에 따라 구별된다.

RO, UF, MF의 어느 경우라도, 여과속도는 초기에는 높으나 표면이나 내부의 작은 구멍이 막히기 시작하면 급속히 저하된다. 최근 이러한 여과속도의 저하를 방지하여 항상 높은 여과속도를 유지할 목적으로 여과할 현탁액을 막면과 평행으로 흐르게 함으로써 여액이 통과하는 방향과 현탁액이 흐르는 방향이 직각이 되어 막표면에 부착층이 쌓이는 것을 막는 소위 십자류여과법(cross flow filtration, CFF)이 개발되어 주목을 받고 있다.

표 4-5 막분리법의 특성과 그 응용

막분리법	구 동 력	분리기구	응 용
역삼투압법(RO)	압력차 (10~100 기압)	분자체	염류, 당류, 아미노산의 농축, 물의 회수
한외여과법(UF)	압력차 (2~10 기압)	분자체	단백질, 효소, polypeptide, 다당 등의 고분자물질의 분리·농축
정밀여과법(MF)	압력차 (0.5~5 기압)	분자체	제균, 집균, 청징화, virus의 분리
투 석 법(DS)	농도차	분자체	탈염
전기투석법(ED)	전위차	전하, 분자체	탈염
투과기화법(PV)	압력차, 온도차	용질과 막의 친화성	유기용매와 물의 분리, 공비물질의 분리

그림 4-31은 종래의 여과방식(dead end 형)과 CFF 방식을 비교한 것이다.

종래의 방법과 비교하여 CFF는 ① 높은 투과유속을 얻을 수 있고 ② 여액이 청징하며 ③ 여과 조제나 응집제의 첨가가 불필요하므로 균체를 순수한 상태로 집균할 수 있고 ④ 균체의 관리가 용이하며 ⑤ 다량처리가 가능하다는 등의 장점이 있다.

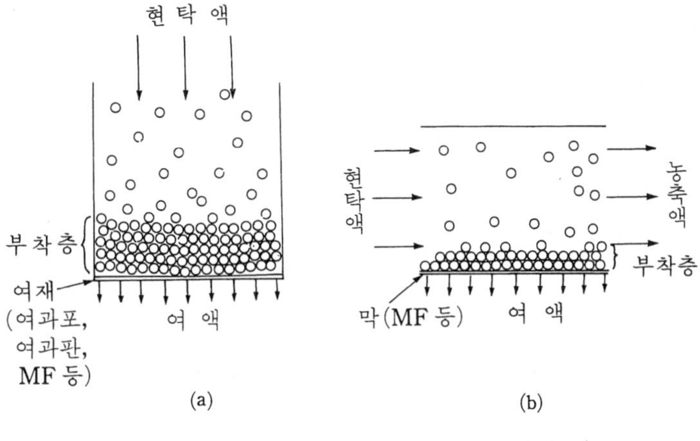

그림 4-31 종래의 여과방식(a)과 CFF(b)와의 비교

DS에서는 막투과유속이 낮기 때문에 공업적으로는 적절하지 않다. ED는 양극과 음극 사이에 전압을 걸어주고 그 사이에 이온교환막을 둔 장치를 써서 양이온교환막은 양이온을, 음이온교환막은 음이온을 각각 통과시켜 저분자물질인 염을 막사이에서 농축시키며 탈염하는 방법이다.

한편 PV는 투과측을 진공으로 하거나 carrier를 흐르게 하여 용액을 기화시키고 기체상태로 막을 투과시켜 외부에서 응축시키는 방법이다. 이 방법은 물질에 의한 투과성의 차를 이용하기 때문에 특히 공비물질이나 휘발도의 차가 적은 2성분계의 용액분리에 알맞다.

막분리법은 발효생산물의 분리·정제뿐만 아니라 분리와 반응(균의 증식, 미생물반응, 효소반응)을 동시에 수행할 수 있으며, 고농도배양이나 bioreactor로서도 이용될 수 있다.

4-8-5 정제공정

(1) 크로마토그래피

칼럼 중에 고정되어 이동하지 않는 고정상(stationary phase)과 이동하여 용질을 운반하는 이동상(mobile phase)과의 사이에서 일어나는 분배와 흡착에 의한 이동 속도의 차에 의해 용질성분을 분리하는 방법을 chromatography라 한다. chromatography는 이동상 유체가 기체인가 액체인가에 따라 gas chromatography와 액체 chromatography로 나눈다. 생물공학분야에서 가장 널리 쓰이는 것은 액체 chromatography이며, 액체 chromatography에는 고정상물질을 판위에 접착시키는 박층 chromatography, 여지를 쓰는 여지 chromatography, 칼럼 또는 stainless관에 고정상을 충진한 칼럼 chromatography 등이 있으나 칼럼 chromatography가 일반적으로 이용된다.

발효산물의 회수·정제에 이용되는 액체 chromatography의 분배기구, 특징 등을 표 4-6에 나타내었다.

용출조작은 고정상과의 상호작용 정도에 따라 3가지로 대별된다. 시료공급과 동시에 용출액에 의해 순차적으로 용질을 용출시키는 isocratic elution, 용출액의 조성을 변화시켜 고정상으로의 분배를 적게하여 용출시키는 non-isocratic elution, 용출액을 연속적(구배용출, gradient elution) 또는 단계적(단계용출, stepwise elution)으로 변화시켜 용질을 얻는 법 등이 있다.

또한 affinity chromatography처럼 특정 목적성분의 분배가 극단적으로 클 때는 충진제에 포화될 때까지 목적성분을 흡착시켜 불순물을 세척후 분배가 현저히 저하되는 조건의 용출액에 의해 목적성분을 얻는 선택적 흡탈착(吸脫着)이라고 볼 수 있는 조작도 사용된다.

표 4-6 각종 액체 chromategraphy의 분배기구와 특징

종 류	분배기구	용 출 법	특 징	대상물질
겔여과 chromatography	분자의 크기, 형상	isocratic elution	분배계수가 0~1이므로 칼럼 길이가 다소 길어야 함. 처리조건온화, 고회수율	탈염, 완충액 교환, 단백질 등의 분자량 분획
이온교환 chromatography	정전력	단계용출, 구배용출	넓은대상에 적용 가능, 용출조건에 따라 분리도 조절가능, 처리량 많다. 목적획분 농축	저분자, 고분자, 전해질 등 광범위
소수성 chromatography	소수력	단계용출, 구배용출	흡착제의 흡착력을 광범위하게 조절가능, 고이온강도로 흡착, 각종 용출법으로 분획 가능	단백질, 세포, conformation 변화를 수반하는 단백질
chromato-focusing	등전점차	구배용출	높은 분리능(0.05 PI 차), 목적획분농축도 높다.	isozyme 등 분리 곤란한 단백질
affinity chromatography	생물학적 친화력	단계용출 (구배용출)	높은 선택성, 목적획분농축도 높다. 처리량 많다. ligand, 용출조건의 검토가 중요	저농도생리활성물질

(2) 전기영동

전기영동(electrophoresis)은 전하를 띤 용질이 전장 내에서 이동하는 현상으로서 주로 분리된 물질의 순도를 확인하는 방법으로 많이 채택되고 있다. 단위 전장하에 있어서 용질의 이동속도로 정의되는 전기영동도(electrophoretic mobility)는 용질의 크기, 형상 및 용매에도 의존하지만 주로 용질의 전하전량(全荷電量)에 의해 결정된다. 단백질은 양성전해질이고 구성성분인 아미노산 측쇄의 해리도는 pH의 함수이므로 단백질의 전하전량은 pH를 변화시킴으로써 고유의 값을 나타낸다.

단백질의 분리·정제에 이용되는 전기영동법은 zone 전기영동, 등전점전기영동 및 등속전기영동이 있으며, 각각에 대하여 polyacrylamide gel 등을 사용한 담체법(擔體法) 및 물을 지지체(支持體)로 하는 무담체법(無擔體法)이 있다.

담체법은 분자체효과를 기대할 수 있고 대류와 확산의 영향을 경감시킬 수 있는 잇점이 있어서 소량의 분리에 적당하지만 담체저항에 의하여 영동속도가 저하되는 결점이 있다. 반면에 무담체법은 연속적으로 분리될 수 있는 이점이 있으나 대류나 확산의 영향을 받기 쉬운 결점이 있다. 전기영동은 온화한 조건에

서 분리능이 좋으므로 조작과정에서 열의 제거가 중요하다.

Zone 전기영동법에는 gel 전기영동법과 disc gel 전기영동법이 사용되며, gel 전기영동법 중 dodecyl 황산나트륨(SDS) 존재하에서의 polyacrylamide gel 전기영동(PAGE)은 분자량의 간이측정법으로 널리 쓰이고, disc gel 전기영동법은 단백질의 분석, 동정, 순도결정에 가장 일반적으로 사용된다.

등전점전기영동법(isoelectric focusing)은 단백질이 고유의 등전점에서는 전장 중에서 이동하지 않는 것을 이용하여 단백질을 등전점의 차에 따라 분리하는 방법으로써 분리능이 우수한 것이 특징이다. 등속전기영동법은 주로 무기이온, 아미노산, 단백질 등의 정성·정량분석에 이용되고, 분리·정제용으로는 거의 이용되지 않는다.

제 3 부
발효공학의 산업이용

제 5 장 주류 및 발효대사
제 6 장 대사생성물의 생산
제 7 장 그 밖의 발효공업

제 5 장 주류 및 발효식품

오랜 역사를 간직한 채 면면히 이어온 주류와 발효식품은 발효학이 하루가 다르게 발전되어 가는 오늘날에도 발효공업의 모체로 되어 있다.

5-1 개 설

5-1-1 주류의 분류

주세법상 주류라 함은 주정과 알코올분 1도 이상의 음료를 말하는 것으로, 알코올분 1도 이상의 음료는 물론 분말주도 포함되며, 약사법규정에 의한 의약품일지라도 알코올량이 6도 이상인 음료는 주류로 취급된다.

주류는 그 종류가 많으나 제조방법에 따라 분류하면 다음과 같다.

- 주류
  - 양조주
    - 단발효주…포도주, 사과주 등 일반과실주
    - 복발효주
      - 단행복발효주…맥주 등
      - 병행복발효주…탁주, 약주, 청주 등
  - 증류주…소주, 위스키, 브랜디, 보드카 등
  - 재제주…리큐르, 감미포도주, 기타 재제주 등

양조주는 발효한 술덧을 그대로 혹은 여과하여 마시는 술로서 알코올농도가 낮고 엑스분 함량이 높다. 발효는 효모가 직접 이용가능한 당분이 있어야 이루어지므로 포도주와 같이 과실자체의 당분이 직접 발효되는 것이 단발효주이다.

전분이 주성분인 곡류를 사용하여 만든 양조주는 복발효주이다. 곡류가 원료인 경우는 당화와 발효라는 2가지 공정을 거치게 되는데 이를 독립적인 공정으로 하는 것을 단행복발효주라 하고, 단일공정으로 하는 것을 병행복발효주라 한다.

증류주는 양조주를 증류하여 만든 것으로 알코올농도가 높고 엑스분 함량이 낮다. 재제주는 양조주나 알코올에 감미료, 향료, 과즙, 착색료, 한약재 및 조미료 등 기타 성분을 첨가시킨 술이다.

상기와 같은 주류의 분류방식은 종래 주세법에 의해 채택되어 왔으나 1990년 12월 개정(91년 7월 시행)된 주세법에는 최종제품의 성상을 기준으로 개별주류별로만 분류하여 그 종류를 18종에서 11종으로 단순화했으며, 주세의 세율체계 등도 조정한 바 있다(표 5-1 참조).

현행 주세법에서는 약주류를 약주와 청주로 구분하여 종래의 명약주나 민속주가 포함되도록 했으며, 과실주에 순수과실주 뿐만아니라 알코올보강 과실주, 약미과실주, 감미과실주, 발포성 과실주, 와인쿨러 등이 포함된다.

또한 희석식 소주와 증류식 소주를 소주류로 분류하며, 희석식 소주의 주질향상을 위해 일반주정에 증류식 소주 또는 곡물주정을 혼화하는 혼합식 소주가 신설되었고, 위스키류, 브랜디류 및 소주류를 제외한 나머지 증류주를 모두 일반증류주로 취급하여 고량주, 럼, 진, 보드카, 원액함량 20% 미만의 저급위스키 등이 포함되도록 했다.

리큐르도 신설되어 인삼주, 매실주, 오가피주 등이 포함되게 되었고, 기타주류에는 분말주, 미림 등이 포함된다.

표 5-1 주세법상 주류의 종류와 세율

구 분	알코올분 규격	세 율(%)	기준제조수량(kl)
주정	95°(곡물주정 85~90°)	kl당 57,000원	400
탁주	6° 이상	5	20
약주류			
약주	13° 이하	30	20
청주	14° 이상	70	20
맥주	–	150	3,000
과실주	–	30	10
소주류			
증류식 소주	30° 이상	50	20
희석식 소주	35° 이하	35	20
위스키류	–	120	20
브랜디류	–	120	10
일반증류주	–	80	10
리큐르	–	50	10
기타주류	–	80, 70	20

5-1-2 한국재래주

우리 조상들은 오래전부터 우리의 자연환경에 알맞는 술을 전통적인 비법으로 빚어왔으며, 특히 조선시대에는 수백 여종에 달하는 술들이 지방특산주로서 개발·전승되어 왔다.

그러나 우리의 전통주들은 일제시대를 거치면서 급속한 몰락의 길로 들어서게 되었다. 일본의 주세법시행에 따라 한국의 주류는 탁주, 약주, 소주, 청주 등으로 그 종류가 단순화 되었으며, 가정에서 빚는 전통주는 밀주로 단속의 대상이 되면서 양조장제도로 바뀌었다. 결국 주세징수 목적의 주류정책때문에 공장에서 대량 생산되는 서구식 술들만 제조가 가능하였고 한국 재래주의 제조법이 오랫동안 단절되고 말았다.

표 5-2 우리나라 지역별 향토주

지 역	향 토 주
중부지방	삼해주, 사마주, 약산춘, 두견주, 한산소국주, 동동주, 백하주, 청명주, 옥미주, 연엽주, 청주 대추술, 송절주, 백세주, 칠선주, 감자술, 강원도 옥수수술, 강원도 옥수수동동주, 율무주, 토밥소주, 문배주
호남지방	전주 이강주, 호산춘, 죽력고, 진도홍주, 강하주, 송순주, 전주 과하주, 송죽 오곡주, 송화 백일주, 두견주, 복분자술, 진양주, 진도 박문주, 진도 동방주, 동그레술, 삼해백일약주, 삼겹접술, 사삼주
영남지방	교동법주, 하향주, 미주, 선산약주, 경주황금주, 함양국화주, 신선주, 금정산성막걸리, 김천과하주, 스무주(국화주), 가루술, 호산춘, 오가피주, 송엽주, 사과술, 안동소주
제주지방	오메기술, 한주, 탁배기와 모주, 강술, 선인장열매술, 우슬주, 소엥이술, 굿간달기술(귓낭용매술), 토사자술, 하학술, 오합주, 깅이술, 쉰다리술
기 타 (지역구분 불명확)	감홍로, 벽향주, 백주, 시급주, 두강주, 일일주, 삼일주, 일년주, 잡곡주, 이화주, 점주, 황금주, 혼돈주, 녹파주, 사시주, 감향주, 남성주, 순향주, 방문주, 청서주, 경면녹파주, 지주, 별주, 내국홍로주, 노주이두방, 밀주, 백자주, 도화주, 구기주, 오가피주, 만전춘, 인삼주, 복소주, 찹쌀소주, 밀소주, 적성소주, 보리소주

1980년대에 접어들면서 쌀의 소비촉진과 전통주개발의 필요성이 대두됨에 따라 일반 국민들의 재래주에 대한 관심도 높아지게 되었다.

1986년 문화재관리국과 국세청이 중심이 되어 전통민속주의 양조기능보유자를 찾아내어 중요무형문화재 향토술제조기능보유자로 인정하였고, 1988년에는 민속주의 전승·보급에 장애가 되어왔던 주세법 중 일부 관계법규를 개정하여 제한적이기는 하지만 민속주 시중 판매보급의 길을 터놓았다. 1989년에는 24종의 민속주에 대해 그 시험제조를 허가하고 소정의 절차를 밟아 제조면허를 주어 판매할 수 있게 하였다.

1991년에는 새로운 주세법 시행으로 전통민속주의 다양한 개발이 뒷받침되면서 우리의 재래주를 되찾는 계기가 마련되었다. 이에 따라 그 지방 특유의 향토주가 활발히 제조되고 있으며, 이에 대한 연구·개발도 활발하게 이루어지고 있다.

우리나라 지역별 향토주를 소개하면 표 5-2와 같다.

5-2 과 실 주

과실주는 과즙을 발효시킨 양조주로서 포도주, 사과주 등이 있으나 주종은 포도주이다. 와인(wine)은 포도주의 동의어로 쓰이며, 다른 과실주는 wine 앞에 그 과실이름을 붙여서 구별한다. 과실주는 발효원액을 그대로 쓰기도 하고, 발효중 또는 발효 후에 브랜디 등을 보강하거나 탄산가스를 함유시키기도 한다.

5-2-1 포 도 주

(1) 포도주의 종류

포도주는 종류가 많아서 분류방법이 다양하다. 색깔에 따라 백(white), 황(yellow), 적(red), 홍(pink, rosé) type 등으로 세분된다. 이와 같은 구분은 원료포도, 양조법, 산지 등의 차이 때문인 것으로 생각된다.

제조법에서 보면 천연포도주(natural wine), 보강포도주(fortified wine), 혼성포도주(compounded wine)이 있다. 천연포도주는 소위 순수포도주로서 포도과즙만을 발효시켜 만든 알코올함량 12% 내외의 포도주를 말하며, 주로 식탁용 포도주(table wine)로 이용된다. 천연포도주는 탄산가스가 함유된 발포성포도주(sparkling wine)와 탄산가스가 없는 비발포성 포도주(still wine)로 나누며, 감미의 정도에 따라 dry(쓴맛), sweet(단맛) type 으로 나누기도 한다.

보강포도주는 농축과즙, 주정, 브랜디 등을 첨가한 것으로 식후주(dessert wine)의 port, 감미 sherry 등을 말하고 알코올분은 16~21%이다. 혼성포도주는 포도주에 당, 알코올, 향미료, 색소, 식물약제 등을 첨가한 감미포도주, 약미포도주 등을 일컫는다.

우리나라 순수과실주의 효시는 다른 나라와는 달리 1969 년경에 생산되기 시작한 사과주라 볼 수 있다.

정부에서 양곡소비절약정책의 일환으로 대구·경북지방의 특산물인 사과의 가공이용을 적극 장려한 때문이었다. 포도주의 경우는 우수한 양조용 포도나무의 보급이 기후, 재배기술 등의 영향으로 늦어짐에 따라 포도주의 생산이 1970 년대 중반에서야 비로소 이루어졌다.

그 이후부터는 우수한 품질의 과실주가 생산되어 소비량이 증가하기도 했으나 1980 년대 후반부터는 주류의 수입자유화로 생산량이 감소하는 등 어려움을 겪고 있다.

(2) 원료 포도

포도는 야생종을 포함하면 그 종류가 많다. 재배포도의 대부분은 *Vitis* 속이며 *Vitis vinifera* 와 *Vitis labrusca* 가 중요하다. 이 밖에도 대목으로 사용되는 *Vitis riparia*, 교배종이 다수 있다.

1) 품　종

① *Vinifera* 종(유럽계)

Vinifera 종은 카스피해 남부의 카라카스지방이 발생지이고, 건조한 기후에 잘 자라며, 유럽전역에 분포되어 있다. 수백 종이 재배되어 왔으나 포도주의 품질과 관련하여 현재에는 60 여종이 이용되고 있다. 양조용 외에 식용도 있으며 그 가운데는 씨없는 품종도 있다.

일반적으로 과실 자체의 향미는 특징이 적은 편이지만 *Muscat* 계는 방향성이 있다. 포도주용으로 유명한 품종은 *Merlot*(적), *Cabernet-Sauvignon*(적), *Pinot noir*(적·백), *Gamay*(적), *Sémillon*(백), *Chardonnay*(백), *Palomino*(백), *Riesling*(백), *Muscat of Alexandria*(백) 등이 있다.

② *Labrusca* 종(북미계)

북미의 다습한 지역을 원산으로 한 품종이다. 일반적으로 독특한 향미를 가지며 내습성, 내병성, 내충성이 강한 편이다. 주요 품종으로서는 *Adirondac*(적), *Concord*(적), *Campbell Early*(적), *Isabera*(적), *Niagara*(백) 등이 있다. *Delaware*(백)는 미국산이지만 잡종이다. *Concord* 는 포도주스용으로도 중요하며, 그 향기 중에 methyl-또는 ethyl-anthranilate 가 함유되어 있다.

일반적으로 *labrusca* 종은 foxy flavour(여우취)를 함유하고 색소가 불안정하여 고급포도주용으로 부적당하다.

③ 교배 품종

포도 화분의 교배로 육종된 포도 중 가장 우수한 것으로 Riesling 과 Sylvaner 의 교배종인 Müller-Thurgau 이 있다.

우리나라에서도 널리 쓰이는 Muscat Bailey A(Bailey × Muscat Hamburg)나 Black Queen 등은 적포도주 원료로써 우수하다. 그밖에 Seibel 계 포도도 여기에 속한다.

2) 포도의 성분

포도는 과경(stem), 과피(skin), 과육(pulp), 종자(seed)로 나눌 수 있다. 과경은 2~5% 정도이며 포도주 제조시 보통 제거된다. 과피량은 착즙 또는 착주시 수율과 깊은 관련이 있고 대개 10~20% 정도이다. 과피 중의 당과 산은 과육보다 적지만 1.2% 정도의 탄닌과 황색, 적색 등의 색소가 들어 있다. 과피 표면에는 ceryl-, myricyl alcohol 과 palmitic-, cerotic acid 로 구성된 왁스질, oleanolic acid 가 함유된다.

종자는 대개 2~4 개이고 3~4%를 차지하지만 없는 것도 있다. *Thompson seedless, Korinthe, Sultanine* 등이 씨없는 건포도의 원료이다. 지베렐린 처리로 *Delaware* 도 무핵이 된다.

종자에는 유지 16%, 탄닌 5%가 함유되며, 적포도주의 떫은 맛이 여기서 유래된다.

과피의 색소에는 5 종의 anthocyanidin(delphinidin, petunidin, malvidin, cyanidin, peonidin)이 알려져 있다.

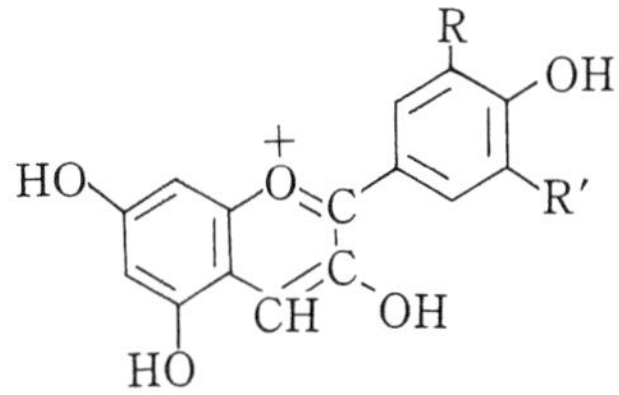

1. Delphinidin R=R′=OH
2. Petunidin R=OCH_3, R′=OH
3. Malvidin R=R′=OCH_3
4. Cyanidin R=OH
5. Peonidin R=OCH_3

이들 색소는 3-monoglucoside, 3, 5-diglucoside, acetylated heteroside 형태로 존재한다(그림 5-1). *Vitis labrusca*의 포도주에는 diglucoside가 함유되나 *Vitis vinifera*로 만든 것에는 존재하지 않으므로 diglucoside존재 유무로 포도주의 원료포도를 판별할 수 있다.

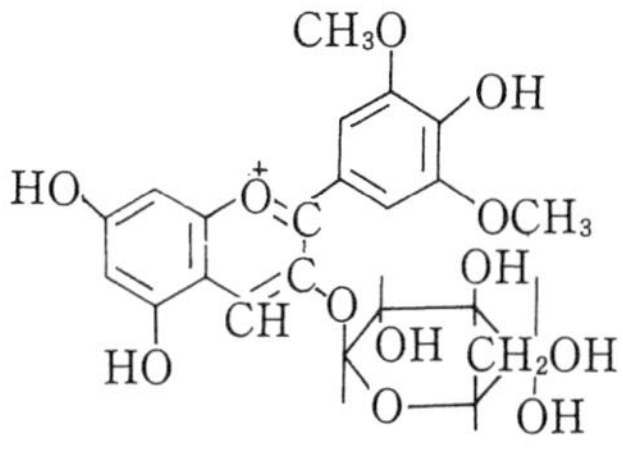

Monoglucoside−3−malvidin

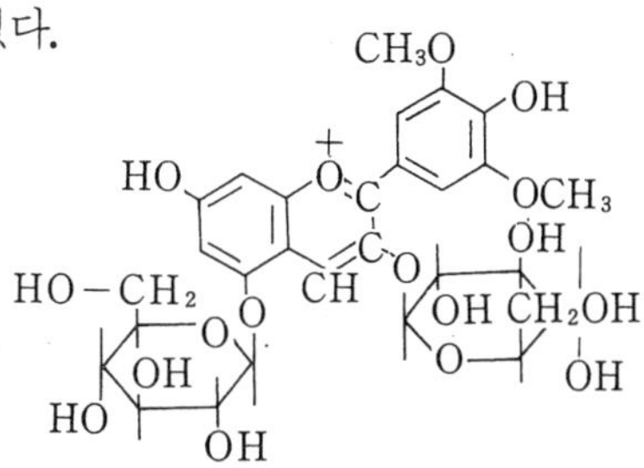

Diglucoside−3, 5−malvidin

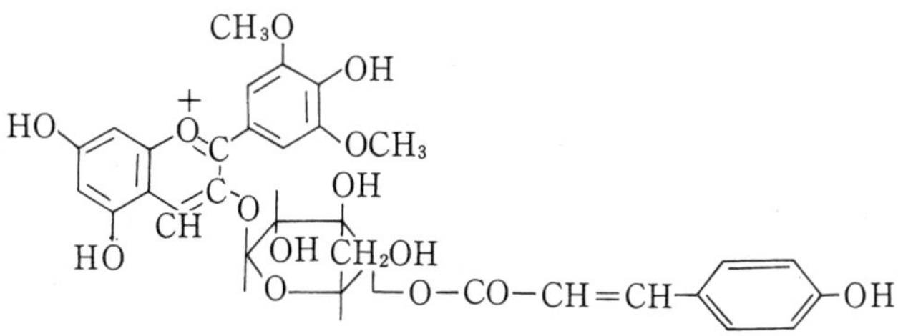

(p−Coumaryl−4−glucoside)−3−malvidin

그림 5-1 색소 중 Malvidin 배당체의 구조

표 5-3 과육의 성분(%)

성분	%	성분	%
수 분	65~85	회 분	0.2~0.6
당 분	10~35	탄 닌	미량
무질소물	15~35	사 과 산	0.3~0.5
질 소 물	0.05~0.5	주 석 산	0.4~0.8
조 섬 유	소량	향기성분	미량

과육의 성분은 표 5-3과 같다.

조섬유 이외는 과즙성분으로 볼 수 있다. 과즙성분 중 당, 산, 질소화합물, 무기질의 균형이 포도주의 품질을 좌우한다. 당분은 포도당과 과당이 많고 성숙기에 거의 같아진다. 양조면에서 당분은 22%가 바람직하지만 우리나라의 양조용 포도는 대개 14% 내외이므로 보당이 필요하다. 펙틴은 과즙 중 0.02~0.2% 존재하며 양조중에 분해된다. 백포도주는 착즙과정에 pectinase를 0.03% 첨가하는데 이렇게 되면 펙틴이 가용화되어 착즙수율이 약 5% 증가한다.

과즙 중의 유기산은 주석산, 사과산, 구연산이 주성분이다. 주석산은 유리형과 결합형으로 존재하며, 대부분 유리형인 사과산은 총산의 20~50%를 차지하지만 완숙기에는감소한다. 구연산은사과산의 10%정도이다. 총산(적정산도를주석산으로 환산)은 0.7% 정도이지만 *Neo Muscat*나 *Mills*는 0.4~0.5% 정도로 낮은 편이다. *Black Queen*은 1% 이상이다.

아미노산은 약 20종이 발견되며 proline과 arginine이 많다. proline 외는 발효중 효모에 의해 대사된다. 무기성분은 K와 인산이 거의 50%를 차지하고 Ca, Mg도 존재한다.

(3) 발효 중의 성분변화

발효과정 중 양적으로 가장 뚜렷하게 변화되는 것은 당류이다. *Saccharomyces cerevisiae* 등의 효모에 의해 포도당이 과당보다 빨리 소비된다. 당류는 효모에 의한 알코올발효로 에탄올과 탄산가스를 생성한다. 발효중간체인 pyruvic acid, α-ketoglutaric acid도 소량 잔류한다. 글리세린은 생성물의 약 0.6% 정도이며 SO_2첨가량이 많을수록 증가하고, 귀부(貴腐)포도주에는 1% 이상 함유된다. 2, 3-butylene glycol도 글리세린의 20~30%가 생성된다.

일반적으로 퓨젤유로 총칭되는 고급알코올은 아미노산에서 유래되며, 당류에서도 아미노산 대사계를 통해 생성된다. 질소화합물 중 아미노산류나 NH_3는 효모의 영양분으로 자화되며, Ehrlich 반응(탄소수가 1개 적은 알코올로 되는 것)에 의해 각종 알코올이 생성되어 발효향기의 주체가 된다. 또 발효말기에 사멸된 효모균체에서 유래되는 아미노산류는 완성된 술의 맛에 큰 영향을 미친다.

유기산은 효모, 세균, 물리화학적인 방법으로 변화되며, 그 변화는 포도주에서 가장 특징적이다. 효모는 알코올발효와 동시에 젖산, 호박산을 생성한다. 과즙중의 사과산은 효모에 의해 일부 대사되어 호박산으로 된다. 초산 등의 휘발산과 초산이소아밀, 카프론산에틸 등의 ester를 주체로 한 향기성분도 만들어진다.

세균은 발효초기에 SO_2가 많아 증식이 억제되지만 발효말기에서 숙성기에 걸쳐서 젖산균이 증식하여 사과산을 젖산으로 전환시키는 반응, 즉 malo-lactic fermentation(MLF)을 일으킨다. 특히 적포도주에서는 MLF에 의해 산도감소와 함께 향미개량효과를 얻을 수 있다.

주석산은 알코올생성과 더불어 용해도가 감소되어 주석으로 석출된다. 저온일수록 석출이 빠르기 때문에 저장 후 포도주의 총주석산은 감소한다. 적포도주는 발효시 과피 중의 적색색소가 용출된다. 색소용출은 고온일수록 효과적이므로 적포도주의 발효온도는 높은 편이다. 종자에 있는 탄닌은 서서히 용출된다. 귀부포도주는 높은 과즙의 당분때문에 발효기간이 길고 글리세린 생성량이 많다. sherry주는 sherry효모의 산막형성에 의해 알데히드 등이 만들어진다.

(4) 관련 미생물

1) 효 모

포도주발효의 우량효모는 *Saccharomyces cerevisiae*와 *S. cerevisiae* var. *ellipsoideus*이고 이들을 배양하여 첨가한다. 포도과피중의 중요한 야생효모는 *Saccharomyces, Shizosaccharomyces, Pichia, Saccharomycodes, Candida, Torulopsis, Kloeckera, Rhodotorula, Hansenula, Debaryomyces* 등이다.

Saccharomyces 이외의 효모는 비교적 SO_2내성이 약하다. *Saccharomyces* 중에서도 *S. bayanus, S. oviformis, S. fermentati* 등은 발효후기 효모의 감소시에 증식하며 SO_2에도 강하여 재발효나 산막의 원인이 된다. 1965년 Bevan에 의해 발견된 killer인자를 이용한 killer포도주효모도 육종되어 유해 효모억제에 이용할 수 있게 되었다.

진성 산막효모인 *Pichia, Hansenula*는 알코올함량이 낮은 포도주에 번식하므로 SO_2첨가로 방지한다. *S. cerevisiae* OC-2는 중온성으로 20~30℃에서 발효능이 우수하고 SO_2 저항성이 강하여 적포도주 발효에 가장 적합하다. 품온이 15℃ 이하인 백포도주의 제조에는 저온성인 일본양조협회 3호 효모가 쓰인다.

2) 세 균

세균은 SO_2 75 ppm 정도에서 억제되므로 발효 중 세균오염은 일어나기 어렵다. 초산균 *Acetobacter*는 알코올을 산화한다. 또 글루콘산을 생성하거나 유기산을 분해한다. 젖산균으로 간상의 *Lactobacillus*와 구상의 *Streptococcus, Pediococcus, Leuconostoc*이 많은 편이다. *Lactobacillus*는 대체로 알코올 내성이 약하여 포도주를 변질시키지 않으며, 구균 중에는 젖산패, 점질패를 일으키는 종류도 있다.

포도주의 사과산을 젖산과 CO_2로 분해하는 MLF에도 젖산균이 관여한다. MLF는 포도주의 미생물학적인 감산방법으로 주목된다. 포도주 제조과정에서 자연발생적으로 MLF가 유도되기도 하지만 인공적으로 유도하기 위해서는 pH, 온도, 영양 등의 조건이 필요하다.

3) 곰 팡 이

곰팡이는 포도주양조와 직접 관계가 없으나 포도의 재배과정에서 병해를 일으킨다. 귀부균(noble mold)으로 알려진 *Botrytis cinerea*는 유용균이다. 이 균은 조건이 알맞으면 포도에 감염·증식하여 건포도와 같이 당함량이 높고 독특한 향미를 가지는 소위 귀부포도를 만든다. 이 균을 순수배양한 후 포도에 접종하여 향미가 풍부하고 독특한 감미포도주를 만들기도 하는데 프랑스의 Sauterne, 헝가리의 Tokay 등이 유명하다.

(5) 포도주의 제조

적포도주는 흑색이나 적색의 포도를 원료로 하고, 백포도주는 대개 녹색포도를 사용하지만 적색포도의 사용도 가능하다. 제조공정은 그림 5-2와 같다.

적포도주와 백포도주의 차이점은 파쇄·제경 후 과즙만을 따로 분리하는가의 유무인데 백포도주는 과즙만을 발효시키고, 적포도주는 과피와 씨를 분리하지 않고 과즙과 함께 발효시킨다.

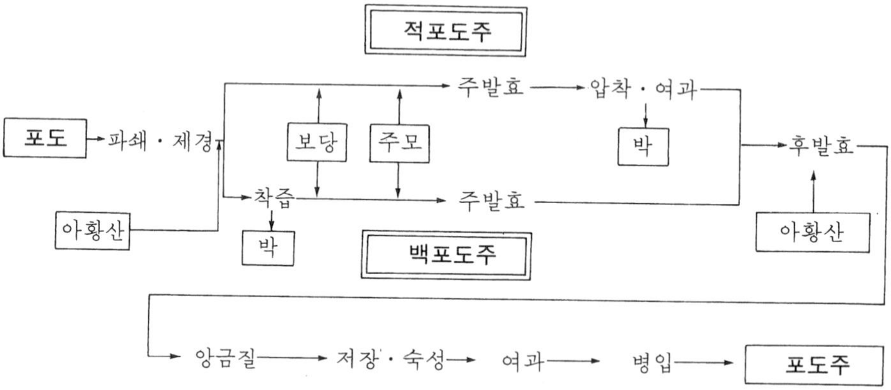

그림 5-2 포도주의 제조공정

1) 수 확

Campbell Early, Adirondac 등의 조생종은 8월 중·하순, *Delaware*는 8월 하순에서 9월에 걸쳐 수확한다. 대개 포도의 수확적기는 9월 중순에서 10

월 중순이다. 완숙기가 되면 당분과 색소가 증가하고 산이 감소하며 풍부한 향기를 지닌다.

포도의 품질은 기온, 일조시간, 강우량 등 기후조건에 좌우되므로 이들 조건이 적합한 해를 포도의 품질이 가장 좋은 해라 하여 vintage year 라 한다. vintage year 에 생산된 포도로 만든 포도주는 품질이 우수하므로 vintage wine 이라 하여 따로 구분된다.

포도의 수확은 맑은 날을 택하고 가능한 한 아침일찍 하는 것이 좋다.

2) 파쇄와 착즙

수확한 포도는 파쇄·제경기에서 파쇄와 제경이 동시에 이루어져 과피, 씨, 과즙, 과육으로 된 파쇄물(must)을 얻는다. 백포도주의 경우는 이를 압착기로 착즙하여 과즙(juice)만을 사용한다. 착즙은 산화와 과피성분의 용출(maceration)을 억제하기 위해 신속하게 한다. 적포도주는 must 를 그대로 발효시킨 후 압착한다. 착즙량, 착즙소요시간 등은 백포도주의 품질에 큰 영향을 미친다. 착즙률이 낮고 과피와 과즙의 접촉시간이 짧을수록 품질은 좋다. 착즙률은 60~65%가 적당하지만 경제성도 고려해야 하므로 보통 제품의 경우는 70% 정도이다.

3) 아황산 첨가 및 그 효과

포도의 파쇄과정이나 착즙과 동시에 아황산을 첨가하여 유해균의 번식을 억제하고 산화효소에 의한 갈변을 방지한다. 또한 침전 및 추출작용, 즉 단백질의 혼탁방지, 색소와 탄닌의 용출촉진 등도 기대할 수 있다. 아황산의 첨가량은 SO_2 로서 100~200 ppm 정도가 알맞다. Na_2SO_3 나 $K_2S_2O_5$ 와 같은 아황산염을 사용할 때는 약 반정도의 SO_2 가 발생하므로 2 배량이 되게 첨가한다.

$$Na_2SO_3 + \underset{\text{주석산}}{H_2(C_4H_4O_6)} \longrightarrow Na_2C_4H_4O_6 + H_2SO_3$$

$$H_2SO_3 \rightleftharpoons SO_2 + H_2O$$

SO_2 는 서서히 산화되어 감소하므로 가끔 보충해 주어야 한다. *Saccharomyces* 는 SO_2 내성이 강한 반면 야생효모 *Kloekera, Torulopsis* 등은 약하다. 그러나 *S. bayanus, S. oviformis, S. fermentati* 등은 강한 편이어서 발효후기에 증식하여 재발효, 산막 등의 원인이 된다. 이들은 여과법, 가열살균법으로 제어하는 것이 바람직하다. 최근에는 killer 효모를 이용하는 방법도 보고되고 있다.

SO_2는 결합형과 유리형으로 존재하며, 유리형은 초기에 전체의 10% 정도이다. SO_2는 알데히드, 탄닌, 색소, 당, 우론산, pyruvic acid, α-ketoglutaric acid 등과 결합한다. SO_2가 색소인 malvidin과 반응하는 식을 아래에 나타내었다.

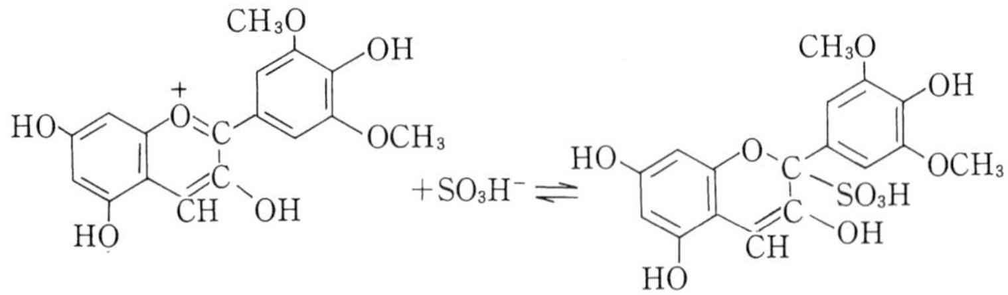

Malvidin　　　　무색형

4) 발효 및 저장용기

오래전부터 목재용기가 사용되어 왔으나 근년에 와서는 철재탱크가 보급되었다. 또한 에폭시수지, 유리, 타일 등을 입힌 콘크리트 탱크나 스테인리스제 탱크가 널리 쓰인다.

초기에 쓰이던 개방형 저장탱크도 밀폐형으로 바뀌었고 크기도 커져서 옥외에 설치되는 수도 있다. 목재용기는 200～400l 크기의 것이 널리 쓰이고, 고급포도주의 숙성에 알맞다.

5) 과즙의 개량

① 보 당

과즙의 당분은 22% 정도가 알맞으나 *Delaware*를 제외한 보통의 양조용 포도는 16% 내외이다. 따라서 고농도의 알코올을 함유한 과실주를 생산하기 위해서는 발효성 당의 첨가가 필요하다. 백포도주에서는 과즙을 사용하므로 보당량의 계산이 용이하나 적포도주용은 전용량의 약 80～85%를 과즙량으로 보고 산출한다. 이때 사용되는 당은 설탕, 포도당, 과당 또는 시럽형태의 전화당 등이다. 과즙의 당분함량은 당도계로 측정하기도 하지만, 과즙으로 비중을 측정하여 당함량으로 환산하는 방법이 정확하다.

② 청 징

채취한 과즙은 하루정도 방치하여 침전물을 제거하거나 원심분리에 의해 청징화 한다. 파쇄 후 pectinase를 첨가하여 착즙하면 과즙의 펙틴이 분해되어 청징이 용이해진다.

③ 제 산

산도가 높은 과즙은 $CaCO_3$로 중화한다. 과즙 1l 중 산 0.1%를 중화하는데 0.6 g 정도의 $CaCO_3$가 필요하지만 실제로는 약간 적게 넣는다. 과즙의 화학적인 제산보다는 발효과정에 미생물을 이용하는 감산, 즉 MLF를 유도하는 것이 더욱 바람직한 방법이다.

6) 발 효

고체사면배지에 보존중인 효모를 살균한 배양액 100 ml 정도에 접종하여 20~25℃에서 3일간 배양한다. 이 배양액을 SO_2를 함유한 1~2l의 과즙에 가하여 2~3일간 배양하여 주모로 사용한다.

왕성한 주모를 발효액의 1~3% 첨가하여 담금을 완료한다. 발효개시속도는 품온에 좌우되지만 20℃ 이상에서는 다음날부터 발효가 시작된다. 백포도주는 발효온도가 낮을수록 좋고 최고 25℃를 넘지 않도록 한다. 발효개시 후 품온은 상승하여 최성기에는 5℃ 정도 높아진다. 이보다 높으면 발효가 정지된다.

품온이 20~25℃이면 10일만에 주발효가 끝난다. 백포도주에는 dry, medium sweet, sweet가 있어서 감미를 남게 하려면 아황산을 300 ppm 정도 첨가하고 냉각하여 원심분리 또는 여과에 의해 효모를 제거한다.

적포도주는 발효 중 과피에서 색소, 씨에서 탄닌이 적당량 용출되도록 관리한다. 적포도주는 발효가 활발해지면 과피, 씨 등이 부상하여 과모(cap)를 형성한다. cap은 물리적으로 발효액 중으로 밀어넣든가 밑에 있는 액을 펌프하는 조작을 하루 2회 정도 실시한다. 이 조작은 품온의 상승을 막고 색소의 용출을 촉진하며 초산균 등의 번식을 억제하는 효과가 있다. 품온은 25℃ 정도를 유지한다.

색소와 탄닌이 용출되면 발효 5~6일 만에 발효액을 채취한다. 색소는 초기에 SO_2와 결합하여 퇴색되지만 SO_2의 산화와 함께 복색되어 안정화된다. 발효액 채취 후 SO_2 100 ppm을 유지시켜 저장한다.

7) 저장과 숙성

발효 직후의 포도주는 CO_2를 함유하고 향미도 좋지 않지만, 저장통에 넣어 SO_2 농도를 알맞게 조절해 주면 서서히 숙성되어 향기와 맛이 우수한 포도주가 된다. 숙성과정에서는 저장고의 온도관리가 중요하다. 대개 백포도주는 10~13℃, 적포도주는 13~15℃가 알맞으며, 습도는 70~80% 정도이다. 저장기간은 백포도주가 1~2년, 적포도주가 2~3년이지만 수개월간 저장하고도 한다.

저장중 1년에 1~2회 앙금제거조작과 함께 공기를 취입하고 SO_2를 보충해 준다. 탱크나 콘크리트조에 저장할 경우는 개방식과 밀폐식이 있는데 술의 표면이 공기와 직접 접하는 개방식보다는 CO_2나 N_2로 공간을 채우는 밀폐식이 좋다.

적포도주와 백포도주의 큰 차이는 색소와 탄닌의 많고 적음이다. 이들 물질은 페놀성이어서 산화되기 쉽고, 다른 물질과도 결합하기 쉽다. 대체로 적포도주의 숙성이 느린 편이다.

물리적 측면에서 포도주의 숙성은 앙금의 침강, 주석의 석출, CO_2의 방출, 산화환원전위의 저하, 알코올과 물의 회합 등으로 나타낼 수 있으며, 이들 요인은 주로 포도주의 맛에 관계된다. 화학적 측면에서는 알데히드의 증가, ester화 등이 일어나고, 산화현상이 진행됨에 따라 백포도주는 갈변, 적포도주는 퇴색 등의 시각적 변화를 일으킨다.

숙성공정을 나무통과 병입상태로 나누어 생각할 때 나무통저장은 산화숙성인 반면 병입저장은 혐기숙성인 셈이다. 알데히드는 나무통저장시 증가하고, 병입저장시 백포도주에서는 그대로이지만 적포도주에서는 급감한다. 그 이유는 적포도주의 색소와 탄닌이 생성된 알데히드와 결합하기 때문이다. 한편 ester의 경우는 나무통, 병입상태 모두 증가한다.

숙성과정에서 생성된 포도주의 향기를 bouquet라 하며, 포도에서 유래한 향기 aroma, 발효과정의 향기 등 3가지가 조화를 이루어 우량 포도주가 된다.

8) 여과·병입

① 여 과

숙성이 끝난 포도주는 여과하여 병입한다. 발효직후에는 과육이나 효모가 침전의 주성분이지만 그 후 주석, 혼탁물질이 침강하게 된다. 숙성중에는 산화반응이 진행되어 탄닌도 침강한다.

포도주의 청징제로는 egg white, gelatin 등의 단백질, bentonite, isinglass가 있다. gelatin은 1% 용액을 만들어 0.5~1.0% 첨가하며 이와함께 같은 양의 탄닌도 넣어준다. gelatin과 탄닌은 응집하여 혼탁물질을 둘러싸서 침전시키는 효과가 있다. sherry주의 청징에는 egg white가 사용된다. 여과는 filter press가 쓰이고, 마무리 여과에는 microfilter를 쓰기도 한다.

여과조작시는 SO_2를 보충해 준다. 또 최근에는 여과전에 포도주를 −5℃로 냉각한 상태로 3~4일 방치하여 침전물을 생성시키거나 주석을 석출시키는 방법이 채택되고 있다.

② 병 입

여과된 포도주는 병에 담아 코르크로 타전한 후 병을 기울여 코르크가 젖은 상태로 하여 숙성시킨다. 병을 세운 상태에서는 마개가 건조하여 공기가 병내에 들어가서 SO_2효력이 떨어지며 포도주가 산화되거나 표면에 산막효모가 증식하여 주질이 떨어진다. 병의 색은 무색, 녹색, 다색(茶色)이 있다. 무색은 백포도주와 적포도주에 쓰이고, 다색과 녹색은 백포도주와 적포도주에 모두 사용된다. 코르크 마개는 3~7 cm인 것이 사용되며, 코르크의 명산지도 따로 있다.

③ 라 벨

제품 포도주에는 라벨을 부착한다. 라벨에는 주조년도, 산지, 양조장, 포도품종 등이 명시되는 것이 보통이다. 특히 산지는 명확히 표시해야 하며, 병입장소가 양조장인지 여부도 표시한다.

(6) 포도주의 성분

알코올분은 포도주가 14% 미만, 보강 포도주가 16~21%이다. 알코올함량은 과즙중의 당함량에 의해 결정되며, 주세법상으로 알코올분은 따로 규격이 없다.

탄수화물(표 5-4)의 경우, 포도당과 과당이 많고 발효중 포도당이 보다 빨리 소비되어 잔당은 과당이 주성분이다.

알코올류로서는 methyl-, propyl-, isopropyl-, butyl-, isobutyl-, amyl-, isoamyl-, hexyl- 알코올 등이 검출된다. 다가알코올은 glycerol, 2, 3-butylene glycol이 함유되며 알코올류는 향기성분의 일부가 된다.

표 5-4 포도주 중의 탄수화물(w/v %)

glucose	0.2~1	sucrose	0.1~0.6
fructose	0.2~2	inositol	0.2~0.7
arabinose	0.3~1	mannitol	0.3~1.3
xylose	~0.05	sorbitol	0.1~0.15
rhamnose	0.2~0.4	pectin	0.025~0.059

카보닐화합물로서는 form-, butyl-, isobutyl-, 2-methyl butyl-, isovaleraldehyde 등이 있고 hexanal, furfural, hydroxy methyl furfural, diacetyl, acetoin 등도 존재한다. 그 밖에 diethyl acetal을 포함하여 수종의 acetal도 나타난다. 향기성분인 ester류로서는 ethyl ester가 가장 많으며, 여러 종류의 ester가 존재한다. 또 호박산, 사과산의 mono-, di- ethyl ester도 검출된다.

유기산류는 다종 다양하다(표 5-5). 포도에 함유된 주석산을 비롯한 다염기산이 많고 발효에 의해 형성된 젖산, 호박산, pyruvic acid, α-ketoglutaric acid 등이 존재한다.

아미노산류는 미량이지만 종류는 많다. 과즙 중의 아미노산은 효모에 의해 대사되고 포도주 중의 아미노산은 효모의 자기소화에 의해 생성된 것이 많다. proline은 효모에 의해 대사되지 않고 과즙 중에 잔류하므로 아미노산 중 가장 많다.

표 5-5 포도주 중의 유기산

주석산	2~5 g/l	피루브산	~128 mg/l
사과산	~5	케토글루타루산	15~34
구연산	~0.5	개미산	~50
젖산	1~5	초산	500~1000
호박산	0.5~1.5	프로피온산	미량
글루콘산	~2.5	낙산	미량
갈락튜론산	0.2~0.4		

표 5-6 포도주 중의 단일 페놀화합물(mg/l)

p-oxybenzoic acid	0.2~1
protocatechuic acid	8
vanillic acid	15
syringic acid	30
gallic acid	12
p-coumaric acid	1~15
caffeic acid	0.3~30
ferulic acid	0.2~1

페놀화합물에는 methoxy화합물이 대부분이다(표 5-6).

Flavonoid 중에는 catechin, epicatechin, gallocatechin, epigallocatechin 등이 있다.

Anthocyanin 색소로는 cyanidin, delphinidin, peonidin, malvidin이 존재한다.

⑺ 기타의 포도주

1) 로제 포도주(vin rosé)

로제포도주는 적·백포도주의 중간 색깔을 띤 와인으로 흑색포도를 파쇄하여 색을 용출시킨 후 착즙하여 발효시키거나, 흑색포도와 백색포도를 섞어 착즙·발효시켜 만든다. 또한 흑색포도를 적포도주와 같이 담금하여 1~2일간 발효시킨후 발효액을 아래로부터 뽑아낸 다음, 이후 공정은 백포도주와 같은 방법으로 만들기도 한다. 로제포도주는 숙성을 단기간에 끝내며 대개 2년 안에 소비된다. 프랑스에서는 Tavel과 Anjou의 제품이 유명하다. Tavel rosé는 dry하고 등색이며, Anjou rosé는 다소 sweet하고 장미색이다.

2) 귀부포도주

귀부는 불어의 pourriture noble의 번역이다. 16C에 헝가리의 Tokay, 17C에 독일의 Rheingau, 프랑스의 Sauterne이 나왔다. 대개 녹색포도인 *Riesling, Sémillon, Furmint* 등의 품종이 귀부포도로 되기 쉽다.

귀부현상이란 불완전균 *Botrytis cinerea*가 완숙기의 포도과피에 번식하여 과피의 왁스질을 용해하고 과즙의 수분이 증발하여 농축되는 것을 말한다. 이 과정에서 과즙성분이 변하여 글루콘산, 글리세린이 증가하고 당농도가 50%로 높아진다. 포도알이 회색의 포자로 덮히므로 회색 곰팡이라고도 한다.

귀부포도를 주의깊게 착즙한 후 다량의 SO_2를 넣어 발효시킨다. 발효는 당도가 높아 서서히 일어나며 수개월이 소요되기도 한다. 포도주는 잔당이 10~20%이고 황색이며, 강한 감미와 산미, 독특한 향미를 지닌다. 곰팡이의 산화효소가 강하기 때문에 SO_2를 200~300 ppm 정도 첨가한다.

3) 발포성 포도주

발포성 포도주에는 고압(sparkling)과 저압(crackling)의 2종류가 있다. 생성된 CO_2를 포도주에 포화시키는 것이 원칙이지만 인공적으로 CO_2를 취입한 것도 있다. 고압포도주는 병내압이 20℃에서 3기압 이상이다. 프랑스의 Champagne, 독일의 Sekt, 이태리의 Spumante가 대표적이다.

제조법에는 Champagne방식과 Charmat방식이 있다.

① Champagne방식(병 발효법)

CO_2를 얻기 위하여 반드시 병 내에서 재발효시키지만, 효모의 제거방법에 따라 샴페인법과 transfer process로 다시 나눈다.

샴페인법은 우리가 흔히 champagne이라고 부르는 포도주의 제조방법이다. 프랑스의 샹파뉴지역에서 만들어지며, 원료품종, 수량, 발효법 등이 엄격하다.

원료는 *Pinot noir, Pinot blanc, Chardonnay* 가 이용된다. 특히 흑색포도인 *Pinot noir* 는 파쇄없이 압착하여 수율 60% 정도로 착즙한다.

백포도주와 같이 dry 상태로 발효시켜 원료포도주(基酒, base wine)를 얻는다. base wine에 설탕을 1*l* 당 2.5 g을 가하여 샴페인병에 넣고 효모를 첨가한 다음 코르크 마개를 하여 수평으로 눕혀 20℃ 정도에서 발효시킨다.

설탕이 발효되어 병내압이 약 6기압이 되었을 때 지하의 찬 곳으로 옮겨 병을 45° 정도 경사지게 하여 매일 병을 회전시켜 준다. 이렇게 하면 침강된 효모가 병목에 모이게 된다. 이어 60° 경사지게 하고 마지막에는 수직으로 세워 효모가 완전히 병목에 모이게 한다.

병목 부근을 −20℃로 냉동시키면 침전물이 얼게 되는데 이때 병을 위쪽으로 45° 세워서 마개를 열면 가스압에 의해 효모 등의 침전물이 밖으로 밀려 나온다. 이를 disgorging이라 한다. 다음에 같은 품질의 포도주 등으로 보충하여 마개를 한 후 병을 옆으로 눕혀 저장·숙성시킨다.

또 하나의 방법은 transfer process이다. 병내 재발효법과 같이 발효시켜 효모를 병밑바닥에 침전시킨다. 병에 노즐을 꽂아 상징액을 밀폐내압탱크로 뽑아낸다. 탱크에 모아진 포도주는 적절히 섞어 여과, 병입, 타전한 후 숙성시킨다. 이 방법은 제품이 균일하고 노동력과 비용이 절감되는 장점이 있다.

② Charmat 방식(탱크 발효법)

1907년 Charmat이 개발한 대량발효법이다. 백포도주를 밀폐탱크에서 재발효시킨다. 발효탱크는 외벽에 냉매가 통하는 jacket이 부착되어 있고 2~3개가 필요하다. 제 1 탱크는 발효용으로 사용한다. 발효가 끝나면 서서히 온도를 내려 CO_2가 포도주에 용해되게 한다. CO_2가 포화되면 여과기를 통과시켜 제 2 탱크로 이송하는데 이곳에서 맛을 조절한 후 병입·타전한다.

이와같은 방식으로 만든 것은 샴페인으로 표시할 수 없다. 그러나 독일의 Sekt, 이태리의 Spumante 제조에는 이 방법이 쓰인다.

4) Port

포르투갈의 Douro 강 상류에서 만들어진 포도주이지만 Oporto 항의 저장고에서 숙성되어 주로 영국에 수출된 것을 Port 라고 한다.

당함량이 높은 포도(다수의 품종을 혼합)를 사용하여 9월 하순에서 10월 상순에 걸쳐 제조된다. 발효 중 알코올분이 8% 정도 되었을 때 브랜디(알코올분 70~80%)를 첨가하여 발효액의 알코올분을 18% 정도로 높인다. 이 때문에 발효가 정지되고 감미가 많은 술이 된다. 이를 압착한 후 장기간 떡갈나무통에 넣어 Oporto 항 저장고로 운반하여 저장 숙성시킨다. 색깔은 옅은 자주색에서 점차로 옅은 홍색(ruby), 홍색, 적금색(reddish gold)으로 변하고, 마지막으로 황갈색(tawny)으로 된다.

5) Sherry

세리주(sherry)는 스페인 Jerez 지방의 백포도주이며, 독특한 제조방법에 따라 크게 Fino 와 Oloroso 의 2가지가 있다.

① Fino sherry

세리효모가 표면에 얇은 피막(flor)을 형성하여 독특한 향미를 부여한다. fino, amontillado 등의 type 으로 다시 구분된다.

Fino type 제조에는 당분이 25% 정도인 *Palomino* 종 포도가 주원료로 이용된다. 포도를 하루쯤 천일건조시켜 가볍게 착즙하고, yeso(산도를 높이기 위해 첨가되는 그 지방 특유의 석고함유 토양)를 넣어 나무통이나 탱크에서 발효시킨다. 발효 후 청징화시킨 백포도주(알코올함량 14~14.5% 정도)를 나무통에 3/4 정도 넣어 저장한다. 저장 2~3주만에 표면에 두꺼운 막, 즉 flor film 을 형성한다. 이 막을 형성하는 효모 *Saccharomyces bayanus, S. oviformis* 등을 sherry 효모라 하며 독특한 향미를 생성한다. flor film 의 형성에 의해 산화환원전위의 저하, proline 과 휘발산의 감소, acetaldehyde 의 증가를 볼 수 있다. 또 불휘발성의 ethyl ester 도 만들어진다. 숙성은 solera(스페인어로 지면을 의미)에서 행한다. 색은 엷고 dry 하므로 pale dry 라고도 한다.

Amontillado type 은 solera system 이라고 하는 장기숙성법으로 만들어진다. 100 여개의 나무통을 3단으로 쌓아 아래쪽의 것일수록 오래된 술을 넣어 둔다. 나무통에 3/4 정도의 포도주를 넣어두면 flor 가 형성된다. 최하단의 나무통에서 1/4 정도를 뽑아 제품으로 사용하고, 윗단의 나무통에서도 동일하게 포도주를 빼내어 섞은 뒤 그것을 최하단 나무통에 채워 넣는다. 각 단의 나무통에서 이와같은 방법을 반복하면 결국 최상단의 나무통에 신주를 채워넣는 방식이 된다.

Solera system은 flor에 의한 sherry화와 더불어 숙성 및 blending이 동시에 실시되는 독특한 방법이다. 브랜디를 보강하여 알코올분 18% 정도로 제품화한다. fino보다 색이 진하고 감미가 있다.

② Oloroso sherry

원료포도는 *Pedro Ximenez*가 쓰인다. 원래 당분이 많지만 수확 후 1주일 정도 esparto라는 둥근 멍석 위에서 천일건조하여 당분을 더욱 높인다. 이것을 원료로 만든 포도주는 알코올분이 15% 이상이고 잔당이 많다. 알코올분이 높아 flor가 형성되지 않아서 flor향은 없는 것이 특징이다. 포도주를 나무통에 넣어 산화·숙성시키는데 이때 휘발산, 초산에틸 등이 증가하고 색도 짙어진다. dry와 sweet가 있으며, sweet에는 vino de color를 첨가한다.

6) Vermouth

Vermouth는 알코올 15~21%를 함유한 약미포도주이다. 담색의 dry type과 농색의 sweet type이 있으며, 전자를 French type, 후자를 Italian type이라 한다.

숙성한 백포도주에 각종 향미성 식물을 20여종 이상 넣어 만든다. 그대로 음용이 되지만 특히 칵테일용으로 중요하다.

5-2-2 사 과 주

(1) 원료사과

1) 품 종

당함량이 높고 산도가 비교적 높은 품종이 사과주(apple wine, cider)의 원료로 적당하다. 따라서 홍옥(Jonathan)이 가장 적합한 품종이다. 국광(Ralls Janet)은 당분이 풍부하지만 산이 적으므로 홍옥과 섞어 쓰면 좋다. 또한 홍옥과 Delicious를 섞어 사용하기도 하는데, 특히 발포성 사과주(sparkling apple wine)에 적합하다.

우리나라는 최근 생식용 사과의 생산비중이 점차 높아지고 있는 반면 가공용인 홍옥, 국광 등이 감소하고 있는 추세이다. 사과는 산도와 탄닌함량에 따라 구분하는 것이 보편화되어 있다. 즉 sweet, bitter sweet, bitter sharp, sharp의 4가지 형이 있으며, 또한 사과의 독특한 풍미를 구분하는 기준이 되기도 한다.

2) 성　　분

과즙의 pH는 3.0~4.4이고, 당함량은 13.7~17.5°Brix, 11.2~16.5% 정도이다. 구성당은 과당이 가장 많고 설탕, 포도당 순이며 전분은 거의 없다. 총산(사과산 기준)은 0.18~0.85%(w/v) 정도로 사과산이 대부분이고, 구연산이 소량 존재한다. 산은 제품의 풍미를 부여하고 과즙의 갈변방지에 기여한다.

탄닌은 0.06~0.32%(w/v)이며, 단백질의 침전에 의한 청징작용과 사과주의 보존성에 중요한 역할을 한다.

과즙중에는 펙틴이 다량 함유되어 있어서 사과주의 혼탁과 침전물 생성의 원인이 되므로 제거해야 한다. 질소화합물은 0.3~0.5% 정도 함유되며, amide태 질소가 주성분이다. amide태 질소는 발효중 효모의 영양원이 된다. 사과의 회분은 K, Ca, Mg, P 등이 많은 편이다.

(2) 사과주의 제조

그림 5-3에 사과주의 제조공정을 나타내었다.

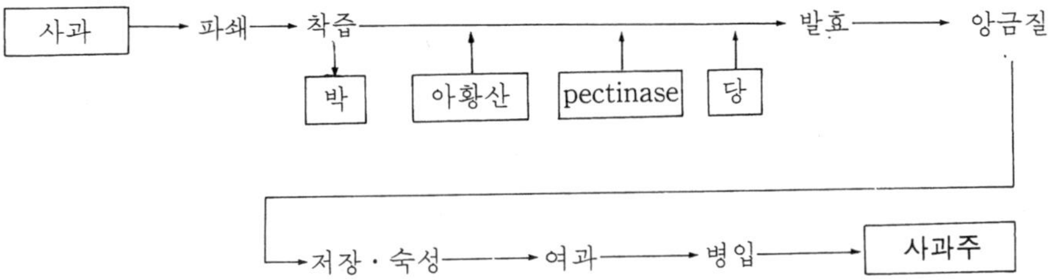

그림 5-3 사과주의 제조공정

1) 과즙의 조제

사과를 선별하여 잘 세척한 후 파쇄한다. 이를 압착하여 과즙을 채취하며 그 수율은 펙틴분해효소를 처리할 경우 40%의 자연유출(free run)과즙을 포함하여 약 75% 정도이다. 착즙전에 과즙을 개량할 목적으로 사과 pulp를 3~24시간 방치하는 소위 maceration이라는 조작을 거치기도 한다. 착즙 즉시 SO_2

50~100 ppm을 첨가하며, 사과주 혼탁의 원인인 과즙의 펙틴분해를 위해 펙틴 처리를 한다. 펙틴분해효소를 첨가하여 40~45℃에서 4시간 정도 방치한다.

침전하는 펙틴 등을 제거하기 위해 간이 여과하고 설탕, 포도당 등으로 보당하여 발효탱크로 보낸다.

2) 발효 및 저장

사과의 파쇄와 압착과정에서는 *Kloeckera, Candida, Cryptococcus, Torulopsis, Hansenula, Pichia, Rhodotorula, Saccharomyces* 등이 발견된다. 사과즙에는 이 가운데 *Saccharomyces*가 드문 경우가 많다. 사과주 효모로 *Saccharomyces mali ducleaux*(방향 우수)와 *S. mali risler*(맛 우수)가 옛부터 알려져 왔다.

과즙의 자연발효에서는 유해균인 *Kloeckera apiculata*가 우세하기도 하지만 후반기에는 *Saccharomyces*로 대치된다. 공업적으로는 우량사과주 효모 *S. cerevisiae, S. uvarum* 등을 순수배양하여 사용한다. 발효는 18~20℃에서 이루어지며, 대수증식기의 주모를 첨가하면 24~48시간 이내에 개시되어 10~14일간 지속된다. 발효가 완결되면 여과에 의해 침전물을 제거한 후 살균한다.

발효전을 부착한 저장탱크에서 8~10℃, 2~3개월간 후발효 시킨다. 저장과 숙성은 8℃ 이하에서 1년 정도 소요된다. 이 과정에서 산도의 감소, 산화, 향기성분의 생성 등이 일어나며, 특유의 호박색을 띠는 사과주가 된다.

(3) 사과주의 성분

시판 사과주의 일반조성은 알코올분 11~14%, 당함량 1.56~5.58%(w/v), 산도(사과산 기준) 0.40~0.69%, 탄닌 0.028~0.171%(w/v), 총 SO_2 함량 64~189 ppm 등이다. 휘발성 화합물로는 2, 3-methyl butyl alcohol, 2-phenyl ethanol, isobutyl alcohol, n-propyl alcohol, n-hexyl alcohol 등이 함유되어 있으며, 향기의 주성분은 초산에틸로 알려져 있다.

5-3 맥 주

맥주(beer)는 맥아를 주원료로 한 단행복발효형 양조주이다. 맥주는 독일, 오스트리아, 덴마크, 기타 북구와 영국을 중심으로 발전하여 신대륙 발견과 더불어 미국에 전해졌다. 지금은 맥주를 양조하지 않는 나라가 없을 정도로 전세계에 널리 확산되어 있다.

맥주만큼 18 C 이후 근대과학의 발달을 최대한 활용한 술은 없을 것이다. 최근에는 거의 완전 자동화된 맥아제조시설, 대형당화로가 갖추어져 있고 순수발효 상태를 유지하면서 저온에서 발효되고 숙성되어 자동장치에 의해 포장·출고된다.

우리나라에서는 1953년경부터 맥주를 생산해오고 있으며, 주세법상으로는 맥아만을 사용한 맥아맥주, 맥아 외에 전분질 원료를 함께 사용한 일반맥주, 일반맥주에 주류나 탄산을 첨가한 합성맥주가 있다.

5-3-1 맥주의 종류와 type

맥주는 사용하는 효모의 성질에 따라 상면발효맥주(top-fermented beer)와 하면발효맥주(bottom-fermented beer)로 나눌 수 있다. 상면발효맥주가 역사적으로 맥주의 원류이지만 오늘날은 영국, 아일랜드에서만 양조되고 있을 뿐 세계적으로 하면발효맥주로 기호성이 옮겨가고 있다.

상면발효맥주는 하면발효맥주에 비해 발효온도가 높고, 향기가 강한 것이 특징이며, 영국의 ale이나 stout 등이 유명하다. ale은 알코올분이 높고 맛이 농후하며 호프의 고미가 강한 것이 특징이며, 색깔과 조직에 따라서 색깔이 옅으면서 강호프성인 pale ale과 약간 짙은색이고 중간 정도의 호프맛을 가진 mild ale로 다시 구분한다. stout는 색이 아주 진하고 조직이 풍부하며 비교적 약호프성의 맥주이다.

하면발효맥주는 저온, 장기저장공정을 특징으로 하므로 이를 lager라 부르게 되었다.

종류에는 담색(very pale-colored)이고 호프의 고미가 강한 Pilsen지방의 Pilsner, 담색(pale-colored)이고 호프의 고미가 중간수준인 Dortmund지방의 Dortmunder, 농색(dark-colored)이고 약 호프성이며 감미가 강한 Munich지방의 Münchener 등 다양하다. 근년에는 농색맥주가 줄어드는 경향이 있다.

유럽에서는 지금도 오랜전통의 그 지방 특유의 맥주가 만들어지고 있는데 비해 미국, 일본, 한국 등에서는 균일한 품질의 맥주가 대량으로 생산되고 있는 것이 특징이다. 주로 하면발효맥주이고 당질을 부원료로 사용하는 담백한 맛의 담색맥주가 만들어진다.

5-3-2 맥주의 제조공정

당질을 부원료로 사용하는 하면발효담색맥주의 제조공정을 그림 5-4에 나타내었으며, 대체로 4단계로 대별된다.

(1) 맥아제조(malting)

보리(대맥, barley)를 침지(steeping)하여 제어된 조건하에서 발아(germination)시켜 맥아(엿기름, malt)를 만드는 공정이다.

맥아제조의 목적은 당화과정에 필요한 각종 효소의 생산·축적과 보리조직의 용해(modification)에 있다. 용해란 보리의 배유부를 연질화하여 성분의 추출을 용이하게 만드는 것을 말한다.

발아가 완성된 것이 녹맥아(green malt)이고, 배조(kilning)과정을 거친 것이 맥아이다.

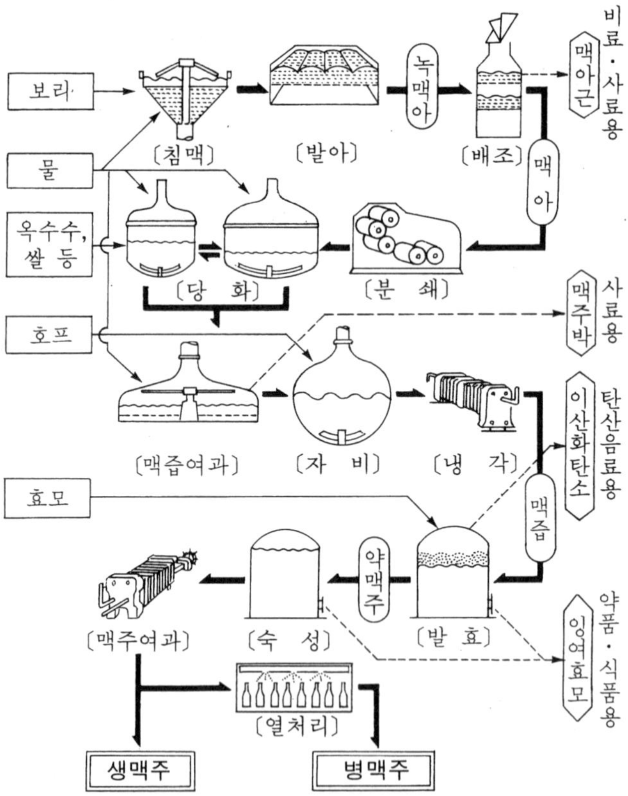

그림 5-4 맥주의 제조공정

(2) 맥아즙 제조(mashing)

맥아에서 맥아즙(wort)을 추출하는 과정이다. 맥아의 가용성 물질을 온수로서 추출하고 전분을 맥아효소로 당화시켜 발효에 적합한 맥아즙을 얻는다. 맥아외에 전분질 부원료(adjunct)를 첨가하는 것이 보통이다. 부원료는 가열·호화시킨 후 맥아 mash(당화된 발효액)와 합친다.

Mash를 여과하여 맥주박(spent grain)을 분리하고 맥아즙을 얻는다. 맥아즙에 호프(hop)를 첨가하여 자비·냉각한다. 자비에 의해 맥아의 효소가 실활되고 단백질이 응고제거되며, 호프수지 중 α-acid가 열변성하여 맥주 특유의 고미가 나타나게 된다.

(3) 발 효(fermentation)

맥아즙을 맥주로 만드는 과정이다. 완성맥아즙에 맥주효모를 접종하여 알코올 발효를 유도한다. 맥아즙성분의 자화·발효가 끝나면 효모를 발효액에서 분리한다. 발효가 끝난 맥주를 green beer 또는 young beer라 한다.

(4) 제품화(finishing)

숙성(ageing, maturation)과 포장(packaging)에 의해 완제품화하는 과정이다. 미숙한 향미의 young beer를 장기간 저온저장하여 숙성시킨다. 이 과정에서 발효가 수반되면서 CO_2가 포화되고 향미가 증진되는데 이를 후발효라 하여 주발효와 구별하기도 한다.

숙성이 끝난 맥주는 투명하게 여과하여 즉시 포장하거나(생맥주, draft beer) 살균과정을 거쳐서(병맥주, lager beer) 제품화한다.

5-3-3 맥주의 원료

(1) 보 리(barley)

맥주용 보리는 6조대맥(six-rowed barley)와 2조대맥(two-rowed barley)의 2종류가 있다. 6조대맥은 이삭의 축에 곡립이 여섯줄로 붙어 있어서 2조종에 비해 낟알이 작고 단백질이 풍부하며 효소활성이 강하다. 2조대맥은 여섯줄 중 두 줄만 남고 나머지는 퇴화된 품종이다. 2조종은 낟알이 크고 껍질의 비율과 떫은 맛이 적어서 맥주제조에 알맞다.

맥주용 보리의 품종은 6조대맥으로 Larker, Parkland, Traill 등이 있고, 2조종으로 Hanna, Wisa, Union, Sultan, Beka, Beecher 등이 있다. 6조종은

미국, 캐나다에서, 2조종은 한국, 유럽, 일본 등에서 널리 쓰인다. 우리나라는 2조대맥계의 Golden melon 이 남부지방에서 재배되고 있다.

맥주의 원료로 보리가 가장 적합한 이유는 다음과 같은 점을 들 수 있다.

① 낱알에 견고하게 붙어있는 껍질에 의해 배아나 배유부가 보호되고 있어 수확·정선공정에서 손상되지 않는다. 따라서 효소활성의 발현에 필수적인 발아력을 보전할 수 있고 발아공정에서 비교적 미생물의 번식이 어렵다.

② 담금공정 중 mash 에서 맥아즙을 분리할 때 껍질이 천연의 여과층을 형성하여 여과가 원활하게 이루어진다.

③ 보리전분의 호화온도가 52~59℃로 쌀, 옥수수 등에 비해 현저히 낮아 당화효소에 의한 전분분해시 호화조작 없이 당화가 일어나서 대단히 효율적이다.

맥아제조에 알맞는 보리의 구비조건으로는 낱알의 크기와 내용물의 함량이 고르고 발아력이 균일하고 왕성하며, 또한 전분질이 많고 단백질이 적어야 한다. 껍질은 얇아야 하며 곰팡이가 슬지 않고 협잡물이 적어야 한다.

맥주용 보리의 화학적 조성은 품질과 재배방법에 따라 다르나 대략적인 조성은 표 5-7과 같다.

표 5-7 맥주용 보리의 화학적 조성 (건물당)

성 분	%	성 분	%
전 분	63.0~65.0	조단백질	8.0~11.0
자 당	1.0~2.0	Albumin	0.5
환 원 당	0.1~0.2	Globulin	3.0
기 타 당 류	1.0	Hordein	3.0~4.0
Gum 질	1.0~1.5	Glutelin	3.0~4.0
Hemicellulose	8.0~10.0	Amino 산, Peptide	0.5
Cellulose	4.0~5.0	핵 산 류	0.2~0.3
유 지	2.0~3.0	무 기 질	3.0
		기 타	5.0~6.0

(2) 호 프(hop)

호프는 뽕나무과에 속하고 덩굴로 자라는 숙근성의 다년생 자웅이주 식물이며, 학명은 *Humulus lupulus* L.이다. 맥주제조에 쓰이는 호프는 수정되지 않은 암그루의 화체인 구과(또는 구화, cone)이다. 구과의 내포기부에는 lupulin

(또는 lupulin 선, lupulin gland)이라는 과립이 있어서 여기에서 분비되는 호프수지(hop resin)와 호프유(hop oil)가 호프의 주성분이다(그림 5-5).

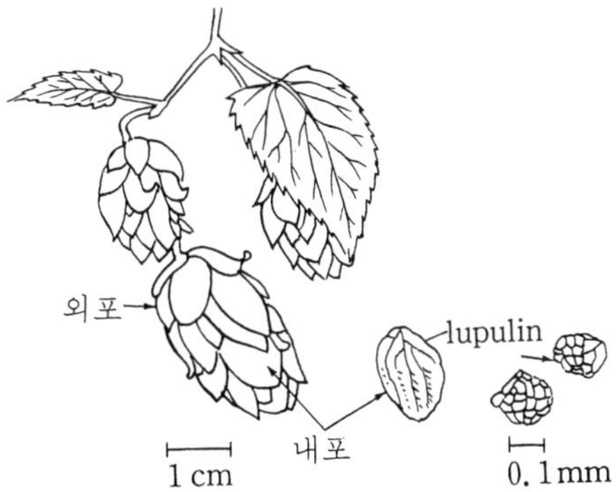

그림 5-5 호프의 구과와 lupulin

호프는 독일, 미국, 구소련, 영국 등이 주산지이고 우리나라에서는 강원도 홍천, 평창, 경북 봉화 등지에서 재배되고 있다.

1) 호프의 화학적 조성

호프의 성분은 표 5-8과 같다.

이들 성분 중 가장 중요한 것은 맥주에 고미성을 부여하는 호프수지이다.

표 5-8 호프의 화학적 조성(%)

수 분	10.0	단당류	2.0	지질 및 왁스	3.0
총수지	15.0	펙 틴	2.0	회 분	8.0
호프오일	0.5	아미노산	0.1	섬유소·리그닌 등	40.4
탄 닌	4.0	단백질(N×6.25)	15.0	합 계	100

① 호프 수지(hop resin)

호프 수지의 구성성분은 용매에 대한 용해성에 따라 다음과 같이 구분된다(괄호안의 숫자는 건조구과에 대한 비율임).

- 호프(100) — 총수지(15) (에테르, 메탄올 가용)
  - 총연수지(12) (핵산가용)
    - α-acid(4) (초산납 침전)
    - β-구분(8)
      - β-acid(5)
      - 미상의 연수지
  - 경수지(3) (핵산불용)

호프수지는 lupulin 중에 함유된 약산성 물질이며, 맥주에 고미성과 방부력을 부여한다. 고미의 주체인 α-산은 humulone, cohumulone 및 adhumulone의 3가지 주성분과 prehumulone 및 posthumulone의 2가지 성분으로 다시 나누어진다.

고미질로 다소 가치가 인정되는 β-산은 lupulone, colupulone 및 adlupulone의 3가지 동족화합물이 주성분이다(그림 5-6).

α-산 자체는 맥아즙에 녹지 않아 고미가 거의 없지만 자비솥에서 가열하면 iso-α-acid로 이성화되어 수용성이면서 고미를 지니게 된다.

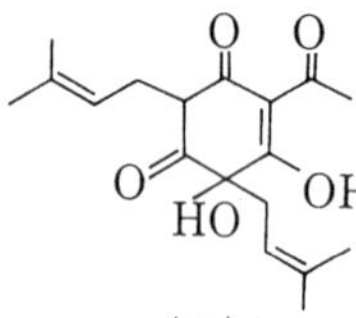
(I)

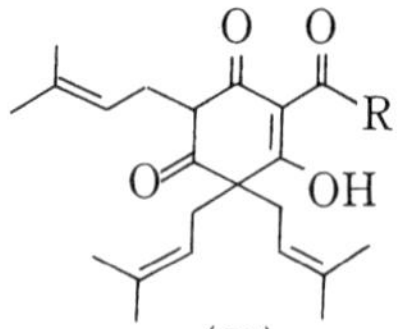
(II)

acyl 측쇄 (R)	α-산(I)	β-산(II)
$-CH_2CH(CH_3)_2$	Humulone	Lupulone
$-CH(CH_3)_2$	Cohumulone	Colupulone
$-CH(CH_3)CH_2CH_3$	Adhumulone	Adlupulone
$-CH_2CH_3$	Posthumulone	Postlupulone
$-CH_2CH_2CH(CH_3)_2$	Prehumulone	Prelupulone

그림 5-6 호프의 α-, β- 산의 화학구조

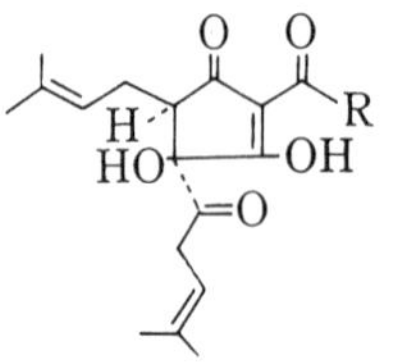
cis-Isohumulones

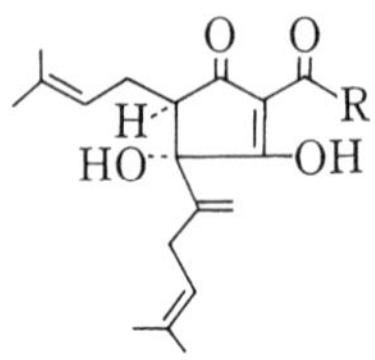
trans-Isohumulones

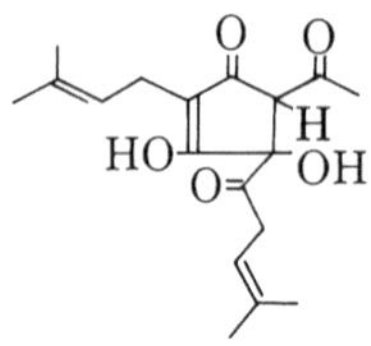
Anti-isohumulones (*cis*, *trans*)

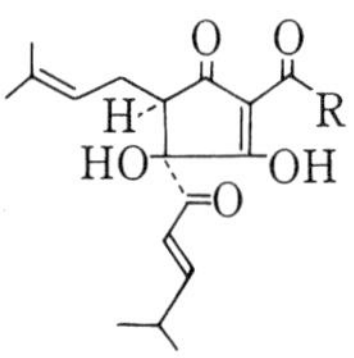
cis-Alloisohumulones

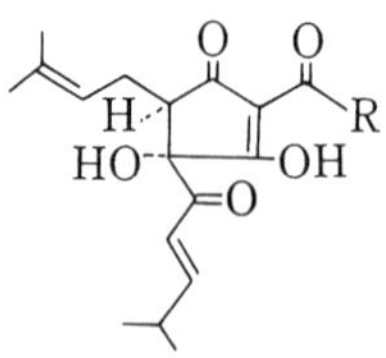
trans-Alloisohumlones

그림 5-7 맥주의 고미질(iso-α-acid 군)
측쇄 R은 그림 5-6과 동일

이 과정에서 5원환측쇄의 입체배치에 의해 cis형과 trans형의 이성체로 되며, 다시 2중결합의 전위에 의해 alloisohumulone이라는 이성체로 만들어진다. 또한 최근에는 isohumulone의 2배 고미를 갖는다.

iso-α-acid를 주체로 한 맥주의 고미질을 그림 5-7에 나타내었다.

β-산은 약한 수용성으로 자체는 고미에 기여하지 않으나 hulupone과 같은 산화생성물은 고미의 일부를 구성한다. iso-α-acid은 맥주의 포지(泡持)에 필수적인 물질인데 표면활성이 있는 단백질획분과 결합하여 거품의 막을 강화하고 거품의 안정성, 기벽부착성을 향상시킨다.

② 호프유(hop oil)

호프 구과에는 humulene, myrcene 등의 terpene계 탄화수소와 각종 함산소화합물(ester, 산, ketone, alcohol류)로 구성된 정유가 함유되어 있다. 그러나 호프유는 맥아즙 자비과정에서 대부분 증발하고 또한 남은 것도 호프박, 효모 등에 흡착되므로 극히 소량만이 맥주에 남아 독특한 방향(芳香)을 부여한다.

③ 호프 탄닌(hop tannin)

호프 탄닌은 구과에 2~4% 함유되며, 맥아즙 자비과정에서 단백질과 결합하여 불용성의 침전을 형성하여 제거되므로 맥주의 단백질 혼탁방지 작용을 한다.

호프 탄닌은 수렴성이 강하여 맥주에 수렴성을 주기도 한다. 호프 탄닌이 산화되면 적갈색의 phlobaphene으로 변하여 맥주의 맛과 색깔을 나쁘게 한다.

2) 호프 제품

호프는 구과를 그대로 사용하는 것보다 분말, pellet, extract 등으로 가공한 제품이 널리 쓰인다.

가공품의 장점으로는 다음과 같은 점을 들 수 있다.

① 용량이 1/3~1/10 이하로 감소되어 수송이나 포장비용이 줄고 하역이 용이하며, 호프의 품질저하를 막기 위해 필요한 냉장보관비용이 절감된다.

② 마대포장 대신에 밀폐성이 우수한 용기 포장(P.E와 Al을 laminating한 진공포장)에 의해 흡습, 산화 등의 품질저하를 억제할 수 있다(실예로 냉장 1년 후 α-산의 손실율이 마대가 14%이나 분말로 하면 5% 정도임).

③ 맥아즙과 lupulin의 접촉이 용이하여 α-산의 이용률이 향상된다(구과를 쓰면 자비솥에 넣은 α-산의 20~25%가 iso-α-acid로 맥주 중에 회수되지만 가공호프는 25~40%로 회수율이 높아짐).

④ 품질의 규격화(α-산 함유량을 10% 또는 17%로 조정한 제품이 다수 있음)가 가능하므로 공업제품으로서 유통·사용하는데 편리하다.

호프 추출물(hop extract)은 구과에서 유기용매(벤젠, dichloromethane 등)에 의해 수지나 정유를 추출한 것으로 최근에는 유기용매 대신에 액체탄산가스를 이용하여 추출하는 방법이 개발되었다.

그밖에 KOH 등의 알칼리로 처리하여 α-산을 iso-α-acid(K염)로 이성화시킨 제품(pre-isomerized hop extract)도 있다. 이는 수용성이므로 발효나 맥주여과 공정에서 사용이 가능하다. 이렇게 하면 고미질 이용률을 95% 이상으로 끌어올릴 수 있다. 단지 정유성분이 함유되어 있지 않아 pre-isomerized hop extract의 단독사용은 맥주의 향기에 문제가 있다.

구과를 hammer mill 등으로 분쇄한 것은 분말호프(hop powder)라 하여 그대로 이용되기도 하지만 이를 pellet화한 입상호프(hop pellet), 고미성분을 높인 농축입상호프(concentrated hop extract)가 널리 쓰인다.

(3) 양조용수

맥주제조에는 제품에 대해 15~20배의 용수가 필요하다. 물은 제맥아과정에서 침맥용수, 제맥아즙과정에서 담금용수로 사용되는 외에 원료 및 기구의 세척수, 보일러 용수와 냉각용수로도 사용된다. 특히 담금용수는 맥주의 품질과 직결되므로 양질의 물을 다량으로 확보하는 것이 중요하다.

표 5-9 양조용수의 분석치

구 분		Pilsen	München	Burton-on-Trent
증발 잔류물	mg/l	30.8	273	1,226
총경도, $CaCO_3$	mg/l	25	280	931
총경도, CaO	g/hl	1.4	15.7	52.1
Ca^{2+}	mg/l	8	80	269
Mg^{2+}	mg/l	1	19	63
SO_4^{2-}	mg/l	5	5	658
Cl^-	mg/l	4	4	35
NO_3-N	mg/l	—	1	7

역사적으로도 황산염이 적고 중탄산염이 풍부한(일시경도가 높음) Bayern 지방의 물을 이용하여 농색이고 고미가 적은 München형의 맥주가 생산되었고, 염류가 극히 적은 단물이 특징인 Pilsen 지방의 물에서 담색이고 고미가 많은 Pilsen형 맥주가 생산되었다.

앞서 표 5-9에서는 전형적인 양조용수의 분석치를 나타내었다.

양조용수 중 Ca^{2+}과 HCO_3^-의 영향이 가장 크다. 물과 mash의 pH를 변화시켜 담금과정의 물질변화, 제품의 맛과 내구성 등에 영향을 준다. 증류수로 담금한 mash의 pH는 5.7~5.9이다. amylase를 포함한 맥아효소는 pH 5.4 이상에서는 활성을 충분히 나타내지 않는다. 또 pH가 높으면 보리껍질에서 polyphenol, 규산염 등이 용출되어 맛을 나쁘게 한다. 그 밖에도 맥아즙 자비공정에서 고분자단백질의 등전침전을 방해하여 맥주가 혼탁해지기 쉽고, 호프수지성분이 과도하게 용해되어 뒷맛이 나쁜 맥주가 되는 등 문제가 많다.

Ca^{2+}은 인산이온과 반응하여 불용성의 염을 만든다.

$$3\,Ca^{2+} + 2\,HPO_4^{2-} \rightleftharpoons Ca_3(PO_4)_2\downarrow + 2\,H^+$$

그 결과 반응이 우측으로 진행되어 H^+가 유리되기 때문에 mash의 pH는 저하된다. Mg^{2+}의 경우는 인산마그네슘의 용해도가 비교적 크기 때문에 pH 저하는 Ca^{2+}의 반정도이다. 인산은 맥아성분에서 유래되어 원래는 무기태이지만 phytin, 핵산, 인단백질 등의 유기화합물에서 phosphatase의 작용으로 유리·용출된 것도 포함된다. 이처럼 Ca^{2+}에는 pH 저하작용이 있기 때문에 맥주양조용수로서는 일반적으로 100~200 mg/l 정도가 알맞다. 경도가 낮은 물은 $CaSO_4$를 사용하여 Ca^{2+}을 보충해 준다.

한편 물의 일시경도의 본체인 HCO_3^-는 mash의 가열이나 맥아즙자비때 다음과 같이 분해되어 CO_2를 생성하면서 pH를 상승시키므로 맥주에는 유해하다.

$$HCO_3^- \longrightarrow CO_2\uparrow + OH^-$$

따라서 일시경도가 높은 물은 산에 의한 중화, 가열, 가스세척 등의 전처리가 필요하다.

Mg^{2+}는 효소의 cofactor로 중요하며 $MgSO_4$의 형태로 다량 존재하면 배탈과 설사의 원인이 되기도 한다. Fe^{2+}나 Fe^{3+}가 많으면 맥주의 색깔을 검게하고 탄닌의 산화와 혼탁의 원인이 된다. 또 Cl^-, SO_4^{2+}은 맥주의 맛에 영향을 준다.

(4) 전분질 부원료(cereal adjunct)

맥아즙 중의 발효성 당분인 맥아 이외에 전분질로서 보리, 밀, 옥수수, 수수, 쌀 등이, 당분으로서 액체당액, 설탕 등이 사용된다. 부원료의 사용은 경제적으로도 유리하고 맥아의 질소화합물 희석제로 되어 맥주맛을 상쾌하게 하며, 광택 및 혼탁내구성을 향상시키는 등 품질향상에도 도움이 된다.

부원료 중 전분의 호화온도는 보리보다 높아 원통형의 스테인리스제 담금솥(adjunct cooker)에서 자비·호화시킨 후 담금조의 맥아 mash와 혼합하여야 한다. 쌀과 같은 것은 미리 분쇄기에서 거칠게 분쇄해야 하고, 거칠게 분쇄한 옥수수(corn grit), 옥수수 전분(corn starch) 등은 그대로 담금솥에 넣어 교반하면서 가열·비등시킨다.

이때 10% 정도의 분쇄맥아를 함께 넣어 α-amylase의 액화력에 의한 호화전분액의 점도저하를 유도한다. 담금솥에서 1.5시간 정도 가열한 후, 액화된 부원료 mash는 펌프로 담금조에 보내 맥아 mash와 혼합되어 당화공정에 들어간다.

에너지 비용의 증가로 가열처리가 필요없는 부원료인 액체당액, 당액시럽 등의 사용이 늘어나고 있다.

쌀, 옥수수 등 전분질 부원료의 사용이 과다하면 맥아효소에 의한 분해가 불완전하고, 맥주에서 효모의 영양원이 되는 저분자 질소화합물의 부족을 초래할 우려가 있다. 사용비율은 맥아의 80% 정도가 한계치이고 대개 50% 미만을 사용한다.

(5) 효 모

1) 상면발효효모와 하면발효효모

맥주양조용 효모에는 상면발효효모(top-fermentation yeast)와 하면발효효모(bottom-fermentation yeast)의 2종류가 있다. 전자에는 *Saccharomyces cerevisiae*, 후자에는 *S. carlsbergensis*(*S. uvarum*)가 대표적인 효모이다. 두 효모 모두 1882년경 Hansen에 의해 전자는 영국의 양조장, 후자는 덴마크의 Carlsberg 양조장에서 각각 분리되었다고 한다.

분류학적으로 가장 큰 차이는 하면효모가 melibiose를 발효하는데 반해 상면효모는 발효하지 않는다는 점이다. 그러나 melibiose 발효성은 겨우 1개의 유전자에 의해 지배될 뿐이어서 가역적인 변이가 일어나기 쉽다는 점에서 결정적인 차이로 볼 수 없다. 이외에도 상면효모는 호흡력이 높아 발효조에서의 증식률도 7~10배로 하면효모의 약 2배가량 크다. 하면효모는 H_2S나 methyl mercaptan을 비교적 많이 생성하는데 비해 상면효모는 ethanol 자화성이 있는 등 생리적 특징도 다르다. 또한 두 효모는 세포벽 조성의 차이 등도 발견되고 있다.

상면효모에 의한 발효특성은, 발효온도가 15~20℃로 대체로 높아 주발효가 2~3일로 신속하게 이루어지며, 발효가 거의 완료되면 효모가 거품과 함께 액표면에 부상하게 된다는 것이다. 이 때 효모를 분리·회수하며, 맥주는 나무통에 옮겨 가당한 후 13~16℃에서 1주일간 2차발효시킨다.

발효기술적인 측면에서, 주발효 후기에 효모가 액표면에 부상하거나(상면효모) 밑바닥에 침전하는(하면효모) 현상만으로 두 효모를 구분하는 것은 절대적인 것이 못된다. 발효조의 형상, 발효액의 깊이, 발효온도 등에 의해 상면효모도 하면효모의 성질을 나타낼 수 있기 때문이다.

맥주효모의 양조적성은 발효속도, 발효액 중의 응집성 등의 발효공학적 성질, 맥주의 향미와 직결되는 발효·숙성 중의 대사특성에 의해 평가된다. 같은 균종(species)에서도 균주(strain)에 따라 크게 다르다.

맥주효모, 특히 하면효모는 포자형성이 어렵고 포자형성이 되어도 발아하지 않는 수가 많아서 교배가 곤란하며, 또한 돌연변이 유발에 의한 개량도 성공하기 어렵다. 그러나 최근 spheroplast 융합, 유전자 조작, 형질전환 등에 의한 효모의 유전학적 연구법이 발달됨에 따라 그 기법을 맥주효모의 품질개량에 응용할 수 있게 되었다.

그 예로 야생효모인 *Saccharomyces diastaticus*의 amyloglucosidase 합성능을 제어하는 DNA를 배양효모에 삽입하여 새로운 맥주효모를 육종하고 있다. 이 효모를 사용하면 잔당이 적은 맥주의 제조가 가능하다.

2) 효모의 응집성

맥주효모에는 발효액 중에서 효모세포가 다수 응집하여 덩어리(floc)를 형성함으로써 액중에서 조기에 분리(상면효모는 액층에 부상, 하면효모는 밑에 침전)되는 성질을 가진 응집성 효모(flocculent yeast)와 응집이 어려워 비교적 오랫동안 액중에 부유하는 성질을 가진 비응집성 효모(non-flocculent yeast 또는 powdery yeast)가 있다.

응집에 의해 액중의 부유효모수가 감소하면 효모세포와 발효액과의 접촉면적이 감소하므로 발효와 숙성은 완만하게 진행된다. 응집성이 약한 경우는 효모가 부유하게 되어 발효가 왕성하지만 효모회수량이 적고 청징이 늦어지는 등 여과과정에 지장을 초래한다.

효모의 응집성은 기술적인 측면에서도 중요하다. 주발효 중에 잘 분산하고 일정한 발효도에 이르면 응집·침강하는 것이 바람직하다. 최근 발효액의 펌프순환이나 CO_2의 취입 등에 의한 효모균체의 강제 부유, 원심분리기를 사용한 부유효모수의 조절 등의 방법이 시도되고 있다.

맥주효모의 응집은 염색체상의 단일유전자에 의해 지배된다. 그러나 그 표현형은 불안정하여 맥아즙의 조성이나 효모의 생리상태 등에 의해 크게 달라진다. 또 원심분리에 의한 회수, 재사용을 반복하는 과정에서 응집성이 약화되는 현상도 발견된다.

Maltose는 응집을 저해한다. 응집성이 강한 효모라도 맥아즙에 첨가하면 초기에 단세포로 되어 잘 분산된다. 이는 maltose가 맥아즙 중에 존재하기 때문이다. 2가의 금속이온, 특히 Ca^{2+}은 응집형성을 촉진한다. 인접한 세포의 표층성분이 Ca^{2+}을 가교로 하여 서로 부착(세포벽을 구성하는 당단백질에 함유된 인산이 Ca^{2+}과 결합)하여 응집이 이루어지는 것으로 생각된다. 비응집성 효모는 세포벽 중의 mannan을 다량 함유한 획분의 인산 함량이 낮아 세포표면이 Ca^{2+}과 안정된 가교를 형성하기 어렵다.

5-3-4 맥아제조

맥아제조는 보리의 정선, 침맥, 발아, 건조가열(배조)의 4단계로 이루어진다.

(1) 정 선

정선은 정립과 선립의 두 과정으로 이루어진다. 수확, 건조(수분 10~13%)한 보리는 휴면을 위해 일정기간(6~8주간) 저장한 후 정립기에 걸어 풍력, 체분리 등에 의해 협잡물을 제거한다. 선립기에서는 2~3단계로 silt목을 변화시킨 진동체에 의해 입자지름에 따라 1번보리(2.5 mm 이상), 2번보리(2.2~2.5 mm)와 3번보리(2.2 mm 이하)로 등급을 나눈다.

낟알의 크기가 균일해야만 제맥아과정에서 흡수·발아가 균일하다.

정선에는 정립기와 선립기, 또는 정선기가 사용된다(그림 5-8).

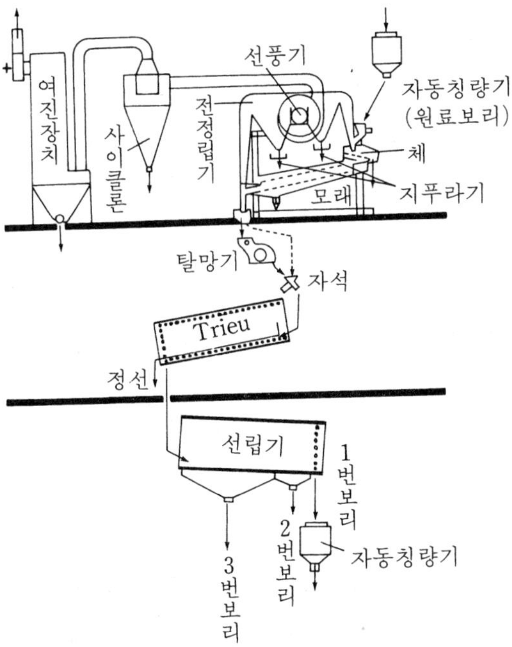

그림 5-8 보리의 정선기

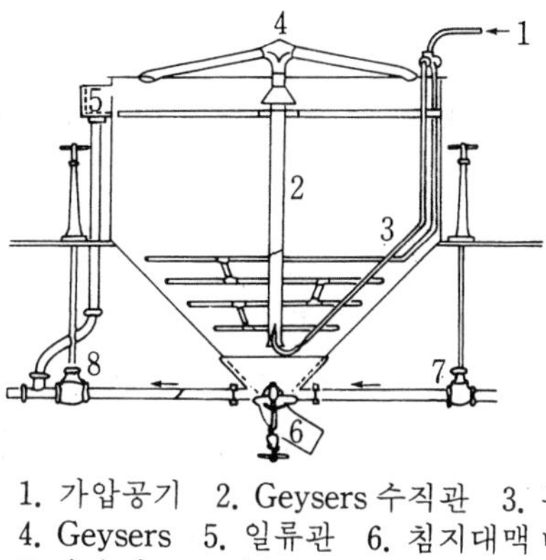

1. 가압공기 2. Geysers 수직관 3. 통기관
4. Geysers 5. 일류관 6. 침지대맥 배출관
7. 송수관 8. 배수구

그림 5-9 침맥조의 구조

(2) 침 맥

침맥의 목적은 ① 보리의 껍질과 배유사이에 있는 공기를 쫓아내고 발아에 필요한 수분을 곡립에 제공하며, ② 곡립 중에 있는 색소, 고미질 및 효모생육저해 물질을 침출·제거하는데 있다.

정선된 보리는 원추형 탱크의 침맥조에 넣어 12~16℃에서 40~60시간 침맥하여 발아에 필요한 수분(42~45%)을 흡수시킨다. 침맥조의 구조는 그림 5-9와 같다.

침맥 용수량은 보리 100 kg에 대하여 2.2~2.4 hl가 필요하다.

수분은 보리알의 기부로 흡수되며, 팽윤으로 부피가 증가한다. 흡수가 어느 정도 진행되면 호흡이 시작된다.

호흡은 발아에 필요한 에너지 공급과정으로 산소를 필요로 한다. 따라서 침맥조의 아래로부터 통기하여 산소를 공급하고 호흡에 의해 생성되는 CO_2를 제거해 준다.

침맥작업은 급수와 단수를 반복하면서 이루어지며, 소량의 탄산석회, 탄산고토를 함유한 침맥용수가 용출작용을 촉진한다.

(3) 발 아

곡립의 기부선단에 어린 뿌리가 나타났을 때는 침맥이 완료된 것이다. 침맥이 끝난 보리는 작은 구멍이 있는 발아상 위에서 습윤·냉각(12~17℃)된 공기를 통기하여 호흡에 의한 발열을 방지하고 산소를 공급한다. 또한 교반장치를 이용하여 하루 수차례 보리층을 뒤집어 신장된 어린 뿌리가 엉키지 않게 하고 균일한 발아가 되도록 한다.

발아에 요하는 시간은 일반적으로 4~6일 정도이다. 이 과정에서 α-amylase 등의 효소가 생합성되고 저장물질의 일부가 분해하여 곡립의 용해가 일어난다.

수개의 어린뿌리가 보리알의 하단에서 보리알 길이의 약 1.5배로 자라고, 어린싹은 보리알 등쪽의 곡피 안쪽을 따라서 보리알길이의 2/3 정도가 자랐을 때 발아공정을 끝낸다. 이 때 보리알 전체가 가루처럼 연하게 되고 손가락으로 부스러뜨릴 수 있는 상태가 된다. 이것을 녹맥아(green malt)라 한다.

발아방식은 통풍식인 회전발아관(trommel)식과 발아상(kasten)식이 주로 사용된다. 발아상식은 설비비가 저렴하고 발아조작이 쉬우며 노력이 적게 든다. 이밖에 특수발아법으로 지베렐린을 보리 1 kg당 0.01~0.3 mg 정도를 침맥말기 또는 발아초기에 첨가하여 발아시키는 방법이 있는데, 발아기간이 단축되고 효소활성 및 가용성 질소(엑스분)가 증가하며 맥아수량이 크게 높아지는 등 이점이 많은 것으로 알려져 있다.

(4) 배 조(焙燥, kilning)

녹맥아는 배조과정을 거쳐 맥아가 된다. 배조는 건조(drying)와 배초(curing)로 이루어지며, 건조는 수분을 8~10% 이하로 하여 생육을 억제하는 과정이고, 배초는 수분을 3% 이하로 감소시키면서 맥아 특유의 향미와 색깔을 부여하는 과정이다.

배조의 목적은 ① 녹맥아의 과잉생장과 보리알 내의 효소작용을 정지시켜 부패변질방지와 저장성을 부여하고, ② 풋냄새를 없애고 갈색색소와 향미를 형성시키며, ③ 맥아근의 제거를 용이하게 하는데 있다.

배조는 배조실(kiln)에서 행한다. 금속망으로 된 배조상 아래로부터 가열공기를 취입하여 초기에 비교적 저온(50℃ 이하)에서 녹맥아의 수분(45%)을 10% 이하로 감소시킨다. 다음으로 담색맥주인 경우는 이후 서서히 온도를 올려 최종단계에서는 82~85℃로 유지한다. 농색맥주인 경우는 고온으로 하여 최종온도를 120℃ 정도까지 올려 농색맥주 특유의 향과 색을 생성시킨다. 일반적으로 수분이 약 3%까지 저하되면 배조를 완료한다. 배조에 요하는 시간은 18~36시간 정도이다.

배조장치는 다상식, 1상식 등이 있으며, 최근에는 능률이 좋은 1상식 (그림 5-10)이 널리 쓰인다.

배조가 끝난 맥아는 탈근정선기로 보내 맥아근(malt culm)을 제거하고 습기를 방지하면서 20℃ 이하에서 저장한다. 맥아근은 부산물로서 사료 또는 비료로 이용된다.

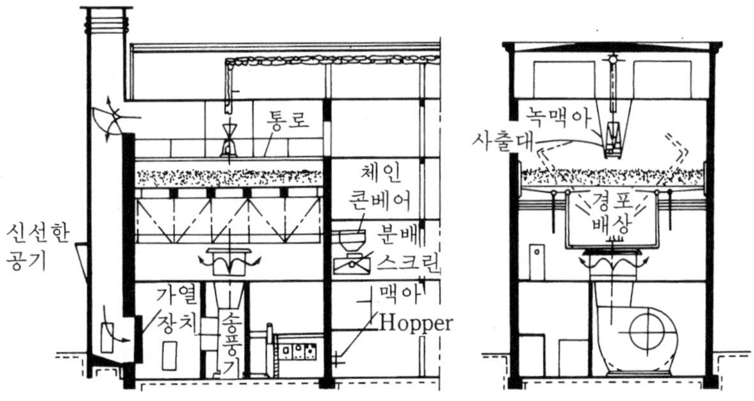

그림 5-10 1상식 배조장치

(5) 맥아제조과정에서의 물질변화

1) 침맥 및 발아중의 변화

휴면상태의 보리는 적당한 온도하에서 수분과 산소를 공급하면 식물로서의 생명력이 활성화되어 배유(endosperm)의 저장물질을 영양소로 하여 배아(embryo)가 성장을 시작한다. 저장물질은 고분자이므로 배아성장의 에너지원이 되기 위해서는 효소에 의한 저분자화와 가용화가 요구된다.

β-amylase는 단백질과 결합된 형태로 존재하며, 발아 중 단백질분해효소의 작용으로 유리, 활성화 된다. 다른 효소들은 발아와 더불어 새로 합성된 것인데, α-amylase, endo-β-glucanase, peptidase, phytase 등이 존재한다. 이 효소들은 지베렐린을 매개로 생합성되는 것으로 알려져 있다. 즉 배아가 수분과 산소를 흡수하여 하루정도 경과하게 되면 지베렐린이 합성되어 배아에서 호분층(aleurone layer)으로 침투한다. 호분층의 세포는 이 호르몬의 작용으로 효소들을 생합성하여 서서히 배유부로 확산시킨다. 따라서 맥아의 용해는 우선 배아부근의 배유에서 시작하여 비배아말단인 정단(頂端)을 향하여 진행된다. (그림 5-11)

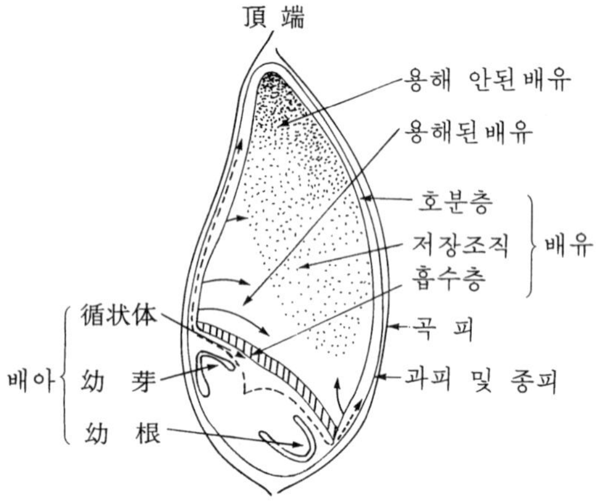

그림 5-11 보리 낱알의 종단면과 용해

발아초기에 먼저 β-glucan 용해효소가 합성되어 배유세포벽의 75%를 점하는 β-glucan을 가용화하여 세포벽을 용해시킨다. 그 때문에 이후의 발아 및 담금공정에서 세포 내의 저장물질이 분해되기 쉽다. 이 효소의 본체는 산성 carboxypeptidase이고, β-glucan 간의 결합인 peptide 결합을 절단하여 β-glucan을 가용화시킨다. 세포벽에서 유리된 β-glucan은 endo-β-glucanase의 작용을 받아 부분적으로 저분자화 된다.

보리의 전분은 직경 5μm 이하의 소형과 13~20μm의 대형 등 2종류가 있으며 대형인 것이 대부분을 차지한다. 발아 중 amylase의 작용으로 분해되는 것은 소형 전분으로 알려져 있다. 따라서 제맥아과정에서 분해되는 보리의 전분은 5% 정도이고 나머지는 담금과정에서 amylase의 당화작용에 의해 분해된다.

반면, 단백질은 제맥아과정에서 carboxypeptidase 등 단백질분해효소에 의해 보리질소화합물의 약 40%가 가용화된다. 따라서 맥주의 포지력, colloid혼탁내구성 등의 주요 품질특성이 맥아제조에 의해 큰 영향을 받는 셈이다.

2) 배조 중의 변화

배조공정의 후반부터는 수분이 감소함에 따라 효소반응이 진행됨과 동시에 아미노산과 환원당이 Maillard반응을 일으켜 맥주특유의 향기와 색의 기본이 되는 melanoidine을 생성한다.

담색맥주용 맥아는 배조온도가 비교적 낮아 caramel화 반응이 일어나지 않지만, 농색맥주용 맥아는 효소활성보다는 발색과 배조향을 중시하므로 melanoidine생성을 촉진하기 위해 초기의 가열온도를 높게 한다.

후반으로 갈수록 온도가 상승하여 melanoidine생성은 계속되지만 효소활성은 다소 감소된다. β-amylase는 실활이 가장 심하여 녹맥아의 1/3로, phytase의 경우는 70%까지 실활된다. 반면에 α-amylase는 거의 실활을 볼 수 없고, carboxypeptidase도 내열성이 있어 활성의 80~90%가 맥아에 이행된다. 휘발성 함황화합물인 dimethylsulfide는 하면발효맥주에 10~50μg/l 정도 함유되어 맥주 특유의 향기발현에 기여한다. 이 물질은 발아 중에 생성된 S-methyl methionine을 전구체로 하여 배조 중에 생성된다.

배조 중 보리의 결합수까지 제거되므로 맥아는 미생물의 번식이 어렵다. 따라서 맥아는 장기간의 수송과 저장에 견딜 수 있다.

(6) 맥아의 품질

외관과 물리적 평가로서, 입형이 비대하고 균일해야 하며 담황갈색의 광택과 특유의 향기를 가지며 천립중(千粒重)이 큰 것이 좋다. 또 화학적으로는 수분, pH, extract, diastatic power, α-amylase, 점도, 단백질, β-glucan 함량 등을 분석하여 평가한다.

5-3-5 맥아즙 제조

맥아, 부원료 및 호프를 이용해 맥아즙을 만드는 공정은 ① 맥아분쇄 ② 담금 ③ 맥아즙 여과 ④ 맥아즙 자비 및 호프첨가 ⑤ 맥아즙의 청징 및 냉각으로 나누어진다.

(1) 맥아의 분쇄

맥아는 가용성 물질의 용출과 불용성 물질의 효소분해를 위해 분쇄공정을 거치게 되는데, 분쇄에 의해 맥아와 물과의 접촉이 용이해진다.

너무 잘게 분쇄하면 효소작용에는 유리하지만 mash의 여과시간이 오래 걸린다. 특히 껍질부분이 분쇄되면 곤란하다. 껍질에 의한 여과층 형성이 불량해지고 껍질 중의 polyphenol(탄닌)이 과도하게 용출되어 맥주의 맛에도 나쁜 영향을 준다. 분쇄는 껍질과 배유부가 분리되도록 하되 껍질은 원형 그대로 유지되도록 한다. 이와함께 배유부도 적당한 크기로 분쇄되어야 한다.

이러한 분쇄목적에 가장 알맞는 roller mill은 5~6개의 roller와 다수의 진동체로 구성되어 있다(그림 5-12).

분쇄방법에는 건식법(dry milling)과 습식법(wet milling)이 있다. 수분을 흡수한 껍질은 탄력이 증가하여 껍질자체는 부서지기 어렵고 배유와는 분리되기 쉬운 상태로 된다.

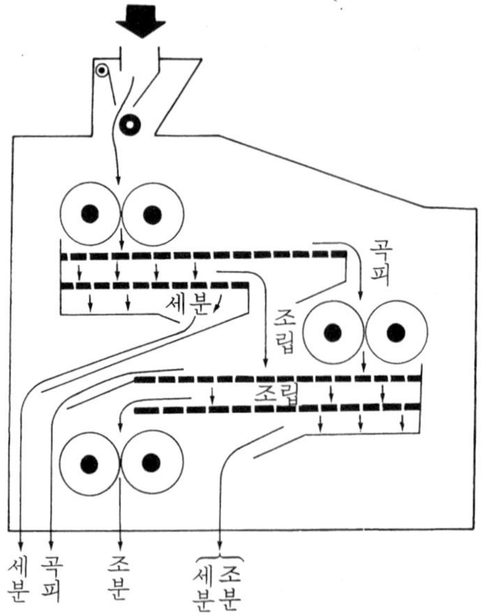

그림 5-12 맥아분쇄기(roller 식)

이런 성질을 이용하여 맥아에 증기를 취입하거나(가습, tempering) 온수에 단시간 침지한 후 분쇄하는 습식법이 많이 이용된다. 습식법은 mash의 여과가 신속하고, extract 수율향상에도 도움이 된다.

(2) 담 금(mashing)

담금이란 분쇄한 맥아와 부원료를 온수와 혼합하여 맥아 자체의 효소에 의해 고분자물질을 저분자화하는 당화공정을 말한다.

1) 담금조작

분쇄맥아는 원통형 스테인리스제 탱크인 담금조(mash tun) 내의 온수에 투입된다. 교반·혼합과 더불어 소정의 온도와 시간이 경과하면 효소분해를 받아 술덧으로 변한다. 온도와 시간의 설정은 맥아의 성질, 맥주의 품질에 따라 달라진다.

하면발효맥주용 맥아즙의 경우는 일반적으로 온도를 3단계로 나누어 상승시키는 방식에 따른다.

제1단 : 40~60℃에서 40~60분간 방치, 단백질휴지기(protein rest)라 하며 맥아의 polypeptide 분해가 주로 일어난다.

제2단 : 65~68℃에서 1~1.5시간 방치, amylase 활성을 유도하는 당화가 활성화되는 온도이며 전분을 저분자화하여 적당한 발효성(dextrine과 발효성 당의 비율)을 가진 mash를 얻는다.

제3단 : 65~75℃이면 정상적으로 액화가 이루어진다.

당화방법에는 자비법(decoction method)과 침출법(infusion method)이 있다. 자비법은 당화조의 mash 일부를 담금솥(cooker)으로 옮겨서 순차적으로 온도를 높이는 방법으로 자비의 횟수에 따라 1회자비법(one mash decoction method), 2회자비법 및 3회자비법이 있다. mash의 일부를 자비하여 당화조로 되돌려 보내면 전분의 호화로 효소작용이 용이해지고 담금조의 mash 온도를 높여주는 효과가 있다. 담색맥주의 제조에는 2회자비법이 가장 보편적이며, 그림 5-13에 시간의 경과에 따른 자비와 당화조의 온도변화를 나타내었다.

3회자비법은 주로 농색맥주에 쓰이며, 시간, 노력, 에너지의 소요가 많다. 자비법은 온도를 정확하게 변화시켜 맥아의 효소활성을 적극적으로 이용하는 방법으로 하면발효용 맥아의 담금에 적당하다.

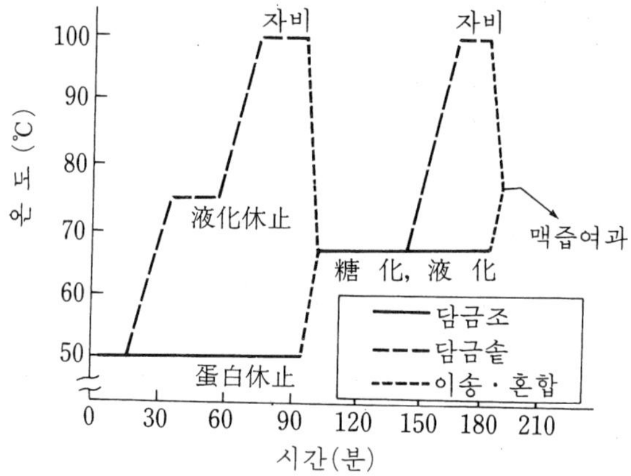

그림 5-13 2회자비 decoction 담금법의 diagram

반대로 상면발효용 맥아즙의 제조에는 용해가 양호한 맥아를 사용하므로 거의 일정온도(약 65℃)에서 효소분해를 유도한다. 이 방법을 침출법이라 하며, 자비 mash를 사용하지 않아 에너지 소비가 적다. 이 방법은 주로 영국에서 ale 양조용으로 쓰인다. mash의 교반과 이송에는 껍질이 부서지지 않도록 교반을 천천히 해야 하며, 대용량의 이송펌프를 이용하여 저속으로 회전시킨다.

2) 담금 중의 물질변화

① 탄수화물의 분해

담금 중에 탄수화물은 맥아의 α-, β-amylase에 의해 분해된다. 맥아즙 전분의 약 80%가 분해되어 맥아당, maltotriose, 설탕, 단당류 등 발효성 당으로 바뀐다.

맥아전분의 75~80% 정도인 amylopectin은 α-amylase(endo형)와 β-amylase(exo형)에 의해 순차적으로 분해된다. α-amylase는 전분의 α-1, 4결합을 무작위적으로 분해하여 저분자의 dextrine을 생성하고, β-amylase는 비환원성 말단의 α-1, 4결합을 분해하여 맥아당을 생성한다. 분해가 안된 dextrine은 그대로 제품까지 이행되어 맥주 extract의 70~80%를 구성한다.

맥아전분의 20~25%를 점하는 amylose는 20~25개의 포도당이 직쇄상으로 결합되어 있으며, β-amylase에 의해 분해되어 맥아당을 생성한다. 맥아의 β-amylase는 비교적 저온에서 활성을 나타내지만 액화되지 않은 전분의 분해력은 약하다.

따라서 β-amylase는 담금초기 저온단계(단백질 휴지기)에서는 dextrine 분해력이 약하지만 온도를 높여 65~68℃가 되면 α-amylase에 의한 전분액화와 함께 본격적인 당화를 일으킨다. 담금초기의 저온기에는 endo-β-glucanase도 활성화되어 발아공정에서 가용화된 β-glucan을 저분자화한다. 이와함께 점도저하가 일어나서 여과공정이 용이하게 된다.

② 단백질 기타 물질의 분해

보리의 단백질 분해는 제맥아공정에서 상당히 진행된다. 이 공정에서 생성된 아미노산이나 저분자 peptide는 담금공정에서 맥아즙 중에 용출된다. 단백질은 단백질휴지기에 주로 분해되지만 맥아즙 자비, 발효, 숙성과정에서도 조금씩 감소되면서 맥주까지 이행된다.

맥아즙의 아미노산은 효모증식에 필요한 영양원이고 맥주의 향기성분 생성에 큰 영향을 미친다. 또한 아미노산과 peptide는 맥주의 맛에도 영향이 크다. 단백질의 분해가 지나치면 맥주의 포지력에 나쁜 영향을 주고, 불충분하면 고분자 peptide의 응고로 맥주가 혼탁해질 우려가 있다.

Nucleotidase, phytase 등의 phosphatase도 맥아의 유기인 화합물을 분해한다. 분해되어 나온 인산이온은 mash의 pH를 최적으로 유지하는데 기여하고 아미노산이나 기타 유기산과 함께 맥아즙의 완충능을 형성한다.

(3) 여 과

당화가 완료된 mash는 여과조(lauter tun) 또는 여과기(filter)를 이용하여 박(spent)과 맥아즙(wort)으로 분리한다.

여과조(그림 5-14)는 스테인리스제의 편평한 원통형이고, 바닥에는 가늘고 긴 구멍(silt)을 가지는 여과판(false bottom)이 있으며, 그 위에 껍질이 침강·퇴적하여 여과층을 형성한다. 이 여과조는 낙차에 의한 자연여과이므로 여과시간이 비교적 길고, 여재로 이용되는 껍질을 거칠게 분쇄해야 하므로 extract 수율이 떨어지며, 넓은 설비면적을 필요로 하는 등의 결점이 있으나 에너지가 절약되고 자동화가 쉽다는 등의 장점이 있다.

여과에는 금속제의 여과틀에 여과포를 깐 filter press가 이용된다. 가압여과이므로 여과가 비교적 신속하지만 박의 배출조작에 인력이 많이 소요되는 단점이 있다.

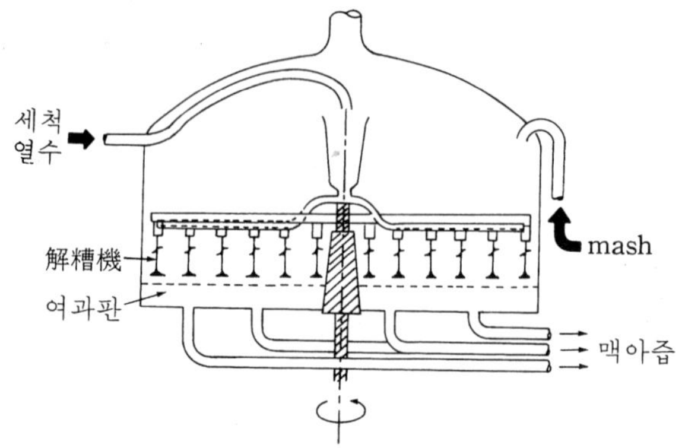

그림 5-14 여 과 조

맥아즙 여과방식은 맥주품질에 그다지 영향을 주지 않으나 담금공정을 단시간에 처리하여 생산성을 높여야 하기 때문에 신속한 여과장치의 개발이 요구된다.

맥아즙에는 당화액에서 맥아박을 분리해낸 1번 맥아즙과 맥아박에 섞여 있는 잔존 extract를 세척수로 2~3회에 걸쳐 회수한 2번 또는 3번 맥아즙이 있다.

(4) 맥아즙 자비 및 호프 첨가

여과가 끝난 맥아즙은 자비솥(kettle)에서 호프를 첨가하고 자비하여 호프첨가 맥아즙(hopped wort)을 만든다.

1) 맥아즙의 자비

맥아즙을 자비솥에 넣고 1.5~2시간 동안 격렬하게 자비·비등시킨다. 이 과정에서 호프첨가가 이루어진다.

맥아즙 자비의 목적은 ① 단백질의 열응고에 의한 제품의 혼탁을 방지하고, ② 호프의 유효성분을 용출하고 열변성시켜 고미와 향을 부여하며, ③ 맥아박세척수를 증발시켜 맥아즙을 소정의 농도로 농축하며, ④ 효소의 파괴와 맥아즙의 살균 등이다.

자비솥(그림 5-15)은 대개 원통형이고 밑부분은 비등액의 동요를 촉진시키기 위해 거의 둥글게 되어 있다. 밑부분의 중앙을 돌출시켜 만든 제품은 가열 jacket을 설치하여 동일한 효과를 낼 수 있다. 또한 percolator라 하여 가열부분(가열 coil 등)을 자비솥 안의 중앙에 부착시킨 것도 있으며, 가열 jacket을 비대칭으로 배치하거나 증기압을 부위에 따라 변화시킨 것도 있다.

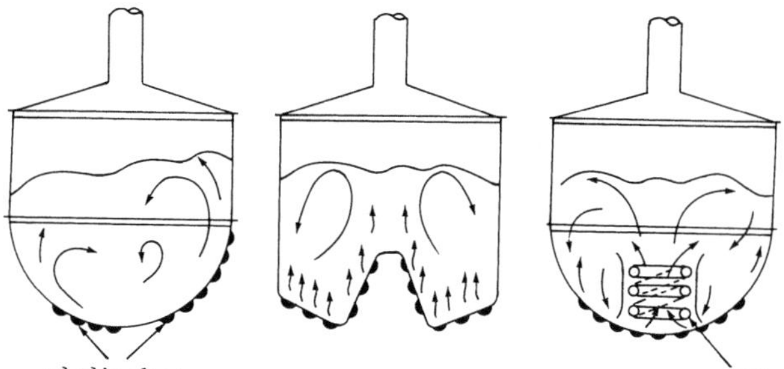

그림 5-15 자비솥과 맥아즙의 비등

자비솥의 재질은 오래전부터 가공성, 열전도성이 우수한 구리제가 사용되어 왔으나 현재는 스테인리스제가 널리 쓰인다. 맥아즙이 구리와 접촉하면 함황화합물 제거효과가 있으므로 자비솥의 일부는 구리를 사용하는 것이 제품의 품질을 위해서도 유리하다.

2) 호프의 첨가

호프의 첨가목적은 맥주에 맛과 향을 부여하는 외에 제품의 기포성과 기포안정성, 항균성을 부여하는데 있다.

호프첨가량은 일반적으로 제품 1 hl당 담색맥주는 0.3~0.55 kg, 농색맥주는 0.2~0.3 kg 정도이다. 호프의 첨가방법은 맥아즙이 끓기 시작할 때 전량을 일시에 첨가하기 보다는 끓이는 동안에 3~4 회로 나누어 첨가한다. 3 회분할첨가법은 끓기 시작하면 1/2, 자비완료 1 시간 전에 1/4, 그리고 자비완료 30 분전에 나머지를 첨가한다.

(5) 맥아즙의 청징과 냉각

맥아즙 자비로 생겨난 열응고물(hot break)은 직경 30~80μm 의 입자형태이고 단백질(50~60%), polyphenol(20~30%), 호프수지(16~20%) 등으로 구성되어 있다. 열응고물과 호프박은 발효전에 제거되어야 한다.

가열맥아즙(hot wort)은 먼저 호프분리기(hop strainer)의 다공판을 통과시켜 박을 분리하고 침전조(settling tank)에 1 시간 가량 정치하여 열응고물을 침전시킨다. 상등액인 맥아즙은 자동슬럿지 배출식 원심분리기에 넣어 남아 있는 응고물을 제거한다. 가공호프를 사용하는 경우는 호프박과 열응고물이 결합된 상태이므로 호프분리기가 필요없다.

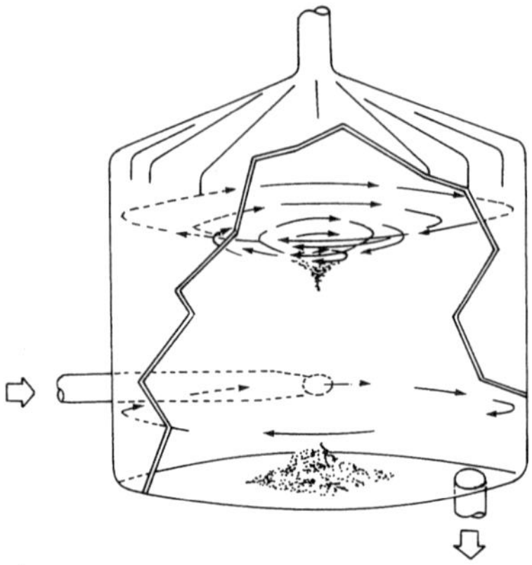

그림 5-16 whirlpool tank

최근에는 whirlpool tank가 쓰인다(그림 5-16). whirlpool tank는 직경이 약 5 m인 원통형 탱크로 맥아즙을 바닥으로 부터 0.5~1 m의 위치에서 접선방향으로 고속송입하여 소용돌이(whirlpool)를 만드는 침전조이다. 이 소용돌이가 계속 회전하면 응집물이 탱크 가운데에 퇴적하게 된다. whirlpool tank는 침전조에 비해 분리가 빠르고 원심분리기처럼 많은 에너지를 필요로 하지 않는 장점이 있다.

열응고물을 제거한 맥아즙은 밀폐형 열교환기(plate식 또는 2중관식)에 이송하여 효모첨가온도(5~8℃)까지 냉각한다. 맥아즙의 온도가 약 50℃ 이하로 되면 냉응고물(cold break)이 발생되어 맥아즙이 다시 혼탁해진다. 냉응고물은 5μm 이하로 미세하지만 발효과정에서 효모대사에 악영향을 주므로 냉각 후 규조토여과에 의해 제거할 필요가 있다.

냉각된 맥아즙에는 발효조로 이송하는 과정에 무균공기를 6~8 mg/l 정도 취입하여 효모증식에 필요한 용존산소를 공급한다.

맥아즙냉각에서 효모첨가까지의 공정에서는 잡균오염의 우려가 있다. 기기·배관류의 세척·살균, 맥아즙이나 취입공기의 배양검사 등 미생물관리를 엄격히 해야 한다.

5-3-6 발　　효

발효는 맥아즙에 맥주효모를 가하여 맥아즙의 발효성 당을 알코올로 전환시키는 생화학적 반응이다. 발효는 발효실에서 일어나는 주발효(1차발효, 전발효)와 저장실에서 일어나는 후발효(2 차발효)로 구분된다. 그러나 후발효는 아주 미약하고 숙성과정의 일부로 볼 수 있으므로 저장에서 다루기로 한다.

(1) 발효공정

맥아즙이 발효탱크로 이송되는 과정에 회수된 slurry 상의 효모(pitching yeast)가 첨가된다. 효모첨가량(pitching rate)은 일정조건의 원심분리에 의해 측정된 표준농도의 효모 slurry 로 환산하여 0.5 v/v% 정도이지만 맥아즙에 분산시켰을 때 $7 \sim 15 \times 10^6/ml$가 일반적이다.

효모가 첨가된 맥아즙은 효모첨가조(starting tank)에 18～24 시간 정치하여 잔존고형물이나 첨가효모의 사멸세포 등을 침전시킨 후 주발효조에 보낸다. 발효조는 5～10℃가 유지되도록 단열냉방 내에 설치하며, 스테인리스제나 알루미늄제의 원통형이 사용된다. 용량은 150 kl(길이 2～3 m) 정도이고, 발효열에 의한 품온상승억제를 위해 탱크내부에 냉각용 coil 을 설치하거나 외부에 jacket 을 부착한다.

발효조는 폐쇄형으로 하여 발생되는 CO_2의 회수가 가능하도록 한다. 발효조에는 75～85% 정도의 맥아즙을 채워 발효시킨다.

하면맥주발효의 경우는 효모첨가 후부터 발효에 의한 맥아즙의 비중저하가 거의 없을 때까지의 기간을 발효일수로 보며 대개 6～10 일 정도이다. 하면발효맥주의 발효경과는 다음과 같다.

제 1기 : 효모가 새로운 환경에 적응하기 위한 유도기간으로 약 12 시간 정도이다. 초기 1～3 시간이 지나면 용존산소가 거의 흡수되고 효모세포막의 불포화지질이 합성된다. 이어 아미노산을 흡수하여 세포증식을 준비한다. 탄수화물대사는 개시되지 않으며 외견상 변화는 없다.

제 2기 : 효모의 증식이 시작되고 발효성 당이 대사된다. 약 24 시간째에 CO_2가 포화되고 기포가 액표면을 희게 덮는다(ankommen). 다시 2～3 일이 지나면 크림상의 거품이 구름처럼 부풀어 올라 광택이 있는 거품층이 되고 점차로 거품이 높아진다(kräusen). 발효열에 의한 온도상승을 억제한다.

제 3기 : 발효가 최고에 도달한 시기이다(hochkräusen). 액표면의 거품층에는 효모의 사세포, 호프수지, 맥아즙단백질 등이 부착하여 황갈색을 나타낸다. 주발효의 3～6 일째에 해당하며, 냉각장치로 품온은 8～10℃로 유지한다. 맥아의 비중이 최저한도에 접근하면 부유효모의 응집이 시작된다.

제 4기 : 주발효 7~10 일째로, 발효 extract는 소량의 maltotriose를 생성하면서 대부분 소실되고 거품층은 붕괴되며 밑바닥에 효모가 침적한다. 효모는 첨가량의 3~4 배로 증식하며, 품온은 서서히 낮아져서 4℃ 정도로 된다.

주발효가 끝난 발효액은 맛, 향, 조직 등이 미숙하여 young beer라 한다. 한편 발효조의 침전효모는 회수하여 진동체로 불순물을 제거하고 재사용을 위해 냉장한다.

부유효모가 지나치게 많으면 저장조로 이송 중 원심분리한다. 잉여효모는 저장조의 침전효모와 함께 영양제, 조미료, 사료 등의 원료로 쓰인다. 또 발효 중 발생하는 CO_2는 포집, 정제하여 병입기나 탱크의 공기치환이나 맥주의 가스함량조절용으로 사용한다.

주발효 중의 경과는 그림 5-17에 나타내었다.

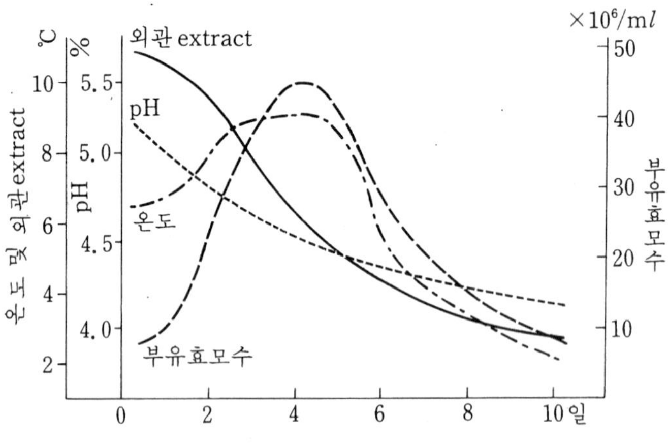

그림 5-17 하면발효에 있어서 주발효경과

(2) 발효 중의 물질변화

1) 당질의 대사

당질중 2당류가 먼저 이용된다. 설탕이 세포벽의 invertase에 의해 포도당과 과당으로 분해되어 세포 내로 흡수·소실된다. 이어 maltose permease가 유도적으로 합성되면서 가장 많은 맥아당이 이용된다(그림 5-18).

따라서 주발효의 개시속도는 maltose permease의 합성속도에 달려있다고 볼 수 있다. 포도당은 이 효소를 저해하므로 포도당이나 포도당을 다량 함유한 당질부원료를 사용한 맥아즙은 발효가 지연되어 이상발효의 원인이 되기도 한다.

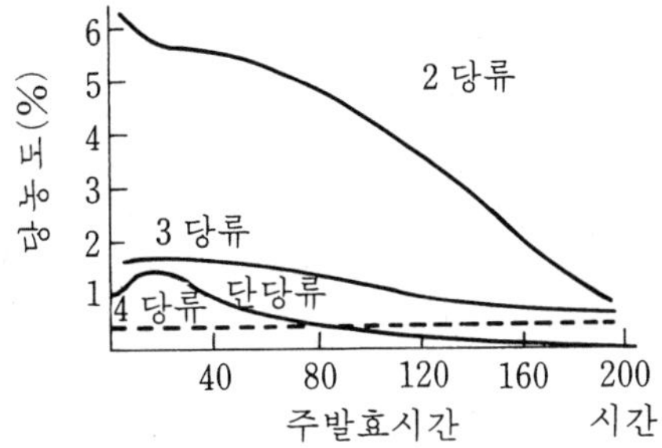

그림 5-18 주발효과정의 당분이용

Maltotriose permease는 맥아당의 발효가 거의 끝난 뒤 합성된다. 이 때문에 3당류인 maltotriose의 흡수가 가장 늦다. 따라서 맥주에 잔존하는 발효성 당의 대부분이 maltotriose이다. 맥주효모는 사용중 변이를 일으켜 maltotriose 발효능을 상실하는 수도 있어서 2차발효의 지연, 제품 맥주의 발효도 저하의 원인이 되기도 한다.

맥아즙에 함유된 4당류 이상의 oligo-dextrine은 대개 발효되지 않고 그대로 맥주에 이행된다.

2) 아미노산의 대사

맥주효모의 아미노산흡수는 주발효 전반부에 균체증식과 병행하여 이루어진다. 또 아미노산은 permease에 의해 순서에 따라 선택적으로 흡수되는데 흡수순서는 효모, 발효온도, 교반유무 등에 따라 달라진다.

하면효모를 8℃에서 정치발효시키면 흡수속도에 따라 4개군으로 나누어진다. A군(가장 신속히 흡수)에는 Ser, Lys, Thr, Asn, Gln, Leu, Met이 속하고, B군(A군보다 다소 지연)에 속하는 것으로 Arg, Ile, His, Trp, 암모니아가 있다. C군(A군이 소실될 때까지 흡수안됨)에는 Asp, Glu, Val, Ala, Gly, Phe, Tyr이 속하고, D군(흡수안됨)에는 Pro이 속한다.

세포에 들어온 아미노산은 단백질합성의 소재로도 이용되지만 일부는 아미노기전이반응에 의해 상호전환되어 α-keto acid를 형성하고, 당대사와도 연관되어 다양한 미량성분을 생성한다.

맥아즙 중 부족한 아미노산은 균체 내에서 생합성된다. 이 과정의 중간생성물이 불쾌취의 원인물질로 알려지고 있다. valine 생합성과정의 acetolactate, methionine 합성과정의 H_2S 등이 그 예이다.

이와같이 아미노산대사가 맥주향기를 좌우하는 요소이므로 발효공정에서 맥아즙 질소성분의 구성이나 농도, 담금온도, 원료구성 등에 세심한 주의가 요구된다.

3) 발효 향기성분의 대사

주발효, 특히 효모증식이 활발한 시기에 미량이지만 맥주향기에 영향을 주는 물질이 생성된다. 이들은 H_2S, mercaptane, diacetyl 관련물질, acetaldehyde 등이며, 흔히 미숙취(풋내)라고 한다. 그 밖에 ester 나 고급알코올 등도 효모증식기에 만들어진다.

Ester, 고급알코올 등은 그림 5-19 와 같이 acetyl CoA, α-keto 산 등을 거쳐 당 및 아미노산 대사와 연결된다.

공업적인 생산에서는 맥아즙 중 자화성 질소의 농도, 통기량, 온도, 효모균주 등 다수의 요인이 발효에 영향을 미치므로 이와같은 연구성과가 맥주의 ester, 고급알코올을 효과적으로 제어하는 데까지는 이르지 못하고 있다.

미숙취는 주발효 최성기에 가장 많으며, 후반부터 숙성과정을 거쳐 서서히 감소한다.

H_2S, acetaldehyde 등은 비교적 초기에 역치 이하 수준으로 감소하여 문제가 되지 않는다.

그러나 diacetyl 과 그 관련물질은 하면맥주인 경우 제품의 잔류농도가 0.1 mg/l 이상이면 버터 혹은 초기 부패과정의 찬밥과 같은 냄새를 발생시키며, 숙성과정에서도 농도감소가 느리기 때문에 맥주의 품질향상과 양조기간의 단축에 커다란 문제점이 되고 있다.

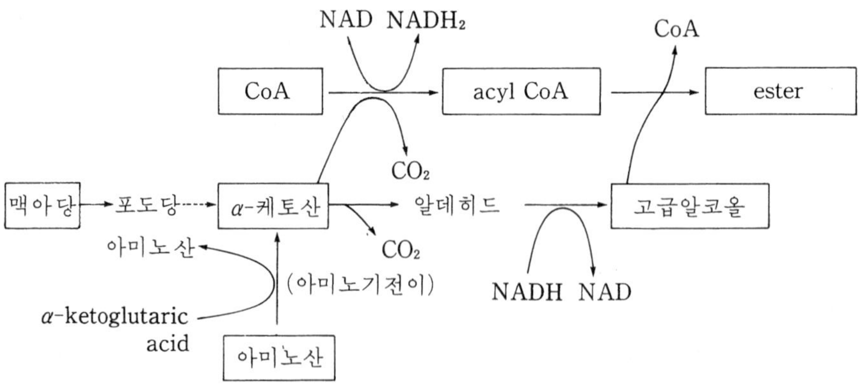

그림 5-19 맥주효모에 의한 ester, 고급알코올생성

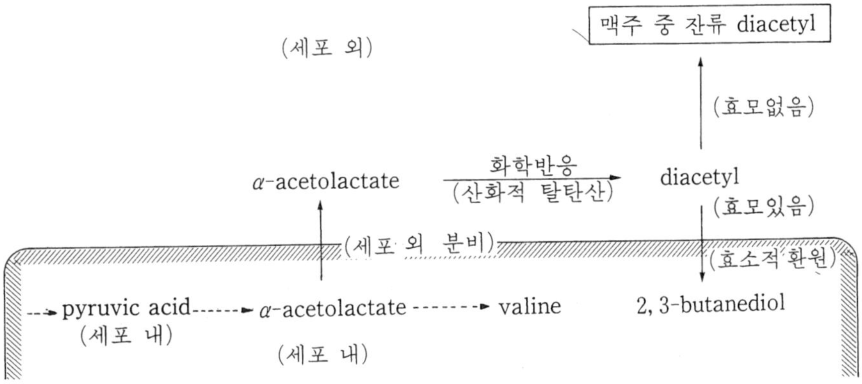

그림 5-20 맥주효모에 의한 diacetyl의 생성경로

Diacetyl은 그림 5-20과 같은 경로로 생성된다. 효모는 valine 생합성 중간체인 α-acetolactate를 생성하고 그 일부를 세포외로 방출한다. 액중에 나온 α-acetolactate는 화학적으로 분해되어 diacetyl로 된다. 발효액 중에 효모가 없으면 diacetyl은 제품맥주에까지 이행되어 불쾌취를 부여하고 효모가 존재하면 즉시 탈수소효소에 의해 환원되어 acetoin을 거쳐 2, 3-butanediol로 되어 무취화된다.

(3) 새로운 발효 · 숙성공정

최근 전통적인 방법을 지양하고 후발효(저장)기간을 1～3개월에서 약 10일로 단축시킬 수 있는 새로운 양조기술이 개발되었다. 후발효기간의 단축은 다음과 같은 방법을 이용함으로써 가능하다.

Polypeptide가 polyphenol과 결합하여 생성하는 제품의 혼탁은 papain을 이용하여 polypeptide를 분해하거나 bentonite나 탄닌산과 같은 단백질 흡착제 또는 응고제를 첨가하여 방지할 수 있다. 그밖에도 polyphenol 흡착능이 있는 polyamide 수지(nylon 66 또는 polyvinyl pyrrolidone 등)로 맥주를 처리하여도 혼탁을 방지할 수 있다.

맥주의 CO_2 포화문제는 숙성이 끝난 맥주에 인공적으로 정제 CO_2를 포화시켜 해결할 수 있다. 이 방법에 의해서도 전통적인 저온하의 장기 CO_2 자연용해와 품질적으로 차이가 없는 제품을 얻을 수 있다.

불용성 물질의 침강문제는 자동슬럿지 배출식 원심분리기를 이용하여 자연침강에 의존하지 않고도 신속한 맥주청징화가 가능하다.

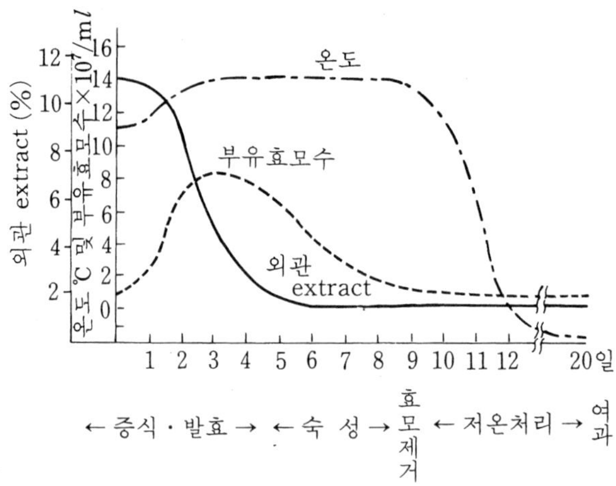

그림 5-21 새로운 양조법에 의한 맥주생산공정

향미의 숙성문제는 미숙취의 주체인 diacetyl의 생성 및 대사기작이 밝혀짐으로써 해결의 실마리가 풀렸다. 즉 발효가 끝난 후에도 활성이 강한 효모를 부유시키고, 주발효 후기에서 후발효 초기에 걸쳐서 온도를 15℃까지 높임으로써 미숙취의 제거를 촉진할 수 있다.

따라서 새로운 발효법은 짧은 후발효 일수에도 불구하고 향미, 혼탁안정성, 포지력, 기타 품질적인 면에서도 재래식 법에 거의 손색이 없는 맥주를 만들 수 있다. 즉 주발효, 후발효라는 종래의 공정구분이 애매해지고 기술적으로는 발효(효모증식, 에탄올생성), 숙성(미숙취물질의 분해), 청징(저온처리에 의한 침전제거)의 공정을 거치는 셈이 된다(그림 5-21 참조).

맥주 숙성과정의 생화학적 해명이나 신형발효조의 개발은 맥주제조기술의 발달에 크게 기여하였다. 신형발효조는 직립원통형이고 용량은 재래탱크의 5~10배로 300~1,200 kl이다. 발효조에는 단열피복제, 냉각 jacket이 있어서 따로 탱크를 설치하기 위한 냉장시설이 필요없으며 옥외설치가 보편화되어 있다.

발효조의 세척은 spring cooler를 이용하는 정치자동세척방식(cleaning-in-place system, CIP)이므로 작업성과 생산성이 향상된다.

반면에 발효조의 대형화에 따른 품질상의 문제점이 대두되는데 대형화로 맥아즙을 탱크로 채워넣는 시간이 길어짐에 따라 용존산소에 의한 호기상태가 오래 지속되어 발효가 지연되면서 미숙취의 생성이 많아질 우려가 있다. 그러나 이 문제도 ① 맥아즙 발효능력에 적합한 용량의 발효조 설계 ② 효모의 첨가량 조절(발효후반기에 많이 첨가) ③ 맥아즙 통기량의 제어 등의 기술적인 조치를 강구하여 효과적으로 제어할 수 있다.

전통적인 발효법에서는 ① 효모의 재현탁에 의한 숙성촉진 ② 발효조 침전효모의 회수 등의 목적으로 발효조의 맥주를 저장조로 옮기는 것이 보편화되어 있으나 오늘날은 이 과정이 불필요하게 되었다. ①은 발효조의 맥주를 펌프로 순환시키거나 CO_2를 취입함으로써 ②는 원심분리하거나 밑바닥이 원추형인 탱크 사용으로 해결이 가능하다. 따라서 발효에서 청징공정까지를 동일한 탱크 내에서 행하는 단조식 양조법(one-tank process)이 개발되었다.

5-3-7 맥주의 제품화

(1) 저 장

저장의 목적은 ① 처녀맥주(young beer) 중의 polypeptide와 polyphenol과의 결합물을 응고, 석출시켜 맥주의 혼탁을 방지하고 ② CO_2를 포화시켜 맥주에 발포성을 부여하며 ③ 효모 등의 현탁물질을 침전시켜 여과를 용이하게 하며 ④ 처녀맥주의 미숙한 향미를 제거하는데 있다.

전통적인 발효법에서는 주발효와 후발효가 완전히 구분되어, 저온·장기 저장기간 중 약한 후발효를 병행하는 것이 일반적이다. 그러나 현대적인 저장과정에서는 발효를 일으키지 않고 숙성과 안정화를 유도하는 것이 보통이다.

1) 저장방법

발효실에서 효모를 회수한 후 저장실로 이송된 처녀맥주는 약간의 잔당(2~4%)과 효모(2.0×10^6/ml)를 함유한다. 저장은 0~3℃에서 1~3개월동안 실시한다. 이 과정에서 maltotriose 등의 잔존발효성 당이 분해되어 완만한 발효가 진행되면서 맛의 숙성이 일어난다.

저장조는 알루미늄, 스테인리스 또는 철제로 된 원통형의 내압구조로 되어 있으며 용량은 100 kl 정도이다. 발효조와는 달리 냉각장치가 없고 0℃로 유지되는 단열실 내에 설치하는 것이 보통이다. 탱크에는 압력조정기(bunging equipment)가 있으며, 처음 5~10일 간은 온도를 3~5℃로 하여 잔당의 발효에 의한 CO_2내압을 0.4 kg/cm^2 정도로 유지시킨다. 잔당이 1% 이하로 떨어지면 0~1℃로 온도를 내리며, CO_2를 포화시켜 과포화량(약 0.5 w/w%)이 되게 한다.

시간경과와 더불어 처녀맥주 중의 polyphenol이 중합되고 또 polypeptide와 결합, 불용화되어 효모와 함께 침강하므로 맥주는 서서히 청징된다. 이 과정에서 처녀맥주 특유의 미숙취가 서서히 소실되고 맥주다운 향미가 나타난다.

2) 저장과정의 성분변화

① 향기의 숙성

맥주향기 숙성의 핵심은 미숙취의 주체인 diacetyl의 제거이다. diacetyl 생성은 온도가 높을수록, pH가 낮을수록 촉진된다. 후발효과정에서는 효모에 의해 diacetyl이 환원되어 무취화된다. 따라서 후발효기간 중에는 활성이 있는 효모를 부유시켜야 하며, 그 방법으로는 처녀맥주를 발효탱크에서 저장탱크로 이송하는 transfer법과 후발효초기에 krausen기의 주발효맥주를 10~20% 정도 첨가하여 발효시키는 krausen 첨가법이 있다.

아세트알데히드를 주체로 하는 휘발성 알데히드류는 효모에 의해 환원되어 무취화되거나 역치 이하로 줄어든다. H_2S나 mercaptane류도 효모의 대사작용으로 감소되며, 일부는 잔류 extract의 발효에 의해 생성된 CO_2의 세척효과에 의해 발효가스 중에 배출, 제거되는 것으로 알려져 있다.

초산에틸, 초산이소아밀 등의 ester류는 숙성 중 증가한다. ester류의 생성은 맥주 숙성취의 발현에 기여하는 것으로 알려져 있다.

숙성 중의 성분변화는 수개월간의 숙성기간을 거쳐 일어나는 것이 아니라, 숙성조건(온도, 부유효모수, 균주 등)에 따라 다르겠지만 대개 일정기간이 지나면 정상상태에 도달하여 그 이후의 분석치는 거의 변화가 없다. 숙성완료의 지표는 diacetyl과 그 관련물질의 총량을 VDK(vicinal diketone)치로서 측정하여 이용한다.

저장 중 맥주와 효모의 접촉시간이 길어지면 활성이 미약한 효모(주로 탱크 밑바닥의 침전효모)에서 균체성분의 일부가 분비되어 맥주에 효모취(yeasty flavour)와 같은 불쾌취를 부여할 수 있다. 효모취는 C_6~C_{10}의 지방산과 그 ester(특히 카프린산 ester), thiamin과 그 분해산물인 thiazole 등과 관련이 있는 것 같다.

② 맛의 숙성

발효에 이어 저장과정에서도 호프수지의 불용화와 석출이 진행되어 맥아즙에서 맥주가 될때까지 고미질함량은 20~30% 감소한다. 고미질함량의 감소는 호프의 α-산 이용면에서는 손실이지만 맥주의 뒷맛에 상쾌한 고미를 부여하는데 도움이 된다.

효모균체성분의 용출과 관련하여, 효모의 자기소화에 의해 세포막이 소실되면 맥주에 불쾌미(효모맛, yeast bite)를 부여하므로 바람직하지 않다. 그러나 자기소화의 초기(세포막의 선택적 투과능의 일부가 실활된 상태)에는 효모에 의해 각종 정미물질(글루타민산 등의 아미노산, 5′-AMP 등의 핵산분해물질)이 분비되는데, 이 물질은 맥주의 농순한 맛(body)의 발현에 어느 정도 기여하는 것으로 알려져 있다. 따라서 최근에는 효모의 자기소화(autolysis)와 균체외분비(excretion)를 구분하는 경향이 있다.

(2) 청 징 화

저장이 끝난 맥주는 잔존효모, 부유물 등과 같은 영구혼탁물질을 제거하는 외에 저온에서 불안정한 교질상태를 만드는 단백질 · 탄닌 복합체와 같은 한냉혼탁물질을 제거하여 맥주를 이화학적 · 생물학적으로 안정화시킨다.

맥주의 청징방법에는 ① 저온에 의한 침전법 ② 흡착제에 의한 흡착제거법 ③ 효소에 의한 분해법 ④ 원심분리법 ⑤ 여과법 등이 있다. 한냉혼탁(chill haze)이란 저온에서 생성되었다가 상온에서 없어지는 가역적인 혼탁을 말한다. 한냉혼탁을 방지하기 위해서는 단백질을 효소로 분해하여 가용화하는 방법과 탄닌성분을 흡착제로 제거하는 방법이 이용된다. 단백질분해효소로는 papain, pepsin 등이, 탄닌흡착제로는 isinglass, nylon, polyvinyl pyrrolidon 등이 사용된다.

맥주의 부유물과 침전물을 제거하기 위해서는 여과과정을 거친다. 여과기로는 면여과기(pulp filter)가 오랫동안 사용되었으나 근년에는 규조토여과기(kiesel-guhr filter)가 널리 쓰인다. 미생물 안정성이 높은 정밀여과를 위해서는 여과포여과기(composite sheet filter)나 막여과기(membrane filter)를 이용한다.

(3) 살균 및 포장

여과된 맥주는 통이나 병에 넣어 그대로 생맥주로 출고하거나 장기유통을 위하여 저온살균을 한다. 살균온도는 낮을수록 좋고 가열이 지나치면 소위 pasteur 취가 발생할 우려가 있다. 터널식 살균(tunnel pasteurization)에서는 60℃에서 15~20분, 순간살균(flash pasteurization)의 경우는 70℃에서 20~60초 정도 살균한다.

맥주의 살균효과는 PU(pasteurization unit)로 표시된다. 1 PU는 60℃에서 1분간의 살균효과와 같다. 60℃에서 20분간의 처리는 70℃에서 44초간의 가열과 동일한 효과이고 다같이 20 PU에 해당된다.

맥주를 용기에 넣는 공정은 맥주에 용존된 CO_2가 일산되지 않도록 하기위해 저온(−1∼1℃)과 가압상태에서 이루어진다. 그 과정은 ① 세병기에서 공병을 세척하고, ② 맥주주입기에서 주입하며, ③ 왕관타전기에서 마개를 하고, ④ 살균기에서 살균하며, ⑤ 상표부착기에서 상표를 부착하는 순서로 이루어진다.

5-3-8 맥주의 품질

(1) 맥주의 성분

맥주의 성분은 본질적으로 큰 차이가 없으나 성분함량은 맥주의 종류에 따라 다르다(표 5-10). 대개 알코올분 2∼5%, 탄수화물 2∼8%, 조단백질 0.15∼0.65%, CO_2 0.3∼0.6%가 주성분이고, 그 외에 호프물질, 유기산, 무기성분, 기타 성분으로 되어 있다.

표 5-10 맥주의 성분분석 예

종 류	하면발효			상면발효	하 면 발 효				
	담 색		농 색		담 색				
국 별	일 본				미 국				독 일
시 료	일반맥주		흑맥주	stout	일반맥주			light beer	수입품
					최고	최저	평균		
엑기스(외관) w/w%	1.40	1.79	2.53	3.30	3.22	1.45	2.31	0.15	2.67
엑기스(진정) w/w%	3.16	3.56	4.47	6.46	5.03	3.31	3.95	1.47	4.52
알코올 w/w%	3.84	3.87	4.20	7.16	4.77	2.83	3.63	2.94	4.03
원맥즙엑기스 〃	10.7	11.1	12.6	22.0	14.7	9.3	11.0	7.32	12.3
발효도(진정) %	70.4	67.9	64.5	70.7	69.8	58.6	64.1	79.6	63.3
전질소 mg/100 ml	48	52	81	106	86	38	51	40	75
pH	4.21	4.31	4.30	4.39	4.65	3.85	4.20	4.29	4.38
고미가 IBU	25	25	28	28	30	10	16	13	35
색도 °EBC	7.2	7.8	105	320	113	4.9	6.7	6.5	7.2
이산화탄소 w/w%	0.49	0.47	0.52	0.53	0.58	0.44	0.51	0.54	0.52
병내 공기 ml/병	2.2	2.8	—	—	4.7	0.2	1.1	1.3	—

(2) 품질열화의 요인

1) 유해 미생물

맥주는 pH가 4.1~4.3 정도로 낮고 CO_2에 의해 혐기상태로 보존되며 호프수지가 다소의 항균력을 가지므로 병원균, 유포자 효모, 곰팡이 등은 생육할 수 없는 것으로 알려져 있다. 그러나 호프내성이 있는 혐기성 또는 통성혐기성 세균이나 야생효모에 의한 오염은 가끔 일어난다. 이들 미생물의 균체나 대사산물이 맥주의 미생물혼탁(biological haze)이나 이취, 이미의 원인이 되기도 한다.

유산균인 *Lactobacillus, Pediococcus* 등은 호프내성이 강한 편이어서 미생물관리에 문제가 된다.

그 중에서도 *L. brevis*는 맥주분리 유산간균의 80%를 차지할 정도로 가장 발생빈도가 높으며, 맥주의 혼탁, 이미나 이취의 원인이 되거나 점질의 다당류를 생산하여 맥주를 점액화시킨다. 그 밖에 점질물을 생성하는 것으로 *L. pastorianus, Acetomonas oxydans* 등이 있고, *Pediococcus damnosus*는 젖산생성 외에 다량의 diacetyl을 생성하여 맥주에 악취를 부여한다.

초산균 *Acetomonas, Acetobacter* 등은 호기적 상태에서 알코올을 초산으로 변화시켜 맥주에 초산냄새를 풍기게 한다.

배양효모에 섞여있는 야생효모는 *Saccharomyces*가 주종이다. 이들은 현미경상으로는 배양효모와 구별하기 어렵지만 몇 종류의 선택배지를 함께 사용하여 배양하면 검출이 가능하다. 최근에는 형광항체법이 도입되어 야생효모 검출이 용이해졌다. 야생효모에 의한 맥주오염에서 가장 큰 문제가 되는 것은 *S. diastaticus*이다.

이 균은 dextrine 자화능이 있어 맥주에 번식이 쉬우며, 병입시 몇 마리만 혼입되어도 유통과정에서 병내발효를 일으켜 이취·혼탁의 원인이 된다. 이 때문에 생맥주나 순간살균맥주의 포장시 야생효모가 오염되지 않도록 병입기나 용기의 세척·살균에 많은 노력이 요구된다.

2) 산화취와 일광취

맥주의 병입 후 장기보존할 때 병입시의 신선한 향미가 소실되고 산화취(노화취, oxidation flavour)가 생성된다. 산화취는 맥주에 남아있는 산소의 산화작용에 기인하므로 효모에 의한 환원작용을 기대할 수 없는 숙성이후의 공정에서 맥주가 공기와 접촉하지 않도록 해야한다. 산화취는 주로 맥주의 고급알코올,

불포화지방산, iso-α-acid 등이 저장 중 산화적으로 분해·생성된 휘발성 알데히드에서 유래된다. 또한 trans-2-nonenal은 맥아유래의 리놀산을 전구물질로 하여 병 내에서 생성되는 산화취의 원인물질이다.

일광취(sunstruck flavour) 또는 광열화취(lightstruck flavour)는 맥주를 일광이나 형광등에 폭로할 때 생성되는 짐승의 오줌냄새에 가까운 냄새이다. 그 본체는 iso-α-acid의 측쇄가 광분해되어 공존하는 H_2S와 반응하여 형성되는 3-methyl-2-butene-1-thiol로 알려져 있다. 이 광화학반응은 400～500 nm 파장에서 일어나기 쉽다. 따라서 맥주는 이 파장영역의 광을 잘 투과하지 않는 갈색병에 넣는다.

3) 분　　출

맥주에는 과포화량(약 0.5 w/w%)의 CO_2가 함유되어 있으나 병을 흔들지 않고 조용히 마개를 열면 CO_2의 유리가 서서히 이루어진다. 그러나 어떤 경우에는 마개를 따는 순간 돌발적으로 거품이 일어나 급팽창한 맥주가 밖으로 쏟아져 나오는 수가 있다. 이런 현상을 분출(gushing)이라 한다.

분출은 발생양태에 따라 산발성(sporadic)과 유행성(epidermic)의 2가지 형이 있다. 산발성인 것은 제조공정상의 어떤 요인(예로 Ni^{2+}, Fe^{2+} 등의 금속이온, 수산칼슘의 작은 결정, 병내면 유리의 풍화물, iso화 hop extract 중의 불순물 등의 존재)에 의해 일어나며 이들 원인을 제거하면 간단하게 방지된다.

Papain을 첨가한 맥주는 특히 여름철 고온하에서 장기간 저장시 분출되기 쉽다. 이는 papain과 같은 thiol protease가 맥주의 polypeptide를 저분자화하여 병내에서 분출유발인자로 변하기 때문인 것으로 추정된다.

한편, 유행성인 경우는 대규모적으로 장기간에 걸쳐 발생하는 것이 특징이다. 원인은 특정년도에 수확한 원료 보리의 품질과 관련이 있다. 특히 수확시 습해를 받은 보리를 맥아제조의 원료로 사용하면 발생한다고 한다.

보리에 오염된 *Fusarium, Alternaria, Aspergillus, Penicillium, Nigrospora* 등의 곰팡이가 분출유발물질을 생성한다. *Nigrospora, Penicillium* 등의 균주에서는 분출유발인자가 단리·정제되어 peptide 또는 peptide 함유물질임이 밝혀졌다. 이 peptide는 분자 내에 소수성의 아미노산잔기를 가지고 있어서 병마개를 열면 이 소수표면을 핵으로 하여 CO_2의 유리가 연쇄적으로 일어나는 것으로 추정된다.

맥주는 원래 분출을 억제하는 물질도 함유한다. 이 억제물질은 호프에서 유리한 성분(α-산, 이소 α-산 등)이다. 분출억제인자는 유발인자와 길항관계에 있으며, 양자의 균형이 깨어지면 분출이 일어나는 것으로 생각된다.

5-4 탁·약주

탁주와 약주는 우리나라의 전통적인 토속주로 그 역사는 천여년이 넘는 것으로 추정된다. 특히 탁주는 도시의 서민층에서부터 농어민에 이르기까지 폭넓은 기호층을 가진 술이다.

탁·약주는 원래 찹쌀이나 쌀을 원료로 하고 우리나라 특유의 누룩을 발효제로 하여 자가제조되어 왔었으나 일정(日政)때 입국법의 도입과 함께 기업형으로 바뀌면서 탁·약주 고유의 풍미는 많이 바뀌게 되었다.

탁·약주의 원료는 1963년 2월까지는 쌀이었으나 이후부터는 정부의 식량정책에 따라 밀가루로 대체되었다. 소위 쌀의 대체원료로 밀가루가 등장한 것이다. 원료교체에 따른 초기 제조업체의 혼란과 소비자의 불만은 학계와 업계의 공동노력으로 무난히 극복되어 정착이 되어갔다. 그 뒤에는 밀가루에 쌀, 고구마 등을 혼용하도록 하다가 1970년대에 들어 식량사정이 더욱 악화되어 1971년에는 옥수수가루 혼용을, 1974년에는 보리쌀까지 섞도록 했다. 그 후에도 원료사용비율이 자주 변경되다가 어려운 식량사정에서 다소 벗어난 1977년 12월에는 다시 쌀을 전량 사용할 수 있도록 해서 소위 쌀막걸리가 14년만에 등장하게 된다. 그러나 이것도 오래가지 못했다.

밀가루 술에 대한 소비자의 입맛이 바뀌었고 쌀막걸리가 시대변화에 따를만큼 기술적으로 기호를 충족시켜 주지 못한 때문으로 생각된다. 그 후 1979년 11월에는 다시 밀가루 전량 사용으로 바뀌었다가 1989년말부터 다시 쌀 사용이 허가되어 오늘에 이르고 있다.

현행 주세법상, 탁주는 곡류 기타 전분질원료 또는 전분당과 국 및 물을 원료로 사용하여 발효시킨 술덧을 여과하지 아니하고 혼탁하게 제성하거나 발효·제성과정에 법정 첨가물을 첨가한 것으로 알코올분 6도 이상으로 되어 있다. 따라서 원료사용에 대한 제한이 철폐되고 첨가물 사용이 합법화되어 주질의 다양화와 주질향상을 기대할 수 있게 되었다.

약주는 주세법의 분류상 청주와 함께 약주류에 속한다. 약주류는 종래의 약주와 청주의 제조방법 외에 이들 주류에 첨가물은 물론 방향성 초제나 식물약제 등을 발효·제성과정에 사용할 수 있도록 하여 다양한 고유민속주의 전승이 가능하도록 하고 있다. 약주의 알코올규격은 13도 이하이다.

탁·약주의 일반적인 제조공정은 그림 5-22와 같다.

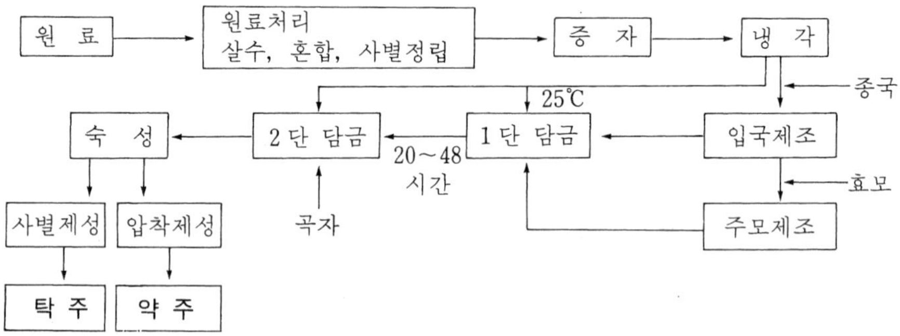

그림 5-22 탁·약주의 제조공정

탁·약주의 제조원리는 거의 같다. 다만 제성단계에서 탁주는 체로 거칠게 걸러서 혼탁한 상태를 이루며, 약주는 술덧을 압착기를 이용하여 짜고 앙금질을 하거나 여과해서 비교적 투명한 상태로 만든 것이다.

5-4-1 원료 및 원료처리

탁·약주의 제조에 사용되는 주원료로서는 밀가루, 쌀, 옥수수, 보리쌀, 전분, 전분당, 포도당 그리고 양조용수 등이 있다.

(1) 밀 가 루

탁·약주 제조용 밀가루는 중력분의 1급품이 적합하다. 밀가루에 20～30%의 물을 가하고 반죽기를 사용하여 과립형으로 반죽을 한다. 수분이 균일하게 흡수될 수 있도록 1시간 정도 방치한 후 시루에 넣고 40～60분간 증자한다. 이것을 체로 쳐서 적당한 크기의 입자를 고르고 예정온도까지 냉각한다.

종래의 반죽기는 밀가루 1포씩을 처리하는 회분식이어서 수율이 낮고 균일한 크기의 과립을 얻기 어려웠으나 근래에는 고성능의 연속반죽기가 보급되어 작업이 쉬워졌다. 최근에는 반죽과 증자가 동시에 가능한 기계장치도 보급되고 있다.

(2) 쌀

밥을 지을 때 사용하기 어려운 묵은 쌀도 사용된다. 쌀은 잘 세척 후 5~6시간마다 물을 갈아주면서 15~18시간 침지한다. 침지 후 1~3시간 동안 물빼기를 하고, 1시간정도 증자한 다음 냉각한다.

경질미인 경우 시루에 앉힐 때 한 켜씩 넣으면서 원료의 5~10%정도 물을 뿌려 증자하거나, 1차 증자한 것을 퍼내서 필요량의 물을 살수한 후 시루에 넣어 다시 증자하는 방법이 사용되기도 한다. 이렇게 하면 탄력성이 있고 부드러운 증미를 얻을 수 있다.

(3) 옥 수 수

탁·약주 원료로는 주로 옥수수가루(옥분) 형태로 사용된다. 원료처리과정은 밀가루와 거의 같지만 반죽할 때 물 사용 비율이 높고 흡수시간, 증자시간이 연장되는 것이 특징이다. 1971~77년에 혼합 사용된 바 있으나 제품의 색 등에서 불만이 많았다.

(4) 보 리 쌀

보리쌀은 1974년에 밀가루에 같은 양을 섞어 사용된 적이 있으나 최근에는 보리재배의 기피로 생산량이 급격히 줄고 있다.

보리쌀의 원료처리는 쌀과 거의 같으나 물에 담그는 시간이 크게 짧은 편이다. 보리쌀에는 비타민, 무기질, 단백질 같은 것이 많아서, 특히 여름철에는 잡균번식에 의한 산패를 일으키기 쉽다. 또한 철분이 많아 술의 색깔이 거무죽죽할 뿐만아니라 술이 너무 걸죽하고 맛도 좋은 편이 못된다.

(5) 양조용수

양조용수는 최소한 위생적으로나 기호적으로 문제가 없어야 하므로 음용수의 수질기준에 적합해야 한다. 술맛과 발효를 고려할 때 물속에 미량의 무기성분이 적당량 함유되면 더욱 좋을 것이다. 그러나 용수중의 철분은 가급적 0.05 ppm 이하 정도로 낮아야만 제품의 색상에 손상을 주지 않는다.

5-4-2 발 효 제

탁·약주의 발효제에는 사용역사가 가장 오래된 곡자(누룩)와 1940년대부터 사용되기 시작한 입국, 1960년대 이후에 개발되어 실용화된 분국, 그리고 1970

년대에 개발되어 간편하게 이용되는 조효소제 등이 있다.

효소제는 amylase와 protease를 비롯한 각종 효소를 가지고 있어서 전분을 당화하고 단백질을 분해하여 향미물질을 생성하며, 때로는 야생효모도 존재하여 그 급원이 되기도 한다. 주세법상 발효제는 국(麴)에 해당한다. 국은 전분물질 또는 전분물질과 기타 물료를 혼합한 것에 곰팡이류를 번식시킨 것이나 효소로서 전분물질을 당화시킬 수 있는 것을 말한다.

(1) 곡 자(麴子)

곡자는 밀이나 호밀을 분쇄하여 증자하지 않고 물로 반죽·성형한 후 발효시킨다. *Rhizopus*, *Aspergillus*, *Mucor* 등의 곰팡이와 *Saccharomyces coreanus* 등의 효모가 번식하여 주류 제조에 필요한 효소류가 생성된다.

곡자를 이용하여 만든 탁·약주는 독특한 향미가 있고, 술맛이 유순한 것이 특징이다.

1) 곡자의 종류

곡자는 원료인 밀의 분쇄도에 따라 밀의 고운가루(주로 밀가루)로 만든 분곡(백곡)과 원료를 거칠게 빻아 만든 조곡(순곡)이 있다. 일반적으로 곡자란 조곡을 말하며 오늘날 널리 쓰인다. 탁주용 곡자에는 밀기울만으로 만든 것과 분쇄한 밀에 밀기울을 섞어 만든 것 등이 있다.

또한 제조시기에 따라 춘곡(음력 1~3월), 하곡(4~6월), 추곡(7~10월), 동곡(11~2월)으로 구분하기도 한다.

2) 제법 및 품질

곡자의 제법은 다음과 같다. 원료 밀을 세척하여 건조시키고, 곡립이 5~6쪽이 될 정도로 거칠게 빻는다. 원료 중량의 25~30%의 살수율로 잘 반죽하여 1~2시간 방치 후 성형한다. 크기는 제품이 0.8 kg 또는 1.6 kg이 되도록 하여 40℃ 이하의 곡자실에서 10여일간 띄운다. 그 후 약 2주간의 건조·후숙과정을 거쳐 상온에서 1~2개월 저장한다.

곡자의 품질은 절단면이 담황색 또는 회백색을 띠는 곰팡이가 잘 번식되어 있고, 특유의 향기가 있어야 좋은 것이다. 반면에 속이 회갈색이나 갈색으로 된 것이나 부패취나 메주냄새가 나는 것은 좋지 않다. 근자에는 곡자제조시 곰팡이를 인공적으로 넣어 띄우는 경우도 있는데 이런 방법으로 만든 것은 전통적인 곡자라 볼 수 없다.

(2) 입 국(粒麴, koji)

입국은 증자된 원료에 곰팡이를 접종하여 단기간에 번식시킨 것으로 탁·약주에는 백국균 *Aspergillus kawachii* 를 사용한다. 이 균은 amylase 와 산생성력이 강하여 입국 제조과정이나 술덧의 담금·숙성 중에 잡균의 오염을 막아 안전한 발효를 도모할 수 있다.

1) 제 국

제국은 보통 보온, 환기, 습도조절이 용이한 제국실을 이용한다. 제국실은 재래식 제국실과 온·습도가 자동으로 조절되는 기계식 제국실로 구분된다. 제국하기 전에 국실은 완전한 무균상태라야 하므로 미리 포르말린, 유황훈증, 과산화수소 등으로 살균해 둔다.

제국법은 보쌈상자국법(그림 5-23 참조)이 보편화되어 있으며, 그 밖에도 대형국상자국법, 보쌈바닥국법, 고층퇴적강제송풍법(기계국법)이 있다.

보쌈상자국법에 의한 제국은 다음과 같은 방법으로 이루어진다.

증자된 원료는 38℃로 냉각하고 국실로 옮겨 백국균의 종국을 0.1~0.3% 정도 균일하게 혼합하고 품온이 28~30℃가 되면 봉상으로 쌓아 살균된 보로 보쌈한다. 보쌈 후 10~14시간이 경과하면 곰팡이의 포자가 발아하기 시작하고 품온이 올라간다. 품온이 34~36℃ 정도가 되면 전체를 뒤져서 외부와 내부를 고루 혼합한 다음 다시 퇴적해 둔다. 3~5시간이 지나 품온이 40℃ 정도 되면 국상자(30×45×5 cm, 60×90×10 cm)에 1.5~2.3 kg씩 넣어 바닥전면에 평면으로 담는다. 담은 국상자는 6~8장씩 바로 쌓고 선반에 나란히 둔다. 입상 후 국상자 상·하부에 온도차가 생기므로 4시간 경과 후 상자의 상하를 바꿔쌓는 조작을 한다.

2시간이 지나면 품온이 38~40℃로 되는데 이 때 1차손질을 한다. 1차손질에서는 원료의 두께를 얇게 하며, 조작 후 품온이 3~4℃ 내리게 된다. 2~5시간 만에 품온을 균일하게 하기 위해 다시 바꿔쌓기를 한다.

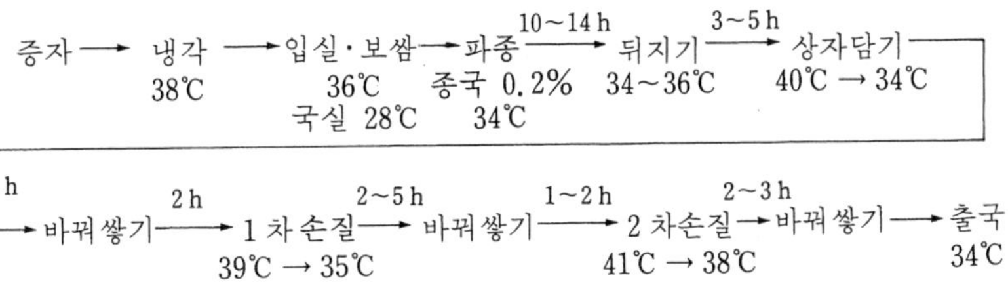

그림 5-23 입국(보쌈상자국법)의 제조공정

다시 1~2시간뒤 품온이 40~42℃로 상승하면 2차손질을 하여 온도가 38℃로 유지되게 한다. 이어 2~3시간만에 다시 바꿔쌓기를 한다. 출국은 2차손질 후 6~8시간 내외로 이 때의 품온은 34℃ 정도이다. 보쌈으로부터 출국까지 40시간 정도를 표준으로 한다.

대형국상자국법은 과정을 간소화하기 위해 10~45 kg의 원료를 대형의 국상자에 담아 제국하는 방법이다. 보쌈바닥국법은 상자를 사용하지 않는 대신 넓은 장소가 필요한 것이 특징이며, 제국과정은 보쌈상자국법에 준한다. 기계국법은 두껍게 쌓인 원료 사이에 온·습도가 조절된 바람을 강제로 통풍시켜 자동으로 온·습도를 조절하면서 제국하는 가장 이상적인 방법이다.

2) 입국의 품질

입국은 술덧에 있어서 원료의 용해에 필요한 효소군과 술의 향미에 관여하는 성분의 급원이므로 입국의 품질은 주질에 미치는 영향이 크다. 입국의 품질은 관능적으로 파정(破精)상태와 출국시기에 따라 판정한다.

입국은 파정상태에 따라 다음과 같이 구분된다.

① **총파정** : 입국 전체에 균사가 고루 깊숙히(길이의 1/2~2/3 정도) 파고 들어간 상태로 당화력, 단백질분해력이 강하여 가장 품질이 우수하다.

② **겉발림파정**(塗破精) : 균사가 입자내부에 파고 들어가지 못하고 표면에만 번식한 상태이다.

③ **멍텅구리파정** : 균사가 입자 중심부까지 완전히 파고 들어가고 몸이 무른 상태로, 이 입국은 입자의 몸이 무르고 잡균오염의 우려가 높다. 너무 수분이 많거나 연한 증미를 사용하였을 때 이런 현상이 많으며, 술덧의 변패원인이 되기도 한다. 별칭으로 감주국이라고도 한다.

④ **돌파정**(突破精) : 균사가 입자에 부분적으로 깊숙히 파고 들어간 상태를 말한다.

⑤ **미파정**(未破精) : 균사가 입자표면에 번식이 전혀 안된 상태로, 효소가 생성되지 않아 자체 용해·당화의 부진으로 제품의 품질에 나쁜 영향을 준다. 제국 조작과정에서 지나친 건조나 냉각 등이 원인이다.

입국을 출국시기에 따라 구분하면, 정상적인 출국시기를 넘긴 것을 노국, 정상적인 시기보다 일찍 출국한 것을 약국(애국)이라 한다. 노국을 사용하면 당화력과 산생성력이 강하여 술덧의 발효는 안전하지만 입국 자체의 전분손실이 많아지며, 주질에 있어서도 색깔이 나빠지는 요인이 된다. 약국의 경우는 파정상태가 불량하여 주질에 나쁜 영향을 준다.

(3) 분 국

분국은 입국의 하나로 가루모양의 밀기울 코지를 말한다. 밀기울을 증자·살균하거나 생밀기울에 40~45% 정도의 물을 가하고 pH 3.2~3.5로 조절한 후 내산성 당화력이 강한 효소를 생산하는 *Aspergillus usamii* mut. *shirousamii*의 종국을 접종·배양하여 입국에서와 같은 과정을 거쳐 제조한다.

효소력이 입국이나 곡자에 비해 훨씬 강한 점이 특징이다. 분국은 독특하고 구수한 향취를 풍기는 과립상태의 회백색을 띤 제품이 우수하고 다른 냄새를 풍기는 것은 좋지 않다. 분국은 입국의 역가부족을 보충하고 발효의 안전성을 높이기 위해 사용된다.

5-4-3 주 모

주모란 술밑을 일컫는 말로서 술덧의 발효를 영위하는 효모를 확대배양해 놓은 것을 말한다. 주모의 품질은 술덧의 발효와 제품의 품질에 큰 영향을 미치게 된다.

(1) 주모의 종류

탁·약주용 주모는 일반적으로 수국주모, 곡자주모, 속양주모 및 대용주모로 분류된다.

1) 수국주모

입국만을 원료로 사용한다.

입국의 산(주로 구연산)에 의해 자동적으로 pH 3~4로 조절되기 때문에 산의 첨가가 불필요하며, 경제적이고 간편하여 널리 쓰인다.

2) 곡자주모

곡자와 덧밥, 젖산을 사용하여 제조하는 속양주모의 하나이다. 곡자 중에 많이 있는 *Saccharomyces coreanus*형 효모를 육성하기 위해 젖산을 첨가한 주모이다.

3) 속양주모

분국, 덧밥 및 물로 담금하여 배양효모를 접종한 후 젖산을 가하여 안전하고 신속하게 육성된 주모이다.

4) 대용주모

입국으로만 담금한 발효 중에 있는 1단담금의 술덧이나 순조로운 발효가 진행된 숙성술덧의 일부를 주모대용으로 사용하는 것을 말한다.

(2) 주모의 담금과 관리

주모의 담금배합은 술덧에 비해 발효제의 사용비율을 높여 용해와 당화를 촉진시키고, 급수비율을 낮추어 담금농도를 높이는 것이 특징이다. 이렇게 하면 pH 조절이 용이하고 조기발효가 억제되며 효모의 빠른 육성을 도모할 수 있다.

주모담금의 원료배합비는 표 5-11과 같다.

담금작업은 깨끗이 살균된 용기에 용수 전량을 넣고 젖산과 종효모(또는 종주모)를 가하여 혼합한다. 이어 소정량의 입국이나 곡자, 분국, 덧밥을 넣고 잘 교반하여 담금을 완료한다. 이 때의 담금품온은 22℃ 내외(곡자주모는 20℃ 내외), 실온은 20~25℃로 조절한다. 실온이 낮을 때는 용기 주위를 보온해 준다.

담금 후 주모의 품온이 오름과 동시에 효모는 증식하고 발효가 왕성하여 괴어오르기 시작한다. 담금초기에는 낙산균, 젖산균, 부패균 등이 증식하지만 생성된 알코올과 첨가된 젖산, 입국의 산에 의해 생육이 억제되므로 효모만이 주로 증식하게 된다.

담금후 4~6시간이 지나면 6~8시간 간격으로 고무래 등으로 교반한다. 교반에 의해 ① 용해 및 당화가 촉진되고 품온이 균일하게 되며, ② 효모 증식에 필요한 산소가 공급되고, ③ 당분, dextrine 등의 축적으로 올 수 있는 조기발효가 방지되는 등의 효과를 얻을 수 있다. 또 담금일로부터 온도를 되도록 낮게(22~25℃) 유지해서 4~5일간 관리한다.

완성된 주모는 향기가 있어야 하고 산취나 부패취가 없어야 하며, 효모수는 5~7억/ml 정도가 알맞다.

표 5-11 주모담금 배합의 예

(원료 10 kg 기준)

종 류	용수량 (대원료비율)	종효모(ml)	75%젖산(ml)	덧밥(kg)	발효제(kg)
수국주모	13l(130%)	100	—	—	입국 10
곡자주모	15l(150%)	—	120	10	곡자 5
기타주모	13l(130%)	100	100	10	분국 1

5-4-4 담 금

주모와 원료가 준비되면 담금작업에 들어간다. 입국과 증자한 원료, 용수, 기타 물료를 혼합하는 것을 담금(사입, mashing)이라 하고, 이 때의 혼합물을 술덧(酒醪, mash)이라 한다. 술덧 중에서는 입국이나 기타 발효제의 효소에 의한 전분질 원료의 당화작용과 주모의 효모에 의한 당의 알코올발효가 함께 진행되는 소위 병행복발효가 일어난다.

(1) 담금방법

담금은 효모증식을 주목적으로 하는 1단담금과 알코올발효를 주목적으로 하는 2단담금으로 구분하는 것이 보편적이다. 일반적인 담금 배합비율은 원료미 급수비율 150~180%, 주모 사용비율 2~5%, 입국단용 사용비율 40% 이하, 곡자단용 사용비율 20% 이하, 분국단용 사용비율 5% 이하로 되어 있다.

탁·약주담금의 원료배합비율은 표 5-12에 나타나 있다.

표 5-12 탁·약주 담금의 원료 배합비율

담금 예		1	2	3	4
주원료 총계		100	100	100	100
입 국	주모	2	2	2	2
	1 단	8	18	33	28
	2 단				
덧 밥	1 단				
	2 단	90	80	65	70
곡 자	1 단				
	2 단	2.5	2.5	2.5	5.0
용 수	주모	3	3	2.5	2.6
	1 단	12	27	49.5	42
	2 단	144	136	117	126
	계	159	166	169	170.6

1) 1단 담금

1단 담금은 용기에 주모, 입국, 물을 넣고 교반함으로써 끝난다. 1단 담금액을 수국이라고 하는데 입국이 함유한 각종 효소 및 산을 침출시켜 안전한 효모증식과 입국자체의 용해와 당화를 목적으로 한다. 출국된 입국은 예정온도까지 냉각시켜 사용하는데 이 때의 입국온도 산출식은 다음과 같다. 담금품온은 24℃ 정도로 한다.

입국온도=(예정 담금온도−용수온도)×2.5~3.0+용수온도

2) 2단 담금

1단 담금 후 20~40시간째에 1단 술덧에 소정의 용수를 가한 다음 적당히 증자·냉각된 원료와 곡자, 분국 등의 발효제를 넣어 2단 담금한다.

2단 담금품온은 1단 담금보다 1~2℃ 낮은 22℃가 적당하다. 담금품온은 덧밥의 온도로 조정하는데 다음과 같이 계산한다.

덧밥온도=(예정 담금온도−수국온도)×3.5~4.0+수국온도

2단 담금은 본격적인 전분의 당화작용과 당의 발효작용을 병행시켜 전분질을 에탄올과 향미물질로 변화시키는데 의의가 있다.

(2) 발 효

1) 발효의 관리

1단 담금 후에는 1일 2~3회 교반하여 술덧을 위아래로 잘 섞이게 하고 품온을 30℃ 이하로 조절한다. 필요시는 젖산 등으로 보산하여 산도를 낮게 유지시킨다. 2단 담금이 끝나면 10여시간 후 당화와 동시에 알코올발효가 활발해진다. 이에 따라 술덧이 팽창되고 품온이 서서히 올라간다. 이 때 가볍게 한번 교반하고, 이후 2~4일간 매일 1~2회 교반한다. 2단 담금 후 20~30시간째에 품온이 30~33℃로 오르게 되는데, 이 때는 냉각관에 냉각수를 통하거나 발효탱크 외벽에 냉수를 흘리거나 하여 28~30℃의 품온이 유지되도록 한다.

발효술덧 중의 pH, 산도 및 알코올분의 시간경과에 따른 변화를 표 5-13에 나타내었다.

표 5-13 탁·약주 술덧의 정상적인 발효경과 예

경과 시간	pH	산도(ml)	알코올(%)	품온(℃)	환원당(%)
1단 담금 24시간	3.4	17.1	0.5	23	3.8
2단 담금 직후	4.1	7.0	3.5	20	1.9
2단 담금 12시간	3.9	7.4	9.2	28	0.4
2단 담금 24시간	4.0	7.7	12.5	32	0.4
2단 담금 36시간	4.1	8.0	14.0	32	0.2
2단 담금 60시간	4.2	8.0	14.8	27	0.1
2단 담금 80시간	4.3	8.2	15.2	24	0.1

2) 발효의 이상

효소에 의한 당화와 효모에 의한 알코올 생성이 균형있게 진행되어야 탁·약주의 정상적인 발효가 가능하다. 어떤 요인에 의해 당화작용이 알코올 생성작용보다 강하면 포도당이 계속적으로 축적되고, 이에 따른 포도당에 의한 삼투압증가로 효모는 더욱 발효력이 약화되어 결국 발효가 중지되는데 이런 현상을 감패(sweetification)라 한다.

한편, 술덧의 초기산도가 부적절하거나 미생물 관리가 미비할 경우에는 젖산균의 오염도가 높아진다. 또 품온이 30℃ 이상으로 상승하면 고온성 젖산균 등의 생육이 왕성해지는 반면 효모의 생육은 불리해지므로 산도가 상승하게 된다. 이러한 과정을 거쳐 산도가 지나치게 높아지면 음용할 수 없을 정도가 되는데 이런 현상을 산패(acidification)라 한다.

감패와 산패의 주원인은 35℃ 이상의 높은 온도이다. 특히 하절기에는 품온이 30~33℃ 이하가 되도록 관리해야 한다.

5-4-5 제 성

정상적인 발효에서 2단 담금 후 탁주는 2~3일, 약주는 4~5일만에 발효가 끝나 숙성상태가 된다. 이를 제품으로 만드는 과정이 필요한데 이 과정을 제성(finishing)이라 한다.

숙성된 술덧은 알코올 함량을 측정하여 희석할 물의 양, 즉 후수비율을 결정한다. 숙성술덧은 제성실로 옮겨 소정의 물을 가하여 잘 교반하면 되는데 이런 조작을 할수(割水)라 부르기도 한다.

탁주는 체 또는 주박분리기로 주박을 분리시킨 후 포장하고, 약주는 술덧을 술자루에 넣어 압착여과하거나 회전식 여과기로 여과하여 제품화한다. 저장성 향상을 위해서 60℃로 저온살균 후 포장하기도 한다.

탁주는 제성 후에도 약하게나마 발효가 지속된다. 이를 후발효라하며, 약간의 후발효는 음용시 CO_2에 의한 청량감 때문에 오히려 바람직한 현상으로 생각된다.

그러나 CO_2 배출이 용이한 포장이 필요하고, 주질면에서도 문제가 많으므로 지나친 후발효는 억제되어야 한다. 이를 위해서는 발효후기에 가급적 온도를 낮게 하여 CO_2 포화도를 높이는 방법이 고려되고 있다.

5-4-6 탁·약주의 품질

탁주는 앙금이 쉽게 형성되지 않아야 하고, 앙금물질이 너무 많아서도 안된다. 용존 CO_2의 함량이 높아야 하며, 색은 백색인 것이 좋고 누런색이나 빨간색을 띠는 것은 기호적으로 좋지 않다. 특유의 향기가 있어야 하고 산미가 적당해야 한다.

약주는 담황색이고 투명해야 하며, 순한 향기가 있어야 한다. 저온살균을 하면 색이 진해지고 이취가 생성되는 결점이 있다.

탁주와 약주의 일반성분은 표 5-14, 15와 같다.

표 5-14 밀가루 탁주의 주요성분

알코올 (%)	조단백 (%)	총산 (%)	비타민 B_1 (γ%)	비타민 B_2 (γ%)	비타민 C (γ%)	나이아신 (γ%)	퓨젤유 (%)	pH	칼로리 (cal/g)
6~8	1.1	0.2 ~0.5	2.4 ~7.1	28.8 ~44.5	740	150	0.02 ~0.04	3.8 ~4.7	81

표 5-15 약주의 일반성분 (%)

성분 / 시료	알코올	조단백	총 산	총 당	ex 분	pH
쌀 약 주	10~13	1.6	0.12	1.9	3.8	4.5
밀가루약주	10~13	2.4	0.34	3.5	5.9	4.3

5-5 청 주

청주는 원래 전통적으로 쌀과 곡자를 사용하여 발효시킨 발효액에 용수를 박아 그 안에 고이는 맑은 술을 말하였으나 일제시대에 주세법을 시행하면서부터 우리 고유의 청주는 자취를 감추고, 일본식 청주(正宗, sake)를 지칭하는 것으로 바뀌게 되었다.

종래 청주는 쌀을 전분질 원료로 사용하도록 하였으나, 90년 12월 주세법의 개정으로 쌀만을 사용하거나 쌀을 제외한 기타곡류, 기타전분이 함유된 물료 또는 전분당을 쌀과 병용할 수 있도록 하여 다양한 원료사용이 가능해졌다. 또한 사용원료와 제조방법이 유사하다는 점에서 약주와 함께 약주류에 분류되며, 알코올분은 14도 이상으로 되어 있다.

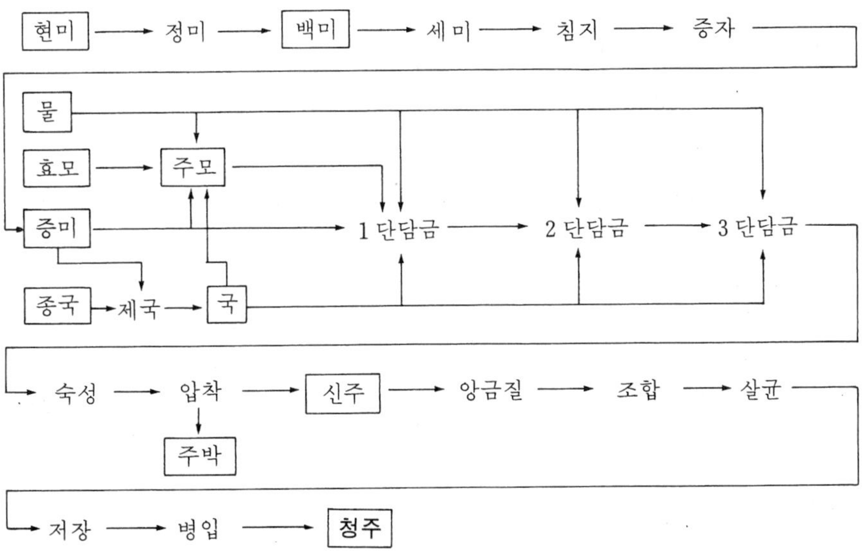

그림 5-24　청주의 제조공정

청주는 당화와 발효가 함께 이루어지는 병행복발효주의 일종이며, 청주 양조의 특징으로서는 고농도 담금과 저온발효를 꼽을 수 있다. 청주의 제조공정은 그림 5-24와 같다.

5-5-1　원료 및 원료처리

청주의 주원료는 쌀과 용수로서 제품의 품질에 결정적인 영향을 준다.

(1) 원료미와 그 처리

1) 원 료 미

청주의 알코올과 향미성분은 쌀에서 유래되므로 주질에 미치는 영향이 매우 크다. 대체로 국내산 쌀은 청주용으로 지장이 없으나 경험적으로 본 원료미의 선정기준은 다음과 같다.

① 쌀알이 충실하고 균일하며 천립중(쌀알 천개의 무게)이 26 g 이상일 것

② 현미의 골(筋)이 깊지 않고 심백(쌀알 중심의 희고 불투명한 부분)이 많을 것

③ 쌀알에 갈라진 틈이 적을 것

④ 단백질 함량이 적은 품종일 것

⑤ 수분 14% 정도의 연질미일 것

2) 정 미

현미의 단백질(7~8%)과 지질(2% 정도)은 외층부위에 주로 함유되어 있다. 단백질의 주성분은 glutelin이고, 지질은 결합형으로 존재한다. 이들은 청주의 향미, 색택을 나쁘게 한다. 비타민과 회분함량도 높아서 효모나 국균의 과도한 생육이 일어나기 쉽고, 양조관리를 어렵게 하는 등 문제가 많다. 이들 유해성분의 제거목적으로 정미조작이 반드시 필요하다.

정미과정에서 얻어지는 백미의 현미에 대한 중량백분율을 정백도라 한다. 정미 중 성분변화는 표 5-16에 나타내었다.

정백도 75%까지는 단백질, 지질, 회분의 감소가 크며, 대개 정백도 70~75%의 백미가 청주용으로 쓰인다. 목적에 따라서는 60% 또는 50%까지의 고도로 정미된 백미가 사용되기도 한다.

주조용으로는 수형(竪型) 정미기가 널리 사용되고 있으며, 점차 능률적이고 대형화되는 추세이다.

정미의 요점은 ① 제아(除芽), 제근(除筋)이 잘 이루어질 것 ② 백미가 편평하거나 구상이 되지 않고 현미의 원형에 가깝게 정미될 것 ③ 쇄미를 가능한 적게 낼 것 등이다.

표 5-16 정미 중 성분변화

정백도	수분(%)	조단백(%)	조지방(%)	회분(%)	전분가(%)
현 미	15.0	6.55	2.28	1.00	70.88
90%	14.5	5.66	0.67	0.378	73.49
80%	13.8	5.12	0.111	0.247	74.25
70%	13.0	4.41	0.095	0.190	76.12
60%	11.0	4.06	0.069	0.196	76.30
50%	10.5	3.80	0.051	0.154	77.62

3) 세미·침지

백미에 붙어있는 미강 등 협잡물을 제거하기 위해 세미를 한다. 요즘에는 자동세미기를 사용하여 세미와 수송을 동시에 행하는 방법이 널리 쓰인다.

침지조에 보내진 백미는 물에 침지하여 적당량의 물을 흡수시킨다. 흡수율은 27~30%가 표준이다.

침지의 온도와 시간은 쌀에 따라 달라지므로 예비실험을 하여 결정한다. 침지가 끝난 쌀은 물빼기를 한다.

4) 증 자

증자하면 전분이 α화 되어 국균의 생육과 술덧의 용해·당화가 용이해진다. 증자로 쌀알의 중심부까지 완전히 α화되는 시간, 즉 수증기가 쌀알 표면에서 중심에 도달할 때까지의 시간은 약 15분간이지만 실제 증자에서는 안전도를 감안하여 20~30분 정도로 한다. 증자에는 증자솥과 연속식 증자기가 이용된다.

증자된 증미는 덧밥용으로 쓰이는 것은 5~20℃, 제국용은 35℃ 정도까지 냉각시켜 사용하며, 근래에는 증미냉각기를 이용하기도 한다.

(2) 양조용수

양조용수는 일반적으로 무색·투명·무미·무취하며 오염되지 않아야 한다. 특히 청주는 주질에 미치는 영향이 매우 커서 일본의 경우 옛부터 양질의 물이 나오는 나타(灘)지방의 미야미스(宮水)가 일본 청주의 명산지로 되어 있을 정도이다.

宮水의 성분상 특징은 청주의 착색, 향미의 저하에 영향을 주는 철이 적게 들어 있는 점과 미생물의 증식·발효에 필요한 칼륨과 인산이 상당히 많이 함유된 점을 들 수 있다.

수질은 ① 효모나 국균의 증식·발효과정에 영향을 미치고, ② 용수중의 금속이 제성주에까지 이행되어 숙성에 영향을 주는 등 2가지 측면에서 주질에 영향을 미치게 된다.

경도가 높으면 Ca, Mg 등이 많아서 당화와 발효를 촉진하여 좋지 않고, 식염은 효소의 용출을 용이하게 하고 술덧의 용해를 촉진하는 것으로 알려져 있다.

표 5-17 양조용수와 쌀 무기성분의 비교

(단위 : mg/l)

성분＼시료	정백도 70 % 백미	宮水 11종 평균	양조용수 56종 평균 (宮水제외)
K	362	20	12
인산	1,240	5.2	0.4
Mg	124	5.6	7.0
Ca	56	37	27
Cl	80	32	46
Na	60	32	32
Fe	0.8	0.001	0.02 이하

K와 P는 국균과 효모의 증식·발효에 필수적인 성분이며, 백미에서 많이 함유된다. 담금용수 중의 인산은 술덧의 초기에 백미에서의 용출이 불충분한 시기에 유효하게 이용된다.

Fe 성분은 청주의 착색을 촉진하므로 폭기법 등으로 제거한다. 철에 의한 착색은 국균이 생성하는 ferrichrome 류와 철과의 반응으로 만들어지는 chelate 화합물때문인 것으로 판명되었다. 또한 철은 쌀에 흡착·집적되므로 용수 중 철 함량은 적을수록 좋고 대개 0.02 mg/*l* 이하가 알맞다. 일광착색의 촉진인자인 Mn은 0.01 mg/*l* 이하가 알맞다.

그러나 원료미의 무기성분이 용수보다 현저히 많고, 양조공정이 길며 복잡한 점 등이 양조용수의 역할에 대한 해명을 어렵게 하고 있음도 또한 사실이다.

5-5-2 제 국

국이란 증미에 황국균 *Aspergillus oryzae*를 증식시킨 것이다. 국의 역할은 ① amylase, protease 등의 생성으로 증미의 용해·당화를 촉진하고, ② 영양인자의 생성으로 청주효모의 증식·발효를 촉진하며, ③ 대사생성물의 주질형성에의 기여 등이다.

한편, 효소단백질이 제성주에 이행되면 살균 후 변성에 의해 청주의 단백혼탁의 원인이 되며, tyrosinase는 주박의 갈변에 관여한다. mevalonic acid는 화락균의 필수영양소이고, ferrichrome류는 철에 의한 착색의 원인이 된다. 또 국미의 미생물에 의한 부패와 야생효모의 오염, 고농도 알코올생성인자와 관련된 국균의 proteolipid 등이 주질과 관련이 있다.

국의 품질을 주질과 관련시켜 보면 ① 습기가 많은 국은 효소력이 약하고 주박이 많으며 청주의 색깔이 진하고 잡균이 많아 좋지 않다. ② 건조하고 잘 파정된 국은 효소력이 강하고 제품의 색이 엷고 맛이 담백하여 좋다. ③ 노국은 대사산물이 많아 맛은 농후하지만 잡냄새와 산이 많고 착색되기 쉽고 과숙상태로 되기 쉽다.

(1) 국균·종국

청주용 국균 *Aspergillus oryzae*는 많은 변종이 있다. 구비조건은 ① 증미에 잘 번식하며, ② α-amylase, glucoamylase의 분비력이 강하며, ③ 국의 갈변도가 약하고, ④ ferrichrome류가 생성되지 않으며, ⑤ 향기가 좋을 것 등이다.

국균을 전분질 배지에 배양시킨 종국은 대체로 2~3종의 변종을 조합해서 제조된다. 종국은 현미에 가까운 조백미(粗白米)의 증미에다 나뭇재를 섞고 여기에 국균을 번식시켜 충분히 포자를 착생시켜 건조한 것으로 수분은 10~12% 정도이다.

나뭇재의 사용목적은 ① 알칼리성으로 하여 잡균의 번식을 억제하고, ② 국균에 필요한 무기영양분을 공급하며, ③ 국균이 생산하는 산성 물질을 중화하고 포자형성이 잘 되도록 하는데 있다.

나뭇재 대신 화학약품을 사용해도 된다. 국균의 생육은 37~38℃가 최적이고, 산소농도는 0.2% 이상이어야 한다.

종국은 향기가 좋고 특유의 선명한 색상을 지니며, 포자의 착생이 양호해야 하며 건조상태가 좋고 오래되지 않은 것이 좋다. 또한 잡균, 특히 세균의 오염도가 낮아야 한다.

(2) 제 국 법

청주용 국(koji)의 제법으로는 상자제국법, 대형상자제국법, 보쌈대제국법, 기계제국법 등이 있다.

1) 상자제국법

국개법(麴蓋法)이라 부르는 재래법으로 소형국상자를 이용한 제국법이다. 제국은 잡균오염이 없고 온도조절이 가능한 국실에서 행한다. 제국과정은 다음과 같다.

① 증미를 입실하여 천으로 싸서 놓아둔다(재우기).

② 종국을 0.1~0.2% 정도 균일하게 섞은 다음 쌓아둔다(섞기).

③ 약 10시간 후 증미의 퇴적을 헤쳐서 혼합하고 다시 쌓아둔다(뒤지기).

④ 국상자(45×30×6 cm)에 1.5 kg씩 넣고(담기), 6개 정도씩 포개어 쌓는다.

⑤ 국상자의 상하에 온도차가 생기므로 상하의 국상자를 바꿔준다(바꿔쌓기).

⑥ 온도가 오르면 국상자 중앙에 골을 파준다(제 1손질).

⑦ 품온의 상승을 막기 위해 골을 파주고 뒤바꾸기를 한다(제 2손질).

⑧ 제 2손질 후 8~10시간만에 제국을 완료한다(출국).

표준적인 제국과정을 표 5-18에 나타내었다.

표 5-18 제국과정의 표준 예

조 작	섞기부터의 기간 (시간)	품온(℃)	실온(℃)	건습계의 차(℃)
재 우 기	—	35	—	—
섞 기	0	32~33	27	3
뒤 지 기	10~12	32~33	27	3
담 기	20~23	32~33	27	3
제 1 손 질	28~30	35	27	3
제 2 손 질	35~36	37~38	27	3~4
출 국	43~48	40	27	3~4

2) 대형상자제국법

일명 상국법(箱麴法)이라고도 한다. 상자제국법의 번거롭고 비능률적인 조작을 개선한 개량법으로 대형국상자(75×150×13 cm)를 사용하여 간편하게 제국하는 방법이다. 국상자 1 개에 약 30 kg 을 담을 수 있고, 국상자 밑바닥은 통기가 잘되는 구조로 되어 있어 품온의 조절에 편리하다.

3) 보쌈대제국법

대형상자 대신에 국실의 보쌈대를 이용하여 제국하는 방법이다. 일명 상국법(床麴法)이라고도 하며 보쌈대 위에 증미를 두께 5~6 cm 로 펴서 교반에 의해 온도와 습도를 조절한다. 국의 품질에 차이가 없으며, 대형상자법보다 작업이 간편하다. 능률적이기는 하나 국층의 표면이 건조해지기 쉽고 밑부분은 습기가 찰 우려가 있다.

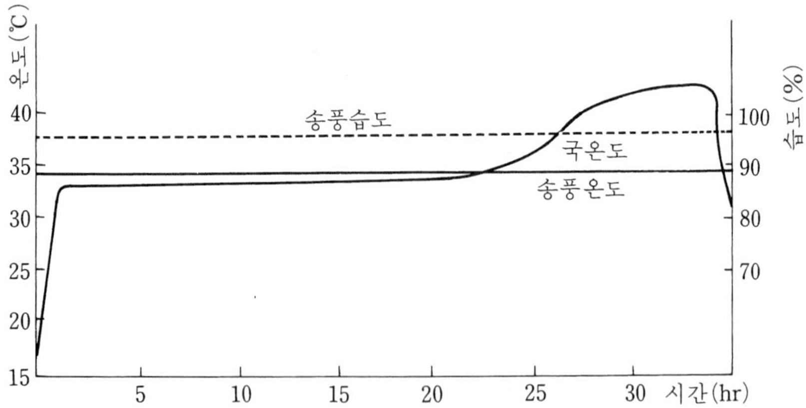

그림 5-25 연속식 기계제국법의 온도경과

4) 기계제국법

앞의 3가지 제국법을 정치법이라 한다면 기계제국법은 통풍법이라 볼 수 있으므로 일명 통풍제국법이라고도 한다. 다공판으로 된 바닥에 증미를 10~50 cm 두께로 깔아놓고 띄우면서 발열이 되면 자동적으로 온도와 습도가 조절된 공기가 통풍이 되어 품온을 조절하고 손질과 출국도 기계적으로 이루어진다.

통풍방법에 따라 회분방식과 연속식이 있으며, 연속식 제국과정에서의 온도경과를 그림 5-25에 나타내었다.

5-5-3 주 모

주모는 술덧을 발효시키는 효모를 확대배양한 것이다. 청주는 개방발효이므로 주모제조시 다량의 젖산이 확보된 상태에서 우량효모가 육성되도록 해야 한다. 효모의 성질은 술덧의 발효경과, 알코올 및 향미의 형성, 주질 등에 영향이 크다.

발효의 안전성을 도모하기 위해 필요한 젖산의 확보방법에 따라 주모는 크게 2가지로 구분된다(표 5-19).

즉, 시판젖산을 첨가하는 속양계 주모와 젖산발효에 의해 젖산을 생성시키는 키모토계(生酛系) 주모가 있다. 주모는 증미, 국, 물을 사용하여 담그는데 전자는 시판젖산으로 산성 상태에서 당화를 진행시키며, 담금할 때 효모를 첨가하여 조기증식시키므로 단기간에 주모가 완성되는 잇점이 있다. 후자는 재래방법으로 저온담금하여 초기에는 질산환원균에 의해 아질산이 생성되고, 아질산은 다음에 증식하는 젖산균이 내는 젖산과의 상호작용으로 야생효모를 도태시켜 결국 청주효모만이 건전하게 배양되는 셈이된다.

속양계 주모와 키모토계 주모는 제조원리, 관련미생물 등이 다르지만 주모로서의 역할과 주질에서의 영향은 큰 차이가 없다. 따라서 오늘날은 제조가 간편한 속양계 주모가 주로 쓰인다.

표 5-19 주모의 종류와 그 특성비교

구 분	젖 산	담금온도	생산일수	성 분	관련미생물	종 류
속양계 주모	시판젖산	20℃	7~15	아미노산도 2~3 산 도 7	효 모	속양주모, 고온당화주모
키모토계 주모	젖산발효	8℃	20~30	아미노산도 5~8 산 도 10	질산환원균 젖산균, 효모	키모토, 야마하이모토

(1) 청주효모

분류상 *Saccharomyces cerevisiae* 에 속하는 *S. sake* 가 대표적인 청주효모이다. 우량효모로서는 일본양조협회 효모 6~11 호 등이 있으며, 특히 협회 6, 7 호 효모는 높은 거품(高泡)을 형성하고, 발효력이 강하며 방향을 생성하는 대표적인 청주효모이다. 이들 효모의 변이주로서 고포를 형성하지 않는 이른바 무포효모와 알코올내성이 강한 알코올내성효모가 분리되어 실용화되어 있다. 또한 killer 효모도 개발되었다.

무포효모는 협회 7 호 효모의 변이주로서 기포친화성, 즉 효모가 기포주위에 흡착되는 성질이 없으므로 고포를 형성하지 않는다. 이 효모를 사용하면 발효조 이용률이 향상되고 노력이 절감된다. 고포효모는 세포표층의 mannan-단백질복합체 중 아미노산의 소수기가 노출되어 있어 소수성이 강해져서 기포에 흡착되지만, 무포효모의 경우는 mannan-단백질 복합체 중 mannan 이 표층을 에워싸고 있어서 친수성이 증대, 기포에 부착하지 않는 것으로 알려지고 있다.

알코올내성 효모는 술덧 숙성말기 또는 알코올첨가 후에도 잘 사멸되지 않는 변이주이다. 이 효모 역시 협회 7 호에서 분리·실용화되었다. 이 효모는 20% 알코올에서도 협회 7 호에 비해 약 100 배정도 높은 생존율을 나타낸다.

S. cerevisiae 등의 효모 중에는 특정의 독소단백질을 균체외로 분비하여 동종 또는 이종 효모를 사멸시키는 균주가 발견되어 killer 효모라 한다. killer 효모는 증식과정에서 killer 인자를 분비하여 감수성 효모를 사멸시키지만 자신은 면역성이 있어 안전하다. 효모의 killer 현상은 plasmid 지배하에 있다. killer plasmid 를 청주 등의 양조용 효모에 도입하면, 그 효모가 생산하는 독소를 이용하여 야생효모의 오염을 방지할 수 있어서 일부는 실용화단계에 와 있다.

(2) 키모토계(生酛系) 주모

1) 키모토(生酛)

증미, 국 및 용수를 목재용기(半切桶) 8 개에 나누어 담금한다(모토타테, 酛立). 담금 후 15~20 시간이 지나면 쌀알의 용해와 당화를 촉진하기 위해 큰주걱(아라가히, 蕉櫂)으로 원료를 으깬다(야마오로시, 山卸). 이어 처음 8 개의 통에 있던 것을 4 개, 2 개 등의 통에 모은 후(오리코미, 析込), 결국 전체를 1 개의 통에 모은다(모토요세, 酛寄). 다음 조작부터는 이어 기술하는 야마하이모토(山廢酛)와 같이 행한다.

2) 야마하이모토(山癈酛)

키모토(生酛)에서 야마오로시(山卸)는 노력이 많이 들고 복잡하기 때문에 근래에는 거의 이 방법으로 제조되지 않는다. 야마하이모토는 야마오로시 하이시모토(山卸癈止酛)라고도 하며, 야마오로시를 행하지 않는다는 뜻으로 키모토의 개량법이라 볼 수 있다.

야마하이모토의 담금은 증미, 국 및 물을 주모탱크에 넣고 잘 혼합함으로써 시작된다. 담금온도는 7~9℃가 알맞고 10~12시간 경과 후 주걱으로 교반하고(아라카히, 荒櫂), 약 3~5일간 방치하게 되는데 이 기간을 우타세(打瀨)라 한다.

이 기간 중에 담금용수와 코지에서 유래한 질산환원균 등이 작용하여 질산을 아질산으로 환원한다. 아질산에 의해 효모의 지나친 증식이 억제되어 조용(早湧)이 방지된다. 이 때 젖산균도 증식하여 젖산생성이 이루어진다. 따라서 유산균에 의해 질산환원균은 사멸한다.

담금 4일 후 주모의 품온을 높여 질산환원, 산생성, 당화 등을 촉진시키기 위해 단키(暖氣)조작을 행한다. 자비한 물을 나무통에 담아 주모탱크에 넣든가(暖氣樽), heater를 사용하여 탱크 밑부분을 가온하든가 하여 15일동안 품온을 14~15℃로 유지해준다.

질산환원균이 거의 소실되고 젖산이 0.5% 정도에 이르면 순수배양효모를 첨가하여 주모 1g당 10^5~10^6이 되도록 한다(사시모토, 差酛). 효모수가 10^8/g에 이르면 부풀어 오르고(하레, 膨), 품온이 20~23℃까지 올라가서 괴게 된다(와키츠케, 湧付). 이 때는 단키조작을 중단한다(단키야스미, 暖氣休).

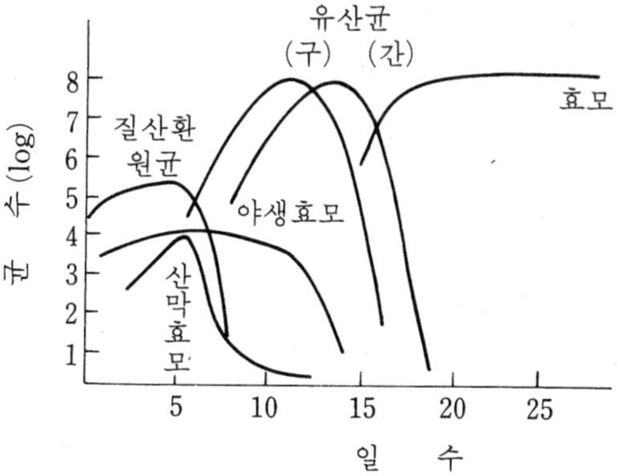

그림 5-26 야마하이모토 제조과정의 미생물 소장

수 일간 발효시킨 후 품온을 10~15℃로 낮추기 위해 소분하여 식히는 조작(모토와케, 酛分)을 하고 다시 통 1개에 합친다(모토시, 戻). 5~7일간 방치한(가라시, 枯)후 주모로 사용한다(모토오로시, 酛卸). 야마하이모토 제조과정의 미생물 소장은 그림 5-26과 같다.

(3) 속양계 주모

1) 속양주모

국과 용수를 주모탱크에 넣고 젖산(용수 100*l*당 75% 젖산 650~700 m*l*)과 효모를 첨가한다. 품온 10~12℃로 약 20시간 방치하여 국에서 효소를 용출시킨다. 이를 수국이라 한다. 여기에 적당하게 냉각된 증미를 가하여 20~25℃ 상태에서 담금을 마친다. 수시간이 지나면 교반해 준다(아라가히, 荒櫂).

그 후 1~3일간은 櫂入만을 행하는데 이 기간을 우타세(打瀬)라 한다. 품온이 떨어지고 효소작용이 왕성해지며 효모증식의 준비기간이라 볼 수 있다.

이어 매일 2~3℃씩 온도를 올려 당화와 효모증식을 유도한다. 7일째에 효모 전체가 부풀어 오르고(하레, 膨), 발효가 진행되어 표면이 거품으로 덮힌다(와키츠케, 湧付). 20℃ 정도에서 발효가 진행되어 알코올분이 10% 정도 되었을 때 급냉하여(모토와케, 酛分) 발효를 중지시키고, 10℃ 이하에서 약 5일간 방치한 후(가라시, 枯) 술덧의 담금에 사용한다. 제조기간은 약 2주일 정도이다.

2) 고온당화주모

55~60℃에서 6~8시간 당화하고 급냉한 후 젖산과 효모를 가하여 단기간 내에 제조하는 것이 특징이다. 담금시에는 급수량을 약간 늘리고 온탕을 사용하여 45~50℃의 수국을 만들어 55~60℃로 온도를 유지한다.

당화가 끝나면 급냉하여 30℃ 정도 되었을 때 젖산과 효모를 첨가하고 탱크를 보온하면서 발효를 진행시킨다. 이후의 조작은 속양주모와 같다. 주모가 완성되기까지 약 9일이 소요된다.

5-5-4 담　　금

청주의 담금은 주모에 술덧(증미, 코지, 용수)을 3단담금법으로 양을 증가시키면서 넣어주는 것이 특징이다. 이런 과정을 통하여 전분의 당화와 알코올 발효가 병행되게 일어나므로 술덧의 당농도가 높지 않아 고농도의 담금이 가능하다.

(1) 담금조작 및 발효관리

1) 담금배합 및 담금조작

청주 술덧은 개방발효이기 때문에 잡균의 오염우려가 있어 원료를 3회에 나누어 첨가하게 된다.

이렇게 하면 주모의 효모와 산이 일시에 희석되지 않아 1단담금시 술덧의 효모수가 10^7/g 이상을 유지하여 2단, 3단 담금시에도 안전한 발효를 도모할 수 있다. 담금은 주모를 기초로 하여 국, 증미, 물을 3단계로 나누어 4일간에 걸쳐 행한다.

담금배합은 ① 1단·2단·3단 담금에서 원료미 배합비는 1∶2∶3~4로 하고, ② 급수비율은 대개 100~130%로 하여 1단 85~95%, 2단 120~125%, 3단 130~150%가 보통이다. ③ 국의 사용비율은 원료미의 20~24%가 표준이고 1단 28~33%, 2단 22~24%, 3단 19~20%가 알맞다.

담금배합의 예를 표 5-20에 나타내었다.

이외에도 백미 또는 부원료를 당화시켜 술덧 발효말기에 첨가함으로써 감미를 부여하는 4단 담금법이 있으며, 연속담금(발효)법도 연구되고 있다.

담금조작은 다음과 같이 한다.

첫날에 1단 담금(하츠소에, 初添)을 한다. 주모, 용수, 국을 담금탱크에 넣고(담금온도 7~8℃), 담금예정온도(12~15℃)가 되게 증미를 냉각하여 투입한다. 1단 담금은 주모의 효모를 활성화시키기 위해 고온담금을 하며 제 2의 주모라고도 한다. 다음날은 담금을 중지하여(오도리, 踊) 효모증식을 유도한다.

3일째에는 1단 담금의 약 2배가량의 물, 국, 증미를 투입하여 2단 담금(나카소에, 仲添)을 행하고, 4일째에는 3단 담금(토메소에, 留添)을 행하는데 담금온도는 2단 10℃, 3단 8℃가 표준이다.

표 5-20 청주 담금배합의 예

구 분	주 모	1단 담금	2단 담금	3단 담금	계
쌀총량 (kg)	105	225	450	720	1,500
비 율 (%)	7	15	30	48	100
증 미 (kg)	75	160	345	570	1,150
국 미 (kg)	30	65	105	150	350
용 수 (*l*)	110	200	540	1,050	1,900

2) 발효관리

3단 담금 후에는 효모가 증식하여 매일 1℃ 정도 품온이 상승한다. 담금 후 8일째에는 최고온도가 15℃로 되어 5~7일간 지속된다. 그후 품온은 떨어져서 20~24일째에 발효가 끝나고 숙성술덧의 알코올은 18~20%에 이른다. 이 과정을 그림 5-27에 나타내었다.

술덧의 표면상태와 향미의 변화는 발효의 진행정도 판단에 중요한 수단이다.

발효와 함께 술덧 표면에 생성되는 거품모양을 보면, 3단 담금 후 2~3일째에 줄무늬모양의 거품(筋泡)이 나타나고, 3~4일째에 얇은 비누모양의 가벼운 거품(水泡)으로 된다.

5일째에는 거품의 점조도(粘稠度)가 증가하여 바위모양의 거품(岩泡)이 생긴다. 7일째에는 높은 거품(高泡)이 되어 거품에 다량의 효모가 흡착되고 과실의 향기가 나게 된다.

고포가 5~10일간 지속된 후 거품이 점차 감소되며(落泡), 이어 구슬모양의 거품(玉泡)으로 변하여 알코올생성이 계속되고, 술덧의 말기에는 거품이 완전 소멸된다(地). 무포효모를 사용하면 전혀 거품이 형성되지 않는다.

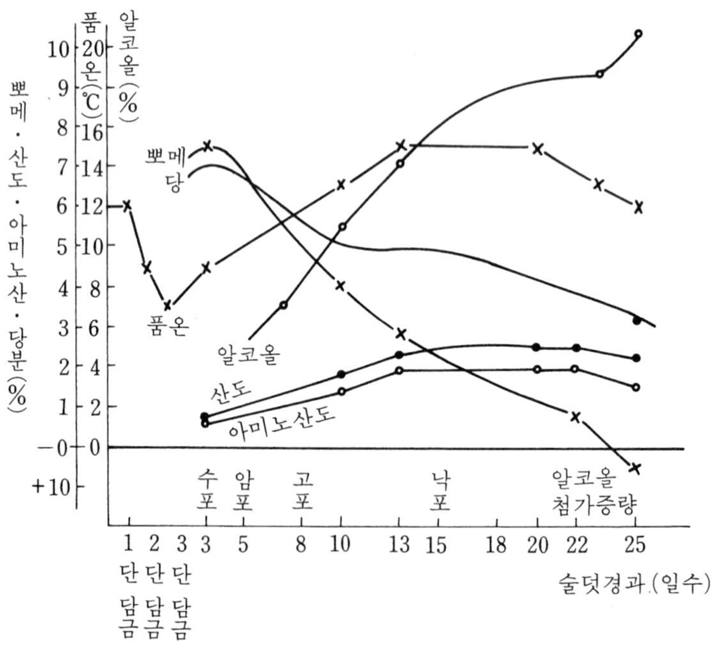

그림 5-27 청주 술덧의 경과에 따른 성분변화

일반적으로 발효에서는 알코올 15% 정도를 생성한계로 보고 있으나 청주발효에서는 보통 18% 이상, 20~22%까지 알코올이 생성된다. 청주술덧의 고농도 알코올생성 요인으로 가장 중요한 것은 병행복발효와 국균의 proteolipid 때문인 것으로 알려져 있다. 청주는 저온발효에 의해 당화와 발효의 균형이 유지되어 술덧의 당농도가 8%를 넘지 않는다. 이 때문에 효모에 대한 당압박과 알코올류에 의한 저해작용이 완화되어 발효능이 유지된다. 또한 국균이 생산하는 proteolipid는 효모의 혐기배양시 알코올내성을 부여하고 증식을 촉진하며 세포막의 물질이동을 용이하게 하여 발효능 향상에 기여한다.

(2) 알코올첨가 및 증양(增釀)

발효가 끝나면 바로 제성공정으로 들어가지만 발효·제성과정에 알코올을 첨가하여 술덧을 증양하기도 한다.

주세법상 알코올분 30도로 희석한 주정을 기준으로 하여 술덧에 사용한 원료미 1kg당 2.4*l* 이하를 첨가할 수 있어서 청주원액의 3배까지 증양이 가능하다. 실제 증양할 때는 당류, 산, 조미료, 향료, 색소 등도 함께 첨가한다.

5-5-5 제 성

발효가 끝난 숙성술덧은 압착, 앙금질, 조합, 살균, 저장 등 상품화공정을 거치게 되는데 이를 제성이라 한다.

(1) 압 착

술덧을 자루에 넣고 압착하여 주박과 액으로 분리한다(아케부네, 上槽). 알코올첨가시는 2~5일 경과 후 행한다. 처음 흘러나오는 백탁액을 아라하시리(荒走), 중간에 나오는 자연 유액을 미쓰부네(水槽)라 하고, 최후에 압착에 의해 유출되는 것을 세메(責) 또는 중수(重水)라 한다. 주박비율은 20~25% 정도이다. 근래에는 수압식 또는 유압식 연속압착기를 사용한다.

(2) 앙 금 질

압착이 끝난 청주는 약 10일간 방치하여 앙금이 가라앉게 되면 앙금을 제거하고(오리비키, 滓引), 상등액을 면여과, 규조토여과 또는 활성탄여과를 하여 더욱 맑게 한다. 앙금질 후 살균까지의 기간, 약 40일간을 생술(生酒) 기간이라 하여 이 기간 동안에 청주는 효소작용에 의한 숙성이 왕성하게 일어난다.

(3) 조 합

맑은 청주는 목적으로 하는 주질에 맞게 조합한다. 이 때 알코올도수, 엑기스분, 산도, 아미노산도, 색, 맛과 향 등이 고려된다.

(4) 살균·저장

살균(카이레, 火入)은 여과가 끝난 생주를 50~60℃에서 5~15분간 가열하는 조작으로 살균의 목적은 ① 살균 ② 효소의 파괴 ③ 향미의 숙성조절에 있다.

살균조작은 사관식(蛇管式) 장치나 판식 열교환기를 이용한다.

살균 후의 청주는 밀폐식 저장탱크에 넣어 알코올분의 휘산을 막고, 화락균의 침입을 방지하면서 저장한다. 저장 중 숙성이 이루어지며, 저장용기는 스테인리스제가 이용되고 품온은 15~20℃로 조절한다. 저장 중 탱크 내 청주의 품질검사를 행한다(노미기리, 呑切). 여기에는 화락, 혼탁 등의 이상 유무나 주질, 숙성도의 검사가 포함되며, 출하시기판단의 자료가 된다.

청주의 저장 중 또는 출하 후에 일어나는 부패를 화락(火落, 히오치)이라 하며 화락균에 의한다. 화락균은 *Lactobacillus* 속 젖산균이며, homo형과 hetero형이 있다. 화락균의 생육인자는 mevalonic acid이다(표 5-21).

표 5-21 화락균의 성질비교

구 분		homo 형	hetero 형
균 종 명		*Lactobacillus homohiochi*	*Lactobacillus heterohiochi*
메바론산 요구성		필수~촉진~비요구	필수
생육 pH	최적	4.5~4.8	4.5~5.0
	상한	5.5	6.0
당자화성		glucose, mannose	glucose, fructose
알코올내성		22~25 %	18~20 %
비타민 요구성		촉진적	2~3개 필수
지방산 조성		C_{14}~C_{19}	C_{14}~C_{19}, C_{20}~C_{26}
GC 함량 %		34.6~36.8	38.3~38.8
발 생		저장원주의 화락	시판주의 화락

5-5-6 청주의 성분

시판청주의 일반성분은 알코올분이 15~16.9%, 당분 2~5%, 산도 1.1~2.4, 아미노산도 1.0~2.2의 범위이다.

(1) 맛에 영향을 주는 성분

당류의 대부분은 포도당이고 주로 전분에서 유래한다. 유기산은 약 70%가 술덧 중의 효모, 약 20%가 주모, 나머지 10%가 국과 쌀에서 온 것이다. 종류별로는 호박산과 젖산이 가장 많고 다음으로 사과산이 많다.

질소화합물은 원료 중의 단백질이 분해되어 생성된다.

청주 중 전질소는 0.1% 정도이고 대부분은 아미노태 및 peptide 태이다.

(2) 향기성분

알코올류로서는 다량의 에탄올 외에 다수의 지방족(다가) 알코올과 방향족 알코올이 존재한다. 알코올류의 대부분은 효모에 의해 아미노산에서 유래하거나 아미노산 생합성계에서 만들어진다. 또한 아미노산에서 탈탄산 또는 탈아미노반응에 의해 생성되기도 한다. 알코올류의 함량은 표 5-22와 같다.

표 5-22 청주 중 알코올류 및 ester 류의 함량

ethyl alcohol	15～17 %	초산에틸	30～120 ppm
isobutyl alcohol	30～70 ppm	초산이소부틸	0.5～1.5 ppm
active amyl alcohol	30～80 ppm	초산이소아밀	3～15 ppm
isoamyl alcohol	100～200 ppm	카프론산에틸	3～10 ppm
tyrosol	10～50 ppm	라우린산에틸	2～11 ppm
glycerol	0.4～1.2 %	초산페닐에틸	7～8 ppm

청주에는 약 40여종의 ester가 있어 청주 방향(芳香)의 주체가 된다. 카프론산의 에틸 ester와 이소아밀알코올이나 에틸알코올의 초산 ester는 특히 중요하다.

청주 중의 carbonyl 화합물은 acetaldehyde, acetone, diacetyl, furfural, 3-deoxyguaiacol 등 약 18종이 검출되었다. aldehyde와 ketone류는 청주 특유의 향기성분이고, diacetyl은 이상향기를 준다. 함황화합물은 함황아미노산이 주체이나 분해시 H_2S, mercaptane, disulfide 등 불쾌한 냄새를 생성하는 것도 있다. 신주 중에 있는 S-adenosyl methionine은 저장 중 5′-methyl thioadenosine으로 된다. 이때 묵은쌀로 양조된 청주에는 살균저장 중에 dimethylsulfide($CH_3 \cdot S \cdot CH_3$)가 생성된다.

(3) 착색물질

청주의 착색물질은 flavin(황색), melanoidin(갈색), ferrichrysine(적갈색)

이 주체이다. flavin 은 원료미, 국, 효모에서 유래되고, 대부분이 유리상태의 riboflavin 이다. melanoidin 은 당류와 아미노산의 반응에서 생성되며, 양조나 저장 중 숙성에 의해 증가된다.

환상의 peptide 구조를 가지는 ferrichrysine 은 국균이 생산하는 deferrichrysine(무색)이 철이온과 chelate 결합으로 생성된다. 청주 중의 착색물질에 기여하는 비율은 flavin 이 1~10%, ferrichrysine 이 10~50%, melanoidin 이 40~80%로 알려져 있으나 신주에서는 flavin 의 비율이 높고, 고주에서는 melanoidin 이 증가하며, 철의 혼입이 많은 청주에서는 ferrichrysine 이 많다.

또한 청주의 착색(특히 일광착색), 숙성 및 주박의 갈변에 관여하는 성분으로 phenol 류가 있다. 청주 중에는 1가, 2가, 3가의 phenol 류가 있으며, tyrosol, oxybenzoaldehyde, vanilline, 옥시안식향산, 옥시계피산, tyrosine 등과 이들의 ester 도 검출된다.

무기성분으로는 Ca, Mg, K, Na, P 등이 대부분이고, Fe, Al 등 미량이면서 영향이 큰 것도 있다. 무기성분은 청주의 착색촉진(Fe), 탈색(Al), 완충작용증가(인산, 양이온) 등과 관련이 있고, 또 염류로서 염미, 고미 등을 나타내기도 한다.

비타민은 다른 주류에 비해 적은 편이나, B_6는 많이 함유한다(표 5-23).

표 5-23 청주의 비타민 함량 (mμg/ml)

thiamine	3	folic acid	1
riboflavin	43	biotin	4
pantothenic acid	243	B_6	1,146
nicotinic acid	479	inositol	12,846

5-6 증류주 및 리큐르

증류주는 현행 주세법상의 명칭이 아니라 편의상 발효원액을 증류해서 얻은 주류를 지칭한다. 따라서 소주류·위스키류·브랜디류·일반 증류주(고량주, 럼, 진, 보드카, 기타 증류주)를 말한다. 아울러 증류주에다 당, 방향성 초제, 과실 등을 첨가하여 만드는 리큐르도 함께 취급한다.

5-6-1 소 주 류

우리나라의 소주(燒酎)는 중국 원나라에서 전래되었다고 한다. 소주란 명칭은 15세기경부터 사용된 것으로 보인다. 소주는 제조방법에 따라 구식 소주(재래소주)와 신식 소주로 구분된다. 구식 소주에는 곡류를 곡자로 발효시켜 숙성된 발효주를 증류한 소주와 여기에 여러 종류의 약제를 넣어 추출하여 제조한 약소주가 있다.

또한 신식 소주에는 흑국균을 입국으로 배양하여 쌀, 싸래기 등의 술덧을 발효시켜 단식증류기로 증류한 증류식 소주와 시판 주정을 물로 희석·탈취하여 몇가지 조미물질을 첨가한 희석식 소주가 있다.

(1) 구식 소주

노주(露酒), 삼해주(三亥酒), 평양소주 등이 있으며 서울 마포, 평양, 구례, 마산, 안동, 제주 등 지방에 따라서 제조방법에 특성이 있다. 일반적으로 구식 소주는 곡자를 밀이나 기장으로 만든 조곡이, 주조용 전분질원료로서는 멥쌀, 찹쌀, 보리, 기장 등이 사용되었다. 항아리에 곡자와 물을 넣고 하룻밤 두었다가 증자한 곡물을 여러차례 나누어 투입하여 발효·숙성시켜 증류한다.

증류기로는 가정에서는 솥을 이용하여 증류하기도 하지만 고리를 사용한다(그림 5-28). 증류한 것을 재증류하여 환소주(環燒酎)를 제조하기도 한다.

약소주는 소주에 약제를 넣어 재증류하거나 소주에 약제를 침출시켜 만든다. 고려시대 이후 홍로주, 감홍주, 죽력고, 이강고, 인삼로, 산사로 등이 고문헌에 나타나는 약소주이다.

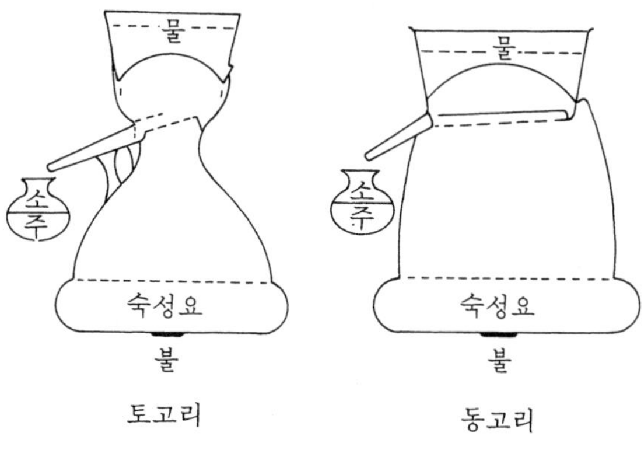

그림 5-28 소주 고리의 종류와 구조

(2) 신식 소주

주조기술의 발전에 따라 조곡 대신에 코지를, 증류도 고리대신 단식 증류기를 사용하는 소주제조법이 개발되어 제품의 풍미도 구식 소주와는 다른 소주가 개발되었다. 이를 신식 소주라 한다.

1) 증류식 소주

증류식 소주는 일본 양조기술의 보급에 의해 1920년경부터 1960년대까지 많이 제조되었다. 그 후는 정부의 식량정책으로 소주에 곡류사용이 금지됨에 따라 거의 자취를 감추었으나, 1990년대에 들어와서 곡류사용이 허용됨에 따라 다시 부활되었다.

① 제 국

국균은 흑국균 *Aspergillus awamori*가 주로 이용되고 *A. usamii, A. shirousamii, A. kawachii*도 사용된다. 증자된 곡류에 0.1~0.3%의 종국을 혼합하고, 18~24시간 보쌈하여 국균의 발아를 유도한다. 이를 입상하여 품온을 30~37℃로 유지하기 위해 바꿔쌓기, 손질 등을 거쳐 41~45시간만에 출국한다.

② 담 금

일반적으로 주모를 생략하고 2단 담금법을 쓴다. 1단 담금은 국에 120~150%의 물을 가해 25~30℃에서 3~5일간 발효시킨다. 종효모는 사용하지 않으나 소량을 사용하면 안전하다. 2단 담금은 숙성된 술덧에 1단 담금원료의 2~3배의 원료를 증자하여 150~200%의 물과 함께 넣고, 25℃에서 담금하여 5~7일간 발효시킨다.

③ 증류 및 제품화

증류는 증기취입식 단식 증류기를 이용하고 700~800l의 술덧을 증류하는데 4시간이 소요된다. 처음 나오는 액(초류)에는 알데히드, ester, 퓨젤유 등이 많고 증류말기의 액(후류)에는 수분과 furfural이 많다. 그 중간의 중류부분이 가장 품질이 좋아 이 부분을 모아 사용하는 것이 바람직하다.

제품은 향미가 너무 강하거나 백탁으로 되는 수가 있다. 필요에 따라 활성탄 여과나 이온교환수지를 통과시켜 제거한다. 이밖에도 증류식 소주의 발효·증류·제성과정에 방향성 초제, 식물약제 등을 첨가하여 소위 가향소주를 제조하기도 한다. 증류식 소주의 알코올규격은 30도 이상이다.

2) 희석식 소주

희석식 소주는 주정공업에서 연속식 증류기로 증류하여 생산된 시판 정제주정을 물로 희석하여 탈취하고 여기에 법정 조미물질을 몇가지 첨가하여 만든다.

① 탈 취

주정을 용수로 적당히 희석하여 입상활성탄충전탑을 통과시키고 분말활성탄을 넣어 때때로 저으면서 2~3일간 처리 후 면여과기, 규조토여과기, microfilter 등으로 여과한다. 이 과정에서 불순물, 이취가 흡착·탈취된다.

② 조미 및 제품화

탈취된 주정은 고미가 강하며 맛이 담담하고 가벼워서 기호에 맞지 않으므로 여기에 몇 종의 조미물질을 첨가하여 맛을 조화시킨다. 주세법상 조미물질로는 사탕(정제당 및 가공당 등 고체당과 당시럽), 아미노산류, 솔비톨, 무기염류, 스테비오사이드, 아스파탐 또는 물엿이 사용된다.

또한 희석식 소주에 증류식 소주 또는 곡물주정을 알코올 총량의 20% 범위 내에서 첨가한 혼합식 소주를 제조하기도 한다. 주제법상 희석식 소주의 규격은 알코올분 35도 이하이며, 소주류 중에서 엑스분이 2도 이상인 것은 제외된다.

5-6-2 위스키류

위스키는 곡류 전분을 발아된 곡류의 효소로 당화하고 효모에 의해 발효시킨 술덧을 증류하여 나무통에서 저장·숙성시킨 증류주이며, 일반적인 제조공정은 그림 5-29와 같다.

위스키의 주산지는 스코틀랜드, 아일랜드, 미국, 캐나다로 원료, 제조법, 주질 등에 각각 특징이 있어서 산지의 이름을 붙여 Scotch, Irish, American, Canadian whisky라 부른다.

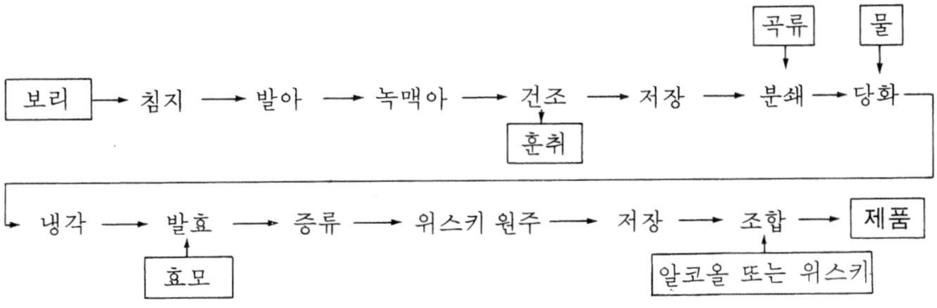

그림 5-29 위스키의 제조공정

또 위스키는 제법에 따라 Scotch 형(Scotch, Irish whisky)과 American 형(American, Canadian whisky)으로 대별하기도 한다.

원료에 따라서는 보리맥아(malt)만을 사용하고 단식 증류기(pot still)를 이용하는 맥아(malt)위스키와 맥아 이외에 옥수수, 라이맥을 사용하여 연속증류기(patent still, continuous still)로 증류하는 곡류(grain) 위스키로 나누어진다. 주세법상으로 위스키는 ① 맥아 위스키 ② 곡류 위스키 ③ 맥아 위스키나 곡류 위스키에 주정 또는 물료를 첨가한 것 등 3종이 있다.

표 5-24에 각종 위스키의 제조상의 특징을 나타내었다.

(1) 스카치 위스키(Scotch whisky)

1) 맥아 위스키(malt whisky)

스코틀랜드의 4개지역, 즉 Highland, Islay, Campbeltown, Lowland에서 독특한 특성을 지닌 맥아 위스키가 만들어진다.

보리는 2조종의 Golden melon을 사용하여 맥주제조와 동일한 방법으로 맥아를 제조한다. 다른 점은 건조할 때 이탄(泥炭, peat)으로 훈연하여 스카치 위스키 특유의 향기인 훈취(smoky flavour)를 제품에 이행시키는 것이다.

표 5-24 각종 위스키의 제조상 특징

<table>
<tr><th colspan="2">구분
위스키</th><th>원 료</th><th>당 화</th><th>효 모</th><th colspan="2">증 류</th><th>저 장</th></tr>
<tr><td rowspan="2">Scotch Whisky</td><td>Malt</td><td>보리맥아 (peated)</td><td>침출법</td><td>맥주효모</td><td colspan="2">2회, pot still</td><td rowspan="2">나무통, 3년 이상</td></tr>
<tr><td>Grain</td><td>보리맥아, 옥수수, 라이맥</td><td>증자, 당화</td><td>증류주효모</td><td colspan="2">coffey (patent) still</td></tr>
<tr><td colspan="2">Irish Whisky</td><td>보리맥아, 보리</td><td>침출법</td><td>증류주효모</td><td colspan="2">3회, pot still</td><td>나무통, 3년 이상</td></tr>
<tr><td rowspan="2">American Whisky</td><td>Bourbon</td><td rowspan="2">보리맥아, 옥수수, 라이맥</td><td rowspan="2">증자, 당화</td><td rowspan="2">증류주효모</td><td rowspan="2">다단식 연속 증류기</td><td>62.5%</td><td rowspan="2">나무통, 2년 이상</td></tr>
<tr><td>Neutral Spirits</td><td>95.0%</td></tr>
<tr><td rowspan="2">Canadian Whisky</td><td>Flavouring</td><td rowspan="2">보리맥아, 옥수수, 라이맥</td><td rowspan="2">증자, 당화</td><td rowspan="2">증류주효모</td><td rowspan="2" colspan="2">다단식 연속증류기</td><td rowspan="2">나무통, 3년 이상</td></tr>
<tr><td>Base</td></tr>
</table>

건조맥아는 분쇄하여 침출법(infusion)으로 당화한다. 즉 분쇄맥아에 4배량의 온수를 가하고 60~65℃로 유지한 후 맥아즙을 취하고, 찌꺼기에 다시 온수를 가하여 75℃로 가열한 후 다시 맥아즙을 취하고 이 양자를 섞어 사용한다.

맥아즙의 비중은 1.05 정도이고, 맥아당은 13% 정도이다.

당화한 맥아즙은 발효조에 넣어 효모를 첨가하여 20~22℃에서 발효시킨다. 효모는 *Saccharomyces cerevisiae* 이고 맥주효모도 이용된다. 발효는 30시간으로 완료되고 알코올은 7~8% 정도 된다.

술덧은 구리로 만든 단식 증류기(pot still)로 2회증류한다.

1회증류는 유출액을 술덧의 약 반 정도로 조절하며, 이 때 알코올은 20~25%가 된다. 이를 다시 재증류하는데 초류분과 후류분을 제외한 중류분(알코올 65% 정도)만을 위스키 원주로 이용한다. 초류분과 후류분은 다음 1회 증류때 합친다.

원주(알코올 60% 정도)는 북미산 참나무로 만든 나무통에 넣어 저장하면서 맛을 순화·숙성시킨다. 저장 중 나무통의 미세한 공극을 통하여 산소가 흡수되어 숙성이 이루어지며 이 과정에서 증발로 내용물이 줄어든다.

저장기간은 최소한 3년으로 의무화되어 있으며 7~12년 저장이 좋다고 한다. 저장 중 휘발산, 알데히드 및 ester 등이 증가하고 색깔도 무색에서 호박색으로 변해간다.

저장기간을 거치면서 각 통마다 술의 성질이 조금씩 다를 수 있으므로 맥아위스키 끼리 또는 곡물위스키와 혼합하는 조합(blending)과정을 거친다. 보통 40~43% 알코올농도까지 물로 희석하여 큰 나무통에 수개월간 숙성시켜 병입한다.

2) 곡류 위스키(grain whisky)

원료로 옥수수와 라이맥을 사용한다. 곡류를 파쇄하고 1% 정도의 맥아분과 물을 첨가하여 증자한다. 120~150℃, 3시간 처리하여 당화조에 보내 냉각하고(60~65℃), 10~30%의 맥아분을 가하여 당화한다. 당화 후 여과하여 발효조로 이송한다. 당화액의 전당함량은 9%이고, 발효 후의 알코올은 5~6%이다.

증류기는 coffey still이 널리 쓰이며 원통형의 연속증류기(patent still)도 사용된다. coffey still에서 나온 증류액은 향기가 풍부한 것이 특징이며, 93~94%의 알코올을 함유한다. 이 원주를 알코올 60% 정도로 희석하여 나무통속에서 3년 이상 저장·숙성시킨다.

곡류 위스키는 맥아 위스키와 혼합하면 상호보완되어 양질의 blended whisky가 된다. 저장전의 곡류 위스키는 보드카, 진의 원주로도 쓰인다.

(2) 아이리쉬 위스키(Irish whisky)

영국의 북아일랜드와 에이레공화국, 곧 아일랜드섬에서 제조되는 아이리쉬 위스키는 위스키의 원형으로 알려져 있다.

제조방법은 대체로 스카치 위스키와 유사하나 몇 가지 다른 점이 있다. 원료는 아일랜드산의 알갱이가 작은 곡류만을 원칙으로 하기 때문에 보리(그 중 40%는 맥아)가 주종이다. 과거에는 소량의 밀, 라이맥을 섞어 사용했으나 현재에는 귀리가 쓰인다.

맥아는 전통적인 방법으로 제조되며, 건조시에 peat를 사용하지 않는다. 잘 건조된 원료보리를 잘게 분쇄하고 당화조에서 침출법으로 당화하여 여과·발효시킨다. 증류는 단식 증류기를 사용하여 3회로 나누어 실시한다. 1회증류에서 초류분(알코올 50% 정도)과 후류분으로 나누어진다. 후류분을 재증류하여 고알코올분을 전자와 합친다. 이 고알코올분을 다시 증류하여 초류(head), 중류(whisky), 후류(feint)로 나눈다. 중류분(알코올 70~75%)이 위스키의 원주가 된다.

아이리쉬 위스키는 최저 3년을 oak 통에서 저장해야 한다. blending은 곡류 위스키와 하지 않고 동종끼리만 한다. 최근에는 patent still의 grain spirits을 조합하는 수도 있다. 스카치 위스키보다 보리맥아의 향이 강하며, 맛이 짙고 중후하다.

(3) 아메리칸 위스키(American whisky)

대표적인 것은 Bourbon whisky이다. 원료는 반 이상(60~75%)이 옥수수이고 라이맥(13~28%)과 보리맥아(12% 정도)가 함께 사용된다. 원료는 회분식과 연속식으로 증자한다. 증자 후는 63~67℃가 되게 냉각하고 분쇄맥아를 첨가하여 converter에서 65℃로 당화시킨다. 종효모는 라이맥과 맥아의 당화액에 젖산균 *Lactobacillus delbrueckii*를 배양하여 산성화시키고, 효모를 배양하여 제조한다.

발효는 20℃에서 시작하여 최고 30℃ 정도에서 3일간으로 끝나며 이 때

7~8%의 알코올을 얻는다. 발효술덧은 다단식 연속증류기로 증류하여(알코올 40~80%) 내면을 불에 태운 white oak 통에 최저 2년 이상 저장한다. 저장주의 알코올은 62.5% 이하이다.

한편 중성알코올(neutral spirits)은 증류방법을 달리한다.

(4) 캐나디안 위스키(Canadian whisky)

캐나디안 위스키는 아메리칸 위스키와 제조방법이 유사하고 주원료인 옥수수, 라이맥을 보리맥아로 당화하여 발효시킨다. 술맛이 부드럽고 향기가 delicate 한 것이 특징인데 대체로 향기성분이 적은 편이다. flavouring과 base가 있으며 양자의 조합으로 제품화한다. 숙성은 white oak 통 안에서 3년 이상이지만 6년 이상 숙성시킨 제품도 있다.

5-6-3 브랜디류

브랜디(brandy)는 과즙발효액을 증류하여 제조한 증류주이다. 원료 과실명을 사용하여 포도브랜디, 사과브랜디 등으로 부르기도 하지만 보통 포도브랜디가 브랜디로 통한다.

브랜디 중 가장 유명한 것으로 프랑스의 Cognac과 Armagnac이 있다. 주세법상 브랜디류는 순과실브랜디, 보당과실브랜디, 여기에 주정과 물료를 첨가한 것 등 3종이 있다.

(1) 꼬 냑(Cognac)

Cognac 지방은 프랑스의 서남부에 위치하고 있으며, 이 지방에서 만들어진 브랜디만이 꼬냑이라 명명된다.

원료 포도는 *St. Emilion*종이 주로 사용된다. 이 포도는 당분이 16~18%이고, 총산이 1% 내외의 강한 산미를 가진다. 강한 산도때문에 아황산을 사용하지 않고도 세균 등의 오염을 방지할 수 있다. 수확된 포도는 파쇄·착즙하여 자연발효시키는 것이 보통이다.

발효가 끝난 후의 알코올은 8.0~8.5%이다. 증류는 단식 증류기로 2회반복 실시한다. 1회증류액은 25% 내외의 알코올을 함유한다. 이를 재증류하면 알코올 70~72%정도의 꼬냑원주가 얻어진다.

원주는 polyphenol 물질이 많은 Limousin oak 통속에서 저장·숙성된다. 무색투명한 원주는 황색을 거쳐 암갈색으로 되며 향미도 바뀌어 독특한 방향을 가진 꼬냑이 된다. 제품화를 위한 최저 저장기간은 5년이다. 품질이 일정한 제품을 생산하기 위해 나무통마다 다른 원주와 新古원주를 조합한다. 탈이온수와 증류수로 가수하고 여과하여 병입한다. 알코올은 40~45% 정도이다.

상품의 표시는 일정한 규격(한정품종, 양조법, 증류법, 숙성법 등)으로 제조된 것에 한하여 허용된다. 6개 생산지역제품 중에 Grande champagne과 Petite champagne만이 꼬냑라벨에 표시하는 것이 원칙이지만 양자를 섞은 fine champagne도 많이 있다. 숙성년도를 기준으로 보면 three star가 3~5년, VSOP가 10~20년, Napoleon이 30~40년, Extra가 40~50년 정도로 알려져 있다.

(2) 기타 브랜디

1) 아르마냑(Armagnac)

프랑스의 남서부지방, 특히 Gers지방에서 만들어지는 아르마냑은 Bas-Armagnac(Grands), Ténarèze(Fins), Haut-Armagnac(Petites)의 3가지 등급으로 나누어진다. 주품종은 *Folle blanche*와 *St. Emilion*이다. 아르마냑은 다단식의 반연속증류기로 1회증류하고, 저장통은 gascon black oak를 사용하여 숙성시킨다.

숙성은 빨라서 8년정도면 충분하고, 12년이면 완전히 숙성된다. 최근에는 꼬냑식 증류법이 이용되기도 한다. 아르마냑은 꼬냑에 비해 알코올함량이 낮고, 향기가 강하다.

2) 사과브랜디

사과주(cider)를 증류하여 만든다. 프랑스 노르망디지방의 사과주를 pot still로 증류한 것을 Calvados라 하며, 품질이 좋은 것은 꼬냑과 같이 나무통에서 오랫동안 저장한다. 미국에서는 Apple Jack이 유명하고, 영국에서는 Bristol 부근이 산지이다.

3) 키르시밧서(Kirschwasser)

독일, 스위스에서는 버찌주를 증류하여 Kirsch(불) 또는 Kirschwasser(독)라는 브랜디를 만든다.

버찌(cherry)는 흑색의 것으로 핵을 파쇄하여 발효시킨다음 핵 중의 benzaldehyde가 향기성분이 되며 주로 무색 그대로 제품화한다. cherry brandy라는 명칭은 리큐르에 사용된다.

5-6-4 일반 증류주

주세법상 일반 증류주는 증류주에서 주정, 소주류, 위스키류, 브랜디류를 제외한 것으로 고량주, 럼, 진, 보드카, 기타 증류주 등으로 대별된다.

(1) 고 량 주

고량주는 원래 중국 만주지방에서 생산되는 술이지만 우리나라에서도 제조된다. 소주와 비슷한 증류주로서 수수(高粱)를 원료로 사용하고 알코올함량이 높은 것이 특징이다.

1) 원료 및 곡자제조

원료로는 주로 보리와 팥이 사용되고, 그 밖에 밀, 옥수수, 검은콩, 메밀 등을 섞기도 하며, 수수는 중국에서 사용하며, 원료의 분쇄는 마방(磨房)이라는 분쇄실에서 돌절구로 빻거나 동력을 이용한 분쇄기가 사용되며, 분쇄도는 20~30%가 알맞다.

곡자제조는 분쇄한 원료에 물 35% 정도를 넣어 짓이긴 후 곡모자(麯模子)라는 틀에 넣고 발로 밟아서 다져 성형한다. 이를 곡자방에 넣고 품온을 조절하면서 약 40일간 띄운다음 완전히 건조하여 저장실로 옮긴다.

곡자에는 *Mucor, Rhizopus, Aspergillus* 등의 곰팡이, *Saccharomyces, Pichia* 등의 효모, 각종의 세균 등이 존재하여 이들이 고량주의 당화와 발효를 담당한다.

2) 담금과 발효

고량주의 양조는 연속작업이기 때문에 전회의 숙성술덧을 기본으로 하고 여기에 원료를 첨가하여 발효시키도록 되어 있다. 여기서는 새로 양조를 시작할 때를 기준으로 설명한다.

분쇄한 고량을 35% 정도의 물로 버무려 수분이 잘 흡수되고 조직이 팽연해질 때까지 두었다가 시루에 찐다. 냉각후 20% 정도의 분쇄곡자와 소량의 온수를 혼합하여 발효조(窖子, 땅속에 설치된 큰 통)에 다져넣고 뚜껑을 덮어 그 위를 진흙으로 발라 밀봉하여 8~10일간 발효시킨다.

담금 후의 경과는 3일경에 당분과 알코올이 증가하여 6~7일경에 가장 왕성하고 품온이 35~45℃로 되었다가 점차 낮아진다. 이 때의 알코올함량은 6%, pH 3.6~4.0 정도가 된다. 산의 증가는 당화효소의 작용을 방해하고 알코올수율을 낮추는 원인이 된다.

세균, 특히 마령서균(*Sarcina*)은 담금초기, 낙산균, 젖산균, 초산균은 후반기에 많이 나타난다. 곰팡이는 술덧 중에 거의 번식하지 않으며, 효모는 점차 증가하여 발효 3일에 최고에 이른다.

발효 후의 술덧은 퍼내서 새로 담금할 분말원료와 잘 섞어 시루에 앉히고 증류한다. 이 때 증류와 증자가 동시에 이루어진다. 이를 냉각하여 처음 담금할 때와 같이 곡자를 혼합해서 새로이 담금을 한다.

3) 증류와 제품

증류는 원료의 증자와 동시에 행하며 약 1시간에 끝난다. 증류초기에는 알코올함량이 높으나 점차 약해진다. 고량주의 알코올수율은 이론치의 약 40% 정도로 대단히 낮은 편이다. 고량주는 60~65%의 알코올을 함유하고 무색투명하며 약한 산성을 나타낸다. 특유한 향미가 있으며 물로 희석하면 고급지방산 ester에 의해 백탁(白濁)이 된다.

고량주의 일반성분(%)은 알코올 61.58, 총산(초산) 0.0618, ester(에틸아세테이트) 0.2531, 엑스분 0.0029, 퓨젤유 0.4320, 알데히드 0.095, 푸르푸랄 0.0038 등이다.

(2) 럼(Rum)

럼은 사탕수수즙이나 당밀을 원료로 하여 비교적 고온에서 발효시켜 증류한 원주를 나무통에 담아 저장·숙성시킨 증류주이다. 주로 서인도제도에서 만들어지며, 유명 산지로는 Jamaica, Demerara, Cuba, Puerto Rico, Trinidad 등이 있다.

주세법에는 사탕수수, 사탕무, 설탕 또는 당분 중 하나 또는 둘 이상의 것을 원료로 하여 물과 함께 발효시킨 술덧을 증류한 것으로 규정하고 있다.

1) 종 류

럼은 heavy, medium, light로 구분된다. heavy는 색이 짙고 강한 향미를 지니며 고급지방산과 그 ester, 알데히드류가 많다. medium은 색이 엷고 향기가 적으며, light는 무색에서 담황색까지 색이 다양하다. Jamaica산 럼은 대표적인 heavy type이다.

2) 원료 및 발효

럼의 원료는 사탕수수즙, 농축당밀, 폐당밀 등인데 일반적으로 사탕수수즙은

light, 당밀은 heavy type에 사용된다. 3배 정도로 희석한 당밀은 pH를 5.8로 조정한 후 80℃에서 10분간 살균한다.

Jamaica산 럼(heavy)은 *Schizosaccharomyces*계 효모를 이용하여 35~40℃에서 발효시키며, 이와는 별도로 독특한 향미와 유기산을 생성시킬 목적으로 초산균, 낙산균을 증식시켜 첨가한다. light type은 품온이 다소 낮고, *Saccharomyces*계 효모를 이용한다.

pH 5.8, 당농도 9~11%에서 술덧의 발효가 진행되며, 발효는 light가 2~3일, heavy가 6~12일로 완료된다. 1~2일 방치 후 여과한다.

3) 증류 및 숙성

단식 증류기나 다단식 증류기, 연속식 증류기가 사용된다. Jamaica럼의 경우는 단식 증류기로 2회증류한다. 증류액이 나오면 알코올 60~70%로 희석하여 oak통에 담아 3년 이상 저장·숙성시킨다. 착색에는 caramel이 이용되기도 한다.

(3) 진(Gin)

알코올 40~50%인 무색의 증류주로 독특한 송진냄새가 난다. 원산은 네덜란드로 알려져 있다. 진은 저장하지 않고 그대로 음용되기도 하지만 칵테일의 기주로 널리 쓰인다. 주세법에서 진은 술덧, 기타 알코올분 함유물을 증류한 주류에 두송실 및 향미 식물료를 첨가하여 증류한 것으로 되어 있다.

1) 런던 진(London gin)

런던 진은 중성알코올을 진 증류기(gin still)로 증류하여 향을 붙이는 방법으로 제조된다.

곡류를 원료로 발효시킨 술덧을 연속식 증류기로 증류하여 무취의 알코올을 얻는다. 이 알코올을 물로 희석하여 60%가 되게 하고 난후 두송(노간주나무, Juniper)의 열매(berry)와 소량의 향료식물을 넣고 gin still로 재증류한다. 증류액 중 중류구분(heart)만을 모아 진의 원료로 사용한다.

이렇게 만들어진 진은 감미가 없어 쌉쌀한 맛이 나므로 dry gin이라 한다. 런던 dry gin에 1~2% 설탕이나 글리세린을 첨가한 Tom gin도 있다.

2) 네덜란드 진(Holland gin)

라이맥, 옥수수와 보리맥아를 원료로 당화·발효시킨 후 단식 증류기로 3회 증류하여 알코올 약 45% 정도의 증류액을 얻는다. 여기에 두송실을 주체로 한 향료식물을 첨가하고 다시 증류하여 저장없이 제품화한다.

네덜란드 진은 매우 깨끗하나 엿기름 냄새가 뚜렷하다. 이 때문에 칵테일용으로 사용할 때 혼합이 제대로 안된다.

(4) 보드카(Vodka)

보드카는 구소련에서 생산되는 유명한 증류주이며, 지금은 미국, 네덜란드, 독일 등 많은 나라에서 생산되고 있다. 주세법상으로는 주정, 기타 알코올분 함유물을 증류한 주류를 자작나무숯으로 여과하여 무색·투명하게 제성한 것이다.

원료는 감자, 보리, 옥수수, 라이맥, 밀이 쓰인다. 이들 곡류를 보리 또는 라이맥의 맥아로 당화·발효시킨다. patent still로 발효액을 증류하여 얻어지는 증류액에 물을 가하여 알코올 40%로 희석한 후 백화목(白樺木, 자작나무)의 숯층을 통해서 여과한다. 즉 높은 여과단의 탑에 자작나무숯을 가득 채우고 그 곳을 천천히 통과시키면 불순물이나 냄새성분이 흡착되어 무색투명하고 무취에 가까운 술이 된다. 또한 향기를 가미한 flavoured vodka도 있는데 알코올함량은 40~60% 정도이다. 차게 해서 그대로 마시기도 하고, 칵테일의 기주로도 진과 더불어 많이 이용된다.

5-6-5 리큐르(Liqueur)

영국에서는 리큐르를 cordial이라고도 한다. 리큐르는 종류가 많고 명칭도 원료, 산지, 제조업체 등에 따라 다양하다. 주원료는 알코올, 당, 방향성 초제, 과실이고 그 밖에 동물성 원료도 사용된다.

주세법에는 엑스분 2도 이상으로서 ① 전분 또는 당분이 함유된 물료를 주원료로 하여 발효시켜 증류한 주류에 인삼이나 과실(포도, 사과, 배, 딸기, 머루 등 발효시킬 수 있는 과실 제외)을 침출시키거나 그 발효·증류·제성과정에 인삼이나 과실의 추출액을 첨가한 것, ② 기타 주정, 소주류, 위스키류, 브랜디류, 일반 증류주의 발효·증류·제성과정에 당분, 산분, 조미료, 향료, 색소, 방향성초제, 과실 등을 첨가한 것으로 되어 있다.

따라서 인삼주, 매실주, 오가피주 등이 리큐르의 일종이라 할 수 있다.

(1) 원 료

1) 알코올류

사용되는 알코올류는 중성알코올, 중성곡류알코올(옥수수 사용), 위스키, 럼,

브랜디, 과실브랜디 등이다.

2) 재　　료

초본류, 나무껍질, 뿌리, 꽃, 씨앗, 과실 등으로 구분된다.

① 초본(herbs) : basil, bison 류, centaury, sweet clover, cocoa 잎, genip, herb ivy, hyssop, knapweed, peppermint, rosemary, 차잎 등

② 나무껍질(barks) : aloe, cinnamon, guaiacum, myrrh, sandal wood 등

③ 약근(drugs & roots) : alant, calamus, celery, cloves, curuma, gentian, ginger, 감초, 대황, turmeric, valerian 등

④ 꽃(flowers) : arnica, camomile, cinnamon, citrus blossom, clove, ivy, lily, rose, saffron 등

⑤ 씨앗과 과실(seeds & fruits) : 양념류, 아몬드, 살구씨, 선인장, cardamon, caraway, celery seeds, 감귤껍질, 정향, 코코아, 커피, juniper berries, cola nuts, nutmeg, 복숭아씨, 피망, 건포도, 콩, 버찌, 나무딸기, 바닐라 등

⑥ 기타 : 꿀, 계란노른자 등

(2) 제조방법

리큐르는 원재료의 향미 또는 유효성분을 알코올로 추출한 추출액이나 이를 증류한 증류액에 당분을 가하거나 착색시켜 만든다.

리큐르의 제조에는 침출(infusion)에 의한 방법과 여과(percolation)에 의한 방법이 있다.

침출법은 과실, 식물, herb 등의 재료를 향이 소멸될 때까지 알코올에 담그는 것으로, 전처리로서 과실은 과즙으로 만들고 herb, 씨앗, 목피, 뿌리는 분말로 하거나 잘게 절단하여야 한다. 용매의 온도와 농도에 따라 제조방법이 다르다.

냉용매를 쓰는 경우는 침출 후 여과하여 여액을 농축 또는 증류하며, 뜨거운 용매인 경우는 40~50℃에서 수일간 유지한다. 침출액은 대부분 감압증류하여 중류(中留) 구분을 모아 사용한다.

여과법은 herb 등의 재료는 위에, 알코올은 아래에 놓은 상태에서 가열에 의해 알코올증기가 윗부분의 재료를 통하여 지나가면서 액화되거나 액체 알코올의 윗부분으로 펌프되어 재료에 닿게 하여 유효성분이 우러나게 하는 방법이다.

향취가 나는 알코올에는 설탕, 시럽, 꿀 등의 당분을 첨가하고, 필요시 색소

도 첨가하여 여과시킨다. 어떤 리큐르는 oak 통에서 숙성되기도 하지만 곧바로 병입된다.

5-7 장 류

간장, 된장 등의 장류는 발효·숙성 과정을 거쳐 만들어진 고유의 발효식품이다. 장류는 식물성 단백질을 높은 소금농도에서 미생물의 작용으로 분해하여 구수한 향미를 나타내게 하였기 때문에 조미료가 되는 동시에 저장성이 우수한 가공식품이다.

5-7-1 간 장

조미식품 중에서도 간장은 액상 조미료로서 고농도의 식염과 글루타민산 등의 아미노산을 함유하고 각종 유기산과 알코올 등의 방향성분을 가지고 있다.

간장에는 색깔에 따라 진한 색깔의 진간장과 연한 색깔의 국간장이 있다. 또 제조법에 따라 양조간장(일본식 간장), 산분해간장(아미노산간장), 혼합간장으로 구분한다.

(1) 양조간장

1) 원 료

주요한 원료는 탈지대두, 밀, 소금 등이다.

① 탈지대두

간장의 단백질원료는 콩과 탈지대두이며, 대개의 경우 탈지대두를 사용한다. 탈지대두는 콩보다 가격이 싸고 질소함량이 다소 높을 뿐만아니라 원료 이용률이 향상되고 숙성기간이 단축되는 잇점이 있다.

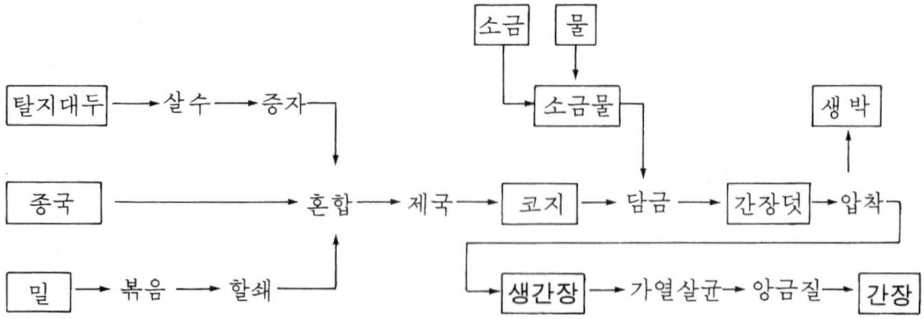

그림 5-30 양조간장의 제조공정

② 전분질 원료

전분질 원료로서는 주로 밀이 이용된다. 밀은 약 80%의 전분질을 함유한다. 밀단백질에는 또한 글루타민산이 풍부하며, 발효되면 독특한 향미를 생성하고 색택이 좋게 된다.

③ 그 밖의 원료

소금은 순도가 높고 $CaSO_4$, $MgCl_2$ 등이 적어야 하며, 철분함량이 되도록 낮아야 한다. 간장의 담금용수는 음용에 적합하면 지장이 없으나 철분함량이 높으면 색의 안정성을 해치므로 유의해야 한다.

2) 원료처리

① 탈지대두

탈지대두에 120~130%의 물을 뿌려 혼합한 후 증자한다. 콩이나 탈지대두의 증자목적은 단백질의 변성, 살균, 세포벽의 파괴에 있다.

새로 개발된 NK(Nippon Kikkoman)식 증자장치는 회전증자관과 급냉장치로 구성되어 있으며, 탈지대두의 처리에 널리 쓰인다. 또한 대량의 원료를 연속처리할 수 있는 연속식 처리장치가 고안되었다. 이 장치를 사용하면 처리시간이 단축되고 질소 이용률이 향상된다.

② 밀

밀은 전분질을 α화하기 위해 볶아서 할쇄(crushing)한다. 볶음은 연속볶음기가 쓰이며, α화도는 60~65%가 알맞다. 볶은 밀은 수분이 4%인데 이것을 40℃ 이하로 냉각시켜서 roller식 또는 hammer식 crusher로 할쇄한다.

③ 소금물의 조제

소금은 냉수로 녹인다. 소량일 때는 압축공기를 불어넣어 녹일 수 있으나 다량이면 하부에서 물이 소금층을 통과하여 상부에서 넘쳐 흐르도록 고안된 상승류식 장치를 이용한다. 용해된 염수는 여과하고 농도를 조절하여 사용한다.

3) 제 국

증자된 콩 또는 탈지대두와 할쇄된 밀을 거의 같은 양 혼합하고 원료에 대하여 0.1~0.2% 정도의 종국을 넣어 잘 섞는다. 간장용 종국에 사용되는 국균은 단백질 분해력이 강한 *Aspergillus oryzae*와 *A. sojae*에 속하는 균주이다.

국상자에 혼합된 원료를 일정량씩 담아 국실 내에 쌓고, 실온을 26~27℃로 유지하여 40~65시간 제국한 후 출국한다. 이 동안에 2회의 손질과 바꿔쌓기를 하여 품온과 습도조절, 공기공급을 도모한다.

상자제국법은 손이 많이 가므로 최근에는 온도와 습도관리가 용이하고 노력이 적게 필요한 기계제국법이 널리 쓰인다. 기계제국법은 상자제국법에 비해서 저온에서 제국하므로 잡균증식이 억제되어 강력한 효소활성을 지닌 국을 얻을 수 있다.

4) 담 금

국을 일정한 농도의 소금물(18~23%)과 혼합하여 콘크리트제나 스테인리스제 탱크에 담금을 한다. 국과 식염수의 혼합물을 덧(醪)이라 한다. 급수비율(원료국과 소금물의 비율), 염도는 숙성이나 제품의 품질에 크게 영향을 미친다. 급수비율은 보통 11~13수(원료국 1 l에 대하여 1.1~1.3 l의 소금물을 의미)의 범위이며 대개 12수(水) 정도가 표준담금이다. 그러나 지금은 원료를 중량으로 취급하므로 원료 1 l의 무게를 콩 0.72 kg, 밀 0.75 kg, 탈지대두 0.6 kg으로 규정해 놓고 있다. 급수가 적으면 진한 간장을 얻을 수 있으나 질소이용률이 저하되는 결점이 있다.

담금시 소금물의 온도는 여름에는 −5℃, 냉한기에는 보통 상온으로 하고, 담금액의 품온은 10℃로 억제하여 작업을 실시한다.

5) 발효・숙성

담금 후 초기에는 매일 한번씩, 후기에는 2~3일에 한번씩 교반하면서 발효・숙성시킨다. 먼저 국의 amylase, protease에 의해 원료 중의 전분과 단백질이 분해된다. 또한 내염성의 여러 미생물이 발효작용을 일으킨다. 즉 내염성의 젖산균 *Pediococcus sojae*가 주로 증식하게 되고, 그 밖에 *Tetracoccus sojae*도 증식하는데 이들은 정상형의 젖산발효를 한다.

젖산균의 증식으로 pH가 떨어지고 온도가 상승하면 내염성 효모 *Zygosaccharomyces rouxii*가 증식한다. 이 효모는 에틸알코올, 유기산, ester, 고급알코올을 생성하고 간장의 향미형성에 중요한 역할을 담당한다. 담금 후 3개월경에는 *Zygosaccharomyces rouxii*가 *Candida polymorpha*(*C. diddensiae*), *C. versatilis*(*Torulopsis versatilis*) 등으로 대체된다. 이들 *Candida* 효모를 후숙효모라 한다.

표 5-25 간장덧의 숙성 중 성분변화

일 수	pH	총 질 소 (%)	아미노태질소 (%)	환 원 당 (%)	alcohol (%)	이 용 률 (%)
0	6.75	0.293	0.095	1.235	—	12.04
15	5.80	1.348	0.676	8.011	—	66.20
45	4.79	1.527	0.912	4.917	1.214	76.79
75	4.75	1.614	0.952	2.840	2.367	81.43
105	4.67	1.626	0.974	2.389	2.729	82.28
150	4.75	1.629	0.979	2.004	2.577	81.88

숙성이 진행됨에 따라 간장덧 중에 아미노산, 당, 유기산, 알코올 등이 증가하고 점차로 착색되며 향기성분인 4-ethyl guaiacol, 4-ethyl phenol 등도 생성된다. 6개월 정도면 발효·숙성이 완료된다.

간장덧의 숙성과정에서의 변화를 나타내면 표 5-25와 같다.

6) 제 성

간장덧을 압착하고 여과하여 조합·살균하는 과정을 말한다. 숙성된 간장덧은 여과포와 압착기(수압식, 유압식 및 연속식)를 이용해서 압착하여 여과한다. 여과액(생간장)은 필요에 따라 부원료(설탕, 캐러멜 등)를 넣고 다른 제품과 혼합하는 조합(blending)을 행한다. 조합된 생간장은 잔존 미생물의 살균, 유취(油臭)의 제거, 풍미와 색조의 증진, 응고물의 제거 등의 목적으로 판형 열교환기(plate heat exchanger)로 80℃ 정도에서 고온 순간살균한다. 살균이 끝나면 침전물을 여과기로 여과하여 제품화한다.

7) 성 분

간장의 질소성분은 콩과 밀에서 유래되며, 유리아미노산이 50~70%, 펩티드 15~35%, NH_3-N 11~15%를 점한다. 그밖에 미량의 핵산 관련질소, 아민, 갈변물질도 존재한다. 간장에 감칠맛을 주는 아미노산은 담금 1개월에 약 70%, 2~3개월에 거의 전량이 용출되며, 아미노산 중에는 글루타민산이 가장 많다. 향기성분으로는 현재 약 300여종이 확인되고 있으며 원료, 관련미생물의 대사, 화학반응 등에 의해 생성되는 것으로 알려져 있다.

(2) 산분해간장

아미노산간장 또는, 화학간장이라고도 한다. 제조공정은 그림 5-31과 같다.

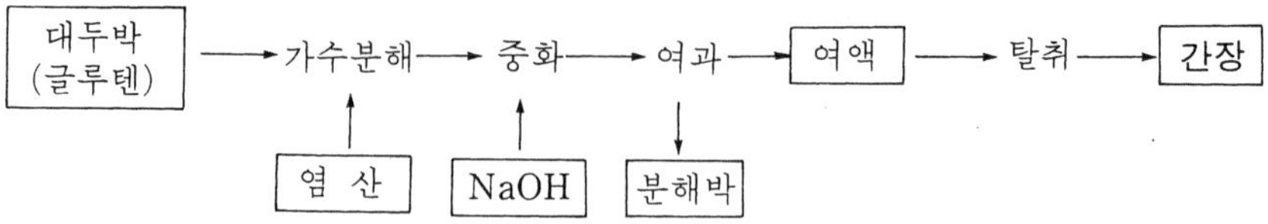

그림 5-31 산분해간장의 제조공정

단백질 원료인 대두박이나 글루텐을 염산으로 가수분해 한후 NaOH 또는 Na_2CO_3로 중화해서 제조한다.

산분해방법에는 고온분해법과 저온분해법이 있다. 고온분해법은 대두박에 대하여 약 6%의 염산을 3배량 가하여 약 15시간동안 끓인다. 산분해간장의 품질상 가장 큰 결점은 분해취인데 이를 줄이기 위해 저온분해법이 쓰인다. 즉 80℃ 내외에서 60~70시간 분해시키는데 저온분해법은 향기와 맛에서도 유리하다.

분해가 끝나면 온도를 70℃까지 내려 알칼리를 조금씩 서서히 투입하면서 중화한다. 산분해 간장은 제조기간이 짧고 질소이용률도 양호한 장점이 있으나 양조간장에 비해 풍미가 열등한 결점이 있다.

5-7-2 된 장

된장은 전통식품이므로 지방에 따라 제조법이 다르고 그 종류도 다양하다. 된장은 개량된장과 재래된장으로 크게 구분된다. 개량된장(일본된장)은 발효에 *Aspergillus oryzae*를 사용하는데 비해 재래된장은 *Bacillus subtilis*가 발효에 관여하는 점이 근본적으로 다르다. 여기서는 공업적으로 생산되는 개량된장을 중심으로 기술하고자 한다(그림 5-32).

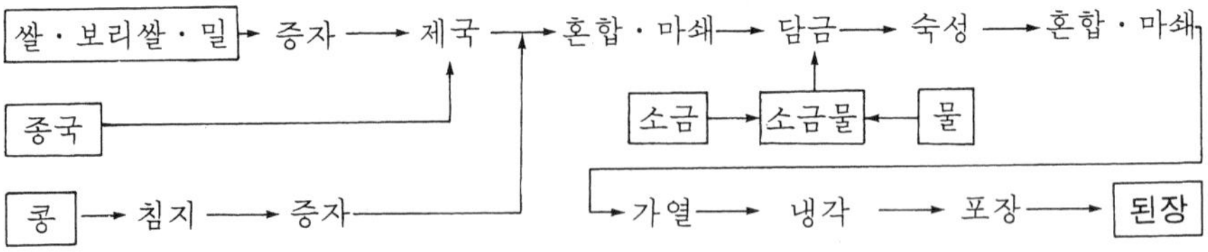

그림 5-32 개량된장의 제조공정

(1) 원료처리

쌀은 5~10%의 정백도, 밀·보리쌀은 10~30%의 도감을 행한 것을 사용한다. 콩은 백색종이나 황색종이 좋다. 곡류는 물에 침지하여 상압으로 증자한다. 콩은 물에 불려서 처음 중량의 2.2배, 콩을 단독으로 사용하는 경우는 1.8배 정도 흡수시켜 가압증자한다.

(2) 제 국

된장용 코오지의 제국은 간장용과 거의 동일하다. 다만 국균 *Aspergillus oryzae*가 간장용보다 장모(長毛)이고 포자착색이 늦으며, protease 활성보다는 amylase 활성이 강한 것이 좋다고 한다. 또한 제국시간도 3일 정도로 하루정도 단축된다. 콩된장의 경우는 콩전량을 제국하고 쌀이나 보리를 섞는 경우는 쌀이나 보리만을 제국한다.

(3) 담 금

증자된 원료, 코지, 소금물을 혼합기에 넣어 혼합·파쇄한 후 발효탱크에 다져넣어 뚜껑을 덮고 그 위에 무거운 것을 얹음으로써 담금이 완료된다. 이동식 탱크가 운반이 용이하고 힘이 덜 들고 위생적이다. 담금시 된장의 수분은 48~52%가 되도록 조절한다.

된장의 발효를 안전하게 도모하기 위해 담금할 때 효모나 젖산균을 배양한 starter를 첨가하기도 한다. 효모는 *Zygosaccharomyces rouxii, Candida,* 젖산균으로는 내염성인 *Pediococcus halophilus, Sterptococcus faecalis*가 이용된다.

(4) 발효·숙성

고정식 탱크에 담은 경우는 20~25일 후에 뒤집기를 하여 상하좌우를 균일하게 하고 발효를 촉진시킨다. 이동식 탱크는 뒤집기가 필요없다. 발효온도는 30℃가 표준이며, 숙성기간은 빠른 것이 7~30일, 긴 것이 수개월 내지 1년을 요한다.

발효·숙성과정에 단백질은 펩티드를 거쳐 아미노산이 되고, 전분은 당을 거쳐 알코올 또는 유기산으로 바뀐다. 알코올류와 유기산류는 ester로 되어 독특한 된장의 향을 형성하기도 한다.

(5) 제성 및 포장

숙성된 된장은 일정한 품질을 유지하기 위해 2가지 이상을 섞은 후 chopper로 마쇄한다. 살균은 플라스틱필름 소포장인 경우 반드시 필요한데, 60℃에서

10분간의 조건으로 행한다. 필요에 따라 솔빈산칼륨 등의 보존료를 첨가한다.

제품은 정량충진기로 규격량을 플라스틱통이나 필름에 담아 탈기한 후 진공포장기로 밀봉한다.

5-8 식 초

식초(vinegar)는 동서양을 막론하고 오랜 역사를 지니고 전해 내려온 발효식품이며, 음식물에 산미를 부여하는 일종의 산미료이기도 하다. 우리나라를 비롯한 동양의 여러나라에서는 곡물식초를 위주로 이어져 왔으나 구미에서는 주로 과실식초를 사용해왔다.

우리나라는 식품공전에서 '식초라 함은 곡류, 과실류, 주류 등을 주원료로 하여 발효시켜 제조한 양조식초와 빙초산 또는 초산을 음용수로 희석하여 만든 합성식초를 말한다.'고 규정하였으며, 총산함량은 초산으로서 4.0~20.0 w/v%로 되어있다.

5-8-1 식초의 종류

합성식초는 발효과정을 거치지 않고 빙초산 또는 초산을 희석하여 유기산 등을 첨가한 것이므로 무색투명하다.

한편 양조식초는 초산발효에 의해 만들어지며, 종류로는 과실식초와 곡물식초가 있다. 양조식초는 고유의 색택과 향미를 가지며 이미, 이취가 없어야 한다.

표 5-26 양조식초의 분류

계 통	명 칭	주 원 료
곡류·주박계	① 쌀식초 ② 맥아식초 ③ 주박식초	쌀, 쌀+알코올 맥아, 맥아+알코올 주박, 주박+알코올
과 실 계	④ 사과식초 ⑤ 포도식초 ⑥ 레몬식초	사과, 사과+알코올 포도, 포도+알코올 레몬, 레몬+알코올
알 코 올 계	⑦ 알코올식초 ⑧ 보통식초(清醋)	알코올 알코올+주박
기 타	⑨ 혼합초 ⑩ 양조초(雜醋)	①~⑥의 혼합 ①~⑨ 이외의 혼합

과실식초는 과실주요, 과실착즙액, 알코올 및 당류 등의 원료를, 곡물식초는 곡물주요, 곡물당화액, 알코올 및 당류 등의 원료를 혼합하여 쓸 수 있도록 되어 있다. 양조식초와 합성식초는 서로 혼합할 수 없으며 일체의 색소를 첨가할 수 없다. 일반적으로 양조식초는 표 5-26 과 같이 분류된다.

5-8-2 초 산 균

알코올을 산화하여 초산을 생성하는 초산균은 그람 음성이고 호기성인 *Acetobacter* 이다. 식초생산균으로는 *A. aceti, A. mesoxydans, A. acetigenum, A. orleanense, A. acetosum, A. rancens, A. schuezenbachii, A. vini-acetati*(*pasteurianus*) 등이 이용된다. 이 중에서 *A. acetosum, A. orleanense* 등은 초산생산성이 강하고 생성된 초산을 과산화하지 않는다. 또 속초법(速醋法)에는 *A. schuezenbachii, A. aceti* 가 적합하다. 초산을 물과 CO_2로 과산화시키고 액표면에서 cellulose 질의 점막을 형성하는 *A. xylinum, A. xylinoides* 등은 유해균이다.

공업적으로는 호기성이며 높은 산도에서도 고농도의 알코올을 효율적으로 초산으로 전환시키는 균이 요구된다. 실제로 초산발효에서는 순수배양공정을 택하는 경우는 비교적 드물고 대개 종초를 반복사용하므로 발효조건이 유사한 성질의 초산균들이 혼합배양된다고 보아야 한다.

근래에 들어 고산도의 식초생산을 위한 고산도 발효용 초산균의 개발이 요구되고 있으며, 현재 약 18% 까지의 고산도 발효가 가능하다고 한다.

5-8-3 초산발효의 기작

초산발효는 2 단계의 비교적 단순한 반응을 거친다.

첫단계는 알코올이 NAD 를 보효소로 하는 alcohol dehydrogenase 에 의해 산화되어 acetaldehyde 가 되고, 동시에 acetaldehyde 는 수화되어 수화 aldehyde 가 된다.

$$CH_3CH_2OH + 1/2\,O_2 \longrightarrow CH_3CHO + H_2O$$

$$CH_3CHO + H_2O \longrightarrow H_3C-\underset{\displaystyle OH}{\overset{\displaystyle H}{\underset{|}{\overset{|}{C}}}}-OH$$

hydrated aldehyde

두번째 단계는 이 aldehyde가 다시 NADP를 보효소로 하는 aldehyde dehydrogenase에 의하여 탈수됨과 동시에 산화되어 초산을 생성한다.

$$H_3C-\underset{\displaystyle OH}{\overset{\displaystyle H}{\underset{|}{\overset{|}{C}}}}-OH + 1/2\,O_2 \longrightarrow CH_3COOH + H_2O$$

위의 3가지 식을 합치면, 초산발효의 일반식은 다음과 같이 표시된다.

$$CH_3CH_2OH + O_2 \longrightarrow CH_3COOH + H_2O$$

이론적으로 1 g의 알코올은 1.304 g의 초산과 0.351 g의 물을 만들어낸다. 그러나 실제로는 이상적인 발효관리하에서도 원료알코올에 대한 초산수득량은 이론치의 85~90% 범위이다.

5-8-4 식초의 제조

(1) 종 초

식초양조에는 우량한 초산균을 다량 번식시킨 종초를 육성하여야 한다. 배지는 청주, 국즙, 주박침출액 또는 합성배지가 이용되며, 배지에 선정균주의 플라스크 배양물을 가하여 배양시킨다. 배지에는 알코올, 식초 등이 함유되어야 한다.

통기가 잘 되게 하여 35~40℃에서 2~3일간 배양하면 표면에 엷은 균막이 형성된다.

그 후에도 배양을 계속하여 산도가 약 5% 정도일 때 종초로 사용한다. 또 담금때마다 종초를 만들지 않고 전회에서 발효가 순조로운 발효액의 일부를 종초로 이용하거나 발효액면에 형성된 균막을 쓰는 방법도 있다.

(2) 원료처리

1) 쌀, 현미

백미, 현미, 쌀가루 등은 당화하여 주모를 첨가, 발효시킨 뒤 여과·압착한 것을 초산발효의 원료액으로 사용한다. 당화방법에는 *Aspergillus oryzae* 등으로 만든 코지를 사용하는 국당화법과 amylase, protease, lipase 등이 함유된 시판 효소제를 사용하는 효소당화법이 있다.

술덧은 가능한 한 맑게 압착·여과하여야 하며, 최근에는 노력과 시간이 절약되는 frame and plate type 압착기가 이용된다.

2) 주 박

청주제조의 부산물인 신선한 주박이 이용된다. 주박을 통이나 밀폐탱크에 다져넣고 공기를 차단하여 2~3년간 실온에서 저장한다. 이 조작을 주박의 양성이라 하는데, 이 과정에서 자체의 미생물과 효소에 의해 미분해의 탄수화물, 단백질 등이 가용화되어 식초의 향과 맛이 좋아지고 초산균의 영양원이 될 수 있는 각종 성분이 만들어지게 된다. 양성(釀成)된 주박은 2~3배의 물을 첨가하여 가용성 성분을 충분히 추출한 후 압착·여과한다. 여기에 알코올을 섞으면 초산발효의 원료액이 된다.

3) 과 실

수세하여 파쇄·착즙하고 필요에 따라 보당하여 발효시킨다. 발효액을 압착·여과하여 식초제조의 원료액으로 쓴다.

(3) 제 조 법

식초의 제조법은 정치법(표면발효법)과 심부배양법(전면발효법)으로 대별할 수 있으며, 구미에서는 정치법보다는 generator라고 불리는 통기발효법이 널리 쓰인다.

1) 정치법(静置法)

정치법은 옛부터 실시되고 있는 방법으로, 조작이 단순하나 발효기간이 길고 대량생산에 적합하지 않는 특징이 있다.

항아리에 술을 담금하여 술이 되면서 초가 되는 전통적인 방법도 정치법이라 볼 수 있다.

프랑스의 포도주초는 Orleans process 또는 French process라고 알려져 있는 정치법으로 만들어진다.

이 방법은 용량이 약 200 l 인 떡갈나무통에 1/3 정도의 종초를 넣어 두고 여기에 매주마다 10~15 l 의 포도주를 4주간 동안 추가하여 5주째에 액량이 나무통의 반정도 되었을 때 10~15 l 의 식초액을 빼내고 동량의 포도주를 보충하는 방식으로 만들어진다.

2) 통기발효법

독일 Frings에 의해 완성된 발효탑(generator)에 의한 초산발효법으로 속초법(quick vinegar process)이라고 부른다. German process 또는 Frings generator(trickling generator)로도 알려져 있다.

이 장치는 직경 430 cm, 높이 460 cm의 목재 또는 내산성 재료로 만들어진 밀폐탱크의 밑바닥에 나무격자(grating)로 된 깔판이 있고 그 아래에 집산실(collection chamber)이 있다(그림 5-33).

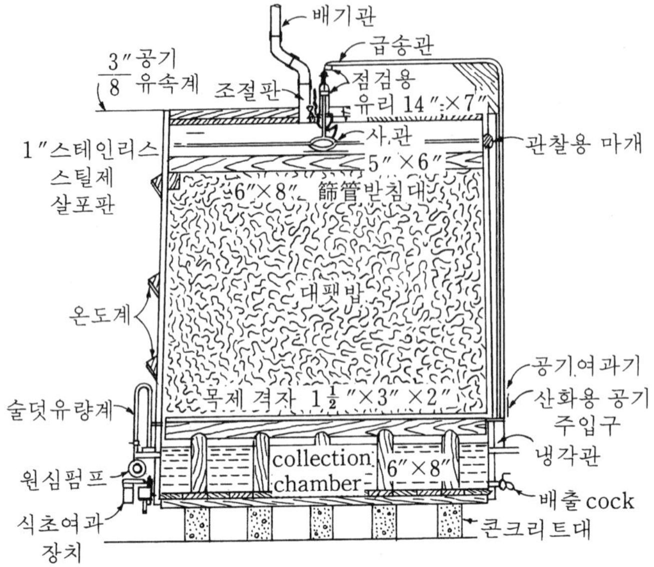

그림 5-33 Frings generator의 구조

집산실의 윗쪽에 공기여과기가 붙어 있어서 공기주입구로부터 무균공기를 불어넣는다. 격자 위에는 너도밤나무(beech) 등의 대팻밥을 탱크의 상부로부터 45 cm의 높이까지 채워넣는다. 대팻밥 대신 철분을 함유하지 않은 코크스, 등나무 다발, 옥수수 심, 벗나무 가지, 부석(浮石) 등을 쓰기도 한다.

이와 같이 이루어진 탱크 내의 충전물에 종초나 순수배양한 초산균을 미리 균일하게 접종하여 번식시켜 둔다.

이 장치에 의한 초산발효는 먼저 10~12% 정도의 알코올을 함유하는 초산발효용 담금액이 탱크상부에 있는 스테인리스제 회전살포판(sprayer) 또는 공기취입장치(sparger)를 통하여 충전물의 상부에서 균일하게 뿌려진다. 다공질의 충전물 표면을 흘러내리는 동안에 하부에서 올라오는 공기와 접촉하면서 초산균에 의해 초산으로 산화되어 하부의 집산실에 모이게 된다. 집산실의 액은 펌프로 다시 탱크상부로 보내지고 예정산도가 될때까지 순환을 반복한다. 알코올농도가 0.3~0.5% 정도일 때 발효탱크에서 식초를 뽑아낸다.

이 장치는 주정초 외에 과실초나 맥아초의 제조에도 사용되고 있다. 공업적 생산에서 알코올이 초산으로 전환되는 비율은 이론수치의 88~90% 범위이다.

3) 심부배양법

심부배양법(submerged aeration process)은 담금액에 순수배양한 초산균이나 종초를 가하고 공기를 송입하여 강하게 교반하면서 액내전면에서 신속하게 초산으로 산화시키는 발효법이며, 독일 Frings가 고안한 Frings acetator(그림 4-14 참조)와 Mayer가 고안한 연속발효장치인 cavitator(그림 4-15 참조)가 이용된다.

Acetator는 전세계적으로 이용되고 있으며, cavitator는 미국, 일본, 한국에서 주로 쓰이고 있다. 이들은 아래쪽에 고속의 교반기가 있고 온도제어장치, 소포장치 등을 갖춘 고도로 정교하게 설계된 스테인리스제 발효장치이다.

Acetator에는 장치 중심에 수직의 관(draft tube)이 없는 대신 소포장치가 있으나, cavitator에는 draft tube를 장치하여 교반·혼합은 물론 소포의 기능도 할 수 있게 되어 있다. 근래에는 두 장치의 장점을 겸한 절충형도 이용되고 있는데, 통기장치도 간단하고 효율좋게 설계되어 있다. 두 장치 모두 회분법이나 연속법이 가능하지만 acetator는 연속식 회분법으로, cavitator는 연속법으로 이용하는 경우가 많다.

종초는 대개 pilot plant를 이용하여 준비하며 1~3주 정도가 소요된다. 발효에 문제가 생길 것에 대비하여 pilot plant는 늘 주발효 탱크와 동시 가동을 한다.

식초산균의 발효에 적당한 온도는 일반적으로 30℃이며, 대부분의 초산균은 38℃가 넘으면 죽게 된다. 따라서 발효과정에서 생성되는 지나친 산화열은 탱크 내의 냉각장치로 제거해야 한다.

발효과정에 수시로 알코올농도를 측정하여, 알코올농도가 0.2% 정도 될때까지 발효시킨 후 발효덧의 35% 정도를 빼내고 새로운 담금액을 보충해서 다시 발효시킨다. 이렇게하여 12% 초산을 생성하는 한 주기는 35시간 정도이며, generator에 비해서는 약 10배나 빠른 셈이 된다. 발효가 완료되면 여과하여 상품화한다. 심부배양법으로 만든 제품은 generator식보다 많이 혼탁되어 있어 여과가 어렵다.

(4) 숙 성

발효가 끝난 식초는 초산 특유의 자극취가 강하고 혼탁이 심하므로 밀폐형 숙성탱크에 넣어 가득 채운 상태에서 대개 2~3개월간 숙성시킨다. 이 기간 중 자극취가 소실되고 향기와 맛이 원숙해지며 미분해 단백질, 펙틴, 균체 등의 침전이 이루어져서 여과·정제가 쉬워진다.

(5) 여과, 살균 및 포장

숙성이 완료된 식초는 규조토, zeolite 등을 여과보조제로 여과기를 사용하여 여과한다. 제품의 투명도를 높이기 위해 microfilter를 쓰기도 한다.

살균은 판형 열교환기 등을 이용하여 60℃에서 5분간, 70℃에서 4분간 또는 80℃에서 2분간이면 충분하다. 포장작업은 병이나 플라스틱통에 전자동 포장장치를 이용하여 하게 된다.

5-8-5 식초의 성분

양조식초의 일반성분 예를 표 5-27에 나타내었다.

양조식초에는 주성분인 초산을 비롯하여 유기산, 아미노산류, 당류, 염류 등이 함유되어 있다.

유기산으로는 fumaric, lactic, α-ketoglutaric, succinic, malic, citric, gluconic, tartaric, pyroglutamic acid 등이 알려져 있는데 주박초에는 pyroglutamic acid, 포도식초에는 tartaric acid, 사과식초에는 malic acid가 월등히 많이 함유되어 있다.

표 5-27 양조식초의 일반성분 (단위 : %)

성분 / 종류	쌀 초	박 초	맥아초	주정초	사과초	포도초
총 산	4.60	4.59	4.95	5.33	5.05	5.28
불휘발산	0.37	0.22	0.37	0.21	0.32	0.49
주 정	0.15	0.18	0.17	0.36	0.17	0.31
전 당	4.97	1.30	1.66	1.84	2.60	—
환 원 당	3.0	0.018	0.70	0.69	1.77	0.92
전 질 소	0.035	0.018	0.004	0.010	0.009	0.012
NH_2-N	0.017	0.008	0.006	0.001	0.004	0.005
extract	5.86	1.71	1.36	0.64	5.35	4.02
회 분	0.72	0.58	0.22	0.40	0.10	0.16
비 중	1.049	1.018	1.017	1.011	1.022	1.024
pH	2.70	2.65	—	2.61	—	—

또 당류로는 포도당이 가장 많고 다음으로 과당이 많으며 설탕, 맥아당, ribose, mannose 등도 검출되고 있다. 그 밖에 glycerol, sorbitol 등도 함유한다. 아미노산은 glutamic acid, aspartic acid, proline, lysine, histidine 등이 알려져 있으며, 아민류로는 putrescine, cadaverine 등이 아주 소량 함유되어 있다.

양조식초의 공통적인 향기성분은 초산 외에 ethanol, acetaldehyde, ethyl acetate, furfural, octyl alcohol, 2, 3-butylene glycol이 있고, 미량성분으로 isobutyl alcohol, isoamyl alcohol, n-amyl alcohol이 있다. 불쾌취의 원인물질인 acetoin, diacetyl 등도 알려져 있다.

제 6 장 대사생성물의 생산

6-1 유기산발효

유기산은 식품첨가물과 화학공업의 원료로써 이용되고 있는데 이들의 생산은 미생물에 의한 발효법과 화학적 합성법으로 제조되고 있다. 발효법에 의한 생산은 미생물의 대사 중에 생성되는 대사생성물로부터 얻어지는 것으로 실제 공업적으로 이용되는 것은 소수에 불과하다.

6-1-1 유기산 생성경로

미생물에 의해서 유기산을 생성하는 경우 원료로 사용되는 탄소원은 탄수화물, 알코올류, 탄화수소 등이 있다. 가장 대표적인 탄수화물을 원료로 한 유기산발효와 관련이 있는 대사경로를 설명하기로 한다.

미생물에 의한 당류의 대사경로는 알코올발효와 유기산발효 등이 관련된 것으로 Embden-Meyerhof-Parnas 경로(EMP 경로)가 알려져 있다(그림 3-2 참조). 이 EMP 경로를 거쳐서 TCA 회로로 들어가는 경로는 일반적으로 호기적인 조건하에서 볼 수 있으나 glucose 또는 fructose로부터 ethanol에 도달하는 알코올발효경로는 혐기적인 조건하에서 진행된다. 또 젖산생성 경로도 혐기적 조건하에서 진행되며 *Lactobacillus, Leuconostoc, Streptococcus* 등의 젖산균 등에서 볼 수 있다.

이 EMP 경로 외에 호기적 산화경로인 6탄당인산경로(hexose monophosphate shunt, HMP 경로, 그림 3-6 참조)가 있다. 이 경로는 glucose-6-phosphate로 부터 6-phosphogluconate를 거쳐서 5탄당인산을 생성하는 경로이며, 핵산의 구성성분인 ribose 등을 생성하는 경로로써 중요하다.

HMP 경로의 존재는 *Pseudomonas* 속 등의 세균, 호기적 조건하에 있는 효모, *Aspergillus*속과 *Penicillium*속의 곰팡이 등 많은 종류의 미생물에 있어서 알려져 있으며, *Acetobacter suboxydans* 등과 같이 거의 HMP 경로만을 거치는 균도 있다.

당이 EMP 경로에 의해서 분해되어 생성된 pyruvic acid가 거치는 경로는 tricarboxylic acid cycle(TCA 회로)이다. 이 회로는 탄수화물 이외에도 지방, 탄화수소 등의 분해대사를 비롯하여 아미노산, 단백질의 대사와도 깊은 관련을 가지고 있다(그림 3-4 참조).

표 6-1 해당계 및 TCA 회로와 관련되는 유기산발효

생 산 물	원 료	생 산 균
Lactic acid	Glucose, Sucrose 등	*Streptococcus lactis* *Pediococcus lindneri* *Leuconostoc mesenteroides* *Lactobacillus delbrückii* *Rhizopus oryzae*
Citric acid	Sucrose Sucrose Sucrose *n*-Paraffin *n*-Paraffin *n*-Paraffin	*Citromyces pfefferianus* *Aspergillus niger* *Asp. wentii, Asp. awamori* *Candida lipolytica* *Arthrobacter paraffineus* *Penicillium janthinellum*
α-Ketoglutaric acid	Glucose *n*-Paraffin *n*-Paraffin	*Pseudomonas fluorescens* *Candida lipolytica* *Arthrobacter paraffineus*
Succinic acid	Glucose *n*-Paraffin	*Brevibacterium flavum* *Candida brumptii*
Fumaric acid	Glucose Starch *n*-Paraffin	*Rhizopus delemar* *Rhizopus nigricans* *Candida hydrocarbofumarica*
L-Malic acid	Glucose Glucose Fumaric acid *n*-Paraffin *n*-Paraffin	*Aspergillus flavus* *Rhizopus chinensis* +*Pichia membranaefaciens* *Lactobacillus brevis* *Candida hydrocarbofumarica* *Candida brumptii*
Itaconic acid	Glucose Glucose	*Aspergillus itaconicus* *Aspergillus terreus*

Ethanol이나 acetic acid 등의 C_2화합물은 acetyl-CoA를 거쳐 C_4화합물인 L-malate가 되어 TCA회로에 들어가는 경로가 있는데 이 경로를 glyoxylate회로라 한다(그림 3-5 참조).

이상과 같이 당류, 기타 탄소화합물이 해당계 및 TCA회로에 의해서 생성되는 유기산발효(표 6-1 참조)와 이와는 달리 탄수화물, 알코올류, 탄화수소 등의 직접산화에 의해서 생성되는 유기산발효(표 6-2)가 있다.

표 6-2 직접 산화에 의한 주된 유기산발효

생 산 물	원 료	생 산 균
Acetic acid	Ethanol	*Acetobacter aceti, Acetobacter orleanense*
Propionic acid	Propanol	*Acetobacter aceti*
Butyric acid	Butanol	*Acetobacter aceti*
Glycollic acid	Ethanediol	*Acetobacter, Gluconobacter*
Isovaleric acid	Isoamyl alcohol	*Acetobacter, Gluconobacter*
Lactic acid	1, 2-Propanediol	*Arthrobacter oxydans*
D-Arabonic acid	D-Arabinose	*Pseudomonas*
D-Xylonic acid	D-Xylose	*Penicillium corylophilum*
D-Xylonic acid	D-Xylose	*Pseudomonas*
D-Gluconic acid	Glucose	*Pseudomonas ovalis*
D-Gluconic acid	Glucose	*Gluconobacter roseus*
D-Gluconic acid	Glucose	*Aspergillus niger*
D-Gluconic acid	Glucose	*Penicillium chrysogenum*
2-Ketogluconic acid	Glucose, Gluconic acid	*Pseudomonas fluorescens*
2-Ketogluconic acid	Glucose, Gluconic acid	*Serratia marcescens*
5-Ketogluconic acid	Glucose, Gluconic acid	*Acetobacter suboxydans*
2, 5-Diketogluconic acid	Glucose	*Acetobacter melanogenum*
2, 5-Diketogluconic acid	Glucose	*Gluconobacter liquefaciens*
D-Araboascorbic acid	Glucose	*Penicillium notatum*
Kojic acid	Glucose	*Aspergillus oryzae*
Kojic acid	Glucose	*Aspergillus flavus*
D-Mannonic acid	Mannose	*Gluconobacter*
D-Galactonic acid	Galactose	*Gluconobacter*
2-Keto-L-gulonic acid	L-Idonic acid	*Pseudomonas*

6-1-2 해당계 및 TCA 회로와 관련되는 유기산발효

(1) 젖산발효

1) 생성기구

젖산발효는 당으로부터 젖산만을 생성하는 정상형 젖산발효(homo lactic acid fermentation)와 젖산이외에 초산 또는 알코올 등의 다른 물질도 함께 생성하는 이상형 젖산발효(hetero lactic acid fermentation)로 구별하고 있다. 공업적인 젖산제조에는 정상형 젖산발효 형식을 이용하고, 발효식품 제조에는 정상형 젖산발효 형식이나 이상형 발효형식을 이용한다.

① Homo 젖산발효

$$C_6H_{12}O_6 \longrightarrow 2\,CH_3 \cdot CHOH \cdot COOH$$

② Hetero 젖산발효

α형 : $$3\,C_6H_{12}O_6 + H_2O \longrightarrow \underset{\text{mannitol}}{2\,C_6H_{14}O_6} + CH_3 \cdot CHOH \cdot COOH + CH_3COOH + CO_2$$

β형 : $$C_6H_{12}O_6 \longrightarrow CH_3 \cdot CHOH \cdot COOH + C_2H_5OH + CO_2$$

③ 가성(假性) 젖산발효

$$2\,C_6H_{12}O_6 + H_2O \longrightarrow 2\,CH_3CHOH \cdot COOH + CH_3COOH + C_2H_5OH + 2\,CO_2 + 2\,H_2$$

2) 생 산 균

젖산의 공업적 발효생산은 원료에 따라 균주가 다르다. 예를들어 포도당, 전분질당화액 및 당밀을 원료로 사용하는 경우는 *Lactobacillus debrüeckii*, *Lactobacillus leichmannii*, 우유, 유청(whey) 등을 사용하는 경우에는 *Lactobacillus bulgaricus* 또는 *Lactobacillus casei*, 아황산펄프폐액을 사용하는 경우는 *Lactobacillus pentosus*가 흔히 이용된다.

한편 *Rhizopus*속에 속하는 곰팡이를 이용하는 경우도 있는데 이 경우는 세균과 달리 호기적으로 L형 젖산만을 생성하는 것이 특징이다. 대표균주로서는 *Rhizopus oryzae*가 있다.

3) 생 산

공업적인 젖산발효생산의 원료로서는 전분당화액이 주로 이용되고 있다. 젖산균의 영양요구는 복잡한데, 특히 vitamin B군을 필요로 하므로 맥아근 등이 첨가된다. 전분원료로는 고구마, 감자, 옥수수 등이 사용되고, 이들은 맥아

(malt) 또는 koji(麴)의 효소[효소당화법] 및 황산, 염산 또는 수산[산당화법] 등을 이용하여 분해하여 총당농도가 10~15%가 되도록 한다. 발효 중의 pH를 5.5~6.5로 조절하기 위하여 $CaCO_3$를 가하며, 산당화액에는 질소원이 되는 부원료(예 : 겨, 밀기울, 맥아근, corn steep liquor)를 첨가하고 종모(*L. delbrüeckii* 등)을 5% 정도 첨가하여 $CaCO_3$의 침강을 막기 위해 서서히 교반하면서 48~50℃에서 4~7일간 발효시킨다. 우유 혹은 유청 원료의 경우는 당농도 6%, 43~45°C에서 발효한다.

발효액 중에는 과량의 $CaCO_3$가 첨가되어 있고 생성된 젖산은 젖산칼슘형태로 되어 산생성에 의한 배양액의 pH 저하는 방지된다. 발효가 끝나면 곧 석회유를 가하여 pH 10~11로 조절하며, 가열하여 생긴 침강물질을 여과하여 제거하고 여과액을 방냉하면 젖산칼슘의 결정을 얻는다. 이 결정에 계산량의 황산을 가하여 황산칼슘으로 침전시켜 여과하여 제거하고, 감압농축하여 35~40%의 젖산으로 농축하면 조제젖산을 얻게된다. 조제젖산을 재결정법 혹은 isopropyl ether를 사용한 추출법으로 식품첨가물용 젖산으로 정제한다. 젖산은 식품의 산미료나 보존료로서, Ca-lactate는 Ca강화제로 이용되며, 젖산의 유도체의 형태로 제약, 플라스틱제품의 제조 등 여러 산업에 이용되고 있다.

(2) 구연산발효

구연산은 레몬 등의 감귤류로부터 추출하여 사용되어 왔으나 곰팡이가 높은 수득률로 구연산을 생산한다는 것이 알려진 후 발효법으로 생산이 되고 있다.

1) 생성기구

미생물에 의한 구연산의 생합성경로는 그림 3-4 및 6-1과 같다.

당을 원료로 하였을 경우 EMP경로를 거쳐서 TCA회로에서 생합성되지만 (그림 3-4 참조) *n*-paraffin 등의 탄화수소를 원료로 하였을 경우는 terminal oxidation과 β-oxidation에 의하여 acetyl-CoA가 된 다음 glyoxylate회로에서 구연산이 생합성된다(그림 6-1). 구연산은 중간생성물로서 일반적으로는 축적되지 않으므로 구연산이 축적되는 것은 균의 상태로는 정상적이 아니라고 할 수 있다. 구연산의 축적기에는 condensing enzyme(citrate synthase)의 활성이 증가하며, 가장 왕성한 시기에는 초기의 10배에 달하는데 반해 구연산의 분해에 관계되는 isocitrate dehydrogenase와 aconitase의 활성은 감소하고 가장 왕성한 시기에는 거의 없어져 구연산을 축적하게 된다.

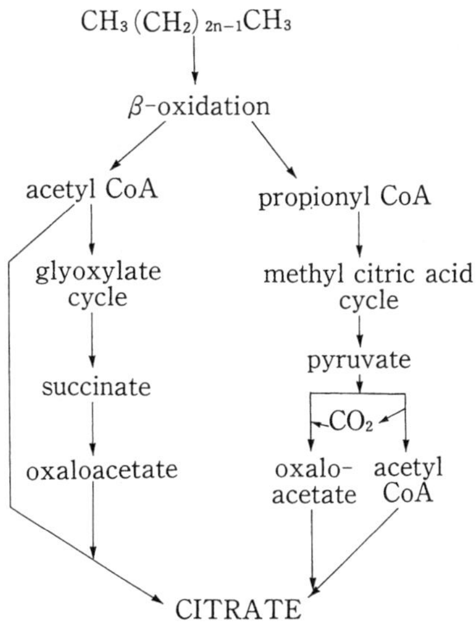

그림 6-1 효모에 의한 탄화수소로부터의 구연산 생합성경로

당 또는 탄화수소를 원료로 하였을 때의 구연산발효 전체의 반응식은 다음과 같다.

$$C_6H_{12}O_6+\frac{3}{2}O_2 \longrightarrow C_6H_8O_7+2H_2O$$

$$6CH_2+\frac{9}{2}O_2 \longrightarrow C_6H_8O_7+2H_2O$$

위의 식으로부터 이론수득률은 원료가 glucose 일 때 106.7%(w/w), 탄화수소일 때 228.6%(w/w)가 된다.

2) 생 산 균

당을 원료로 하는 경우는 *Aspergillus niger*, *Aspergillus awamori*, *Aspergillus saitoi* 등이 이용되며, 탄화수소인 *n*-paraffin 으로부터는 *Arthrobacter* 속의 세균, *Candida* 속의 효모, *Penicillium* 속의 곰팡이가 우수한 생산균으로 알려져 있다. 이 중에서도 *Candida lipolytica* 는 Fe^{2+}의 양을 조절하고 isocitric acid 를 억제하여 원료에 대해서 140~150%의 구연산을 생성 축적하였다. 또한 Fe^{2+}의 양을 조절하는 것이 공업적으로 번거로우므로 aconitase 저해제인 monofluoroacetic acid 감수성균을 유도하여 isocitric acid 의 부생을 억제하는데도 성공하였다.

3) 생 산

구연산의 생산에는 표면배양법과 액내배양법이 있다. 표면배양법에는 발효접시(fermentation pan)에 액체배지를 넣고 곰팡이를 접종하여 배양하는 방법과 고구마박 등과 같은 전분박을 호화하여 곰팡이를 접종하는 코지식의 고체배양을 하는 방법이 있다. 액내배양법은 당질 원료로 만든 액체상태의 살균된 배지에 생산균을 접종하여 통기교반형 발효탱크 또는 airlift 형 발효탱크에서 배양하는 방식으로 현재 구연산생산에 주류를 이루는 방법이다.

발효의 주원료는 당질원료 또는 전분질원료가 사용되고 있는데 가장 많이 사용되는 것은 사탕무당밀(beet molasses)이며, *n*-paraffin 이 이용되기도 한다.

Aspergillus niger 등의 곰팡이에 의한 구연산발효는 배지 중에 Fe^{2+}, Zn^{2+}, Mn^{2+} 등의 금속이온량이 많으면 산생성이 저하된다. 특히 Fe^{2+}의 영향이 크므로 당밀 등을 이용할 때는 미리 원료를 이온교환수지로 처리하든지 적당량의 페로시안화칼륨(potassium ferrocyanate)을 첨가한다.

또 2~3%의 methanol, ethanol, propanol 과 같은 알코올의 첨가도 수득량의 증가에 효과가 있다. 배양액의 pH 는 2~3 으로 조절하고, pH 5 이상인 경우에는 gluconic acid 와 수산의 생성량이 증가한다. 당농도는 10~15% 일 때 25~28°C 에서 4~10 일간 호기적 조건에서 액내 배양을 한다(그림 6-2). 통기부족시에는 알코올이 생산된다.

발효가 끝나면 발효액 중의 균체를 분리 제거하고 구연산은 생석회, 소석회 또는 탄산칼슘으로 중화하여 가열 후 구연산칼슘으로 회수한다. 이 구연산칼슘은 황산을 첨가하여 구연산으로 분해하고 이온교환수지 등으로 처리하여 정제 후 결정화한다.

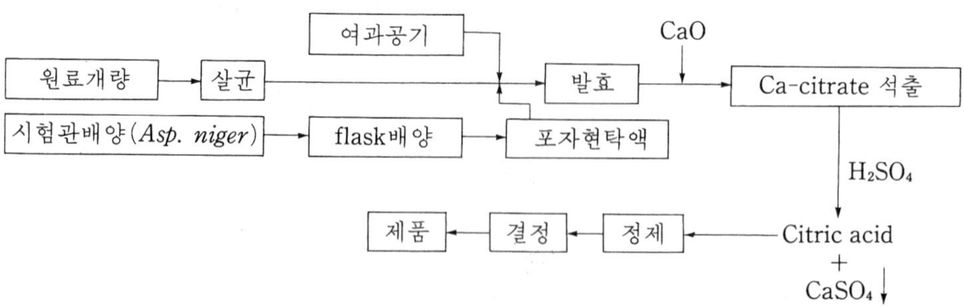

그림 6-2 액내 배양법에 의한 구연산 제조공정

구연산은 식품의 산미료로 이용될 뿐만 아니라 의약품, 플라스틱, 화장품, 세제, 도금 등에 널리 이용되고 있다.

(3) Fumaric acid 발효

Fumaric acid 생산균은 Mucorales 목에 속하는 *Rhizopus* 속의 곰팡이가 많으며, *Rhizopus* 속은 자웅이주(雌雄異株)가 있고 (+)주는 fumaric acid를 생성하지만 (−)주는 생성하지 않는다. 특히 우수한 생산균은 *Rhizopus nigricans* 이다. *Rhizopus* 속에 의한 fumaric acid 생성에는 pyruvate carboxylase에 의한 pyruvic acid에의 CO_2 고정반응이 중요한 역할을 담당하고 있다.

$$\text{Glucose} \rightarrow \text{Pyruvic acid} \xrightarrow[\text{pyruvate carboxylase}]{CO_2} \text{Oxaloacetic acid} \xrightarrow{2H} \text{Malic acid} \xrightarrow{H_2O} \text{Fumaric acid}$$

단당류, 당밀, 전분의 탄수화물을 함유하는 원료에 *Rhizopus nigricans*를 이용하여 생산하는 액내배양의 경우는 곰팡이의 발육과 fumaric acid의 생성의 2단계로 나누어 행한다. 당농도는 5~10%이며, 질소원과 무기염류를 첨가한 배지에 포자를 접종하고 28~35°C에서 24~60시간 배양하여 균체를 생육시키고, 생성된 균체에 탄소원 20% 및 탄소원의 50%에 상당하는 $CaCO_3$을 첨가한다. 질소원은 필요하지 않으나 무기염류는 첨가하여 28°C에서 1~7일간 발효시킨다. 또 n-paraffin 자화성 효모인 *Candida hydrocarbofumarica*는 n-paraffin으로부터 7일간의 액내 배양에서 84%의 수율로 fumaric acid가 생산되기도 한다.

Fumaric acid는 식품의 산미료, 합성수지의 원료 및 매염제로 이용되며 발효법에 의한 aspartic acid와 malic acid의 생산에도 이용된다.

(4) Malic acid 발효

*Aspergillus flavus*에 의하여 대당수율 30% 정도로 생성되었으며, *Rhizopus chinensis*와 *Pichia membranaefaciens*를 함께 배양하여 대당 62.5%의 수율로 malic acid를 얻었고, *Candida hydrocarbofumarica*와 *Candida utilis* 또는 *Pichia membranaefaciens*를 함께 배양하여 *n*-paraffin에 대해서 약 70%의 수율로 malic acid가 축적되었다. 또 *n*-paraffin으로부터의 생산균으로 *Candida brumptii*가 알려져 있다. 이상의 발효법 이외에

Lactobacillus brevis 의 fumarase 를 이용하여 fumaric acid 로 부터 100% 수율로 malic acid 를 효소적으로 생성하고 Ca-fumarate 와 Ca-malate 의 용해도 차를 이용하여 Ca-malate 로 석출한다. 이 반응은 고농도(20% 이상)에서도 단시간에 진행된다. 이 방법은 L-형을 생산하므로 공업화되고 있다.

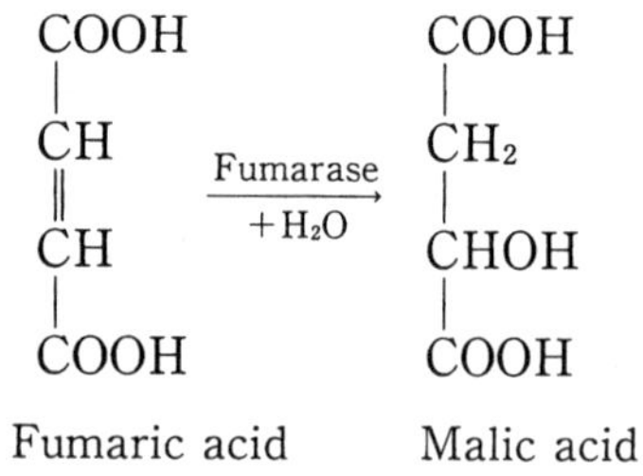

Malic acid 는 청량음료나 빙과의 산미료로서 또는 마요네즈 등의 유화안정제 및 pH 조정제로서 사용되며, Na 염은 식염대용으로 사용되어 무염간장에 이용된다.

(5) Itaconic acid 발효

Itaconic acid 는 포도당에서 구연산을 생성한 다음 *cis*-aconitic acid 로 되어 *cis*-aconitate decarboxylase 에 의하여 탈탄산되어 생성된다.

Itaconic acid 의 생산균으로는 *Aspergillus itaconicus* 와 *Aspergillus terreus* 가 알려져 있으며, 현재 이 두 균주의 변이주가 공업적 생산에 이용되고 있다.

Aspergillus itaconicus 를 이용한 액내배양에 의해서 당농도 15~20%의 당밀배지에서 수율 60%로 itaconic acid 를 얻었고, *Aspergillus terreus* 를 이용한 액내배양에 의해서 당농도 15%의 설탕배지에 고농도의 Mg^{2+}을 첨가하고 인산염을 제한하며, pH 2 로 하고 2~3 일간 배양하여 수율 60%의 itaconic acid 를 얻는다.

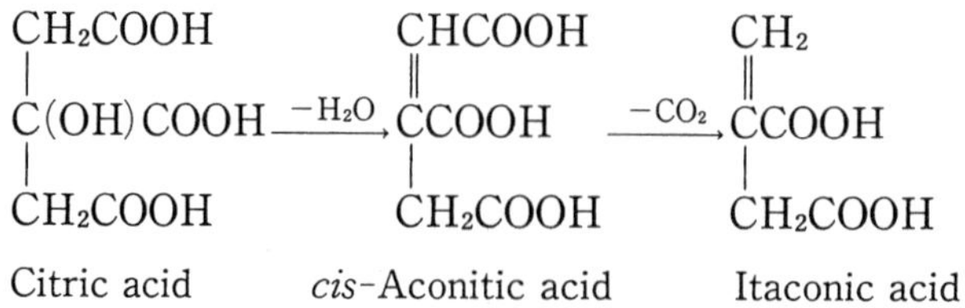

Itaconic acid는 불포화결합을 가지는 2염기산으로 합성수지, 계면활성제, 유기합성시약의 원료로서 사용된다.

(6) Gluconic acid 발효

Gluconic acid의 생성은 glucose oxidase 또는 glucose dehydrogenase의 작용으로 D-glucono-δ-lactone이 생성되고, 다시 비효소적으로 D-gluconic acid가 생성된다.

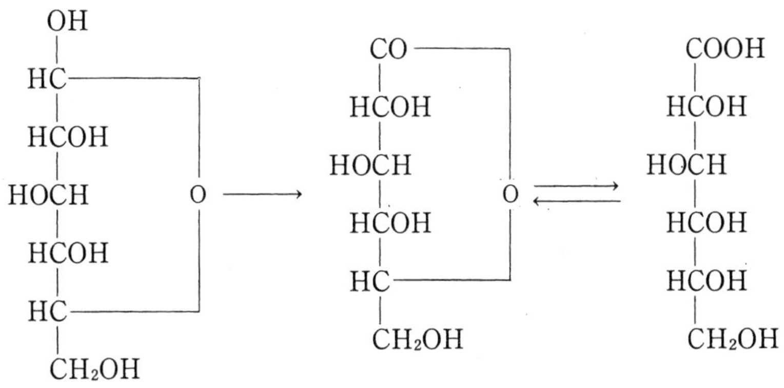

D-Glucose D-Glucono-δ-lactone D-Gluconic acid

Glucose로부터 gluconic acid를 생성하는 세균에는 *Acetobacter suboxydans, Acetobacter gluconicum, Pseudomonas ovalis*가 알려져 있고, 곰팡이에는 *Penicillium chrysogenum, Aspergillus niger* 등이 알려져 있는데 공업적 생산에 이용되는 균은 *Asp. niger*와 *A. suboxydans*이다.

공업적인 생산에는 알루미늄제의 회전드럼형 발효관을 이용하거나 통기교반장치가 있는 대형발효조를 이용해 배양한다. 주로 후자가 이용되며 glucose 농도를 15~20%로 하여 $MgSO_4$, KH_2PO_4 등의 무기염류를 첨가한 것을 배지로 사용한다. 또는 전분을 glucoamylase로 당화시킨 액에 무기염류를 가하고 *Aspergillus niger*를 접종하여 액내배양을 한다.

균은 산성에 약하므로 미리 $CaCO_3$를 첨가하거나 NaOH를 배양 중에 연속적으로 첨가하여 pH는 5.5~6.5로 유지한다. 생성된 gluconic acid는 Ca염과 Na염으로 분리한다. Na-gluconate는 알칼리용액으로 식품공업에서는 병 등의 유기세척제로 사용되고 보일러의 물에 넣어 scale방지제로 이용된다. 유리 gluconic acid를 농축해서 결정화한 glucono-δ-lactone은 두부제조시의 응고제로서 사용되며, baking powder에 배합되어 CO_2의 발생을 조절하는데 이용되기도 한다.

6-2 알코올 발효

주정은 에틸알코올(C_2H_5OH)을 85% 이상 함유한 무색투명한 액체로 발효법과 합성법에 의하여 생산된다. 발효법에 의하여 생산되는 주정은 주류, 식품, 화장품 등에 이용되며, 합성법에 의하여 생산되는 주정은 공업용으로만 이용하고 있다. 발효법은 당밀, 고구마, 타피오카 등의 원료를 효모에 의해 알코올발효한 후 증류하는 방법이고, 합성법은 석유화학공업에서 부생되는 에틸렌으로부터 제조하는 방법이다.

우리나라에서는 주정의 규격을 에틸알코올 95%로 규정하고 있다.

6-2-1 총 론

(1) 알코올발효의 원리

효모의 알코올발효는 포도당으로부터 EMP경로를 거쳐 생성된 pyruvic acid가 혐기적 조건하에서 CO_2의 이탈로 acetaldehyde로 되고 다시 환원되어 에틸알코올을 생성하게 된다.

효모에 의한 알코올발효의 이론식은 다음과 같으며, 이 식을 Gay-Lussac의 식이라고 한다.

$$C_6H_{12}O_6 \longrightarrow 2\,C_2H_5OH + 2\,CO_2$$

전분이 이용되는 경우는 전분이 포도당으로 분해되는 과정을 거쳐야 하며 이론식은 다음과 같다.

$$(C_6H_{10}O_5)_n + n\,H_2O \longrightarrow n\,C_6H_{12}O_6 \longrightarrow 2n\,C_2H_5OH + 2n\,CO_2$$

	전분	물	포도당	에틸알코올	탄산가스
분자량	162.14	18	180.14	92.14	88
	100 kg			56.82 kg(71.5 l)	
			100 kg	51.14 kg(64.3 l)	

이 식에 의하면 이론적으로 포도당 100 kg 으로부터 에틸알코올이 51.14 kg (64.3 l) 생성되고, 전분 100 kg 에서는 56.82 kg(71.5 l)가 생성된다. 그러나 원료 중 5% 정도는 효모의 생육이나 부산물의 생성에 소비되므로 실제의 수득률은 이론치의 약 95%이다. 포도당 이외에 fructose, mannose, galactose 등도 잘 발효되며, 이들 당을 발효성 당(醱酵性糖, zymohexose)이라고 한다. maltose, sucrose와 같은 이당류도 잘 발효되지만 이들은 가수분해에 의해서 단당류로 되어 이용된다. 그러나 lactose, inulin은 특수한 효모에 의해서만 발효가 되고, 전분, 섬유질은 직접 발효되지 않으므로 가수분해하여야 한다.

(2) 원　　료

당밀 등과 같이 발효성 당을 함유하는 것과 전분, 섬유질 등과 같이 그대로는 효모가 이용할 수 없는 다당류를 함유하는 것들이 이용되고 있다. 후자의 경우에는 알코올발효를 하기 전에 미리 당화를 하지 않으면 안된다.

우리나라에서는 당질의 사탕수수폐당밀, 전분질의 고구마, 카사아버 등이 주를 이루었으나, 최근에는 쌀보리 및 옥수수도 이용되고 있으며, 외국에서는 아황산펄프폐액도 이용되고 있다(그림 6-3).

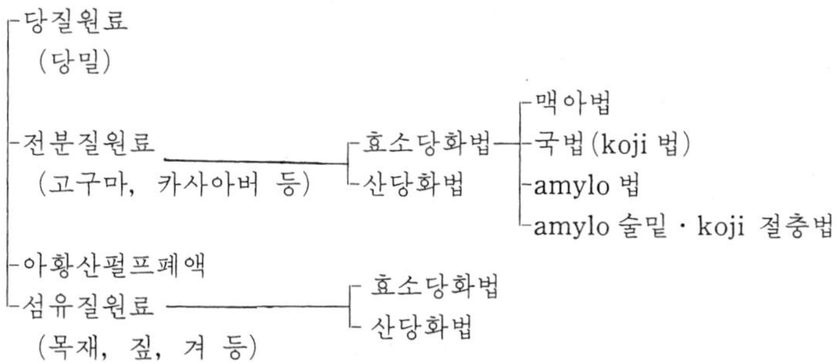

그림 6-3 알코올발효용 원료와 당화법

1) 당질원료

① 당　밀

설탕제조의 부산물인 폐당밀(blackstrap molasses)에는 사탕수수당밀(cane molasses)과 사탕무당밀(beet molasses)이 있으며, 정제당 제조과정에서 얻어지는 정제당 당밀(refinary molasses)과 전분당화액에서 결정포도당을 제조하고 남은 폐액인 hydrosol을 사용하기도 한다.

당밀은 상당량의 당분을 함유하고 있고, 값도 비교적 싸서 원료로 적합하며, 당화공정이 필요없어 설비나 작업이 간단하다. 당밀의 성분은 원료에 따라 차이가 있다(표 6-3).

표 6-3 당밀의 성분

구 분	비 중	Brix	수분(%)	자당(%)	전화당(%)	전당(%)
사탕수수당밀	1.41~1.42	80~83	25~40	15~25	5~30	55~58
사탕무당밀	1.41~1.42	80~83	35~45	35~45	5~20	48~53

당밀은 50~60%의 전당을 함유하고 있고 회분은 많은데 그 대부분은 K와 Ca이며, 증류탑 내 scale 부착의 원인이 된다.

② 아황산펄프폐액

아황산펄프를 생산할 때 생기는 흑갈색의 액체이며 사용하는 목재, 증자조건 등에 따라서 그 성분이 다르나, 대개 비중 1.10~1.16, 고형분 11~17%, 환원당 2.3~3.5%, 아황산 0.024~0.072%, 회분 1.6~2.5%, 리그닌(lignosulfonic acid로서) 6.5~8.3%를 함유한다.

구성당류는 glucose를 주로 한 hexose와 xylose를 주로 한 pentose이며, 그 함량은 원료 목재의 종류에 따라 다르고, 증자조건에 따라 성분의 차이가 생긴다. 주정의 생산을 위해서는 hexose의 함량이 많은 침엽수를 원료로 한 폐액이 유리하다.

2) 전분질 원료

① 곡 류

곡류에는 쌀, 보리, 밀, 귀리, 옥수수, 조 등이 있으나 저장이나 수송 중 변질된 쌀, 밀, 보리, 옥수수와 과잉생산된 보리 등도 사용된다.

② 고구마

생고구마 또는 절간고구마가 이용되는 데 전분, 전질소, 회분 등의 함량이 적당하며, 상당량의 β-amylase가 함유되어 있으므로 이 효소의 작용을 충분히 이용할 수 있는 증자조건이 필요하다(표 6-4).

표 6-4 생고구마와 절간고구마의 성분(%)

구 분	수 분	전 분	단백질	회 분	환원당	자 당
생고구마	63~73	18~26	0.8~2.2	0.8~1.2	0.73~1.1	1.8~3.5
절간고구마	11~15	60~68	1.5~5.4	1.6~3.1	0.5	2.0~5.4

③ 타피오카

남아시아, 남아메리카 및 아프리카 등지에서 재배되는 다년생 식물인 카사아버의 뿌리로 부터 만든 가공품인 타피오카뿌리, 타피오카칩, 타피오카페렛 등을 수입하여 이용하고 있다(표 6-5).

표 6-5 타피오카와 그 가공품의 성분(%)

구 분	수 분	전 분	단백질	지 방	섬 유	회 분
타피오카뿌리	65	32	0.8~1.0	0.2~0.5	0.8	0.3~0.5
타피오카칩	13	72	–	0.4	2~4	1.8~2.0
타피오카페렛	13~14	70	–	–	4~5	2.0~3.0

3) Inulin 원료

Inulin은 과당의 중합체이므로 적당한 방법으로 가수분해하면 과당을 얻을 수 있을 뿐만 아니라 당화액은 좋은 발효원료가 된다. inulin은 뚱단지(돼지감자, *Jerusalem artichoke*)의 구근에 많이 함유되어 있다.

구근의 화학조성은 수분 약 80%, 건조물량 약 20%, 총당 13~16%, 총질소 약 0.3%, 회분 1~1.4%이며, 총당 중 환원당은 과당으로서 0.4~1.0%에 지나지 않고 대부분은 inulin이다.

원료로 사용할 때에는 그 자체의 효소를 이용하거나 미생물이 생산하는 inulase를 이용하여 당화시키든가 산당화법에 의해서 당화할 필요가 있다.

4) 섬유질 원료

섬유질 자원으로서는 목재 및 농산폐기물인 짚, 겨, 고구마넝쿨 등이 있으며, 이들을 원료로 사용하기 위해서는 먼저 당화를 하여야 하는데 당화의 방법에는 산당화와 효소당화가 있다.

목재의 경우는 무기산으로 가수분해시켜 얻은 목재당화액을 발효원료로 사용할 수 있으나 우리나라에서는 경제성이 없어 이용되지 않고 있다. 효소당화는 반응이 저온상압에서 진행되고 당화와 발효를 병행할 수 있으므로 에너지 절약면에서 유리하다. 그러나 당화를 효율화하기 위해서는 섬유질원료를 미립화하는 등 전처리기술의 확립과 강력한 cellulase를 대량으로 생산하는 미생물의 선발이 앞서야 한다. 농산폐기물도 상당량의 섬유질을 함유할 뿐 아니라 pentosan이 풍부하다. 그러므로 적당한 방법으로 당류로 분해할 수 있다면 원료로 사용될 수 있으나 목적원료의 수집, 보존 등의 문제점이 있다.

6-2-2 각종 알코올발효법

(1) 당밀로부터 알코올발효

당밀을 원료로 하는 주정제조는 당밀을 희석, 발효조성제 첨가, 살균, 효모의 접종, 발효 및 증류의 과정을 거친다.

1) 당밀의 전처리

당밀을 증자기에서 총당 10~12%(술덧용 15~17%)로 희석하고, 진한황산을 첨가하여 pH 4.8~5.0 으로 조절한다. 당밀의 희석과 동시에 효모의 영양보충을 위하여 발효조성제를 첨가하여 개량한다.

발효조성제에는 황산암모늄, 요소, 쌀겨 등 질소원이 이용되는데, 첨가량은 원당밀의 중량에 대하여 황산암모늄은 1%, 쌀겨를 사용할 때에는 약 3%가 보통이다. 발효조성제의 첨가의 한 방법으로 앞서 발효한 발효액의 증류폐액을 20% 이내 첨가하는 폐액환원(slopping back)이 있다.

살균은 100°C 에서 30 분간 또는 1 kg/cm²(121°C)의 압력하에서 10 분간 살균한다.

2) 술밑의 제조

사용되는 효모균은 *Saccharomyces formosensis* 와 *Saccharomyces robustus* 이며, 제조과정은 다음과 같다.

국즙한천사면배양종균 ⟹ 국즙(당도 10%) 시험관배양 ⟹
(25~30°C, 24 시간)

국즙(당도 10%) Pasteur 병배양 ⇒ 당밀희석액(당도 10%) Carlsberg 관배양
(25~30°C, 14~24 시간) (25~30°C, 24 시간)

⟹ 술밑제조탱크

전처리과정에서 가열살균한 당밀희석액을 술밑제조탱크에 옮겨 냉각시키고, 순수배양한 효모(carlsberg 관 배양효모)를 접종하여 30°C 내외에서 24 시간 가량 배양한다. 배양 중의 통기량은 매분 술덧의 약 1/100 량 정도이며, 효모수가 1×10^6/ml 로 증식이 될 때까지 16~20 시간 통기한다.

3) 발 효

전처리가 끝난 당밀을 발효탱크로 옮기고, 여기에 술밑을 1/10~1/20 량 첨가하여 담금을 한다. 발효방식에는 개방식과 밀폐식이 있는데, 개방식은 소규모

공장에서 콘크리트탱크를 이용함으로써 세균의 오염이 쉽고, 탄산가스와 함께 알코올이 휘발되기 쉬운 단점이 있다.

① 밀폐식 발효

밀폐식 발효는 철제탱크 내에서, 30～35℃에서 48시간 가량 무균적으로 행한다(그림 6-4).

밀폐식 발효는 잡균의 오염이 적고, 품온의 조절이 용이하며, 알코올의 휘발이 적기 때문에 개방식 발효보다 수율이 높은 장점이 있으나 설비비용과 운전경비가 많이드는 단점이 있다.

② 특수발효법

㉠ Urises de Melle 법(Reuse 법)

발효가 끝난 후 효모균을 산처리(pH 2)하여 잡균오염을 방지하고 다음 발효에 다시 이용하여 효모증식을 위한 당소비를 절약하는데 목적이 있는 이 방법은 처음에는 비연속식 발효법으로서 이용되었으나 후에 reuse 연속발효법으로서 주로 아황산펄프폐액을 이용한 다조식 연속발효법에 응용되었다.

이 방법의 잇점은 ① 효모농도가 높으므로 고농도 담금이 가능하며, ② 효모균체의 합성을 위한 당소비가 절약되어 발효수율이 향상되고, ③ 발효시간이 단축되고 잡균의 번식이 억제되며, ④ 폐액의 60%가 당밀의 희석에 다시 이용될 수 있다는 점 등이다.

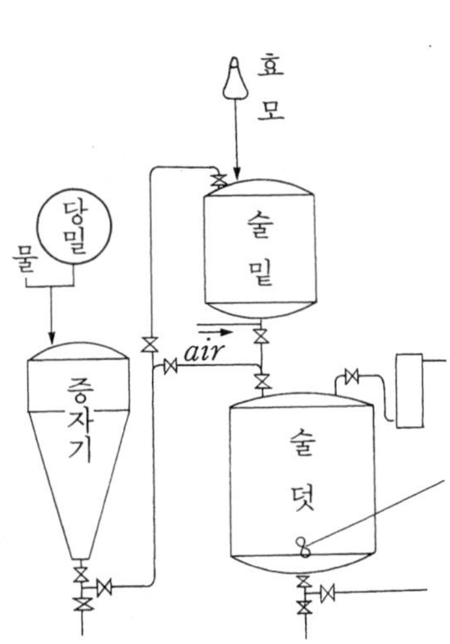

그림 6-4 당밀을 이용한 알코올발효 공정도

㉡ Hildebrandt-Erb 법(Two stage 법)

당밀 발효액을 증류하는 동안에 증류폐액 중의 비발효성 물질의 가수분해로 생기는 당분으로 충분히 효모균이 증식할 수 있으므로 증류폐액에 효모를 증식시키면 발효에 필요한 효모량을 충분히 얻을 수 있다.

따라서 효모의 증식에 소비되는 발효성 당의 손실을 방지함과 동시에 폐액의 BOD를 저하시킬 수 있으므로 폐액처리의 문제를 해결할 수 있는 방법이다.

㉢ 고농도술덧발효법

이 방법의 목적은 원료의 담금농도를 높혀 알코올농도가 높은 숙성술덧을 얻음으로써 더욱 효율적이며 경제적으로 증류하려는데 있다. 그러나 고농도술덧의 발효에 문제가 되는 것은 고농도에 견디는 효모균을 얻는 것과 술덧의 처리방법이다.

그리하여 내당성 효모의 순양(acclimatization)과 고농도 술덧의 발효기술에 대해서 많은 연구가 이루어졌다.

㉣ 연속발효법

발효를 할 때마다 행하는 술덧의 담금, 살균 등의 작업이 생략되므로 발효경과가 단축된다. 또한 정상상태에서 조업하므로 발효가 균일하게 진행되며, 장치의 기계적 제어가 용이하다. 여러가지 방법이 고안되어 있으나 대표적인 방법으로는 연속유동발효법, 연속교반유동발효법, 반연속발효법 등이 있다.

(2) 전분질원료에서의 알코올발효

전분질원료를 사용하는 주정제조에는 전분을 당화하여야 하는데 당화법으로는 고체국법, 액체국법, 아밀로법, 아밀로술밑고체국절충법, 아밀로술밑액체국절충법, 맥아법, 산당화법 등이 있다.

전분질원료로부터의 주정제조과정의 개요는 다음과 같다.

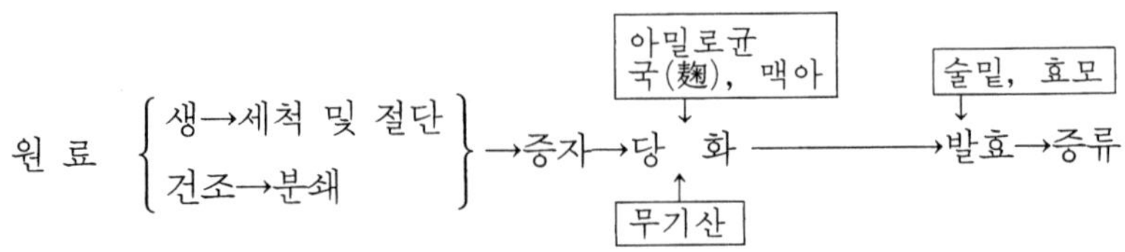

1) 원료의 전처리

원료는 당화와 발효조작이 가능하도록 적당하게 전처리하여야 한다. 주정제조에는 여러 방법이 있으나 전처리과정은 거의 비슷하므로 일괄하여 기술한다.

① 세척과 절단

생고구마 등 생원료는 다량의 물로 씻으며, 토사 등의 이물을 제거하는데 세척장치가 이용되고 있다. 세척된 원료는 증자하기 쉽게 절단기로 잘게 절단한다.

② 분　쇄

건조원료(곡류, 옥수수, 절간고구마)는 증자조건을 향상시키고, 균일한 증자상태를 얻기 위하여 증자전에 분쇄기로 분쇄를 한다. 분쇄기로 많이 쓰이는 것은 roller mill 형, impact grinder 형, hammer 형이다. 원료에 따라 적당한 분쇄기는 다르나, 일반적으로 섬유조직을 가진 원료를 분쇄하는 경우가 많으므로 고장이 적은 hammer 형이 가장 흔히 쓰이고 있다.

2) 증　자

전분질원료는 증자기를 사용하여 고온 고압하에서 가열하여 호화와 살균을 행한다. 고압증자에는 그림 6-5 와 같은 Henze 형, 원통형, 구형, 연속식 증자기 등이 사용된다.

증자는 발효방법에 따라 아밀로법 술덧(또는 절충법의 아밀로법술밑)의 증자와 국법 또는 절충법의 술덧의 증자로 크게 나누어진다. 전자는 37°C 에서 아밀로균이 발아하여 아밀라제를 생성할 때까지의 수시간 동안 술덧의 점도가 다시 높아지지 않을 정도로 철저히 증자할 필요가 있으며, 후자는 55~60°C 에서 코지를 첨가하여 당화기의 관체나 코일관에 전분이 풀처럼 부착하지 않을 정도로 액화할 때까지만 증자한다.

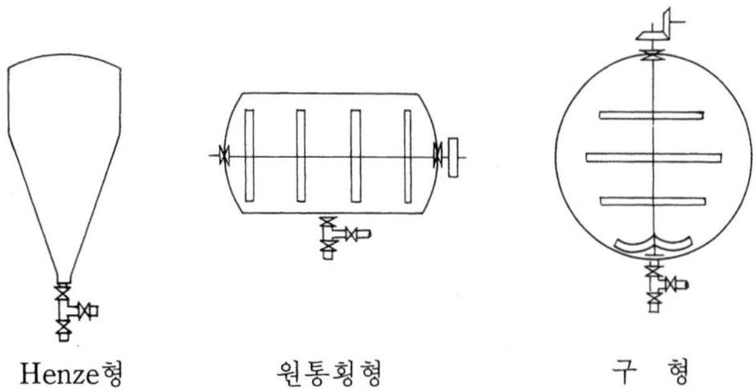

그림 6-5　증 자 기

증자 후의 pH는 4.6으로 조절해야 한다. 이 조작은 증자술덧의 점도 저하, 잡균오염의 방지 및 아밀로균의 아밀라제를 합리적으로 이용한다는 면에서 중요한 일이다.

증자 조작을 용이하게 하기 위하여 소량의 맥아를 가하여 증자시에 전분 일부를 액화하는 premalting의 방법이 이용된다. 맥아뿐만 아니라 코지나 세균아밀라제를 이용한 premalting도 이용되고 있는데, 증자 전의 술덧에 세균아밀라제를 첨가하여 가열함으로써 원료 전분은 호화와 동시에 액화되어 술덧의 점도는 저하되고 증자는 용이하게 된다.

또한 이 방법에 의해서 교반동력의 절감, 술덧의 냉각시간 단축, 술덧의 이송용이 등 잇점이 많을 뿐만 아니라 술덧의 전분농도를 고농도로 담금할 수 있다.

증자조건은 일반적으로 고구마는 2.0~2.5 kg/cm^2 · 30~40분, 옥수수 등은 3.0 kg/cm^2 · 40~50분간이다. 국법과 절충법의 술덧처럼 담금농도가 높아지면 고구마는 2.5~3.0 kg/cm^2 · 40~50분, 곡류와 기타 원료는 3~4 kg/cm^2 · 50~60분간 가압증자한다.

3) 국법에 의한 알코올발효

국법(麴法 ; koji법)에는 밀기울코지를 이용하는 피국법(麩麴法)과 액체코지를 이용하는 액체국법(液体麴法)이 있으나 단순히 국법이라고 할 때는 대부분 피국법을 뜻한다.

① 밀기울 코지

밀기울과 왕겨를 6 : 4로 혼합하여 살수하고(30~40%) 2~3시간 방치하여 수분을 흡수시킨다.

이때 증자시의 살균효과와 종국의 번식을 위해서 묽은 염산으로 pH 4.4 이하로 조절하여 사용하며, 100°C에서 1시간 증자한다. 40°C 이하로 방냉하여 0.1~0.2%의 종국(*Aspergillus shirousamii*)을 균일하게 혼합하고 30~32°C에서 국실(麴室) 내로 옮긴다. 이후의 제국법은 청주제조시의 발코지 제조방법과 유사하다.

국실의 온도는 26~28°C, 건습의 차는 제국의 초기에는 1~2°C로 하고 최고온도에서 출국까지는 3~4°C로 하여 증자 후 40~50%의 수분이었던 것이 출국시에는 20~25%가 되게 한다. 특히 품온이 40°C가 넘지 않도록 주의를 해야 한다.

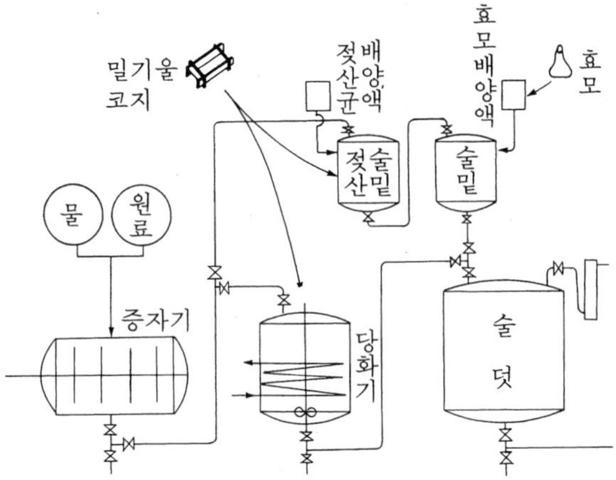

그림 6-6 국법에 의한 알코올발효 공정도

② 술 밑

잡균오염을 억제하며 안전하게 효모를 배양하기 위해서 증자술덧을 먼저 젖산술밑탱크로 옮겨서 55～60°C에서 밀기울코지를 첨가하고, 48°C에서 젖산균(*Lactobacillus delbrüeckii*)을 접종하여, 45～48°C에서 16～20시간 당화와 동시에 젖산발효를 행한다. pH 3.6～3.8(젖산농도 1%)이 되면 90～100°C에서 30～60분간 살균한 다음 30～33°C까지 냉각하여 배양한 효모(일본발효연구소 1호 효모)를 접종하고 48시간 통기배양하여 술밑으로 사용한다.

젖산발효가 끝난 젖산술밑의 일부(1～2%)와 배양이 끝난 술밑의 일부(2～3%)를 각각 취하여 다음 회의 술밑제조시에 이용한다.

③ 당 화

술덧은 증자된 후 당화기로 옮겨서 55～60°C까지 냉각된 후 밀기울코지를 넣어 교반하면서 당화시킨다. 코지 첨가시의 pH는 효소파괴를 방지하기 위해서 4.8 이상을 유지하는 것이 바람직하다. 코지의 첨가량은 당화력에 따라 다르나 일반적으로 원료(건조원료)에 대해서 8～10%가 사용된다.

당화가 완료된 술덧은 23～33°C까지 냉각하여 발효탱크로 옮긴다.

④ 발 효

당화술덧에 10% 정도의 술밑을 첨가하여 발효시킨다. 발효기간 중에는 최고온도가 36°C를 넘지 않도록 하고, 발효가 완만해지는 약 48시간 이후에는 급속히 30°C 이하로 떨어지지 않도록 해야 한다.

발효경과는 효모의 증식기(growth phase), 주발효기(main fermentation phase) 및 후발효기(secondary fermentation phase)의 3기로 나눌 수 있다. 증식기는 5~7시간 정도로 술밑량, 효모수, 온도 등의 영향을 받으며, 주발효기는 당화에 의해서 생성된 당이 발효되는 기간으로 약 15시간 계속되고 총당의 60%가 이용된다. 후발효는 남은 limit dextrin의 분해에 의해서 당이 발효하는 기간으로 30시간 이상이 소요된다.

4) 액체국법에 의한 알코올발효

밀기울코지 대신에 액체코지를 사용하는 제조법이다. 밀폐된 배양탱크를 이용하여 액내배양을 하므로 밀기울코지법과는 달리 무균적 조작이 가능하며, 술밑 제조시 효모의 배양에 앞서 살균할 필요가 없으므로 술밑에 첨가된 액체코지의 아밀라제는 그대로 이용되는 것이 특징이다.

① 균 주

α-amylase와 당화형 amylase를 아울러 생산하는 *Aspergillus awamori* var. *fumeus*, *Aspergillus niger*, *Aspergillus usamii* 등이 우수한 균주로 알려져 있다. 균은 액체코지 배양탱크에 접종하기 전에 쌀(현미), 감자, 밀기울, 식빵 등을 이용한 고체배지에 30℃에서 수일간 배양하여 포자를 착생시킨다.

② 배 지

탄소원으로 고구마, 옥수수, 수수, 전분박이 많이 사용되며, 질소원으로서는 밀기울, 쌀겨, 대두박 등이 사용된다. 또 알코올 증류폐액은 질소원으로서 뿐만 아니라 완충작용이 강하므로 pH 조절을 위해서도 좋다. 담금농도는 총당의 4~5% 정도이며, 배지의 전분과 질소의 비 C/N은 10 : 0.6~1.0의 범위가 좋다. 액체국의 배지는 질소의 함량이 많으므로 pH를 4.4~4.6으로 조절하고 3 kg/cm^2·40~50분 이상 가열살균한다.

③ 배 양

배양탱크는 통기교반에 의하여 다량의 공기가 능률적으로 흡수되도록 설계된 표준형 또는 air lift형의 배양장치가 이용된다. 배양온도는 28~32°C가 최적이며, 이 범위 내에서 온도가 높을수록 배양시간은 단축된다.

액체코지의 효소역가만 강력하다면 1.5% 정도의 첨가량도 충분하다.

5) Amylo 법에 의한 알코올발효

이 방법은 최초에는 *Amylomyces rouxii*(뒤에 *Mucor rouxii* 로 개명되었음) 만을 직접 전분증자액에 배양하여 전분의 당화와 알코올발효의 두가지 반응을 동시에 진행시켜 보려고 시도한 것이었으나 그 후 알코올발효를 위해서는 효모를 이용하게 되었다. Amylo 균도 *Mucor* 속보다 *Rhizopus* 속이 선택되어 곡류에는 *Rhizopus delemar*, 고구마에는 *Rhizopus javanicus* 가 이용되고 있다. 또 효모는 *Rhizopus* 속의 발육 최적온도인 38°C 에서 잘 발효하는 *Saccharomyces anamensis* 와 같은 소위 annamite yeast 나, *Saccharomyces peka Takeda*, 일본발효연구소 1 호 효모 등이 이용되고 있다.

Amylo 법의 장점은 ① 코지를 만드는 장소와 노력이 전혀 필요없다. ② 순수 밀폐발효이므로 발효율이 높다. ③ 다량의 담금이라도 소량의 종균으로 가능하므로 담금을 대량으로 하여 대공업화 시킬 수 있다. ④ 코지를 쓰지 않으므로 코지에서 오는 잡균의 침입이 없다.

한편 단점으로는 ① 곰팡이를 직접 술덧에 접종하므로 술덧의 점도가 관계되며, 점도를 낮추면 결국 담금농도가 묽어진다. ② 당화에 비교적 장시간이 걸린다. 그러나 액화 amylase 를 사용하면 농후담금이 가능하고, 당화속도도 빨라진다.

① 원 료

Amylo 법에서 가장 중요한 것은 원료의 질소함량으로 술덧의 질소가 많으면 amylo 균의 번식은 왕성하며 당화력도 강해진다. 총당 10% 담금에 있어서 amylo 술덧의 최저 질소량은 약 60 mg/100ml 이며, 80～120 mg/100ml 정도가 조작하기에 용이하다.

고구마의 질소는 40～80 mg/100 ml 로 광범위하므로 고구마의 질소가 부족할 때나 질소가 적은 타피오카 등을 사용할 때는 유안, 요소, 쌀겨 등 질소원을 첨가하든가 질소가 많은 옥수수, 수수 등과 혼합하여 술덧의 질소를 80～120 mg/100 ml 까지 증가시켜야 한다.

증자는 앞의 전분질원료에서의 알코올발효에서 설명하였다.

② Amylo 법의 당화와 발효

증자 술덧이 발효탱크에 옮겨지면 곧 바닥으로부터 무균공기를 공급하고 발효탱크 내의 압력을 대기압보다 높게 유지하면서 냉각하여 37～38°C 가

되면 감자 절편으로 만든 플라스크 감자배지에 amylo 균의 포자를 접종하여 30~33℃에서 1주일간 배양한 것에 국즙을 넣어 잘 혼합한 포자현탁액을 30~34℃에서 수시간 방치한 후 접종한다.

Amylo 균을 접종한 후에는 매분 술덧에 대해서 1/50 량의 통기를 계속하면서 34~37℃에서 24~30시간 배양하면 균체는 술덧 1 l 중 0.5~1.0 g 정도까지 번식하고 당분도 증가한다. 그 다음 술덧을 30~33℃까지 냉각하여 효모의 삼각플라스크 국즙배양액을 접종한다. 효모접종 후 고구마 술덧의 경우 수시간 동안 무균공기를 소량 통기한다. 18~20시간 지나면 균체는 급속도로 증가하게 되며, 36~60시간에는 발효의 최성기에 달하여 효모수도 $6 \sim 8 \times 10^7$/ml로 되고 술덧의 온도는 상승한다. 효모첨가 후 약 90시간으로 발효는 종료된다(그림 6-7 참조).

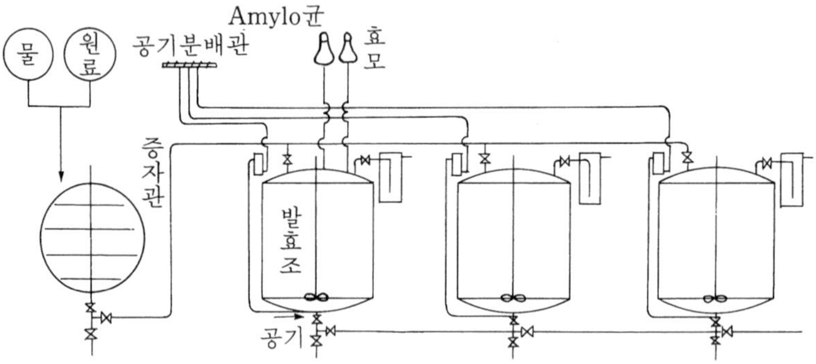

그림 6-7 Amylo 법에 의한 알코올발효공정도

6) 아밀로술밑 국 절충법

현재 가장 진보된 알코올발효법으로서 규모가 큰 생산에 적합한 방법이다. 이 방법은 술밑을 아밀로법으로 배양하고, 이것을 발효탱크로 옮겨 국법으로 당화한 술덧을 2~3회 나누어 첨가하여 발효시키는 방법이다(그림 6-8 참조).

이때 술덧의 당화에 이용되는 국이 고체국이면 아밀로술밑 고체국 절충법이라 하고, 액체국이면 아밀로술밑 액체국 절충법이라 한다. 아밀로술밑은 순수배양한 것이므로 국법의 술밑과 같이 효모접종전에 살균할 필요가 없고, 아밀로술밑의 강력한 amylase의 작용이 지속되므로 코지의 첨가량을 줄일 수 있게 된다. 또 코지를 따로 배양하므로 아밀로법에 비하여 술덧의 농도를 짙게할 수 있고 아밀로법으로는 사용하기 어려운 원료도 이용할 수 있을 뿐만 아니라 발효시간이 짧은 잇점도 있다.

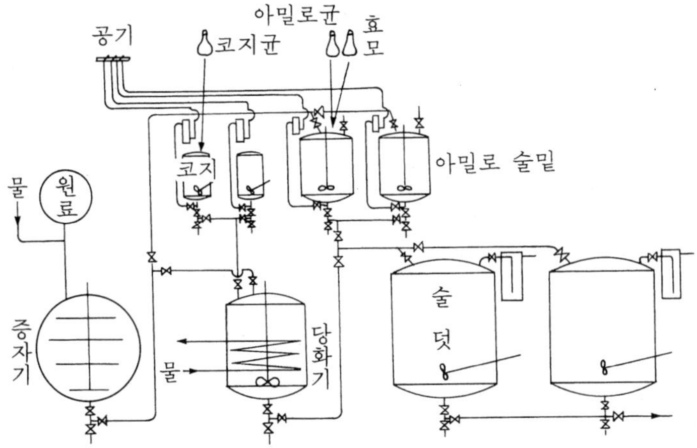

그림 6-8 아밀로술밑 액체국 절충법에 의한 알코올발효 공정도

① 술 밑

술밑은 아밀로술밑이라고 하며, 아밀로법과 거의 같은 조작으로 배양하고 담금농도도 같게 한다. 술밑의 사용시기는 발효의 최성기부터 숙성기 사이가 좋으며, 그 이후에 사용할 때에는 냉각해 두는 것이 좋다.

② 국(koji)

절충법의 코지로서는 고체국인 밀기울코지와 액체국이 있다. 밀기울코지에는 주로 황국균(*Aspergillus oryzae*)을 이용하고, 액체국에는 흑국균(*Aspergillus awamori* var. *fumeus, Aspergillus niger, Aspergillus usamii*)을 이용한다.

③ 술밑과 국의 사용량

술밑의 당화력에 따라 국의 사용량은 달라지나 국법에 비하여 1/10~1/3로 감소시킬 수 있게 된다.

표 6-6 아밀로술밑과 밀기울코지의 사용량

아밀로술밑(%)*	밀기울코지(%)**
30	1
25	1.5~2
20	2~2.5
10	4~5

*술덧에 대한 %

**술덧원료(건조물환산)에 대한 %

표 6-7 아밀로술밑과 액체코지의 사용량

아밀로술밑(%)*	액체코지(%)*
30	1~2
20	5
15	10
10	15

*술덧에 대한 %

고구마의 아밀로술밑과 밀기울코지(*Asp. oryzae*)의 경우 그 사용량은 표 6-6과 같으며, 고구마의 아밀로술밑과 액체국(*Aspergillus awamori* var. *fumeus* AF-1)의 사용량은 표 6-7과 같다.

④ 술덧과 발효

아밀로술밑을 발효탱크로 옮기고 당화기에서 23~33°C로 냉각된 당화술덧을 2~3회 나누어 발효탱크에 첨가하는데 첫번째 담금에서 효모의 증식이 급속히 시작되면 차례로 술덧을 첨가한다.

그 후 24~36시간에는 발효의 최성기가 되고 품온도 상승하기 쉬우므로 술덧의 품온을 30~33°C가 되도록 유지하고 후반에는 과냉되지 않도록 조심해야 한다.

발효는 72~84시간으로 끝난다. 담금농도는 12~14%이며, 숙성술덧의 알코올은 6~8%이다.

7) 알코올의 제조비율

$$\text{증자비율}(\%) = \frac{\text{증자술덧의 용량}(l) \times \text{증자술덧의 전분}(\%)}{\text{원료사용량}(\text{kg}) \times \text{원료의 전분}(\%)} \times 100$$

$$\text{당화비율}(\%) = \frac{\text{당화술덧의 용량}(l) \times \text{당화술덧의 총당}(\%) \times 0.9^{*}}{\text{증자술덧의 용량}(l) \times \text{증자술덧의 전분}(\%)} \times 100$$

$$\text{발효수율}(\%) = \frac{\text{숙성술덧의 용량}(l) \times \text{숙성술덧의 알코올}(\%)}{\text{담금술덧의 용량}(l) \times \text{담금술덧의 총당}(\%) \times 0.9^{*} \times 0.715^{**}}$$

$$\text{증류비율}(\%) = \frac{\text{증류된 제품의 양}(l) \times \text{증류된 제품의 알코올}(\%)}{\text{숙성술덧의 용량}(l) \times \text{숙성술덧의 알코올}(\%)} \times 100$$

$$^{*}\ 0.9 = \frac{\text{전분}}{\text{포도당}}$$

$$^{**}\ 0.715 = \frac{\frac{56.82}{100}(\text{전분에서 생성되는 알코올의 비})}{0.789(\text{알코올의 비중})}$$

발효수율(발효수득률)은 원료의 총당의 분석치가 발효성 당 이외의 비발효성 당도 포함하므로 원료에 따라서 달라지며, 발효성 당으로부터 효모가 전체의 2～4%, 아밀로균이 1～2%, 액체국균이 0.5～1.0% 정도 소비한다고 가정하여 계산하면 이상적인 수득률을 대략 추산할 수 있다.

8) 숙성술덧의 성분

발효가 끝난 숙성술덧 중에는 에틸알코올 이외에도 각종 물질이 있으나 그중 알코올의 품질에 관여하는 성분으로는 비등점이 낮은 성분인 acetaldehyde, diacetyl, methanol과 비등점이 높은 성분인 fusel oil이 있다.

① Acetaldehyde

일반적으로 고구마술덧에는 2～4 mg/100ml, 당밀술덧에는 3～5 mg/100ml로 다소 많다. acetaldehyde는 알코올발효의 중간생성물로서 발효 최성기에 대량 검출되고, 숙성기에는 감소하지만 방치하면 다시 증가한다.

② Diacetyl

술덧의 불쾌한 성분이며 술덧 중에 제법에 관계없이 trace～1mg/100ml 정도 존재한다.

③ Methanol

원료 중의 pectin이 증자와 아밀로균의 pectinase에 의해서 분해되어 생성되는데, 고구마술덧에 0.07～0.08 mg/ml로 가장 많고, 전분박술덧에는 1/2～1/3, 옥수수술덧에는 1/15～1/20 정도 함유된다.

④ Fusel oil

술덧 중에 0.5～1.0% 정도 함유되고 주된 성분은 n-propyl alcohol (1～2%), isobutyl alcohol(10%), isoamyl alcohol(45%), active amyl alcohol(5%)이며, 미량성분으로 고급지방산의 ester, furfural, pyridine 등의 amine, 지방산 등이 함유되어 있다. fusel oil의 고급알코올은 아미노산으로부터 알코올발효시의 효모에 의한 탈아미노기반응과 동시에 탈카르복시반응에 의해서 생성되는 aldehyde가 환원되어 생성된다.

$$RCHNH_2COOH \xrightarrow{NH_3} RCOCOOH \xrightarrow{CO_2} RCHO \longrightarrow RCH_2OH$$

즉, leucine → isoamyl alcohol, isoleucine → active amyl alcohol, tyrosine → tyrosol, phenylalanine → phenylethyl alcohol, valine → isobutyl alcohol과 같이 각종 아미노산으로부터 고급알코올이 생성된다.

(3) 아황산펄프폐액 및 섬유질원료로부터의 알코올발효

아황산펄프폐액 중에는 효모의 생육을 저해하는 아황산, 리그닌을 함유하고 있으므로 이들을 제거, 중화처리 한 다음 암모니아 용액, 요소, 황산암모늄, 과인산석회 등의 영양물질을 첨가하고, 미리 폐액에 순양하여 아황산에 내성이 있는 효모를 접종 발효시킨다.

폐액은 살균하지 않아도 잡균오염의 위험이 적어 오래전부터 연속발효법(reuse 법)이 채택되고 있으며, 효모의 회수와 재사용은 효모자체가 더 순양되어서 폐액발효에 더욱 적합하다.

목재당화액 중에는 glucose 이외에 xylose, arabinose 등의 pentose를 함유하고 있으므로 *Sacch. cerevisiae* 이외에 *Candida utilis* 를 이용한 연속발효법도 있다.

(4) 기타의 방법에 의한 알코올발효

앞에서 설명한 방법 외에도 효소제를 액화와 당화에 이용하는 방법 및 무증자당화법, 효모대신 혐기성 세균인 *Zymomonas mobilis* 를 이용하는 방법, 고정화 증식효모를 이용하는 방법 등이 개발되고 있다.

1) 생전분의 무증자당화

전분질원료는 전분의 증자에 의한 호화와 아밀라아제에 의한 당화가 필요하다. 그러나 최근에는 증자에 필요한 에너지를 절약할 목적으로 *Aspergillus* sp. K-27, *Bacillus circulans* F-2, *Chalara paradoxa*, *Corticium rolfsii*, *Streptococcus bovis* 등에 의해서 생산되는 생전분 분해효소를 이용하여 전분을 당화하고 알코올발효를 한다.

2) *Zymomonas mobilis* 를 이용하는 방법

효모에 비해서 증식률이 높고, 알코올생성률도 높은 혐기성의 Gram 음성균인 *Zymomonas mobilis* 의 이용이 주목받고 있다.

이 균은 알코올 내성이 약하고 균체의 크기가 작아 원심분리에 의한 균체분리에 어려움이 있으며, 12~13%의 당농도에서는 발효속도가 저하되고, 당밀과 같이 무기염의 농도가 높은 원료에서는 사용할 수 없는 등의 단점이 있다.

그러므로 균체를 형질전환하여 원료에 적합하고 고농도에서도 발효능이 높으며, 알코올생성률이 높은 균체를 개량하는 것이 중요하다.

3) 고정화증식효모의 연속발효

알코올의 발효생산에 있어서 생산성을 높이기 위해서 연속발효를 하는 것이 바람직한데 이를 위해서는 고정화증식효모의 이용이 효과적이다.

균체의 고정화는 주로 sodium alginate, carrageenan, polyacrylamide gel, 광경화수지 등을 이용한 포괄법이 이용된다. 고정화된 균체에 영양원을 공급하여 gel 내에서 효모를 증식시키고 증식한 효모가 일부 gel 로부터 외부로 빠져 나가므로 gel 내부의 생균수는 일정하게 유지할 수 있다.

이와같이 하여 gel 내의 생균수와 에탄올생성능력을 장기간 정상상태로 유지할 수 있게 되어 안정된 연속생산이 가능하다. 그러나 고농도의 당을 사용하는 경우 효모가 당에 의하여 증식저해를 받는 점이 문제가 되는데 이를 해결하기 위해서 기질의 공급방법, 반응용기의 설계 등이 검토되었다.

이 방법은 종래의 회분식 발효법에 비하여 발효시간이 매우 단축되고, 연속조작을 간단하게 제어·관리할 수 있는 장점이 있다.

6-2-3 증 류

발효·숙성된 술덧 중에 생성된 에틸알코올을 물과 분리하여 알코올 95% 이상으로 농축하는 것을 증류라고 한다.

(1) 증류이론

1) 알코올과 물 혼합액의 비등점과 조성

알코올과 물의 혼합액을 가열하였을 때 발생하는 증기에는 비등점이 낮은 알코올을 원 혼합액보다도 더 많이 함유한다. 표 6-8 은 혼합액의 비등점과 발생한 증기 중의 알코올 %를 나타내고 있다.

2) 증발계수

액체 중의 알코올 %를 A 로 하고 이 액체로부터 발생한 증기 중의 알코올 %를 a 로 하면 a/A 를 알코올·물 혼합액의 알코올 증발계수라고 부르고 Ka 로 나타낸다. 알코올농도가 높아질수록 Ka 는 적어진다(표 6-8 참조).

3) 비등응축곡선

표 6-8 을 그림으로 나타내면 그림 6-9 와 같이 된다. 알코올 10% 수용액의 경우 이것을 가열하면 92.5°C 에서 끓기 시작한다(a 점). 이때 발생하는 증기를 냉각하면 응축되어(b 점) 그 농도는 51%가 되며, 비등점은 약 82°C(c 점)이다.

표 6-8 알코올·물 혼합액의 비등점

알코올·물 혼합액 중의 알코올 % (v/v) A	혼합액의 비등점 ℃	혼합액의 증기중의 알코올 % (v/v) a	증발계수 Ka $\left(=\frac{a}{A}\right)$
0	100	0	—
10	92.50	51.00	5.10
20	87.50	66.20	3.31
30	85.00	69.20	2.31
40	83.75	71.95	1.80
50	82.50	74.95	1.50
60	81.25	78.17	1.30
70	80.00	81.85	1.17
80	79.38	86.49	1.08
90	78.75	91.80	1.02
95	—	95.35	1.004

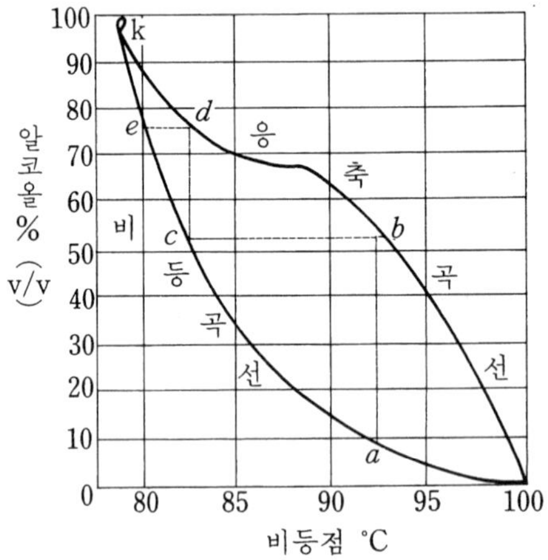

그림 6-9 알코올과 물 혼합액의 비등응축곡선

이와 같이하여 다시 액을 끓이면 d 점으로 표시되는 알코올 약 75%의 증기가 발생하고 그 비등점은 약 80℃가 된다. 이와 같이 비등과 응축이 반복되면서 그때마다 알코올농도가 높아져서 마침내는 K 점이 나타내는 온도와 농도에 도달하게 된다.

이 K 점의 알코올·물 혼합액의 알코올농도는 97.2%(v/v)〔95.57%(w/w)〕이며, 비등점과 응축점이 모두 78.15℃이다. 그러므로 이 이상 가열하여 끓이더라도 농도는 높아지지 않는다. 가령 99%의 알코올을 끓이면 이때 발생하는 증기의 농도는 오히려 낮아진다.

이 K 점으로 표시되는 비등점을 공비점(共沸點)이라 하고, 혼합액을 공비혼합물(共沸混合物 ; azeotropic mixture)이라고 한다.

알코올제조에 있어서는 알코올발효액을 끓여서 응축시키는 조작을 반복하여 단계적으로 농도를 높이게 되나, 최고 97.2%(v/v) 이상의 것은 얻을 수 없으며, 이 이상 농도를 높이려면 특별한 탈수법을 이용해야 한다.

4) 정류계수

발효술덧 중에는 알코올과 물 이외에 알데히드, 에스테르, 고급알코올 등이 함유되어 있고 이들 불순물의 알코올 수용액에 있어서의 증발계수(Kn)는 각각 다르다.

각 알코올 농도에 있어서 여러 불순물의 증발계수 Kn 과 Ka 의 비, 즉 Kn/Ka 를 정류계수라 한다.

① Kn/Ka=1 의 경우에는 증류하더라도 알코올과 불순물과의 비는 변하지 않는다.

② Kn/Ka>1 의 경우에는 증류한 유출액이 원액보다 불순물이 많아진다. 초류탑이나 가수탑 등의 상부에서 나오는 초기의 유출물이 이러한 예이다.

③ Kn/Ka<1 의 경우에는 유출액의 불순물이 더 적어진다.

(2) 증류장치

증류장치는 숙성술덧 중에서 고형분(토사, 볏짚, 섬유, 균체 등)과 비휘발성 성분(호박산, 염류, 단백질, 탄수화물 등)을 제거한 다음 알코올과 물이 함께 유출된 것으로부터 휘발성의 차를 이용하여 산, 고급알코올, 알데히드, 에스테르를 분리하여 순수한 알코올을 만드는 장치이다.

1) 단식 증류기(pot still)

숙성술덧을 용기에 넣어 끓여서 발생하는 증기를 냉각기에서 응축시키면 알코올을 주성분으로 하는 액을 얻을 수 있다.

이 방법은 술덧 중의 고형분 또는 불용성의 비휘발성분만이 제거되고 알데히드, 에스테르, fusel oil, 휘발산은 알코올용액 중에 남게 되어 알코올의 생산에는 이용되지 않는다.

이 증류기는 소주, 위스키, 브랜디, 고량주 등의 증류에 이용되고 있으며, 원료가 다르면 생성되는 알데히드, 에스테르, 고급알코올 등의 향미물질의 종류와 양이 달라지므로 술마다 특유의 향미를 갖게 된다.

2) 연속식 증류기(patent still)

단식 증류기의 결점을 보완한 장치로서 알코올의 대규모 증류가 가능하다. 이 증류기에는 증류탑과 응축기로 조합되어 있으며, 여기에 불순물제거장치인 가스 분리기와 fusel oil 분리기가 부착되어 있다.

이 장치를 작업상으로 분류하면 다음과 같다.

① 숙성술덧 중의 고형물이나 수용성의 비휘발성 성분 등을 술덧탑에서 제거

② 발생하는 증기를 초류탑 또는 추출탑 등에 도입하여 알코올보다 휘발하기 쉬운 탄산가스, 알데히드 등 저비점 성분을 분리

③ 정류탑에서 알코올을 농축

④ 알코올농도 42~43% 전후에서 농축되는 fusel oil을 분리

⑤ 농축된 알코올과 물의 혼합액에 물을 첨가하여 알코올을 10% 내외로 하여 재증류하면서 여러 종류의 휘발성 불순물을 제거하는 가수증류(hydroselection)를 한다.

이상과 같이 비등과 응축을 반복하면서 알코올을 농축하고 불순물을 제거한다. 연속식증류장치로는 Guillaume식, Grinmar식, Allospas식 등이 있다.

6-3 유기용매발효

미생물에 의한 ethanol, butanol, propanol, acetone, glycerol 등의 발효를 용매발효(solvent fermentation)라고 한다. 이 중 음료용 및 일부 공업용으로 이용되는, 발효법에 의한 알코올생산은 알코올발효에서 이미 다루었으므로 여기서는 acetone-butanol 발효와 glycerol 발효에 대해 기술한다.

공업용 알코올을 비롯하여 acetone, butanol, propanol 등은 현재 합성법에 의해 생산되고 있으며, 합성법이 발효법보다 더 경제적인 것으로 알려져 있다.

6-3-1 아세톤-부탄올 발효

미생물에 의한 butanol 생성의 이론적 기초는 1861년 Pasteur에 의해 이루어졌으며 1910년 Fernbach의 연구도 있었다. 1차세계대전 이전에 혐기성 세균 *Clostridium acetobutylicum*을 사용한 발효법이 Weizmann에 의해 확립되어 butanol, acetone, ethanol이 생산되었고, 여기서 얻은 butanol은 합성

고무의 원료인 butadiene 제조에, acetone은 폭약의 원료로 사용된 바 있다. 2차대전 후에는 석유를 원료로 하는 발효법이 합성법으로 대체되었다. 현재 발효법은 대만, 남아프리카공화국 등에서 명맥을 유지하고 있다.

발효법에서는 단일의 생성물이 얻어지는 것이 아니라 사용균주와 발효조건에 따라 생성물의 상대적 비율이 달라진다. 발효산물에 따라 ① 아세톤－부탄올 발효(*Clostridium acetobutylicum*) ② 부탄올－이소프로판올 발효(*Clostridium butylicum*) ③ 부티르산－초산 발효(*Clostridium butylicum*)의 3가지 유형으로 나누어진다.

(1) 원료 및 원료처리

아세톤, 부탄올은 전분질이나 당질이 EMP 경로에서 pyruvic acid를 거쳐 생산되며, 이 때 에탄올과 함께 소량의 butyric acid, CO_2, 수소가스 등도 부생한다(그림 6-10). 아세톤－부탄올 발효에서 아세톤과 부탄올을 생성하기 위해서는 올바른 균주선택과 발효조건의 적절한 조절에 의하여 에탄올 등 원하지 않는 부산물의 생성을 가급적 억제하여야 한다.

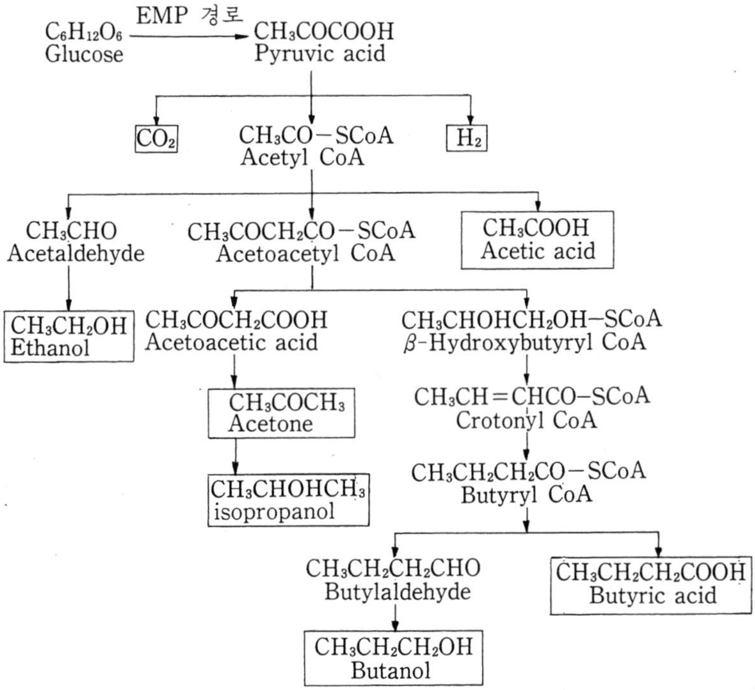

그림 6-10 발효법에 의한 아세톤, 부탄올의 생성경로

원료로는 감자, 옥수수, 고구마, 전분박, 폐당밀, 고농도당밀이 주로 쓰인다. 기질농도는 약 7%로 제한하지만 경우에 따라서는 10%까지 높이기도 한다. 전분질원료는 분쇄하여 살수, 교반 후 고압에서 충분히 증자한다. 폐당밀과 고농도 당밀은 물에 녹여 당농도를 조절한 후 질소원이나 인산염을 첨가하여 살균한다.

(2) 생산공정

전분질이 옥수수인 경우은 대표적인 균 *Clostridium acetobutylicum*이 주로 이용되고 폐당밀에는 *Clostridium saccharoacetobutylicum*, 전분에는 *Clostridium butylicum*이 사용된다. 아세톤-부탄올 발효는 *Clostridium*의 포자형성능과 아주 밀접하게 연관되어 있으므로 발효력이 강한 우량균주의 선별이 우선되어야 한다. 종균은 sand culture에 의해 10년 이상 보존이 가능하다.

발효는 살균이 가능한 완전밀폐식 탱크가 이용된다. 멸균한 발효탱크는 CO_2로 치환하고 접종 전후의 발효탱크 내용물도 CO_2를 공급하면서 교반시킨다. 종배양이 끝난 종균의 접종량은 1 : 3000으로 한다. 발효온도는 34℃가 알맞고 pH 5.8~6.0에서 혐기적으로 40~70시간 발효시킨다.

발효과정에 bacteriophage와 젖산균에 의한 오염이 문제이므로 완전한 멸균이 필요하고 아울러 phage내성균도 확보되어야 한다. 대개 butanol, acetone 및 ethanol이 6 : 3 : 1의 비율로 생성된다. 이들은 연속증류와 분류과정을 거쳐 각각 회수된다.

6-3-2 글리세롤 발효

글리세롤은 폭약의 생산원료로 사용되기 때문에 1차대전 당시 이미 발효법이 확립되어 대량생산되었다. 그러나 glycerol의 발효생산은 알코올발효과정 중 일부의 glycerol이 생성됨을 밝힌 Pasteur(1858), 발효액에 아황산염 존재시 glycerol이 주로 생산됨을 밝힌 Neuberg와 Reinfurth(1918)의 연구에 힘입은 바 크다.

오늘날 폭약의 원료 이외에 화장품, 의약, 음료 등에 많이 이용되는 glycerol은 유지의 가수분해, 유기합성 등에 의해 생산되며, 발효에 의한 생산은 상업적 가치가 없어 중단되고 있다. 그러나 glycerol발효는 발효공업의 역사적 측면에서 그 원리를 이해하는 것도 의의가 있다고 생각된다.

(1) 글리세롤의 생성기작

글리세롤은 알코올발효 중 에탄올과 함께 효모에 의해 소량 생성된다. 그러나 알코올발효에서 발효액에 아황산염을 첨가하거나 발효액을 알칼리성으로 조절하면 글리세롤 생성량을 크게 증가시킬 수 있다.

Neuberg(1919)는 효모에 의해서 일어나는 발효형식을 다음의 3가지 형식으로 분류하였다.

제 1 발효형식 $C_6H_{12}O_6 \longrightarrow 2\,C_2H_5OH + 2\,CO_2$

제 2 발효형식 $C_6H_{12}O_6 \longrightarrow \underset{\text{glycerol}}{C_3H_5(OH)_3} + CH_3CHO + CO_2$

제 3 발효형식 $C_6H_{12}O_6 \longrightarrow 2\,\underset{\text{glycerol}}{C_3H_5(OH)_3} + CH_3COOH + C_2H_5OH + 2\,CO_2$

제 1 발효형식은 정상적인 알코올발효의 Gay-Lussac 발효식이다. 제 2 발효형식은 아황산염을 첨가하여 pH 5~6에서 발효시킬 때 일어난다. 이 때 아황산염은 포촉제(捕促劑, trapping agent)로 작용하여 acetaldehyde와 결합, 이를 고정하므로 acetaldehyde의 환원이 저해되어 알코올 대신 글리세롤이 생성되는 것이다. 제 3 발효형식은 발효액의 pH가 8.0 이상의 알칼리성일 때 일어나며, acetaldehyde가 전부 알코올로 환원되지 않고 Cannizzaro 반응을 일으켜 초산과 에탄올이 부생되면서 다량의 glycerol이 만들어진다.

$$2\,CH_3CHO + H_2O \longrightarrow CH_3COOH + C_2H_5OH$$

글리세롤 생성기작은 다음과 같다. 포도당이 효모에 의해 EMP 과정을 거쳐 중간산물인 glyceraldehyde-3-phosphate와 dihydroxyacetone phosphate를 생성한다. glyceraldehyde-3-phosphate는 pyruvic acid로 된 후 탈탄산반응에 의하여 acetaldehyde가 된 다음 다시 $NADH_2$에 의해 환원되어 알코올이 된다.

이 반응에 아황산나트륨을 첨가하면 acetaldehyde가 포촉되어 아세트알데히드-아황산 복합체가 생성된다. 아세트알데히드가 아황산 복합체 생성에 의해 제거되면 $NADH_2$에 의한 아세트알데히드의 환원이 일어나지 않아 glycerol-3-phosphate 탈수소효소에 의하여 dihydroxyacetone phosphate가 $NADH_2$ 수용체로 되어 glycerol-3-phosphate를 생성하고, 다시 phosphatase에 의해 인산이 이탈되어 glycerol이 생성된다.

(2) 글리세롤의 제조

아황산염이나 알칼리염을 첨가하지 않는 glycerol 생산에는 내삼투압성 효모인 *Saccharomyces rouxii*, *Torulopsis magnoliae*, *Pichia farinosa* 가 흔히 사용된다.

최근에는 호염성 조류인 *Dunaliella salina* 가 이용되기고 하는데 이 조류는 삼투압유지를 위해 세포내 용질로 glycerol 을 합성한다고 한다.

아황산염을 첨가하는 경우는 *Saccharomyces cerevisiae* 계통의 아황산염 내성 변이주가 개발되어 사용된다.

아황산나트륨을 이용하는 아황산소다법에서는 담금액의 당농도를 10~20% 정도로 하여 주정제조법에서와 동일하게 만들어진 종효모를 접종하여 30℃에서 2~3 일간 발효시킨다.

결국, Neuberg 의 제 2 발효형식과 같이 glycerol 이 생성되는 것이다. 이 반응이 정량적으로 진행되면 기질인 당에 대하여 50%에 가까운 glycerol 이 생성되지만 실제수율은 20~30%를 넘지 못한다.

이는 효모에 대한 아황산의 독작용 때문이다. 아황산나트륨의 첨가량은 당을 기준으로 하여 40~100% 정도를 액중의 농도가 0.1~0.5% 되도록 여러번 나누어 첨가한다.

숙성된 발효액에는 3~5%의 glycerol 외에 aldehyde, ethanol, 아황산염과 결합한 aldehyde, 잔당, 유리아황산염 등이 포함되어 있으므로 정제과정을 거쳐 glycerol 을 회수한다.

6-4 아미노산발효

아미노산의 제조방법에는 대두, 소맥의 단백질을 염산 등으로 가수분해하여 얻은 분해액으로부터 분리·정제하는 방법, 화학반응을 이용하는 합성법, 미생물과 효소를 이용하는 발효법이 있다. 1956 년 아미노산 조미료로서 널리 이용되고 있는 monosodium glutamate(MSG)의 전구물질인 L-glutamic acid 의 공업적 제법이 확립되었다. 이후 미생물을 이용하는 아미노산 제조방법에 급속한 발전이 이루어져 현재에는 많은 종류의 아미노산이 발효법에 의하여 생산될 수 있게 되었다.

6-4-1 아미노산의 생합성경로 및 생산방법

(1) 아미노산의 생합성경로

미생물에 의한 아미노산의 합성경로는 ① glutamic acid 계열 ② aspartic acid 계열 ③ lysine 계열 ④ pyruvic acid 계열 ⑤ histidine-serine 계열 ⑥ 방향족 아미노산계열로 구분한다(표 6-9, 그림 6-11).

표 6-9 아미노산 대사계열과 관련 아미노산

대 사 계 열	관련 아미노산
Glutamic acid 계열	Glutamic acid, Proline, Hydroxyproline, Ornithine, Citrulline, Arginine
Aspartic acid 계열	Aspartic acid, Homoserine, Threonine, Isoleucine, Methionine
Lysine 계열	Lysine
Pruvic acid 계열	Alanine, Valine, Leucine
Histidine-Serine 계열	Histidine, Serine, Cysteine, Glycine
방향족아미노산계열	Phenylalanine, Tyrosine, Tryptophan

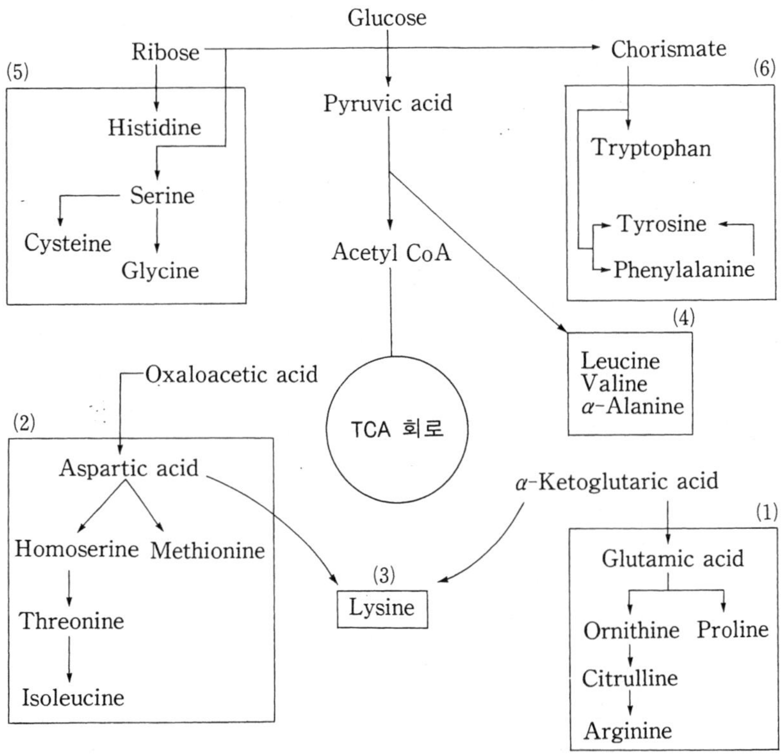

그림 6-11 미생물의 아미노산 생합성 계열

(2) 아미노산의 생산방식

아미노산의 제조법은 발효법, 합성법, 효소법, 추출법 등이 있는데 현재 주로 사용되고 있는 방법은 효소법을 포함한 발효법이 중심이 되어 있고, 일부 제품은 합성법 및 추출법이 사용되고 있다.

1) 발효법 및 효소법

① 직접발효법

㉠ 야생균주를 이용하는 방법

자연계에서 분리한 균과 보존균주를 이용하여 특정아미노산을 배지 중에 대량으로 생성·축적시키는 방법으로 L-glutamic acid만이 공업화되었다.

표 6-10 직접발효법에 의한 아미노산 생산

아미노산	균 주	성 질	생성량 (g/l)	탄소원
DL-Alanine	*Microbacterium ammoniaphilum*	ArgHx^r	60	Glucose
L-Alanine	*Streptomyces coelicolor* 3-19	Wild type	9	Glucose
L-Arginine	*Brevibacterium flavum*	Gua$^-$TA^r	35 26	Glucose Acetate
L-Glutamic acid	*Corynebacterium glutamicum*	Wild type	>100	Glucose
	Brevibacterium flavum	Wild type	98	Acetate
	Arthrobacter paraffineus	Wild type	82	n-Alkanes
L-Glutamine	*Corynebacterium glutamicum*	Wild type	40	Glucose, with high biotin and NH_4Cl content
L-Histidine	*B. flavum*	TA^{r}SM^{r}Eth^{r}ABT^r	10	Glucose
L-Isoleucine	*B. flavum*	AHV^{r}OMT^r	15	Glucose
L-Leucine	*Brevibacterium lactofermentum*	Ile$^-$Met$^-$TA^r	28	Glucose
L-Lysine	*C. glutamicum*	Hom$^-$Leu$^-$AEC^r	39	Glucose
	B. flavum FA1-30	AEC^r	57	Glucose
	B. flavum	Hom^{leaky}Thr$^-$	75	Acetate
L-Methionine	*C. glutamicum* KY 9276	Thr$^-$Eth^{r}MetHx^r	2	Glucose
L-Ornithine	*C. glutamicum*	Arg$^-$	26	Glucose

L-Phenylalanine	*C. glutamicum*	$Tyr^{-}PFP^{r}PAP^{r}$	9	Glucose
L-Proline	*B. flavum*	$Ile^{-}SG^{-}DHP^{+}$	29	Glucose
L-Threonine	*B. flavum*	$Met^{-}AHV^{r}$	18	Glucose
			27	Acetate
	E. coli K-12	Increased gene copy number	55	Sucrose
L-Tryptophan	*C. glutamicum* Px-115-97	$Phe^{-}Tyr^{-}5MT^{r}TrpHx^{r}$ $6FT^{r}4MT^{r}PFP^{r}PAP^{r}$ $TyrHx^{r}PheHx^{r}$	12	Glucose
L-Tyrosine	*C. glutamicum* Pr-20	$Phe^{-}PFP^{r}PAP^{r}PAT^{r}$ $TyrHx^{r}$	18	Glucose
L-Valine	*Brevibacterium lactofermentum* No. 487	TA^{r}	31	Glucose

내성 : ABT : 2-Aminobenzthiazole, AEC : S-(β-Aminoethyl)-L-cysteine,
AHV : α-Amino-β-hydroxyvaleric acid, ArgHx : Arginine hydroxamate,
DHP : 3, 4-Dehydroproline, Eth : Ethionine, 6FT : 6-Fluorotryptophan,
MetHx : Methionine hydroxamate, 4MT : 4-Methyltryptophan,
5 MT : 5-Methyltryptophan, OMT : O-Methylthreonine,
PAP : p-Aminophenylalanine, PAT : p-Aminotyrosine,
PEP : p-Fluorophenylalanine, PheHx : Phenylalanine hydroxamate,
SG : Sulfaguanidine, SM : Selenomethionine, TA : 2-Thiazolalanine,
TyrHx : Tyrosine hydroxamate, TrpHx : Tryptophan hydroxamate

㉡ 영양요구성 변이주를 이용하는 방법

야생균주에 자외선을 조사하거나 nitrosoguanidine(NTG) 등의 변이유발제(mutagen)의 처리로 영양요구성 변이주(auxotroph)를 만드는 방법으로 lysine, valine, alanine 등의 발효법이 있다.

㉢ Analog 내성변이주를 이용하는 방법

5-Methyl tryptophan 이나 S-aminoethyl-L-cysteine(AEC) 등의 아미노산 analog를 배지 중에 첨가하면 미생물의 발육이 억제되지만 이 analog(구조유사체)에 내성이 있는 변이주는 배지 중에 tryptophan 이나 lysine 등의 아미노산이 생성·축적된다. 약제내성과 영양요구성을 동시에 갖는 변이주는 더욱 축적능력이 우수하다. 이 방법이 실용화된 것으로 lysine, threonine, isoleucine, histidine, arginine 등의 발효법이 있다.

② 전구물질을 미생물로 변환하는 방법

화학적으로 합성한 아미노산 생합성의 중간물질 또는 그것에 화합물을 배지 중에 첨가해서 미생물을 배양함으로써 목적하는 아미노산으로 변환시키는 방법이다.

Glycine으로부터의 serine의 생산이나 α-aminobutyric acid나 D-threonine을 첨가하여 isoleucine을 생산하는 방법이 실용화되었다.

표 6-11 전구물질의 전환에 의한 아미노산 생산

아미노산	전구물질	균 주
L-Isoleucine	α-Amino butyric acid	*Serratia marcescens*
L-Methionine	2-Hydroxy-4-methyl thiobutyric acid	*Pseudomonas denitrificans*
L-Phenylalanine	2-Hydroxy-3-phenyl propionic acid	*Pseudomonas denitrificans*
L-Serine	Glycine	*Pseudomonas* sp.
L-Tryptophan	Anthranilic acid	*Hansenula anomala*
L-Tryptophan	Indole	*Claviceps purpureus*

표 6-12 효소법에 의한 아미노산 생산

아미노산	효 소	효소생산균주	반 응	생성량 (g/l)	전환율
L-Alanine	Aspartate decarboxylase	*Pseudomonas dacunhae*	L-Aspartate $\longrightarrow$ L-Alanine+CO_2	268	100
L-Aspartic acid	Aspartase	*Escherichia coli*	Fumarate+NH_4^+ $\longrightarrow$ L-Aspartic acid	560	99
L-Cysteine	Cysteine desulfhydrase	*Aerobacter aerogenes*	β-Chloro-L-alanine+Na_2S $\longrightarrow$ L-Cysteine+NaCl +NaOH	49	89
L-DOPA*	Tyrosine phenol lyase	*Erwinia herbicola*	Pyrocatechol+Pyruvate+ NH_4^+ $\longrightarrow$ L-DOPA+H_2O	59	95
L-Lysine	D-Amino-caprolactam racemase, L-Amino-caprolactam hydrolase	*Achromobacter obae*, *Cryptococcus laurentii*	DL-Aminocaprolactam+ H_2O $\longrightarrow$ L-Lysine	100	100
L-Phenyl-alanine	D-5-Benzyl-hydantoin racemase, L-5-Benzyl hydantoin hydrolase, N-Carbamoyl-L-phenylalanine hydrolase	*Flavobacterium aminogenes*	DL-5-Benzylhydantoin+ $2H_2O$ $\longrightarrow$ L-Phenylalanine +CO_2+NH_4^+	50	100
L-Trypto-phan	Tryptophanase	*Proteus rettgeri*	Indole+Pyruvate+NH_4^+ $\longrightarrow$ L-Tryptophan+H_2O	63	98

* L-DOPA ; L-3, 4-Di-hydroxyphenylalanine

③ 효소법에 의해 전환하는 방법

효소반응에 의해서 아미노산을 만드는 방법이다.

Aspartase에 의한 fumaric acid로부터의 aspartic acid의 제조가 공업화되어 있고, lysine, tryptophan, cysteine, phenylalanine 등의 제조법이 확립되어 있다.

최근에는 효소나 효소원의 균체를 고정화시켜 안정되게 이용하는 기술도 확립되었다.

이외에도 유전공학의 발달로 세포융합조작(cell fusion technology)이나 재조합 DNA(recombinant DNA)법을 이용한 균주개량으로 목적하는 아미노산을 다량 축적시키는 연구도 활발히 진행되고 있다.

6-4-2 Glutamic acid 발효

다시마의 맛난 맛 성분이 monosodium glutamate(MSG)임이 1908년 Ikeda에 의해 발견되었다.

MSG는 처음에는 소맥의 gluten을 염산으로 가수분해하는 방법에 의해 제조되었고, 그후 탈지대두의 단백질의 원료가 사용되었으나 수요가 급증함에 따라 원료가 부족하고 부산물 이용에 어려움이 생겨 새로운 생산방법이 요구되었다.

1957년 Kinoshita 등에 의해 세균을 이용한 발효법이 개발되어 현재에는 세계 각국에서 모두 발효법에 의해서 제조되고 있으며, 아미노산 중 생산량은 1위로 총생산량의 50% 이상을 차지하고 있다.

(1) 사용균주

Glutamic acid 발효에 사용되는 균주로는 최초의 사용균인 *Corynebacterium glutamicum*(*Micrococcus glutamicus*)을 비롯하여 *Brevibacterium lactofermentum*, *Brevibacterium flavum*, *Microbacterium ammoniaphilum*, *Brevibacterium divaricatum* 등이 알려져 있다.

이들 균주의 공통된 특징은 ① 호기성 ② Gram양성 ③ 구형, 타원형 내지 단간균 ④ 운동성이 없다. ⑤ 포자를 형성하지 않는다. ⑥ 비오틴요구성 ⑦ α-ketoglutaric acid의 산화능이 대단히 약하고, α-ketoglutaric acid의 환원적 아미노화의 능력이 강하다는 것이다.

(2) 생합성경로

당으로부터의 glutamic acid 의 생성경로는 그림 6-12 와 같다. 포도당은 주로 EMP 경로를 거치고 일부는 HMP 경로를 거쳐서 2 분자의 pyruvic acid 가 된다.

그 중 1 분자는 CO_2를 고정하여 oxaloacetic acid 로 되고, 다른 1 분자는 acetyl-CoA 로 되어 이것이 축합하여 citric acid 가 된다.

이 citric acid 는 TCA 회로를 거쳐 α-ketoglutaric acid 로부터 succinate 로 되는 산화능이 대단히 약하고, isocitrate dehydrogenase 와 glutamate dehydrogenase 가 공액하고 있어서 $NADPH_2$의 공급이 합리적으로 이루어지므로 α-ketoglutaric acid 의 환원적 아미노화가 능률적으로 진행되어 glutamic acid 가 생성된다.

$$C_6H_{12}O_6 + NH_3 + \frac{3}{2}O_2 \longrightarrow C_3H_9O_5N + CO_2 + 3H_2O$$

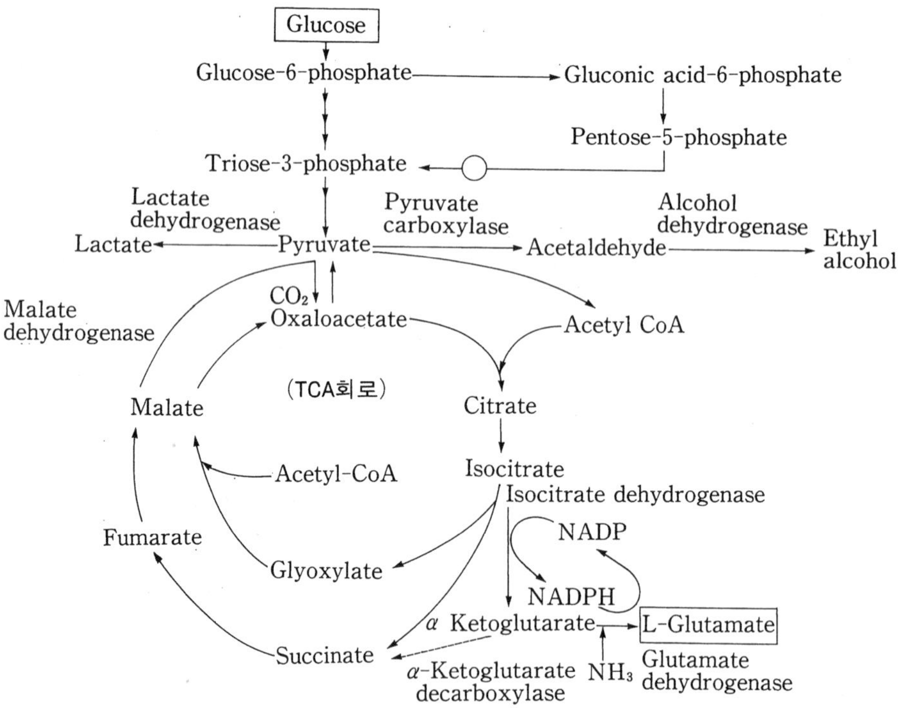

그림 6-12 Glucose 로부터 glutamic acid 의 생합성경로

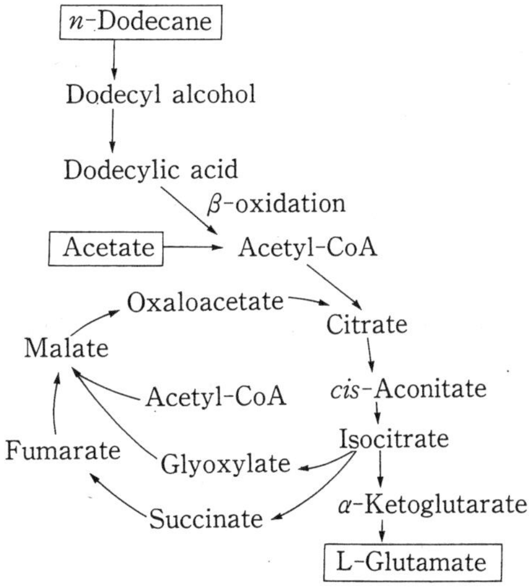

그림 6-13 초산 및 n-dodecane으로부터의 glutamic acid 생성경로

초산으로부터의 생성은 acetyl-CoA를 거쳐서 glyoxylate회로로 들어가며, 탄화수소인 n-dodecane으로부터의 생성은 oxygenase에 의해서 말단이 산화(terminal oxidation)되어 dodecyl alcohol이 되고, 그후 지방산으로 된다. 이 지방산은 β-oxidation에 의하여 acetyl-CoA로 된 다음 acetic acid의 경우와 같이 glyoxylate회로로 들어가 glutamic acid가 된다(그림 6-13).

(3) 당질을 사용한 glutamic acid 발효

Glutamic acid의 수득률은 균의 선택과 배양조건에 의해 좌우되는데, 배양조건으로는 배지 중의 biotin량, pH, NH_4^+의 농도, 통기량, 배양온도 등이 영향을 미친다.

1) 탄 소 원

균체의 증식을 위해서는 포도당, 설탕, 과당, 맥아당, xylose 등이 쓰이나 공업적 생산을 위해서는 당밀과 전분당화액이 사용되고 있다. 당밀에는 biotin의 함량이 많기 때문에 페니실린 또는 계면활성제(Tween 60 등) 또는 C_{16}~C_{18} 포화지방산을 첨가하여야만 한다. 당농도는 10% 정도가 사용되나 대당 수득률과 최종 glutamic acid농도를 높일 목적으로 초기농도를 낮게하고, 배양 도중에 당을 첨가하는 유가배양법(fed batch fermentation process)을 이용하여 합계 15% 이상의 고농도까지 첨가할 수 있다.

2) 질 소 원

Glutamic acid 생합성에서 아미노기 공급원으로 중요하다.

$(NH_4)_2SO_4$, NH_4NO_3, NH_4Cl 등의 암모늄염과 요소가 사용되며, 공장에서 암모니아를 기체 또는 수용액상태로 첨가하여 pH 조절을 겸하기도 한다. pH 5.5 부근에서 지나치게 암모니아를 첨가하면 glutamine 이 생성된다.

3) 무 기 염

무기이온을 공급하기 위한 것으로 K^+, Mg^{2+}, Mn^{2+}, PO_4^{3-}, SO_4^{2-}, Cl^- 등이 필요하다. 특히 Mn^{2+}과 K^+는 glutamic acid 의 수득률에, 그리고 Fe^{2+}는 생육에 영향을 크게 미친다.

4) 생육인자

Biotin 은 glutamic acid 의 세포막 투과성과 관계가 있기 때문에 배지 중의 biotin 의 양은 매우 중요하다. 너무 적으면 균체가 생육하지 못하고 따라서 glutamic acid 도 축적되지 않으며, 많으면 생육은 잘 되나 glutamic acid 의 생산은 감소한다. biotin 의 최적량은 균주에 따라 다르나 당농도 10% 일 때 일반적으로 2~5μg/l 이다. 당농도가 낮으면 최적량도 적어진다.

균에 따라서는 L-cysteine 을 추가적으로 요구하기도 하고, 탄화수소를 탄소원으로 사용하였을 때는 thiamine 이 필요하기도 하다.

5) pH

균체생육이나 glutamic acid 생산에 있어서 모두 최적 pH 는 7~8 이다. 산성쪽이나 알칼리쪽이면 생육이 잘 되지 않으며, 발효전환이 일어나게 된다.

6) 통기와 교반

Glutamic acid 발효는 호기적 조건에서 일어나므로 산소를 계속적으로 공급할 필요가 있다. 산소가 부족하면 lactic acid 또는 succinic acid 로 발효전환되고, 너무 많은 산소가 공급되면 α-ketoglutaric acid 로 발효전환된다.

7) 발효온도

발효온도는 접종용 균체를 얻기 위한 종배양(seed culture)과 glutamic acid 생성을 위한 본배양(main culture) 모두 30~35℃ 가 적당하다. 본배양은 30~48 시간에 완료된다.

포도당을 이용하고 이상의 여러 조건을 맞추어 발효한 예는 그림 6-14 와 같다.

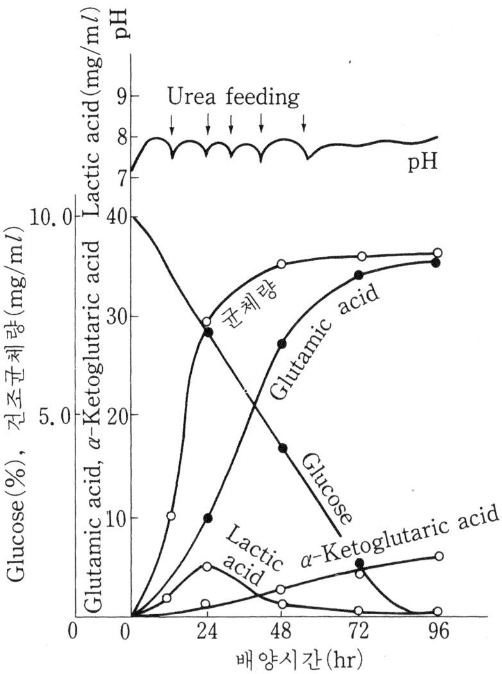

배지조성 : Glucose 10. 0%, CSL 0. 25%, NZ-amine 0. 2%, K_2HPO_4 0. 1%, $MgSO_4 \cdot 7H_2O$ 0. 025%, urea 0. 5%

배양온도 : 28°C, 진탕배양

그림 6-14 Glutamic acid 발효의 경과

또한 탄소원으로 초산, 에탄올, 탄화수소 등이 이용되어 glutamic acid 가 생산될 수 있다(표 6-13).

이렇게 하여 얻어진 glutamic auid 를 이용한 monosodium glutamate 의 제조공정은 그림 6-15 와 같다.

표 6-13 여러가지 탄소원을 이용한 glutamic acid 생산

탄 소 원	생 산 균 주	생성량(g/l)
Sugar beet molasses	*C. glutamicum*	>100
Glucose+Ammonium acetate	*Brevibacterium divaricatum*	100
Acetate	*B. flavum*	98
Ethanol	*Brevibacterium* sp. 136	59
n-Alkanes	*Arthrobacter paraffineus*	62
	Corynebacterium hydrocarboclastus	84
	C. alkanolyticum (*Glycerol⁻*)	72

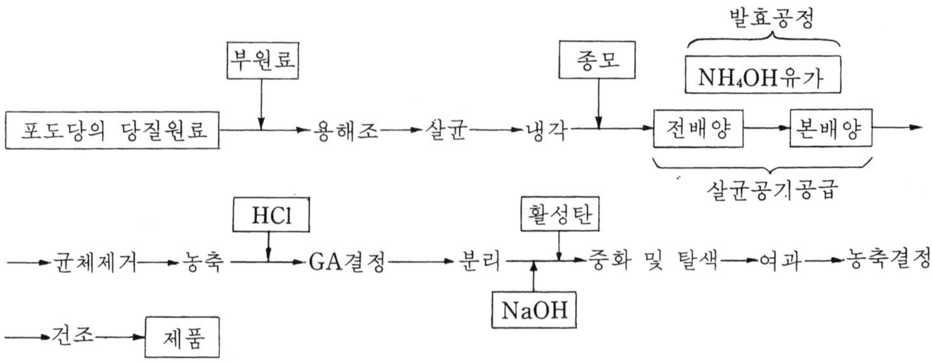

그림 6-15 MSG의 제조공정

(4) Glutamic acid의 분리 및 정제

Glutamic acid를 발효액으로부터 분리·정제하는데는 용해도, 이온교환수지, 흡착제 등이 이용된다.

1) 용해도를 이용하는 방법

① 용해도가 가장 낮은 등전점(isoelectric point)에서 석출시키는 방법으로서 균체를 제거한 다음 발효액을 pH 1 이하로 하여 1/3 정도로 감압농축하고 NaOH로써 glutamic acid의 등전점인 pH 3.2로 조정하여 방치후 석출된 glutamic acid를 분리한다.

얻어진 glutamic acid를 염산에 용해하여 다시 석출시킴으로써 순도 95% 이상의 결정이 얻어진다. 그러나 발효액으로부터의 회수율은 75% 정도이므로 결정분리액은 다시 순환시켜 잔존 glutamic acid를 회수한다.

② Ba^{2+}, Ca^{2+}, Zn^{2+} 등 glutamic acid와 난용성의 염을 만드는 금속이온을 이용하여 분리하는 방법이다.

2) 이온교환수지에 흡착시켜 용출하는 방법

당밀발효액 중의 gluctamic acid의 회수에 유리한 방법으로 이용되나 발효액에 무기이온이 있으면 아미노산의 이온교환수지에 흡착저해현상을 일으키므로 먼저 약산성 양이온교환수지로 처리하여 일부의 무기양이온을 제거한 다음 강산성 양이온교환수지에 효율적으로 흡착시켜 용출시킨다.

한편 이온배제(ion exclusion)방식이 monosodium glutamate와 중성아미노산의 분리에 응용된다. Na염형으로 재생한 sulfonic acid수지에 NaOH를 사용하여 pH를 7.2로 한 아미노산혼합액을 통하면 MSG는 이온이 배제되어 먼저 용출되고 다른 중성아미노산은 후에 용해된다.

3) 흡착제를 이용하는 탈색법

아미노산이 방향족아미노산을 제외하고는 활성탄(active carbon)에 거의 흡착되지 않는 성질을 이용하여 탈색하는 방법이다.

4) Glutamic acid 를 염산염으로 분리하는 방법

단백질원료를 이용한 glutamic acid 제조에서 이용되는 방법으로 순도가 높은 glutamic acid 를 쉽게 얻을 수는 있으나, 많은 열량과 염산이 필요하고, 내산성 재질로 된 장치가 사용되어야 하기 때문에 생산가격이 높은 단점이 있다.

(5) Glutamic acid 발효생산에 있어서의 잡균과 bacteriophage 의 오염대책

발효탱크(fermentor)의 대형화와 연속화에 따라 잡균과 파지의 오염이 큰 문제가 된다.

잡균오염을 방지하기 위한 방법으로는 공장 내의 청소, 살균설비의 개량 등의 일반적인 방법 이외에 배지 중에 세균의 생육을 저해하는 물질, 이를테면 streptomycin 등의 항생물질이나 formalin 등의 화학약제를 첨가하는 경우도 있다. 이들은 사용균에 대해서 저해작용을 나타내는 것이 많으므로 미리 약제내성변이주를 얻어서 이용할 때가 많다.

오염의 경위는 그림 6-16 과 같이 발효조 주위의 공기 중의 phage 가 증가하여 그 영향으로 종모조 중에도 phage 가 증가된 상태가 계속되면 마침내는 주발효조에 있어서도 phage 를 검출하게 되고, 곧 급격히 증가하여 발효성적이 갑자기 떨어지게 되는 결과가 된다.

Phage 방제대책은 잡균에 대한 것과 거의 같으며, 사용되는 약제에는 chelate 효과가 있는 phytin 염 citrate, oxalate, tripolyphosphate 등과 계면활성화작용이 있는 polyoxyethylene glycol monoester, Tween 20 등이 있다. 이들은 phage 의 흡착을 저해한다고 하며, 항생물질인 chloramphenicol, tetracycline 등도 단백합성저해작용이 숙주보다도 phage 에 대해서 강하게 나타나므로 항 phage 제로 이용할 수 있다.

위의 방법 이외에 잡균오염을 방지하는 방법과는 달리 phage 에 대해서 내성이 있는 변이주를 얻어서 이용하는 방법이 있다. 잡균방제의 목적으로 얻은 *Brevibacterium lactofermentum* 의 streptomycin 내성변이주는 phage 에 대한 내성도 있는 것이 밝혀져서 실제에 이용되기도 하였다.

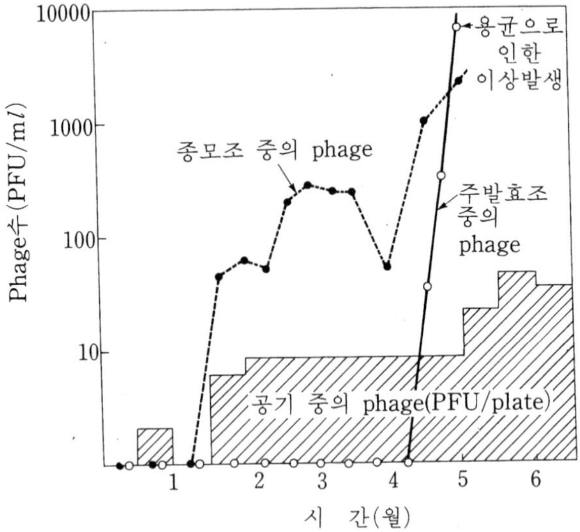

그림 6-16 발효공장 내의 phage의 동향

6-4-3 Lysine 발효

L-lysine은 곡류단백질에서 부족되는 필수아미노산으로 식·사료에 영양강화제로 이용되며, 그 수요가 증가하고 있다.

1958년 *Corynebacterium glutamicum*의 homoserine요구성 변이주를 이용하여 생산되기 시작하였다.

그 후 threonine+methionine 감수성 변이주, lysine analog내성 변이주를 이용한 발효법이 개발되었고, 최근에 와서는 전구물질 또는 DL-lysine을 화학적 합성법으로 합성하고 이것을 효소로 L-lysine을 만드는 방법도 이용되고 있다.

(1) 변이주를 이용한 직접발효법

탄소원 및 질소원을 포함한 배지에 균주를 배양하여 lysine이 직접 생성·축적되는 방법으로 사용균주의 종류에 따라서 3가지로 구별한다.

① 영양요구성 변이주(예 : homoserine요구성 변이주, threonine+methionine 요구성 변이주)

② Threonine, methionine 감수성(感受性) 변이주

③ Lysine analog 내성 변이주

1) 영양요구성 변이주

Glutamic acid의 생산균인 *Corynebacterium glutamicum*의 homoserine 요구성 변이주와 *Brevibacterium flavum*의 homoserine 요구성 변이주에 의해서 lysine이 직접 얻어진다.

이들 변이주는 대사제어를 하는 물질의 균체내 농도를 인위적으로 조절하기 위하여 영양요구성의 성질을 이용한 것이다. *Corynebacterium glutamicum*이나 *Brevibacterium flavum* 등의 대사제어는 그림 6-17과 같이 lysine과 threonine의 공존에 의해서 저해되는 concerted feedback inhibition이 aspartokinase에 대해서 작용한다. 그러므로 이들의 변이주는 biotin이 충분히 첨가되고 소량의 homoserine(또는 threonine+methionine)첨가에 의해서 lysine을 생성·축적하게 된다.

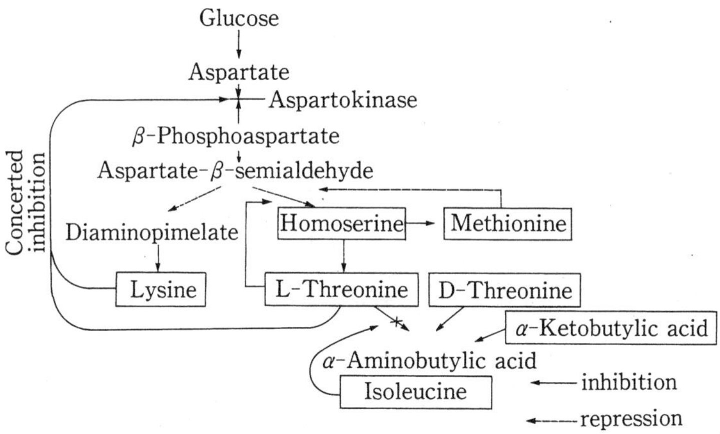

그림 6-17 Lysine 및 isoleucine의 생합성계의 제어

공업적 규모의 생산에는 탄소원으로서 값이 싼 사탕수수당밀이 사용되고, threonine, isoleucine, methionine 등의 농도를 조절해야 하므로 당밀과 부원료 중의 함량이 중요하다. 부원료로 탈지대두박 가수분해물이나 값싼 단백질의 가수분해물이 사용되고 있다.

Biotin은 사탕수수당밀에 충분히 함유되어 있으므로 첨가할 필요가 없으나 biotin 함량이 적은 사탕무당밀이나 전분분해액을 원료로 할 때에는 30μg/l 이상 함유되어 있어야 한다. 발효 중 암모니아가스나 요소를 유가(feeding)하여 질소원을 공급하는 동시에 pH를 조절하면서 배양하여 30~40%의 lysine을 얻었다. 표 6-14 및 그림 6-18은 lysine 발효용 배지와 발효경과의 예이다.

표 6-14 L-lysine 발효용 배지

배 지 성 분	제 1 차 종모용배지(%)	제 2 차 종모용배지(%)	주발효배지(%)
Glucose	2.0	—	—
Peptone	1.0	—	—
Beef extract	0.5	—	—
Beet molasses(총당)	—	5.0	20.0
CSL	—	5.0	—
SBM 분해액*	—	—	1.8
$(NH_4)_2SO_4$	—	2.0	—
NaCl	0.25	—	—
$CaCO_3$	—	1.0	—

* 탈지대두박(SBM)을 6 N H_2SO_4로 열분해하여 암모니아수로써 중화한 것의 건물량환산 %

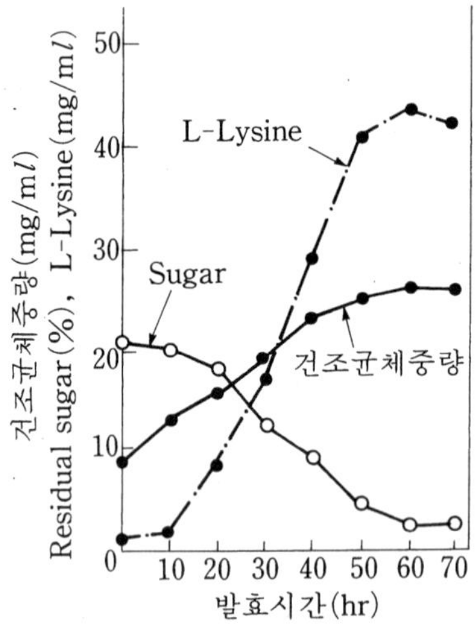

그림 6-18 Lysine 발효의 발효경과

또 탄소원으로 acetic acid, ethanol, n-alkane 등이 이용되기도 한다(표 6-15 참조).

발효액으로부터 L-lysine을 회수하기 위해서는 배양액을 산성으로 하여 강산성 이온교환수지(NH_4^+형)에 통과시켜 흡착시키고, 묽은 암모니아수로 용출하여 얻은 L-lysine 함유 분획을 감압농축하여 암모니아를 제거한 뒤 염산을 첨가하여 pH를 4.0으로 조절하고 다시 감압농축하면 lysine의 염산염이 석출된다. 석출된 결정을 분리건조하여 제품을 얻는다.

표 6-15 여러가지 탄소원을 이용한 lysine 생산

탄 소 원	생 산 균 주	생성량(g/l)
Glucose	*C. glutamicum* (Hom^- Leu^-)	34
Glucose	*C. glutamicum* (Hom^- Leu^- AEC^r)	39
Glucose	*B. flavum* F 1-30 (AEC^r)	57
Acetate	*B. flavum* (Hom^{leaky} Thr^-)	75
Ethanol	*B. lactofermentum* (AEC^r)	66
n-Alkanes (C_{14}-C_{18})	*Nocardia alkanoglutinosa* (AEC^r)	29

내성 : AEC : S-(β-aminoethyl)-L-cysteine
영양요구성 : Hom:Homoserine, Leu : Leucine, Thr : Threonine

2) Threonine · methionine 감수성 변이주

Brevibacterium flavum 의 변이주 중에는 최소배지에서 원균주와 같이 왕성하게 생육하나(그림 6-19), threonine 또는 methionine 을 소량 첨가하면 생육이 저해되는 감수성 변이주가 있으며(그림 6-20), 이들 균주 중에는 최소배지에서 glucose 에 대해서 23%에 이르는 L-lysine-HCl 을 생산하는 것이 있다. 이와 같은 lysine 의 생산축적이 가능한 것은 이들 균의 변이점이 homoserine dehydrogenase 활성이며, 변이에 의해서 원주의 약 3%로 활성이 저하됨으로써 threonine 의 생성이 감소된다.

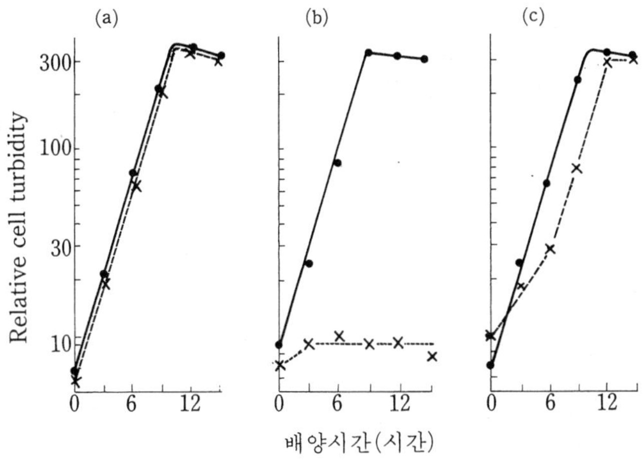

---×--- : 최소배지
—●— : 최소배지+L-homoserine 200μg/ml
(a) 야생주, *B. flavum* No. 2247
(b) homoserine 요구성변이주 H-1013.
(c) 감수성 변이주 S-20

그림 6-19 Threonine · methionine 감수성 변이주의 최소배지에서의 생육

그 결과로 균체형성에는 지장이 없으나 aspartokinase 활성을 제어할 수 없게 된다.

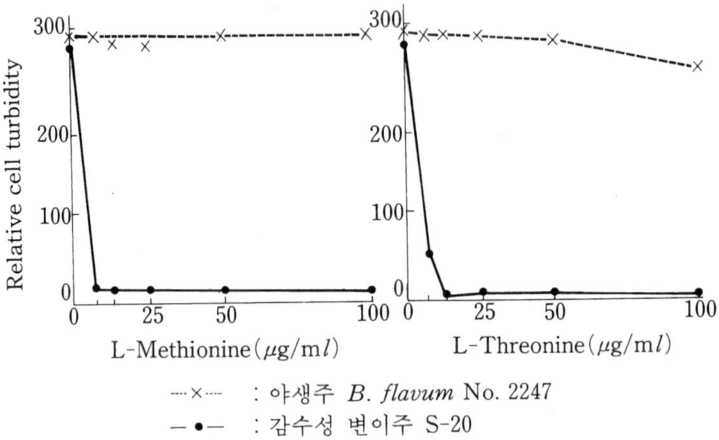

그림 6-20 감수성 변이주의 생육에 대한 methionine · threonine의 저해

Brevibacterium flavum이 가지고 있는 homoserine dehydrogenase 활성은 균체형성에 이용되는 threonine(methionine)을 생합성하는 데 필요한 부분과 lysine의 과잉생산을 제어하기 위한 threonine을 생합성하는 두 부분으로 나누어서 생각하고, 이 변이주는 후자가 결핍된 것이라고 해석하고 있다.

3) Lysine analog 내성 변이주

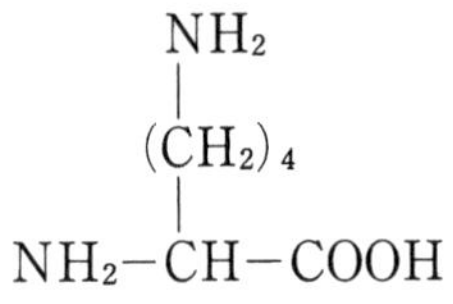

Lysine

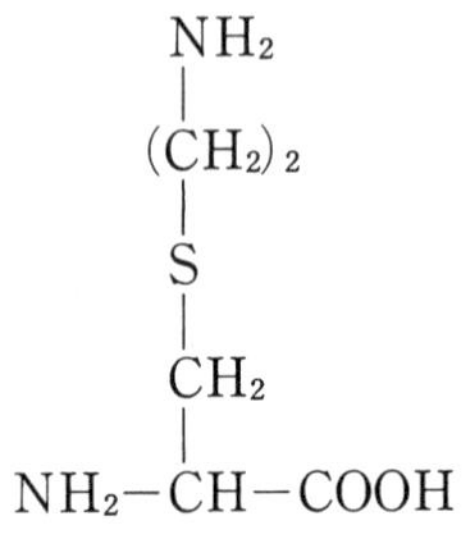

S-(β-aminoethyl)-L-cysteine

*Brevibacterium flavum*의 S-(β-aminoethyl)-L-cysteine(AEC, lysine의 analog) 내성 변이주는 glucose로부터 34g/l의 L-lysine을 생산한다.

이 analog는 특히 threonine이 공존하면 *Brevibacterium flavum*에 대해서 강한 생육저해작용을 나타내며, 이 저해는 lysine의 첨가로 제거되는 성질을 갖는다.

따라서 analog가 존재하여도 생육이 가능한 변이주 중에는 lysine 생산이 왕성한 것도 있을 것으로 예상된다.

얻어진 내성 변이주에 의한 lysine 생산은 그림 6-21과 같이 많은 양의 threonine이 존재하여도 거의 영향을 받지 않았으며, aspartokinase의 활성에 대한 lysine+threonine의 저해정도는 감소하였다.

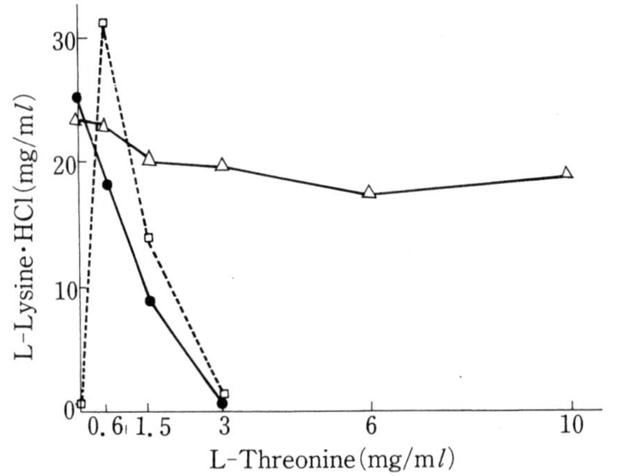

그림 6-21 Lysine 생산에 대한 threonine의 저해

(2) 효소에 의한 lysine의 제조

합성법과 효소법을 결합시킨 방법으로 L-lysine이 공업적으로 생산되고 있다. 즉 화학합성법에 의해서 cyclohexane으로부터 제조된 DL-amino caprolactam을 원료로 하여 그림 6-22와 같이 *Achromobacter obae*의 racemase와 *Cryptococcus laurentii*의 caprolactam hydrolase를 이용하여 L-lysine을 제조하는 방법으로, 두 효소의 최적작용 pH는 전자가 8.0, 후자가 9.0으로 대단히 가깝다.

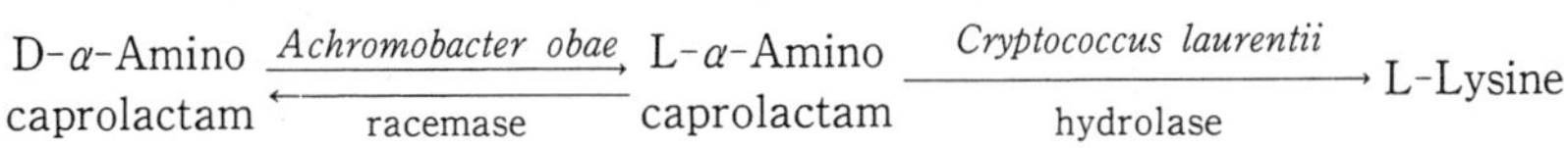

그림 6-22 DL-Amino caprolactam으로부터의 효소에 의한 L-lysine의 제조

10%의 DL-amino caprolactam 용액(pH 8.0)에 *Achromobacter obae*의 동결건조균체와 *Cryptococcus laurentii*의 아세톤건조균체 0.1%(w/v)를 첨

가하여 40°C에서 반응시키면 25시간 후에 99.8%의 높은 전환율로 L-lysine이 생성된다. 반응 후 L-lysine 염산염으로 분리되고 그 광학순도는 99.5%이다.

(3) 유전자조작에 의하여 육종한 변이주를 이용하는 방법

야생주를 변이유발제(mutagen)로 변이시켜 lysine 생산이 잘 되지만 glucose의 소비속도가 낮은 변이주와 lysine은 생산하지 못하고, 당의 소비속도가 빠른 변이주를 세포융합(cell fusion)시켜 융합체(fusant)를 얻는다(그림 6-23). 이 융합체를 이용하여 발효시킨 결과 짧은 시간에 70 g/l의 lysine이 축적된다고 보고되어 있다.

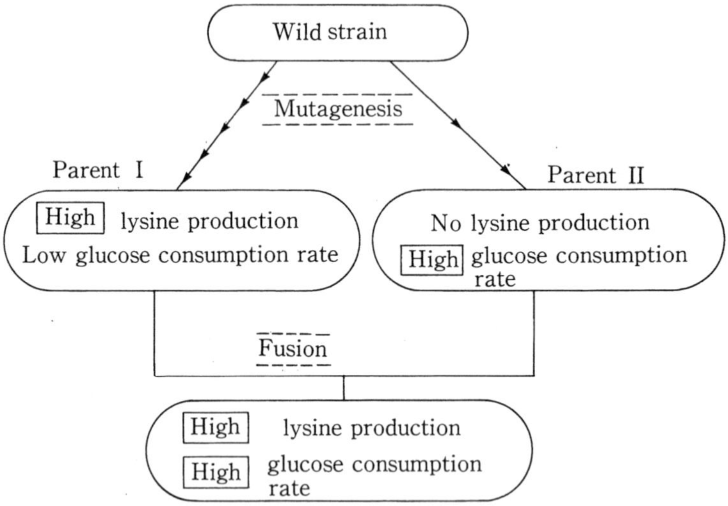

그림 6-23 세포융합에 의한 lysine 생산균주의 개량

6-4-4 기타 아미노산 발효

(1) Aspartic acid

Aspartic acid는 Na염 또는 K염의 형태로 피로회복, 심장치료, 간장질환치료, 빈혈치료 등에 이용되며, phenylalanine과 함께 aspartame의 원료 및 피부노화방지용 화장품의 원료로 이용된다.

Aspartic acid의 생산에는 fumaric acid와 암모니아염을 함께 aspartase의 작용으로 변환시키는 방법이 공업적으로 이용되고 있다.

$$\text{Fumaric acid} + NH_3 \underset{\text{aspartase}}{\rightleftarrows} \text{L-aspartic acid}$$

Aspartase 생산균주는 *Bacillus megaterium, E. coli, Pseudomonas fluorescens* 등이 이용되는데, 최근에는 효소나 균체를 고정화하여 연속효소반응을 시키는 방법이 개발되었다.

(2) Phenylalanine

Phenylalanine은 방향족아미노산으로 아미노산 영양수액에 사용되며, 펩티드계 감미료인 aspartame의 한 성분으로서 식품용으로의 용도에도 점차 확대되고 있다.

화학적으로 합성된 phenylpyruvic acid를 전구물질로 하여 *Alcaligenes* 속, *Pseudomonas* 속, *Escherichia* 속 등의 균주로부터 얻은 phenylalanine transaminase에 의해 수득률 10.9 g/*l*(전환율 78%)로 phenylalanine이 얻어졌으며, *Sporobomyces roseus*에서 얻은 L-phenylalanine ammonia-lyase를 phenylsuccinate와 암모니아에 작용시키면 28 g/*l*의 수득률(전환율 80%)로 phenylalanine을 얻게 된다.

또 *Brevibacterium lactofermentum*의 변이주(5-methyltryptophan^r+p-fluorophenylalanine^r+decoyinine^r+tyrosine$^-$+methionine$^-$)는 glucose를 탄소원으로 하여 25 g/*l*의 수득률로 L-phenylalanine을 생성·축적하게 된다.

유전자조작기술의 발전으로 *Corynebacterium glutamicum, Brevibacterium lactofermentum, E. coli*의 형질전환주(transformant)를 얻게 됨에 따라 glucose를 탄소원으로 하여 30~40 g/*l*의 수득률로 L-phenylalanine이 생성·축적되기도 하였다.

(3) Threonine

Threonine은 4종의 입체이성체가 있는데, 미생물에 의해서는 L-threonine만이 생성된다.

Threonine의 직접발효는 *E. coli*의 아미노산 다중요구주(diaminopimelic acid$^-$+methionine$^-$+isoleucine$^-$, methionine$^-$+valine$^-$) 혹은 α-amino-β-hydroxy valeric acid 내성주의 아미노산요구주(methionine$^-$, isoleucine$^-$)에 의하여 포도당, 과당 등을 탄소원으로 하여 6~14 g/*l*의 threonine이 생산되었다.

이외에도 *Corynebacterium* 속, *Brevibacterium* 속 등의 glutamic acid 생산균주로부터 유도된 내성주는 10% 포도당함유배지에서 10~14 g/l을 생성하였으며, 다시 유도된 methionine 요구주는 18 g/l의 L-threonine을 생성하였다.

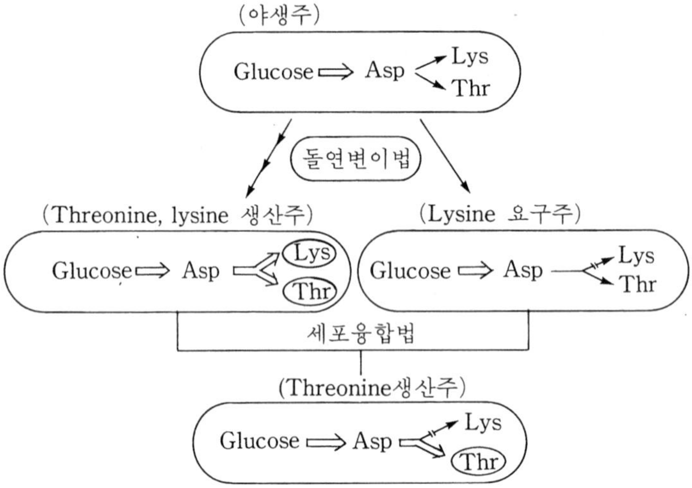

그림 6-24 *Brevibacterium lactofermentum*의 세포융합법에 의한 threonine 생산균의 유도

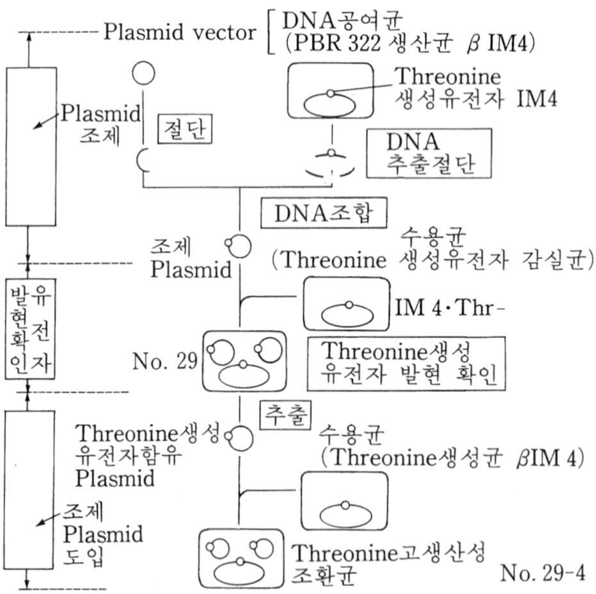

그림 6-25 Threonine 생산 recombinant DNA의 transformant (*E. coli* K-11 No. 29-4)의 유도

유전자조작기술의 응용으로 L-threonine의 생산성을 높인 예도 있다. 즉, threonine과 lysine을 동시에 다량 축적하는 균주와 threonine을 소량 생산하는 lysine 요구성 변이주를 세포융합시킨 세포융합체를 얻어 발효시킨 결과 친균주는 lysine 6g/l와 threonine 13g/l를 생산하였으나, 융합세포는 18 g/l의 L-threonine을 축적하였다(그림 6-24). 또한 *E. coli* K-11을 변이시켜 유도한 threonine 생산균주 βIM 4로부터 염색체 DNA와 pBR322를 제한효소(restriction enzyme)로 절단한 다음 연결효소(ligase)로 연결하여 재조합(recombination)한 plasmid DNA(PA 1294-thr^+)를 만든다. 이것을 βIM 4 유래의 threonine 요구성 변이주에 형질전환(transformation)하여 요구성이 회복된 형질전환주 No. 29-4를 얻게 되었으며, 이 균을 포도당배지에서 발효시켜 60 g/l의 L-threonine을 생산하였다(그림 6-25).

(4) Tryptophan

Tryptophan은 필수아미노산으로 아미노산 영양수액으로 사용되며, 옥수수가 식·사료로 사용되는 경우 첨가하면 단백가가 높아진다.

제조방법으로는 anthranillic acid나 indole 등과 같은 전구물질을 효소나 미생물로 전환시켜 얻는 방법(표 6-16과 표 6-17)이 있는데, 최근에는 효소나 균체를 고정화시킨다거나 재조합 DNA 기술을 이용하여 *E. coli*의 tryptophan synthetase의 활성을 230배 가량 증가시켜 indole과 serine으로부터 78 g/l의 수율로 L-tryptophan을 축적시키기도 하였다. 그러나 전구물질인 원료의 가격이 비싸므로 값싼 탄소원인 포도당이나 당밀을 원료로 사용하는 직접 발효법이 개발되어 공업적으로 이용되고 있다(표 6-18).

표 6-16 전구물질의 전환에 의한 tryptophan 생산

균 주	전 구 물 질	원료량(g/l)	생성량(g/l)
Hansenula anomala	Anthranilic acid	4.2	5.7
Bacillus subtilis (Anthranilate$^-$)	Anthranilic acid	5.0	5.5
Candida utilis	Anthranilic acid	4.2	6.4
Claviceps purpurea	Indole	1.3	1.5
Escherichia coli	Indole+	3.0	—
Bacillus subtilis	DL-Serine	6.0	5.2
(MT^r)	Indole	—	10.4

MT^r : Methyltryptophan 내성변이주

표 6-17 효소법에 의한 tryptophan 생산

효 소	균 주	반 응
D-Tryptophan hydantoin racemase, L-Tryptophan hydantoin hydrolase, N-Carbamoyl-L-tryptophan hydrolase	*Flavobacterium aminogenes*	DL-Tryptophan hydantoin $+H_2O \longrightarrow$ L-Tryptophan $+CO_2+NH_3$
Tryptophanase	*Proteus rettgeri*	Indole + Pyruvate + $NH_3 \longrightarrow$ L-Tryptophan + H_2O Indole + L-Serine $\longrightarrow$ L-Tryptophan + H_2O
Tryptophan synthetase	*Escherichia coli*	Indole + L-Serine $\longrightarrow$ L-Tryptophan + H_2O

표 6-18 직접발효법에 의한 tryptophan 생산

생 산 균 주	유 전 형 질	생성률(g/*l*)
Bacillus subtilis	$5FT^r$, Arg^- or Leu^-	6
Brevibacterium flavum AJ 3732	$5FT^r$ PFP^r Phe^-	6
Corynebacterium glutamicum Px-115-97	Phe^- Tyr^- $5MT^r$ $TrpHx^r$ $6FT^r$ $4MT^r$ PFP^r PAP^r $TyrHx^r$ $PheHx^r$	12

5FT : 5-Fluorotryptophan, PFP : p-Fluorophenylalanine,
5MT : 5-Methyltryptophan, TrpHx : Tryptophan hydroxamate,
6FT : 6-Fluorotryptophan, 4MT : 4-Methyltryptophan,
PAP : p-Aminophenylalanine, TyrHx : Tyrosine hydroxamate,
PheHx : Phenylalanine hydroxamate,
Arg : Arginine, Leu Leucine, Phe : Phenylalanine.

6-5 핵산발효

일본 고유의 조미료인 가다랭이(kazuobushi), 표고버섯 등의 맛난 맛의 주성분이 5′-inosinic acid(inosine-5′-monophosphate, 5′-IMP), 5′-guanylic acid(guanosine-5′-monophosphate, 5′-GMP) 등의 5′-nucleotide라는 물질로 밝혀졌으며, 이들 nucleotide와 L-glutamic acid의 Na염(MSG)과의 맛의 상승효과가 있음이 판명됨으로써 급속히 공업적 생산이 발전하게 되었다.

초기에는 효모 RNA의 분해법에 의해서 생산되었고, 이어서 미생물의 변이주를 이용하는 직접발효법 혹은 발효와 유기합성을 결합시킨 방법으로 이들 nucleotide를 생산하게 되었다.

또 nucleoside, nucleotide와의 생합성, 상호변환 및 대사제어의 원리를 이용하여 정미성 nucleotide 뿐만 아니라 광범위한 핵산관련물질의 공업적 생산을 목적으로 많은 연구가 이루어졌으며, 이들을 총칭하여 핵산발효라고 부르고 있다.

6-5-1 Nucleotide의 화학구조와 정미성

핵산에는 DNA(deoxyribonucleic acid)와 RNA(ribonucleic acid) 등이 있다. 이들은 염기(base), 당(deoxyribose 또는 ribose), 인산(phosphoric acid)의 3개 성분으로 구성된 polynucleotide이다.

핵산관련물질이 정미성을 가지기 위해서는 그 화학구조에 있어서 다음과 같은 구조를 갖추고 있어야 한다.

① 고분자 nucleotide, nucleoside 및 염기 중에서 mononucleotide만 정미성이 있는 것이 있다.

② 염기가 purine계의 것만이 정미성이 있다.

③ Purine 환의 6위치에 OH기가 있어야 한다.

④ Ribose의 5′위치에 인산기가 있어야 한다.

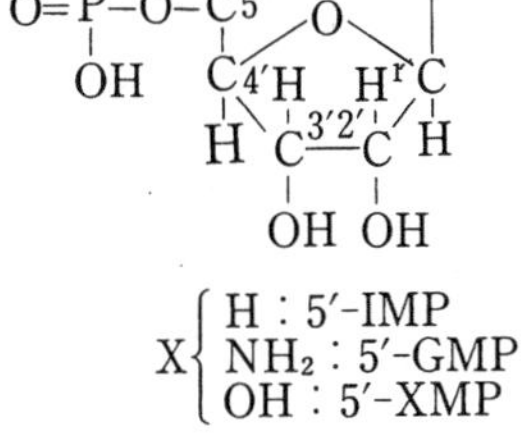

그림 6-26 정미성 purine nucleotide의 구조

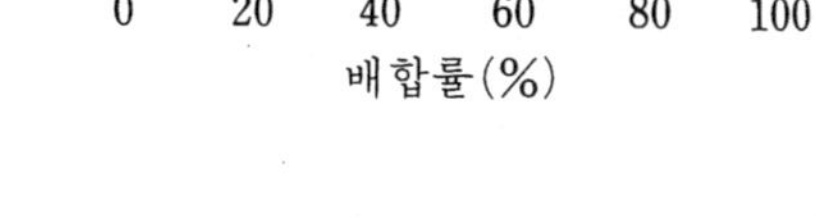

그림 6-27 MSG와 IMP 또는 GMP의 배합에 의한 맛의 강도변화

이상의 조건을 갖는 것은 guanylic acid, inosinic acid, xanthylic acid (xanthosine-5′-phosphate, 5′-XMP)이며, 맛의 세기로는 GMP>IMP>XMP의 순이다. 당이 deoxyribose일 경우에는 정미성이 약하다(그림 6-26).

Nucleotide류의 정미성의 특징은 이들을 MSG와 혼합했을 때 각각의 맛난 맛을 합한 것보다 훨씬 강해지는 상승효과를 갖는다는 점이다. 이러한 특징 때문에 정미성 nucleotide의 Na 염은 MSG와 혼합하여 복합조미료로 사용되고 있다(그림 6-27 참조).

6-5-2 정미성 nucleotide의 제조

정미성 nucleotide의 공업적 생산은 초기에는 전갱어 등의 어류, 통조림폐액, 멸치, 오징어 등 천연물로부터 추출·분리하는 방법에 의하여 생산되었으나 현재에는 다음 방법 등에 의해서 대량 생산되고 있다(그림 6-28).

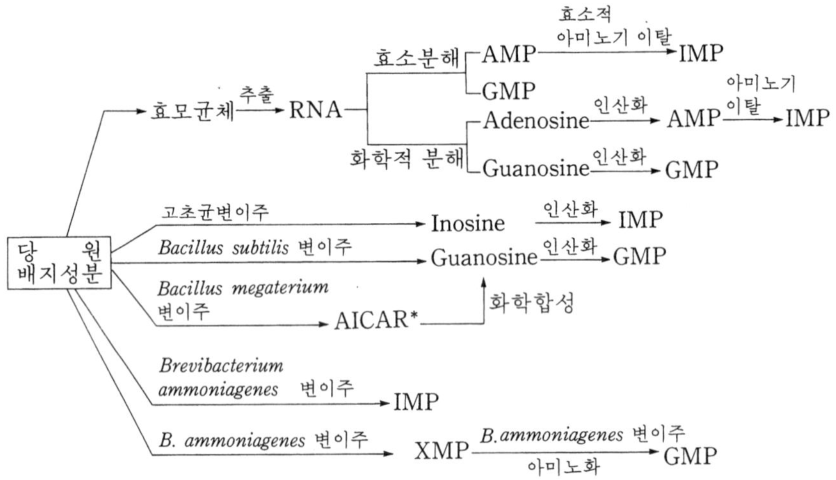

*AICAR : 5-amino-4-imidazole-carboxyamide ribotide

그림 6-28 IMP 및 GMP의 생산방식

① RNA를 5′-phosphodiesterase나 화학적으로 분해하는 방법(RNA 분해법)

② Purine nucleotide 합성의 중간체를 배양액 중에 축적시킨 다음 화학적으로 인산화하여 nucleotide를 합성하는 방법(발효와 합성의 결합법)

③ 생화학적 변이주를 이용하여 당으로부터 직접 nucleotide를 생산하는 방법(*de novo* 합성)

(1) IMP 의 제조

1) RNA 분해법

효모균체로부터 추출한 RNA를 미생물효소에 의해서 분해하여 5′-nucleotide를 얻는 RNA분해법이 미생물을 이용한 공업적인 생산방법으로서는 처음 확립되었다.

이 방법의 주요공정은 ① 효모균체의 제조 및 RNA의 추출 ② 5′-phosphodiesterase의 생산 ③ RNA의 5′-phosphodiesterase에 의한 분해 ④ 분해액으로부터의 5′-nucleotide류의 분리 및 정제로 이루어진다.

그 후 RNA의 화학적 분해에 의한 제조법도 공업적으로 이용되고 있는데, 이는 추출된 RNA를 효소 대신 알칼리로 분해하고 얻어진 nucleoside를 화학적으로 인산화하는 공정으로 이루어진다.

① 효모균체의 제조 및 RNA의 추출

RNA는 모든 미생물에 일반적으로 존재하지만 효모균체의 RNA가 공업적 원료로 이용되고 있다. RNA원료로서 효모가 가장 적당한 것은 ㉠ RNA 함량이 비교적 높고 ㉡ DNA가 RNA에 비하여 적으며(표 6-19) ㉢ 균체의 분리·회수가 용이하고 ㉣ 아황산펄프폐액, 당밀, 석유계 물질 등 값싼 탄소원을 이용할 수 있다는 이유 때문이다. 실제 효모의 배양에 있어서 RNA의 수량, 즉 균체의 RNA 함량과 균체량을 곱한 값이 많은 것이 바람직하다. 효모도 다른 미생물과 같이 대수증식기 중간단계에서 RNA 함량이 최고에 달하고 이후는 감소된다. 따라서 회분배양(batch culture)에서는 대수증식기의 후반기에 균체를 채취하여 이용한다(그림 6-29).

한편 연속배양에 있어서는 RNA 함량이 높은 대수증식기에서 장시간에 걸쳐 일정하게 배양할 수 있으므로 유리하다. 실제로 Waldhof형 발효장치에서 아황산펄프폐액을 탄소원으로 하여 *Candida utilis*의 연속배양을 실시한 경우 탱크 내의 평균 체류시간은 4~5시간이 가장 적당하며, RNA 함량 12~13%, 균체량 2~2.4%의 결과를 얻는다. 배양된 효모균체는 배양액으로부터 원심분리기에 의해서 분리하고 물로 세척하여, 다음 공정에 알맞은 농도로 조정된 효모크림을 얻게 되고 이어서 식염수, 묽은 NaOH 용액 등을 추출제로 사용하여 RNA를 추출한다. 다시 원심분리기 등에 의해서 잔사균체가 분리되고 RNA 추출액이 얻어진다.

또 건조 RNA는 추출액을 산성으로 하거나 에탄올을 첨가함으로써 RNA를 침전시켜 탈수 건조하여 얻거나, 이것을 다시 NaOH로 녹여 분무 건조하여 Na 염으로 얻기도 한다.

표 6-19 각종 미생물의 핵산함유량

시 료	RNA	DNA	RNA/DNA
Brewers' yeast(I)	6.44	0.182	35.3
Brewers' yeast(II)	5.20	0.312	16.6
Brewers' yeast(III)	5.82	0.210	32.4
Brewers' yeast(IV)	4.62	0.207	22.3
Brewers' yeast(V)	5.43	0.245	22.1
Bakers' yeast(Fleischman)	4.16	0.220	18.9
Saccharomyces sake	3.62	0.442	8.19
Saccharomyces anamensis	2.67	0.238	11.2
Dried yeast(I)	4.78	0.378	12.8
Dried yeast(II)	4.61	0.516	8.93
Aspergillus oryzae (shaking culture)	2.34	0.270	8.66
Aspergillus oryzae (*surface culture*)	0.665	0.300	2.21
Aspergillus niger	0.982	0.607	1.61
Rhizopus nigricans	1.85	0.322	5.74
Penicillium chrysogenum	2.46	0.196	12.5
Absidia glauca	1.94	1.32	1.47
Bacillus subtilis	0.297	0.731	0.406
Bacillus mesentericus	3.11	1.10	2.82
Escherichia coli	1.35	4.50	0.300

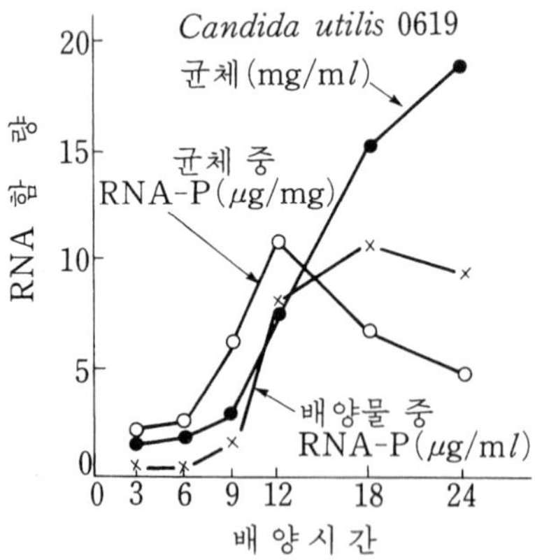

배양액 : 당밀 10.0 %, urea 0.28%, polypeptone 0.1%, NaH_2PO_4 0.1%, yeast extract 0.2%

배 양 : Jar fermentor, 통기 100%, 교반 388 rpm, 30°C

그림 6-29 효모의 배양시간과 RNA 함량

② 5′-phosphodiesterase의 생산

RNA는 nucleotide가 그림 6-30과 같이 $C_{3'}$와 $C_{5'}$간의 phosphodiester 결합에 의해서 중합된 polynucleotide이다. 따라서 RNA를 가수분해하면 mononucleotide를 얻을 수 있다. 얻어진 nucleotide가 정미성을 갖기 위해서는 ribose의 5′위치에 인산이 있어야 하기 때문에 5′-phosphodiesterase가 이용되어야 한다. 5′-phosphodiesterase를 생산하는 미생물은 많이 알려져 있다(표 6-20). 현재 공업적으로는 *Penicillium citrinum*과 *Streptomyces aureus*의 두 균주가 이용되고 있다. *Penicillium*의 경우는 고체배양에 의해 15~20°C에서 3~4일간 배양되며, Streptomyces는 액체배양에 의해 28°C에서 24~48시간 통기교반 배양되고 있다.

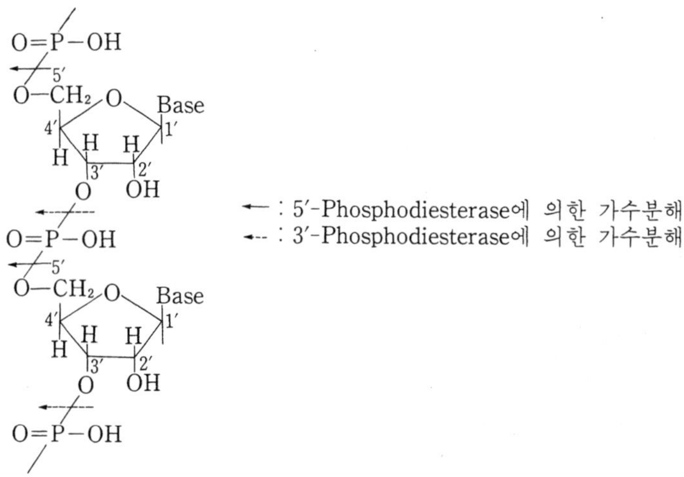

그림 6-30 RNA의 구조와 가수분해 양식

표 6-20 5′-Phosphodiesterase를 생산하는 주요 미생물

곰팡이	Ascomycetes	*Aspergillus*, *Penicillium*, *Botrysoheria*, *Chaetomidium*, *Glomerella*, *Neurospora*, *Sordaria*, *Monascus* 등
	Fungi imperfecti	*Acrocylindrium*, *Fusarium*, *Gliomastix*, *Helmintosporium*, *Verticillium*, 기타 식물병원균
방선균		*Streptomyces*
세균		*Bacillus*, *Clostridium*
효모		균체외 효소는 볼 수 없으나 균체내 효소로서 *Rhodotorula*

③ RNA 의 효소분해와 5′-nucleotide 의 분리 · 정제

RNA 추출액이나 RNA 건조품을 5′-phosphodiesterase 가 생성되어 있는 배양물의 추출액 혹은 배양여액을 사용하면 되지만, RNA 의 분해산물인 5′-nucleotide 를 분해시키는 5′-nucleotidase 나 phosphomonoesterase 가 혼합되어 있으므로 이들 효소의 작용을 억제해야 한다.

Penicillium citrinum 의 경우 5′-phosphodiesterase 는 고체배양의 추출액이 사용되며, 공존하는 phosphomonoesterase 의 작용을 억제하기 위해서는 최적작용온도의 차이가 이용된다. 즉 5′-phosphodiesterase 와 phosphomonoesterase 의 최적온도는 각각 65°C 와 45°C 이므로, 65°C 에서 반응시킴으로써 phosphomonoesterase 작용을 억제하게 된다(그림 6-31 참조).

이 고체배양 추출액에는 phytin 유사물질인 phosphodiesterase 의 저해물질이 존재하기 때문에 pH 5, 10°C, 20 시간의 전처리에 의하여 phytin 유사물질을 분해 · 제거한 다음 RNA 를 pH 5, 65°C 에서 4 시간 분해한다.

RNA 의 분해산물은 GMP, AMP, UMP, CMP 이며 정미성이 없는 AMP 는 다시 *Aspergillus oryzae* 의 AMP deaminase 를 이용하여 정미성이 있는 IMP 로 만든다. *Streptomyces aureus* 의 경우 5′-phosphodiesterase 는 배양여액을 그대로 사용하며 pH 7.5~8.2, 온도 37~42°C 에서 분해한다. 생성된 5′-nucleotide 가 더 분해되는 것을 막기 위해서 균주의 개량, 배양의 조건 등 종합적인 방법이 강구되고 있다.

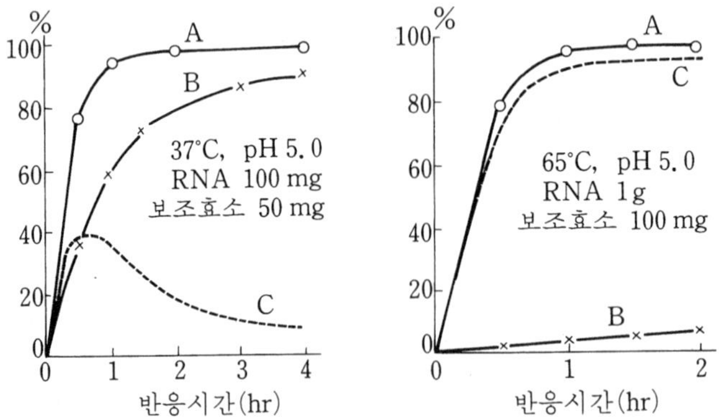

A : RNA 분해율, B : 무기인 생성률, C : 5′-nucleotide 생성률
(10 ml 의 veronal 완충액 중에서 반응)

그림 6-31 *Penicillium citrinum* 의 효소제에 의한 RNA 의 분해

이 균은 AMP deaminase 도 동시에 생산하여 분해생성물에는 AMP 는 없고 IMP, GMP, UMP, CMP 가 얻어지므로 정미성 nucleotide 의 생산에 편리하다. *Penicillium* 속이나 *Streptomyces* 속의 것을 이용한 경우 분해생성물은 모두 IMP, GMP, UMP, CMP 의 4 종류의 nucleotide 이며, 이들의 분리·정제에는 이온교환수지에 의한 방법, 활성탄을 사용하는 방법 등이 고안되고 있다.

이들 방법은 정미성의 purine nucleotide 와 정미성이 없는 pyrimidine nucleotide 로 구별하는 것이 목적이다. 일반적으로 IMP, GMP 를 함께 얻어서 제품화되지만 IMP 와 GMP 의 각 분획을 따로 얻어서 각각 IMP 와 GMP 의 제품을 만들 수도 있다.

④ 부산물의 이용

RNA 추출 후의 효모균체 및 RNA 분해산물 중 정미성이 없는 pyrimidine nucleotide 의 이용면의 개척이 중요하다. RNA 가 없는 효모균체는 사료로 이용되고, CDP-choline 이 whiplash 증과 같은 머리의 외상에 의한 의식장해, 뇌졸중 후유증에 의한 신경장해 등의 뇌장해 치료제의 원료로 이용되며, 유제품의 핵산성분을 모유와 비슷하게 할 목적으로 CMP, UMP 의 이용도 검토되고 있다. 또한 항암제 등의 약품원료로도 응용되고 있다.

⑤ RNA 의 화학적 분해법

RNA 를 수산화칼슘을 사용하여 130°C 에서 3～4 시간 가열하는 알칼리 분해를 하면 nucleoside 를 얻을 수 있다. 얻어진 nucleoside 를 분리하여 화학적 인산화를 함으로써 IMP, GMP 를 제조한다.

2) 발효법에 의한 inosine 의 제조와 인산화

발효법으로 배양액 중에 nucleoside 를 직접 생산하고 이것을 분리한 후 화학적으로 인산화하여 5′-nucleotide 로 변환시키는 방법이다.

① Inosine 발효

Bacillus subtilis, *Brevibacterium ammoniagenes*, *Microbacterium* sp. 등의 야생균주를 X 선, 자외선 등으로 변이처리하면 영양요구변이주 (adenine 과 아미노산요구성)가 얻어지는데, 이 중에서 강력한 inosine 생산능을 가지며, inosine 분해능을 거의 갖지 않는 변이주를 선택하여

inosine 생산균으로 한다(표 6-21).

표 6-21 Inosine 발효에 이용되는 변이주

변 이 주	성 질	Inosine 축적량(g/l)
Bacillus subtilis		
No. 2	Ade^-	0.21
B-4	Ade^-His^-	4.46
C-30	$Ade^-His^-Tyr^-$	10.5
RDA-16	Ade^- Trp^- Red^- Dea^- $8AG^r$	18.0
Brevibacterium ammoniagenes		
KY 13714	Ade^- $6MG^r$ Gua^-	13.6
KY 13761	Ade^- $6MG^r$ $6MTP^r$ Gua^-	30.0
Microbacterium sp.		
No. 250	Bio^- $6MP^r$ $8AG^r$ MSO^r $6TG^r$	35.0

영양요구성 Ade : Adenine, Bio : Biotin, Gua : Guanine, His : Histidine, Tyr : Tyrosine, Trp : Tryptophan, Red^- : GMP reductase 결여, Dea^- : AMP deaminase 결여

내성 8 AG : 8-Azaguanine, 6 MG : 6-Methionine sulfoxide, 6 TG : 6-Thioguanine, 6 MP : 6-Mercaptopurine

Bacillus subtilis 의 경우 IMP dehydrogenase 의 활성이 낮고, 조절작용이 약한데 대해서 *Brevibacterium ammoniagenes* 의 경우에는 guanine 요구성으로 되면서 inosine 생산성이 크게 증가하는 것이 특징이다.

Bacillus subtilis 를 이용한 inosine 생산에 있어서 탄소원으로 전분가수분해액이 가장 널리 사용되나 포도당도 사용될 수 있다. adenine 의 공급원으로써 건조효모나 crude RNA 가 이용되며, 암모니아는 pH 의 조절과 질소원으로서 첨가된다.

최적 pH 는 6.0~6.2 이며, 최적온도는 30~34°C 이다. inosine 은 산소이동용량계수 Kd=$5.8 \sim 7.0 \times 10^{-6}$g · Mol · O_2/atm · min · ml 이고, 배지중의 이산화탄소의 양이 낮아야만 최대의 축적량이 얻어진다.

Brevibacterium ammoniagenes KY 13761 에 의한 발효경과의 예는 그림 6-32 와 같다. 또 발효액으로부터 inosine 을 분리하는 방법에는 여러가지가 있으며 그 한 예는 그림 6-33 과 같다. 한편 발효액에 NaOH 로 pH 를 9~13 으로 조절하여 inosine-Na 염의 농도를 3 g/d*l* 이상으로 농축하고 다시 pH 9~13 으로 조정하여 inosine-Na 염으로 석출시킨다.

이 방법 이외에 발효액을 알칼리성으로 하여 강염기성 이온교환수지로 처리하여 inosine을 흡착시켜 묽은 초산으로 용출하여 농축·석출하는 방법 등이 있다.

② Inosine의 인산화

Inosine을 인산화하는 방법으로써 phosphotransferase를 이용하는 생화학적 방법과 화학적 합성법이 있는데, 현재 공업적으로는 화학적 합성법이 이용되고 있다.

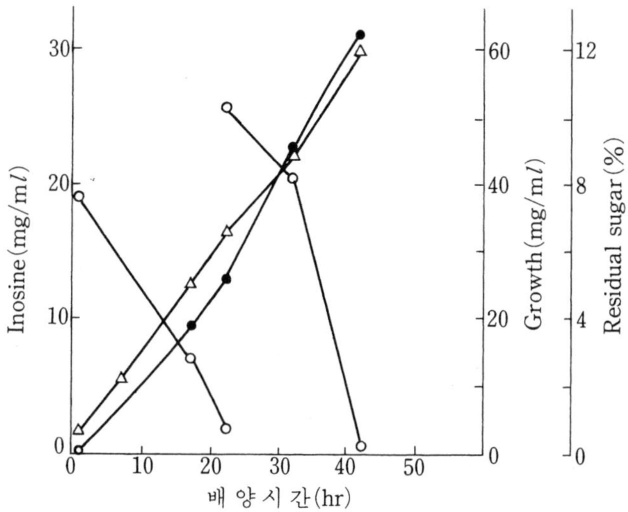

● : inosine 축적량, ○ : 잔당, △ : 균체중량

그림 6-32 *Brevibacterium ammoniagenes* KY13761에 의한 inosine 발효의 경과

발효액
↓ (inosine 2.36 g/dl, inosine/inosine 이외의 고형분=0.40)
여 과
↓ → 균체
여 액
↓ pH 11.0, 0.48% NaOH
↓ 감압농축·
1l
↓ pH 11.0 재조정
↓ 7°C, 24 hr
Inosine Na염 120 g
↓ 400 ml 물에 현탁
↓ 농염산 32 ml첨가 pH 5.2
↓ 7°C, 24 hr
↓
Inosine 88.5 g

그림 6-33 Inosine의 분리공정

화학적 인산화방법은 과잉량의 oxychlorophosphate($POCl_3$)에 acetone과 inosine을 첨가하여 소량의 물을 작용시켜 inosine의 2′ 및 3′ 위치의 OH기를 isopropylidene기를 보호하는 동시에 5′ 위치의 OH를 인산화한다. 다음에 생성물을 가수분해하여 isopropylidene기를 제거하면 80%의 수득률로 5′-IMP가 얻어진다(그림 6-34).

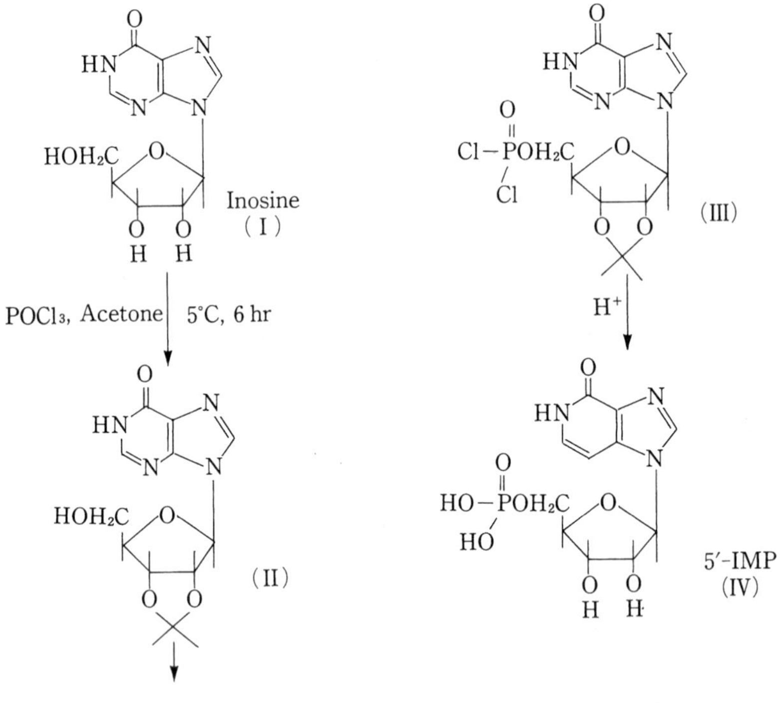

그림 6-34 IMP의 합성

3) 직접발효법

IMP를 직접발효법에 의해서 생산할 수 있다는 것은 공업적으로 유리하다. 그러나 IMP는 세포막투과성(cell membrane permeability)이 나쁘고 IMP를 분해하는 효소가 많이 있으므로 IMP를 많이 축적한다는 것은 어려운 일이다. 이러한 문제점이 해결되어 많은 양의 IMP가 축적되려면 ① IMP 분해효소의 결여 ② IMP의 세포막투과성 증대의 문제가 해결되어야 한다.

*Corynebacterium glutamicum*과 *Brevibacterium ammoniagenes*의 두 균주는 phosphatase의 활성이 매우 약하며, 변이주는 직접 nucleotide를 축적한다. 후자의 균주가 우수한 nucleotide 생성능을 가지고 있다.

Brevibacterium ammoniagenes ATCC 6872(KY 3454)를 친주로 하고 자외선조사를 하여 KY 13102 균주를 얻었다. NTG 처리에 의한 변이처리에 의해서 KY 13102 균주로부터 Mn^{2+} 비감수성(Mn^{2+} insensitive)의 KY 13171 균주를 얻게 되며, NTG 처리를 반복하여 균주를 개량한 결과 KY 13369 균주는 축적량이 20~27 mg/ml이 되었다(표 6-22).

*Brevibacterium ammoniagenes*의 변이주에 의한 IMP 생산은 배양액 중의 Mn^{2+}의 농도를 엄격히 규제함으로써 세포막투과성이 바뀌어 이루어지는 것이다. 그러나 원료 중에 다량의 Mn^{2+}을 함유하고 있는 경우에는 항생물질(streptomycin, cycloserine, mitomycin C, penicillin G 등) 또는 계면활성제(polyoxy ethylene stearylamine, cetylpyridinum chloride, hydroxyethyl glyoxaline 등)를 첨가하는 방법과 Mn^{2+}이 과잉량 존재할 경우도 IMP 축적에 영향을 받지 않는 변이주를 유도하여 이용하는 방법이 있다. 특히 후자의 경우에는 IMP 축적에 필요한 Zn^{2+}, Fe^{2+} 및 Ca^{2+}에 대해서도 안정성을 갖고 IMP를 축적한다고 한다.

표 6-22 *Brev. ammoniagenes*의 변이에 의한 IMP 생산균주의 유도

변 이 주	축 적 량(mg/ml)		
	5′-IMP[a]	Hx[b]	Total 5′-IMP[c]
KY 13102(ade^L)	1~2	8~10	9~12
↓NTG 처리			
KY 13171(ade^L, Mn^1)	7~8	4~6	11~13
↓NTG 처리			
KY 13184(ade^L, Mn^1, gua^-)	8~10	7~8	15~18
↓NTG 처리			
KY 13198(ade^L, Mn^1, gua^-)	9~12	5~6	15~18
↓NTG 처리			
KY 13361(ade^L, Mn^1, gua^-)	12~16	2~3	15~19
↓NTG 처리			
KY 13363(ade^L, Mn^1, gua^-)	18~20	Trace	18~20
↓NTG 처리			
KY 13369(ade^L, Mn^1, gua^-)	20~27	Trace	20~27

ade^L : adenine leaky 형 요구성, Mn^x : Mn^{2+} 비감수성,
gua^- : guanine 요구성, NTG : N-methyl-N′-nitro-N-nitrosoguanidine
a : 5′-IMP·Na_2 · 7.5 H_2O
b : 5′-IMP·Na_2 · 7.5 H_2O로 환산한 hypoxanthine의 양
c : a+b의 양

(2) GMP 의 제조

IMP 로부터 GMP 가 합성될 경우 최초의 반응에 관여하는 IMP dehydrogenase는 GMP 에 의하여 그 활성이 저해된다. 또 균체 내의 과잉량의 GMP 는 GMP reductase 에 의하여 IMP 로 전환된다.

이와같은 제어기구로 균이 다량의 GMP 를 생산하기에는 어려움이 있다. 그러므로 RNA 분해법이 아닌 발효법에 의한 GMP 생산은 IMP 보다 늦어졌다.

공업적인 GMP 제조법에는 ① 발효법에 의하여 AICAR(5-amino-4-imidazole-carboxyamide ribotide)를 생산하고, 다음 합성법에 의하여 AICAR 을 GMP 로 만드는 방법 ② 발효법에 의하여 guanosine 을 생산하고, 이것을 합성법 혹은 생화학적인 방법으로 인산화하는 방법 ③ 두 종류의 균주를 혼합배양하여 GMP 를 직접 생산하는 방법이 있다.

1) RNA 분해법

이 방법은 IMP 의 제조와 같으므로 생략한다.

2) AICAR 발효를 이용한 방법

① AICAR 발효

Bacillus subtilis No. 2093 의 X 선을 조사하여 얻은 purine 요구성 변이주에 의해 약 10 mM 의 AICAR 이 얻어졌고, 다시 보다 우수한 AICAR 생산균으로서 purine 요구주 *Bacillus megaterium* No. 336(ATCC 15117)이 얻어졌으며, *Bacillus pumilus* purine · adenine 요구주를 얻어 60 mM 의 AICAR 을 축적하였다.

Bacillus megaterium No. 336 을 이용한 AICAR 발효용 배지의 조성과 발효경과는 표 6-23 과 그림 6-35 와 같다. 공업적인 생산에 있어서는 탄소원으로 전분당화액이 이용되고 배지조성 중 ㉠ purine 공급원과 그 양 ㉡ PO_4^{3-}량 ㉢ K^+량 ㉣ 아미노산이 중요하다.

표 6-23 AICAR 발효용 배지조성

성 분	농 도	성 분	농 도
Glucose	8.0 %	$MgSO_4 \cdot 7H_2O$	0.04%
RNA	0.1 %	$MnSO_4 \cdot 4H_2O$	0.001%
NH_4Cl	1.5%	$FeSO_4 \cdot 7H_2O$	0.001%
K_2SO_4	0.09%	Mieki(味液)	1.0 ml/dl

pH 7.2, 따로 살균한 $CaCO_3$ 0.5 % 첨가, 31.5°C 에서 진탕배양.

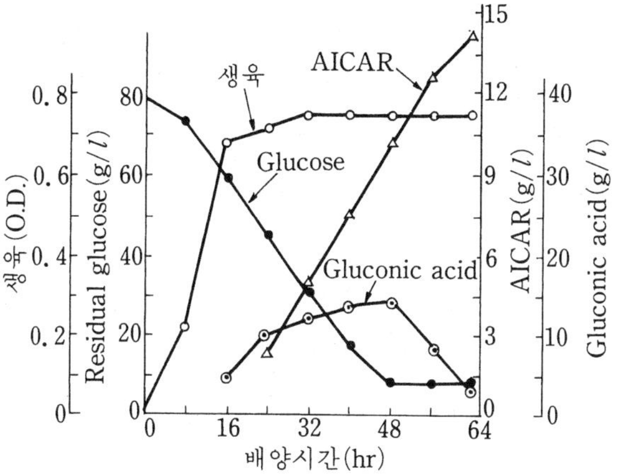

그림 6-35 AICAR 발효경과

AICAR의 생산은 Fe^{2+}, Mn^{2+} 등의 금속이온, threonine 등의 첨가로 촉진되지만 histidine의 첨가는 균의 생육을 촉진하는 반면 AICAR의 생산은 억제된다. purine원으로는 건조효모나 효모 RNA가 이용되는데 suboptimal한 첨가량에 의해서 AICAR의 축적이 최대가 된다.

배양 중 포자형성이 일어나면 발효속도가 저하되는데 이것을 억제하기 위해서는 $C_3 \sim C_9$의 포화지방산, 계면활성제(polyoxyethylene nonyl phenol ester), 항생물질(chloramphenicol, tetracycline) 등을 대수증식기에 첨가하는 것이 효과적이다.

또 포자형성을 위해서는 많은 산소가 필요하므로 산소공급조건을 저하시킴으로써 포자형성을 억제할 수 있다. 그러나 생산물인 AICAR의 축적을 위해서는 충분한 산소공급이 필요하므로 실제배양에 있어서는 포자형성결정기에 균체의 산소충족률을 60~100%로 산소공급을 제한하고, 그후에는 균의 산소요구를 충족시켜서 AICAR을 효율적으로 생산할 수 있게 된다.

② AICAR로부터의 GMP의 생산

발효에 의해서 축적된 배지 중의 AICAR은 양이온 교환수지에 흡착시킨 다음 용리·농축·건조과정을 거쳐 분리된다. AICAR을 원료로 하는 GMP의 합성경로는 그림 6-36과 같으며, GMP는 NaOH로 중화되어 GMP·Na $7\,H_2O$가 얻어진다. 현재는 다음에 설명하는 guanosine발효법의 발전으로 이 방법이 이용되지는 않는다.

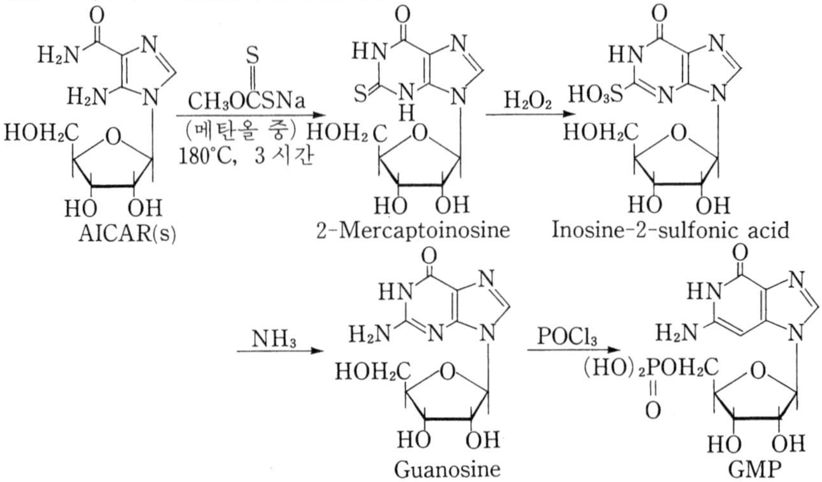

그림 6-36 AICAR(s)로부터의 GMP 의 합성법

3) Guanosine 발효를 이용한 방법

① Guanosine 발효

Guanosine의 발효생산균주로서는 주로 *Bacillus subtilis*를 이용하여 발효수득률이 높은 변이주가 유도되어 공업적 생산에 이용되고 있다.

Inosine 생산균으로부터 guanosine 생산균을 유도하기 위하여 8-azaxanthine(8AX) 또는 8-azaguanine(8AG) 내성균을 분리하면 GMP reductase 결여균주로부터 guanosine을 함께 생산하는 균주가 얻어지고, GMP reductase 비결여균주로부터는 xanthine을 함께 생산하는 균주가 얻어지는 점으로 미루어 guanosine 축적을 위해서는 조절기구의 해제와 더불어 GMP reductase의 결여가 필수적이라는 것을 추측할 수 있다.

표 6-24 *Bacillus subtilis* No. 1411 로부터의 guanosine 생산균주의 유도

변 이 주	성 질	축 적 량(g/l)		
		Inosine	Xantosine	Guanosine
No. 1411 ↓	Ade^-, GMP red^-, His^-	11.0	0.0	5.5
No. 14119 ↓	MSO^r	4.8	0.0	9.6
AG 169 ↓	MSO^{rr}	0.0	6.0	8.0
GP-1 ↓	$Psicofuranine^r$	0.0	3.4	10.6
MG-1	$Decoyinine^r$	0.0	0.0	16.0

Ade^- : adenine 요구성, GMP red^- : GMPreductase 결여, r : 내성, rr : 고도의 내성
His^- : histidine 요구성, MSO : methionine sulfoxide,

Bacillus subtilis 의 guanosine 을 함께 생산하는 inosine 생산균으로부터 표 6-24 와 같은 과정을 거쳐 개량한 변이주 MG-1 에 의해서 16 g/l의 축적이 이루어졌다.

② Guanosine 의 인산화

Guanosine 을 발효액으로부터 분리 · 정제하는 방법은 그림 6-37 과 같으며, 얻어진 guanosine 의 인산화공정은 6-5-2 의 (1) 2)에서 기술한 insoine 의 인산화공정과 같다.

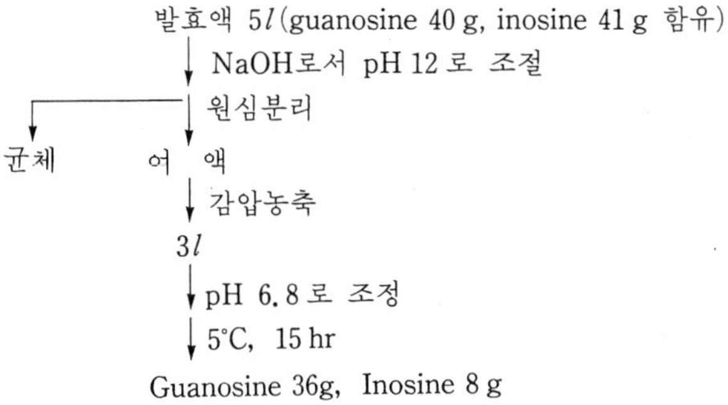

그림 6-37 Guanosine 의 분리공정

4) 직접발효법

Brevibacterium ammoniagenes 의 5′-IMP 생산균주에서 유도된 5′-XMP 생산균주(adenine · guanine 요구성 변이주, KY 13201)와 5′-XMP 를 5′-GMP 로 전환시키는 균주(5′-nucleotide 분해능 미약균주로부터 유도된 변이주, KY 13503)를 혼합배양함으로써 GMP 를 직접 축적시키는 발효방식으로 공정은 ① XMP 발효 ② 전환균 배양 ③ 전환반응으로 구분되며 이는 다음과 같다.

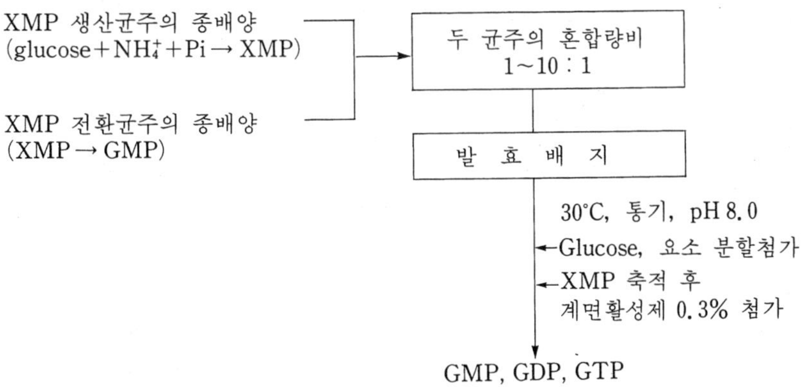

XMP 원으로서는 *Brevibacterium ammoniagenes* 의 변이주를 이용해서 당질과 암모니아로부터 직접 발효생산된 XMP를 단리·정제한 것 또는 XMP 발효액으로부터 균체를 제거한 후 농축한 액을 이용한다.

전환균은 XMP aminase(일명, GMP synthetase ; EC 6. 3. 4. 1)의 특이적 저해제인 decoyinine에 대한 내성을 nucleotide 분해능 미약성 변이주에 부여하여 얻은 변이주를 이용한다.

혼합배양에 의해서 guanosine nucleotide를 효율적으로 생산하기 위해서는 배양전기에 XMP를 충분히 생성시키고, 후기에 전환균을 생육시키는 것이 중요하며, 효율적인 전환을 일어나게 하기 위해서는 계면활성제(polyoxyethylene stearylamine)를 첨가하면 된다. 생성되는 GMP, GDP, GTP의 생성량의 비는 배지 중의 인산농도에 의해서 크게 영향을 받는데, 인산화를 GMP에서 멈추기 위해서는 K_2HPO_4 0.1%, KH_2PO_4 0.1%를 함유하는 인산저농도 배지를 사용한다. 그러나 저농도배지를 사용하면 전환율은 상당히 저하되나 casamino acid를 2% 첨가하면 저농도배지에서도 GMP 수득률이 높아진다.

6-5-3 기타 핵산관련물질의 생산

정미성 nucleotide 생산을 위한 연구과정 중에 IMP, XMP 이외에 각종 염기, nucleoside 및 nucleotide 등의 핵산관련물질을 싼 값으로 얻게되어 보조효소를 비롯한 각종 생리활성 nucleotide 유도체의 생산원료로 이용될 뿐만 아니라 의약용으로도 이용되고 있다(표 6-25).

표 6-25 IMP, GMP 이외의 핵산관련물질의 생성

물 질	생 산 균	축 적 량
Adenosine	*B. subtilis* (tyr^-, pu^-, $streptomycine^r$) *B. subtilis* (ile^-) *Bacillus* sp. (x^-) *Sarcina* sp.	344 μg/ml 3.21 mg/ml 16 mg/ml ad 으로부터 100% 전환
ADP	*Proteus mirabilis*	10.2 μM/ml
ATP	*Brev. ammoniagenes*	AMP 2.16 mg/ml ADP 1.59 mg/ml ATP 1.57 mg/ml
SAMP	*B. subtilis* (Hx^-, ad^-)	2.2 mM
Cyclic AMP	*Brev. liquefaciens*	4 mM/l

S-Adenosyl methionine	빵효모 *Asp. tamarii*	100 μM/l 20 μM/g 건조 균체
Orotic acid	*Neurospora* (pyrimidine⁻) *Aerobacter aerogenes* (pyrimidine⁻) *Candida tropicalis* (ad⁻, Hx⁻) *Brev. ammoniagenes* *E. coli* (아미노산요구)	1.3 mg/ml 208 mg/l 7 mg/ml 6.5 g/l 480 mg/l
Orotic acid Orotidine	*Arthrobacter paraffineus* (uracil⁻) *M. glutamicus* (ad⁻, uracil⁻) *Brev. ammoniagenes*	Orotic acid 20 g/l Orotidine 3 g/l Orotic aicd 6 mg/ml Orotidine 2.6 mg/ml Orotic acid 0.87 mg/ml Orotidine 1.08 mg/ml
OMP	*Brev. ammoniagenes*	3.6 mg/ml
5′-Ribosyl uracil	*Tetrahymena pyriformis* *Achromobacterium tumefaciens*	6.5 μM/50ml 1 mg/ml
UMP	*Brev. ammoniagenes* *Brev. insectiphilium*	4.8 mg/ml 1.46 mg/ml
NAD	*Brev. ammoniagenes* *Saccharomyces carlsbergensis*	1.9 mg/ml 750 μg/ml
NADP	*Proteus mirabilis*	0.22 μM/ml
FAD	토양으로부터 분리한 균 *Brev. ammoniagenes* *Sarcina lutea*	FMN 47% 22.4 μg/ml, FAD 53% 11.9μg/ml 106.5 μM/6 ml 1 g/l
CoA	*Brev. ammoniagenes* *Sarcina lutea* 빵효모	2 mg/ml 450 μg/ml 200 μg/ml
CDP-choline	*Saccharomyces rouxii* *Zygosaccharomyces soyae* *Candida* sp. N-52-2 *Saccharomyces carlsbergensis* *B. cereus* CD 109	16.4 μM/ml 16.2 μM/ml 14 mM 17 g/l 3.6 g/l
CDP-ethanol-amine	맥주효모	10 μM/ml
CDP-ribitol	*Staphylococcus aureus*	1.65 μM/80 ml
UDP-glucose	빵효모, 맥주효모	12 μM/ml

UDP-galactose	*Torulopsis candida*	13 μM/ml
GDP-glucose	*Streptomyces* sp.	12 μM/ml
GDP-mannose	빵효모 *Hansenula jadinii* *Streptomyces olivaceus*	9 μM/ml 18 μM/ml 5 μM/ml
ULP-N-acetyl-glucosamine	*Brev. liquefaciens* 빵효모 *Staphylococcus aureus* *Debaryomyces cantarelli* *D. subglobosus* *D. globosus*	22 μM/l 20 μM/3 ml — — 30 μM/3 ml —
SAICAR	*B. subtilis* (ad⁻)	—

6-6 항생물질

항생물질(antibiotics)이란 미생물에 의하여 생산된 화학물질로서 다른 미생물의 발육 또는 대사를 저해하는 물질이라고 Waksman(1942)은 정의하였다.

두 종류의 미생물을 함께 배양하였을 때, 어느 한쪽의 발육이 억제되는 현상을 항생작용(antibiosis) 또는 미생물간의 길항현상(antagonism)이라 한다. 이 길항현상은 오래 전부터 알려져 왔으나 일반적으로 널리 알려진 최초의 이용은 1929년 영국의 Fleming에 의해 발견된 penicillin이라는 항생물질이다. 이것은 *Penicillium notatum*의 배양액 중에서 얻은 물질로 포도상구균 등 Gram 양성균의 발육을 저지하는 작용을 가졌다. 제 2 차 세계대전이 일어남에 따라 상처치료약의 수요가 증가되었는데 1940년에 영국의 Florey와 Chain이 penicillin 결정화에 성공하였고, 1941년에는 미국과 영국이 공동으로 대량생산에 대한 연구를 시작하여 다음 해에 표면배양법으로, 1943년에는 통기배양법으로 본격적인 생산을 함으로써 항생물질공업의 시초가 되었다.

이어서 1944년 미국의 Waksman은 *Streptomyces griseus*에 의해 Gram 음성균과 결핵균에 효과가 있는 streptomycin을 처음으로 발견하였다.

그 후 계속적으로 항생물질이 발견되어 현재는 약 6000종류가 알려져 있고 100여종이 공업적으로 생산되고 있다.

항생물질의 주용도는 의약과 농약이며, 이외에도 사료에 첨가하여 동물의 생육촉진제로 사용된다. 또 세균세포벽 생합성 저해제(예 : penicillin, cycloserine), 단백생합성 저해제(예 : chloramphenicol), 핵산저해제(예 : actinomycin D, mitomycin C) 등의 항생물질은 생화학 및 분자생물학 연구에도 이용되고 있다.

6-6-1 주요 항생물질

발효생산되는 주요 항균성 항생물질, 주요 항암성 및 항미(黴)성 항생물질은 표 6-26, 표 6-27과 같다.

표 6-26 주요 항균성 항생물질

기본구조	항생물질	발견년	생 산 균	작용범위
β-Lactam	Penicillin	1929	*Penicillium chrysogenum*	G ⊕
	Cephalosporin C	1955	*Cephalosporium acremonium*	G ⊕, G ⊖
	Cephamycin C	1971	*Streptomyces clavuligerus*	G ⊕, G ⊖
	Nocardicin A	1975	*Nocardia uniformis*	G ⊕, G ⊖
	Clavulacin acid	1976	*S. clavuligerus*	G ⊕, G ⊖ β-lactamase 저해
	Thienamycin	1976	*S. oliveccus* 기타	G ⊕, G ⊖
Amino-glycoside	Streptomycin	1944	*S. griseus*	G ⊕, G ⊖, My
	Neomycin	1949	*S. fradiae*	G ⊕, G ⊖
	Kanamycin A	1957	*S. kanamyceticus*	G ⊕, G ⊖, My
	Paromomycin	1959	*S. rimosus*	G ⊕, G ⊖
	Kanamycin B	1961	*S. kanamyceticus*	G ⊕, G ⊖
	Gentamicin	1963	*Micromonospora purpurea* 기타	G ⊕, G ⊖
	Tobramycin	1967	*S. tenebrarius*	G ⊕, G ⊖
	Ribostamycin	1970	*M. ribosidificus*	G ⊕, G ⊖
	Sisomicin	1970	*M. inyecnsis*	G ⊕, G ⊖
	Lividomycin	1971	*S. lividus*	G ⊕, G ⊖, My
	Butirosin	1972	*Bacillus circulans*	G ⊕, G ⊖
	Apramycin	1973	*S. tenebrarius*	G ⊕, G ⊖
	Sagamicin	1975	*M. sagamiensis*	G ⊕, G ⊖

기본구조	항생물질	발견년	생 산 균	작용범위
	Seldomycin factor 5	1975	*S. hofunensis*	G ⊕, G ⊖
	Fortimicin A	1976	*M. olivoasterospora*	G ⊕, G ⊖
	Sorbistins	1976	*Pseudomonas sorbicinii*	G ⊕, G ⊖
Chloram-phenicol	Chloramphenicol	1947	*S. venezuelae*	G ⊕, G ⊖
	Corynecin	1972	*Corynebacterium* sp. 기타	G ⊕, G ⊖
Tetra-cycline	Chlorotetracycline	1948	*S. aureofaciens*	G ⊕, G ⊖
	Oxytetracycline	1950	*S. rimosus*	G ⊕, G ⊖
	Tetracycline	1953	*S. aureofaciens*	G ⊕, G ⊖
Macro-lide	Erythromycin	1952	*S. erythreus*	G ⊕
	Carbomycin	1952	*S. halstedii*	G ⊕
	Spiramycin	1952	*S. ambofaciens*	G ⊕
	Leucomycin	1953	*S. kitasatoensis*	G ⊕
	Oleandomycin	1954	*S. antibiotics*	G ⊕
	Tylosin	1961	*S. fradiae*	G ⊕
	Josamycin	1966	*S. narboensis* var. *josamyceticus*	G ⊕
	Mydecamycin	1970	*S. mycarofaciens*	G ⊕
	Maridomycin	1973	*S. hygroscopicus*	G ⊕
Peptide	Gramicidin S	1944	*B. brevis*	G ⊕
	Bacitracin	1945	*B. subtilis*	G ⊕
	Polymyxin B	1947	*B. polymyxa*	G ⊖
	Colistin	1947	*B. colistinus*	G ⊖
	Viomycin	1951	*S. puniceus*	My
	Capreomycin	1961	*S. capreolus*	My
	Tuberactino-mycin	1968	*S. griseoverticilatus*	My
Ansamac-rolide	Rifamycin	1960	*N. mediterranei*	G ⊕, My
기 타	Cycloserin	1955	*S. orchidaceus* 기타	My
	Novobiocin	1955	*S. niveus* 기타	G ⊕, G ⊖
	Mikamycin	1958	*S. mitakaensis*	G ⊕
	Fusidic acid	1962	*Fusidium coccineum*	G ⊕
	Lincomycin	1963	*S. lincolnensis*	G ⊕
	Phosphonomycin	1970	*S. fradiae*	G ⊕, G ⊖
	Bicyclomycin	1972	*S. sapporonensis*	G ⊖

* G ⊕ : Gram 양성균, G ⊖ : Gram 음성균, My : 결핵균

표 6-27 주요 항암성, 항미성 항생물질

구 분	항 생 물 질	발견년	생 산 균	기 본 구 조
항암성물질	Actinomycin D	1949	*S. antibiotics*	Polypeptide
	Sarkomycin	1953	*S. erythrochromogenes*	–
	Carzinophillin	1954	*S. sahachiroi*	–
	Mitomycin C	1956	*S. caespitosus*	–
	Chromomycin A_3	1960	*S. griseus*	–
	Mithramycin	1962	*S. sp.*	–
	Daunomycin	1963	*S. peucetius*	Anthracycline
	Bleomycin	1965	*S. verticillus*	Glycopeptide
	Neocarzinostatin	1966	*S. carzinostaticus*	Polypeptide
	Adriamycin	1969	*S. peucetius*	Anthracycilne
	Carminomycin	1973	*Actinomadura carminata*	Anthracycline
	Aclacinomycin	1975	*S. galilaeus*	Anthracycline
	Ansamitocin	1978	*Nocardia sp.*	Ansamacrolide
항미성물질	Griseofulvin	1939	*P. griseofulvum*	Phenol 유도체
	Nystatin	1950	*S. uoursei*	Polyene
	Trichomycin	1952	*S. hachijoensis*	Polyene
	Amphotericin B	1955	*S. sp.*	Polyene
	Variotin	1959	*Paecilomyces varioti*	–
	Azalomycin	1960	*S. hygroscopicus*	–
	Pyrrolnitrin	1965	*Pseudomonas pyrrocinia*	Pyrrol

(1) β-Lactam 항생물질

1) Penicillin

Fleming에 의하여 최초로 발견된 penicillin 생산균주는 *Penicillium notatum* 이었으나 현재 공업적으로 사용되는 균주는 *Penicillium chrysogenum* 의 변이주이다. penicillin은 천연의 것과 부분합성된 것이 있는데 그 구조와 종류는 그림 6-38과 같다.

이 중에서 값이 싸고 안정하며 임상상의 효과가 우수하다는 등의 이유로 penicillin G가 생산되고 있다. 한편 penicillin은 penicillin amidase에 의해서 6-aminopenicillanic acid로, penicillinase에 의해서 penicilloic acid로 분해된다. 이 6-aminopenicillanic acid는 쉽게 화학적인 방법에 의해 acyl화되므로 이것을 원료로 하여 6 위치의 아미노기에 화학합성법으로 여러가지 측쇄구조를 가진 부분합성 penicillin(semisynthetic penicillin)이 제조되고 있다.

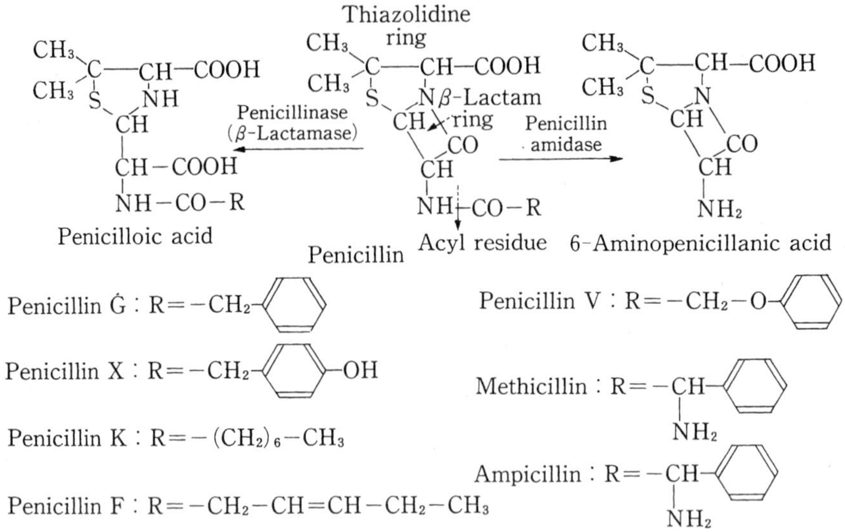

그림 6-38 Penicillin의 구조와 변화

이 부분합성 penicillin의 장점은 Gram 음성균에도 유효하고 penicillin 내성균주에도 효력을 가지며 penicillinase에 의해서 잘 분해되지 않은 우수한 성질이 있다는 점이다. 또한 penicillin G는 산에 불안정하여 경구투여용으로 부적당하나 부분합성 penicillin은 내산성이 있어서 경구용으로도 사용이 가능하게 되었다.

2) Cephalosporin

Cephalosporium acremonium(*Acremonium chrysogenum*)에 의해서 생산되는 항생물질로 C.N.P의 3종류가 있다.

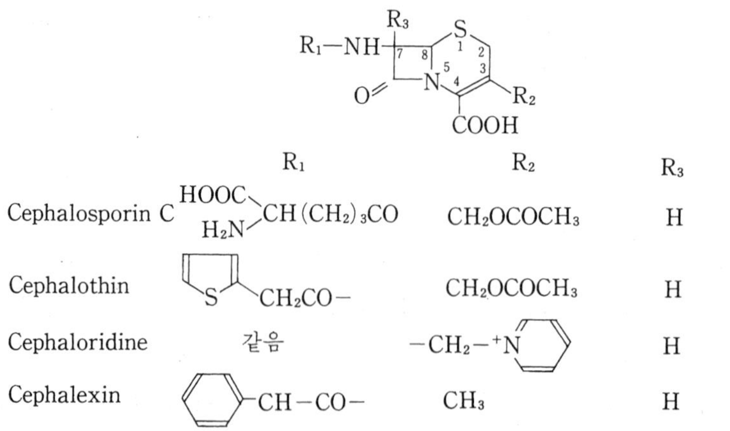

그림 6-39 주된 cephalosporin류의 구조

Cephalosporin C가 임상적으로 이용되고 있으며, Gram 음성·양성균에 효과가 있을 뿐 아니라 penicillin 내성균에도 작용하고, 또 분해물인 7-aminocephalosporanic acid(7-ACA)를 이용하여 부분합성 cephalosporin이 제조·이용되고 있다(그림 6-39).

(2) Aminoglycoside 항생물질

1) Streptomycin

Streptomycin은 1944년 미국의 Waksman에 의해서 *Streptomyces griseus*의 생산물로서 발견되었고 Gram 양성·음성균, 결핵균에 유효하며 포도상구균, 폐렴구균, 페스트균, 콜레라균, *Proteus*균, *Salmonella*균 등의 각종 질환에 이용된다.

Streptomycin 발견 이후 *Str. humidus*에 의한 dihydrostreptomycin, *Str. reticuli, Str. griseocarneus*에 의한 hydroxystreptomycin, 그리고 *Str. griseus*에 의한 mannosidostreptomycin 등의 생성이 알려졌다. (그림 6-40)

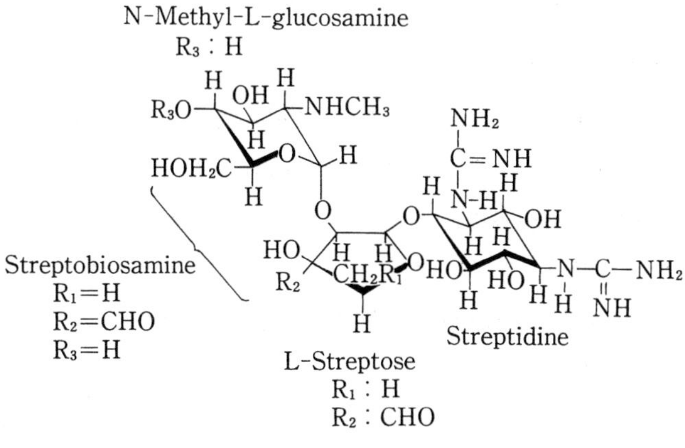

	R_1	R_2	R_3
Streptomycin	H	CHO	H
Dihydrostreptomycin	H	CH_2OH	H
Hydroxystreptomycin	OH	CHO	H
Mannosidostreptomycin	H	CHO	D-Mannose

그림 6-40 Streptomycin류의 구조

2) Kanamycin

Kanamycin은 *Streptomyces kanamyceticus*에 의해서 생산되는 항생물질로 A, B, C의 3종류가 있고 A가 주성분이다.

Streptomycin 내성균에 대하여 효과가 높고, 내성 포도상구균, 적리균에 대하여 감수성이 높으며 비교적 독성이 낮다(그림 6-41).

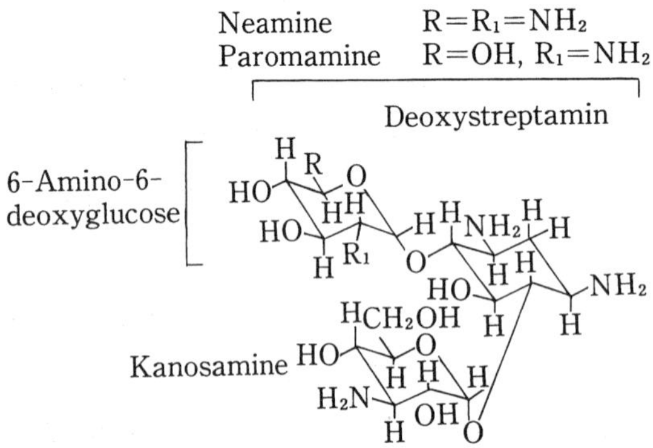

	R	R_1
Kanamycin A	NH_2	OH
Kanamycin B	NH_2	NH_2
Kanamycin C	OH	NH_2

그림 6-41 Kanamycin의 구조

(3) Tetracycline 항생물질

Tetracycline은 1948년 *Streptomyces aureofaciens*의 배양액으로부터 분리된 aureomycin(7-chlorotetracycline)이 처음 발견되었다. 그 후 1950년 *Streptomyces rimosus*의 배양액으로부터 *terramycin*(5-*hydroxy-tetracycline*)이 발견되었다. 양자는 화학구조가 같은 모핵을 가지고 있다는 것이 판명되었으며 이 모핵을 tetracycline이라 한다(그림 6-42).

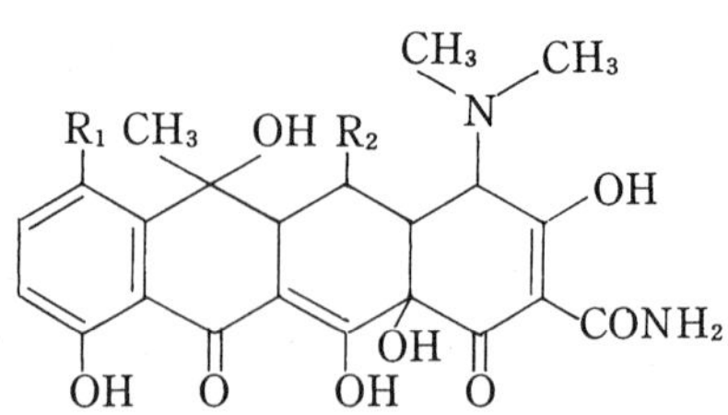

	R_1	R_2
Tetracycline	H	H
Chlortetracycline	Cl	H
Oxytetracycline	H	OH

그림 6-42 Tetracycline류의 구조

Chlortetracycline은 Gram 양성균에 최대의 감수성을 갖지만 tetracycline은 Gram 음성균에 감수성이 강하며 oxytetracycline은 아메바에 대하여 높은 감수성을 갖는다.

Chlortetracycline과 oxytetracycline이 일반적으로 많이 사용되며, 동물 생장촉진제로서 사료에 첨가되기도 하고, 얼음에 첨가해서 어류의 보존제로도 사용된다.

(4) Chloramphenicol

처음에는 *Streptomyces venezuelae*가 생산하는 항생물질로서 발견되었으나 현재는 전부 합성법으로 만들어지고 있다. 상품명은 *chloromycetin*이며 장티푸스균, 이질균, 기타의 *Gram* 양성균, 음성균 외에도 발진티푸스의 병원체인 *rickettsia*에도 효과가 있는 항생물질이다. 한때 매우 많이 사용되기도 하였으나 조혈기능에 대한 부작용이 문제가 되어 현재는 사용이 극히 한정되어 있다(그림 6-43).

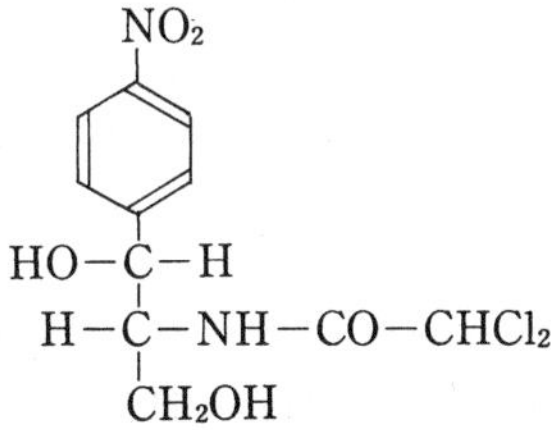

그림 6-43 Chloramphenicol의 구조

(5) Macrolide 항생물질

Macrolide 항생물질은 큰 lactone 환을 aglycone으로 한 당이나 아미노당이 붙은 배당체이며(그림 6-44), 이 중 erythromycin A가 가장 많이 사용되고 있다. 주로 Gram 양성균, 특히 penicillin, streptomycin, tetracycline, chloramphenicol 등에 대한 내성균에 효과가 있다.

(6) Peptide 항생물질

Peptide 항생물질은 주로 세균 중의 *Bacillus* 속과 방선균에 의해서 생산되며 Gram 양성균 또는 음성균 및 결핵균에도 특이적으로 작용한다. polymyxin은 독성이 적고 Gram 음성균에만 유효하며, viomycin은 결핵균에 효과가 있어 내성결핵균 치료에 이용되고 있다(그림 6-45).

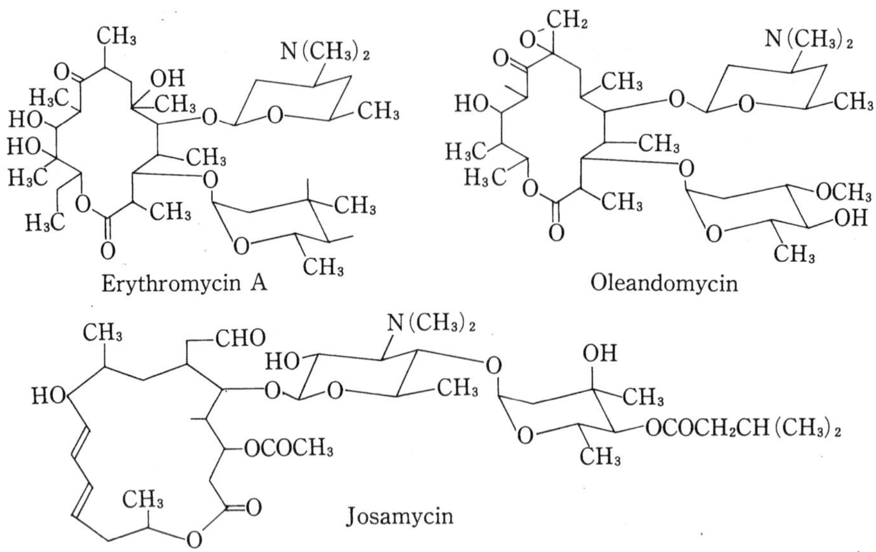

그림 6-44 주된 Macrolide 항생물질의 구조

MoA-DAB-L-Thr-DAB-DAB-L-Thr-DAB-DAB

DAB-D-phe-L-Leu

DAB : diaminobutyric acid
MoA : 6-methyloctanoic acid

Polymyxin B

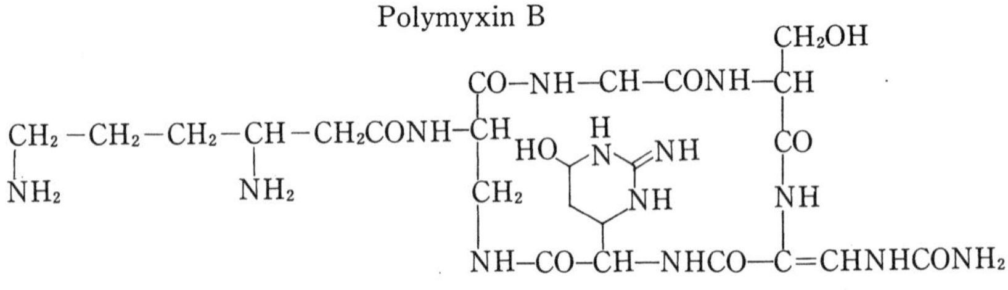

Viomycin

그림 6-45 주된 peptide 항생물질의 구조

(7) Polyene 항생물질

Rifamycin이 대표적이고, 이것은 *Nocardia mediterranei*에 의해 생산되고 Gram 양성·음성균에 대하여 작용하며 독성이 적다. rifamycin 유도체 중에서도 rifamycin SV는 Gram 양성균에 대하여 작용이 강하며, 또한 결핵치료제로써 널리 사용되고 있다(그림 6-46 참조).

(8) 항암성 항생물질(antitumor antibiotics)

암치료에 효과가 있는 항암성 항생물질을 검색하고자 많은 연구가 시도되었으나 현재 임상적으로 사용되고 있는 것으로는 *Streptomyces antibiotics* 로부터 생산된 actinomycin C 와 D, *Streptomyces griseus* 의 chromomycin A_3, *Streptomyces caespitosus* 의 mitomycin C(그림 6-47) 등이 있다.

또한 *Streptomyces verticillus* 로부터 생산된 bleomycin 은 피부암에 대해서 좋은 치료효과를 얻고 있다.

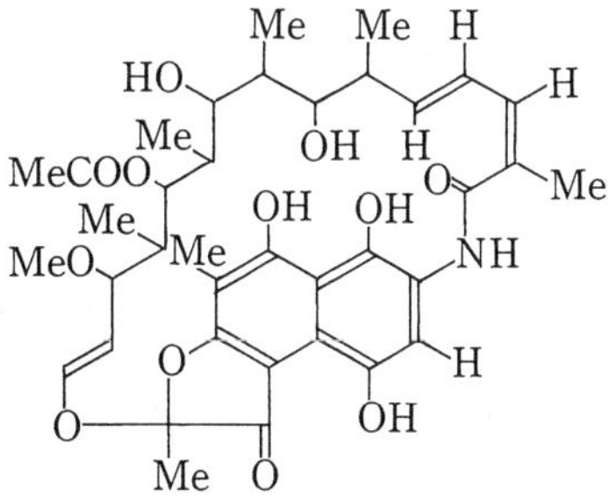

그림 6-46 Rifamycin SV 의 구조

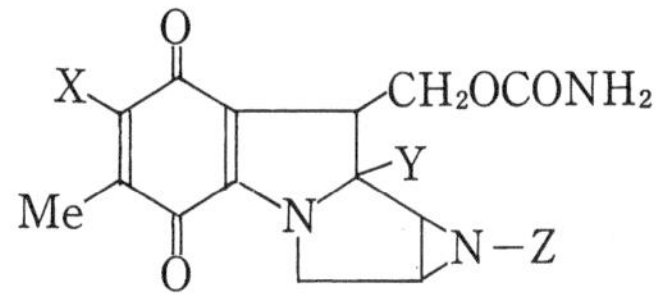

	X	Y	Z
Mitomycin A	MeO	MeO	H
Mitomycin B	MeO	OH	Me
Mitomycin C	NH_2	MeO	H

그림 6-47 Mitomycin 의 구조

(9) 농약용 항생물질

벼에 가장 큰 피해를 주는 도열병균의 방제에는 phenyl 초산수은 등이 사용되지만 토양 중에 수은이 축적되어 미량이긴 하지만 쌀에도 수은이 증가하므로 비수은계의 농약개발이 기대되고 있는데, *Streptomyces griseochromogenes* 가 생산하는 blasticidin S 와 *Streptomyces kasugaensis* 의 kasugamycin 의 항생물질이 실제적으로 이용되고 있다(그림 6-48, 49).

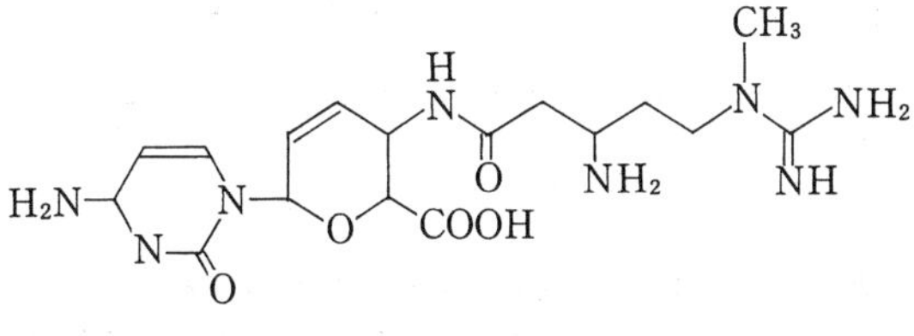

그림 6-48 Blasticidin 의 구조

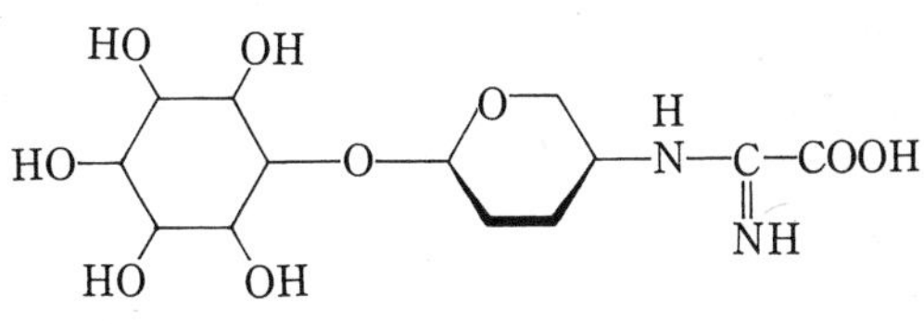

그림 6-49 Kasugamycin 의 구조

6-7 생리활성물질

생리활성물질은 생물의 생명활동을 유지하기 위한 생리작용에 중요한 기능을 가진 물질을 말한다. 유용한 생리활성물질의 생산에 미생물이 이용되고 있다.

미생물에 의해 생산되는 유용한 생리활성물질에는 vitamin, 스테로이드계 호르몬, 식물생장호르몬, dextran, 효소저해물질 등이 있다.

6-7-1 Vitamin

Vitamin은 미량성분으로 동물의 생리기능과 관계하고 있으나 대부분의 동물은 합성할 수 없으므로 체외로부터 섭취하여야 한다. 일반적으로 vitamin은 식물이나 미생물에 의하여 생합성되는 것으로 알려져 있다.

미생물발효에 의해 공업적으로 생산되는 것으로는 vitamin B_2, vitamin B_{12}, β-carotene 및 ergosterol 등이 있고, vitamin C와 같이 제조공정의 일부를 발효법에 의하는 것도 있다.

(1) 비타민 B_2(riboflavin)

Vitamin B_2는 FMN(flavin mononucleotide), FAD(flavin adenine dinucleotide)의 형태로 생체 내의 산화반응에 중요한 역할을 하고 있으므로 의약품으로써 용도가 증가하고 있다.

Vitamin B_2의 생산균주로는 *Ashbya gossypii*, *Eremothecium ashbyii*, *Candida*속 효모 및 *Clostridium*속 세균 등이 있으나, 앞의 두 균주가 생산능이 우수하다.

표 6-28 주요 비타민 B_2 생산균과 생산능

생 산 균 주	생산능(mg/*l*)
Clostridium acetobutylicum	97
Mycobacterium smegmatis	58
Mycocandida riboflavina	200
Candida flareri	567
Eremothecium ashbyii	2480
Ashbya gossypii	6420

Ashbya gossypii NRRL Y-1056을 균주 개량하고, 배지조건, 접종 및 배양조건의 최적조건하에서 약 7 g/l의 비타민 B_2를 생산하였다. 탄소원으로는 포도당, 설탕 또는 맥아당이 이용되며 에너지원으로 지질이 사용되었을 때 생산수율이 현저히 증가하였다.

Corn steep liquor(CSL) 2.25%, 펩톤 3.5%, 대두유 4.5%로 된 기본 배지에 glycine, distiller's soluble 또는 효모 extract를 첨가하면 비타민 B_2의 생산이 촉진된다.

배지를 121℃에서 3시간 살균한 다음 24~48시간 배양하여 얻은 종모를 0.75~2% 가량 접종하여 28℃에서 0.3 vvm으로 통기교반하면서 7일간 배양한다.

배양이 끝난 다음 사료용의 경우는 배양액의 pH를 4.5로 조절한 후 농축하여 드럼건조하고, 의약용의 순수한 비타민은 배양액을 pH 4.5로 하고 121℃에서 1시간 처리하여 균체내의 비타민 B_2를 추출용해하며, 배양액 중에 석출된 결정도 용해한 후 원심분리하여 불용물을 제거한 다음 정제과정을 거쳐 얻는다.

(2) 비타민 B_{12}

비타민 B_{12}는 간장(肝臟) 중의 항악성 빈혈인자로서 분리되었고 그 후 동물단백인자(APF : animal protein factor)와 동일한 것으로 밝혀졌다. 그림 6-50에서와 같이 분자 내에 Co^{2+}이온을 함유하고 있는 적색의 비타민으로 여러개의 동족체가 있다.

식물 및 동물은 비타민 B_{12}를 합성할 수 없고, 자연계에서는 미생물만이 합성한다. 이 비타민 B_{12}는 의약용 이외에 사료에 첨가하여 가축의 동물단백사료를 값싼 식물단백사료로 대체하는데도 이용되고 있다.

비타민 B_{12}는 구조가 복잡하고 이성체가 있으므로 화학적 합성에 의한 생산은 여러 단계를 거치게 되어 상업성이 없기 때문에 미생물에 의한 발효법에 의해서만 생산되고 있다. 주된 생산균은 표 6-29와 같다.

Propionibacterium freudenreichii, *Propionibacterium shermanii*와 그 변이주들은 그 자신이 5, 6-dimethyl benzimidazole(DBI)의 합성이 가능하며 코발트를 10~100 mg/l 정도 첨가한 배지에서 두 단계를 거쳐 비타민 B_{12}를 생산한다.

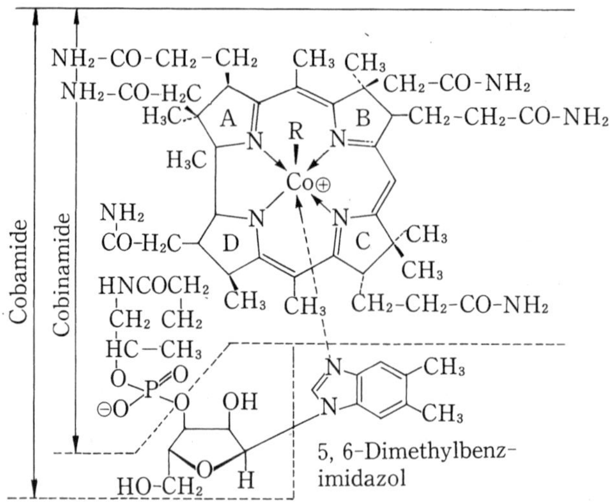

R	Designation
$-CN$	Vitamin B_{12} (Cyanocobalamin)
$-OH$	Vitamin B_{12a} (Hydroxocobalamin)
$-CH_3$	Methylcobalamin
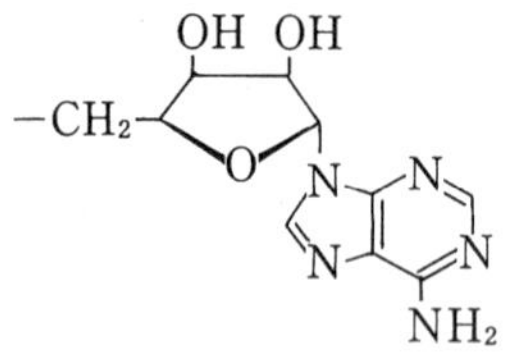	Coenzyme B_{12} (5′-Deoxyadenosyl-cobalamine)

그림 6-50 코발아민류의 구조

표 6-29 비타민 B_{12} 생산균

균 주	탄 소 원	수득량(mg/*l*)
Micromonospora sp.	포도당	11.5
Nocardia rugosa	포도당, 사탕수수당밀	14
Propionibacterium freudenreichi	포도당	25
Propionibacterium shermanii	포도당	39
Pseudomonas denitrificans	사탕무당밀	60
Streptomyces olivaceus	포도당, 유당	8.5
혼합메탄세균	메탄올	35
Methanobacillus omelianskii	메탄올	8.8
Corynebacterium 및 *Rhodopseudomonas*	n-파라핀	2.3
Nocardia gardneri	Hexadecane	4.5

즉 첫단계는 혐기적 조건하에서 5′-deoxyadenosylcobinamide의 형성과 미생물의 생육을 촉진하는 단계이며, 둘째단계는 5, 6-dimethyl benzimidazole의 합성이 일어나서 5′-deoxyadenosylcobalamin(coenzyme B_{12})이 생성되는 호기적 단계이다.

Florent 등은 표 6-30과 같은 과정을 거쳐 30∼40 mg/l의 비타민 B_{12}를 얻게 된다.

표 6-30 *Propionibacterium shermanii* **에 의한 비타민 B_{12} 생성과정**

단 계	배 지(g/l)	배양규모	배 양 조 건
보존배양	Tryptone 10, 효모 extract 10, 여과토마토즙 200, 한천 15, pH 7.2	시험관	30°C, 4일 정치배양
종배양(1차)	위의 배지에서 한천을 뺀 것	400 ml/2l 플라스크	30°C, 2일 정치배양
종배양(2차)	Corn steep liquor 20, 포도당 90, pH 6.5	10l/30l 발효조	30°C, 24시간 통기하지 않음. NH_4OH로 pH 6.5가 되도록 조절
본 배 양	Corn steep liquor 40, 포도당 100, $CoCl_2 \cdot 6H_2O$ 0.02, pH 7.0	340l/500l 발효조 (2차종배양액 7l 접종)	30°C, 낮은 질소압하에서 통기하지 않고 천천히 교반하면서 80시간, 통기교반하면서 88시간, 전기간을 통하여 NH_4OH로 pH 7이 되게 조절

*Pseudomonas denitrificans*는 코발트염과 DBI가 첨가된 배지에서 호기적 조건하에서 비타민 B_{12}를 생성하는데, 탄소원으로는 사탕무당밀이 가장 좋은 것으로 알려져 있다. 그 이유는 사탕무당밀 중에는 비타민 B_{12}의 생합성을 활성화하거나 세포막투과성을 증가시키는 betaine(trimethyl glycine)이 함유되어 있고 값이 싸기 때문이다.

Pseudomonas denitrificans MB 2436을 이용하여 표 6-31과 같은 과정을 거쳐 60 mg/l의 비타민 B_{12}를 얻었다.

최근에는 *Protoaminobacter ruber* IFO 3708와 *Rhodopseudomonas spheroides* IFO 12203의 protoplast를 융합시켜 얻은 *R. protamicus* FERM BP 180 변이주를 이용하여 135 mg/l의 비타민 B_{12}를 생성하였다.

표 6-31 *Pseudomonas denitrificans*에 의한 비타민 B_{12} 생성과정

단 계	배 지(g/l)	배양규모	배 양 조 건
보존배양	사탕무당밀 60, 양조효모 1, N-Z-amine 1, $(NH_4)_2SO_4$ 2, $MgSO_4 \cdot 7H_2O$ 1, $MnSO_4 \cdot 7H_2O$ 0.2, $ZnSO_4 \cdot 7H_2O$ 0.02, $MoSO_4 \cdot 7H_2O$ 0.005, 한천 25 pH 7.4	시험관	28°C, 4 일
종 배 양	위의 배지에서 한천을 뺀 것	150 ml/l 플라스크	28°C, 3 일 진탕배양
본 배 양	사탕무당밀 100, 효모 2, $(NH_4)_2HPO_4$ 5, $MgSO_4 \cdot 7H_2O$ 3, $MnSO_4 \cdot 7H_2O$ 0.2, $Co(NO_3)_2 \cdot 6H_2O$ 0.188, $ZnSO_4 \cdot 7H_2O$ 0.02, 5,6-dimethylbenzimidazole 0.025, $Na_3MoO_4 \cdot 2H_2O$ 0.005, pH 7.4, 120°C 에서 75 분간 살균	3.3l/5l 발효조 (종배양액 0.15l 접종)	통기(0.2 m^3/hr)·교반(420 rpm)하면서 29°C 에서 90 시간 배양

한편 탄화수소나 고급알코올을 원료로 하여 비타민 B_{12}를 생성할 수도 있지만 수율이 적게 된다. 그 중 메탄올은 상당한 가능성이 있는 것으로 보인다.

배양이 끝난 전배양액이나 분리된 균체 현탁액을 80~120°C, pH 6.5~8.5 에서 30 분간 가열하여 유리된 여러가지 cobalamin을 질산나트륨의 존재하에 KCN 용액의 처리로서 cyanocobalamin으로 변화시켰다. 이렇게 하여 얻은 순도 80%의 정제 추출물은 사료로 이용되며, 더욱 정제된 순도 95~98%의 것은 의약용으로 이용되고 있다.

(3) β-Carotene 및 ergosterol

Carotenoid는 동식물에 널리 존재하고 있으나 식물과 미생물에 의해서만 생합성이 되고 있다.

β-carotene은 프로비타민 A와 식용색소로 이용되고 있으며, 그밖의 carotenoid들도 식용색소 등으로 이용되고 있다. 이들은 미생물에 의해서도 생성될 수 있으나(표 6-32), 현재에는 경제적으로 유리한 화학적 합성법으로 생산되고 있다.

표 6-32 Carotenoid 생산균주

Carotenoid	균 주	기 질	수득량(mg/l)
β-Carotene	*Blakeslea trispora* NRRL 2456(+)와 NRRL 2457(−)의 혼합배양	옥수수 전분, soybean meal 등	3000
Lycopene	*Streptomyces chrestomyceticus* subsp. *rubescens* *Blakeslea trispora* NRRL 2895(+)와 NRRL 2896(−)의 혼합배양	전분, soybean meal 등 cotton seed meal, corn meal 등	500 400
Zeaxanthin	*Flavobacterium* 속	포도당 등	335

표 6-33 *Blakeslea trispora* NRRL 2456(+)와 NRRL 2457(−)에 의한 β-carotene 생성과정

단 계	배 지(g/l)	배양규모	배 양 조 건
보존배양	맥아당 10, $(NH_4)_2SO_4$ 1, $MgSO_4 \cdot 7H_2O$ 0.2, $FeSO_4 \cdot 7H_2O$ 0.01, KCl 0.5, KH_2PO_4 0.5, $CaCO_3$ 0.2, $MnSO_4 \cdot H_2O$ 0.03, Thiamine HCl 0.125×10^{-3}, 한천 25	시험관	(+), (−)주의 분리배양, 27°C, 7일
종배양(1차)	CSL 70, corn starch 50, KH_2PO_4 0.5, $MnSO_4 \cdot H_2O$ 0.1, Thiamine HCl 0.01	400ml/2l 플라스크	(+), (−)주의 분리배양, 26°C, 2일 진탕배양
종배양(2차)	종배양(1차)과 같은 배지	120l/170l 발효조[(+), (−)주의 1차종배양액을 각 40 ml씩 접종]	(+), (−)주의 혼합배양, 통기(1.1 vvm)·교반(170 rpm)하면서 26°C, 40시간 배양
본 배 양	Distiller's soluble 70, Corn starch 60, Soybean meal 30, 면실유 30, Ethoxyquin 0.35, $MnSO_4 \cdot H_2O$ 0.2, Thiamin HCl 0.5, Isoniazid 0.6, Kerosene 20ml, pH 6.3, 122°C에서 55분간 살균	320l/800l 발효조 [2차 종배양액을 32l 접종]	(+), (−)주의 혼합배양, 통기(1.3 vvm)·교반(210 rpm)하면서 26°C, 185시간 배양. 48시간 배양 후 β-ionone(1 g/l)과 Kerosene(5ml/l) 첨가, 포도당(총량 42 g/l)은 배양이 끝날 때까지 계속 나누어 주입

β-Carotene의 생성능이 가장 강한 균은 *Blakeslea trispora*이며, 이 균은 자웅이주로서 (+)주와 (−)주를 함께 배양하였을 때 생성량이 최대가 된다. *Blakeslea trispora* NRRL 2456(+)와 2457(−)를 혼합·배양하여 표 6-33과 같은 과정을 거쳐 3000 mg/l의 β-carotene을 얻었다. β-carotene 생성에 있어서 유지, distiller's soluble, 등유(kerosene), 항산화제(ethoxyquin 등) 및 β-ionone 등의 첨가가 효과적이었다.

Ergosterol은 자외선에 의하여 비타민 D로 변환되기 때문에 프로비타민 D라고도 하며, 대부분의 미생물에서 발견되고 있다. *Saccharomyces cerevisiae* 등의 효모균체에서 추출·생산되고 있다(최대량 건조균체의 10% 이상).

(4) 비타민 C

비타민 C는 영양강화제 및 산화방지제로서 널리 이용되고 있으며, 발효와 합성의 두 방법을 결합시킨 방법에 의해서 제조되고 있다. 그림 6-51과 같이 Reichsten의 방법으로 합성하고 있으며, 이 중에서 D-sorbitol로부터 L-sorbose로의 산화는 화학적 방법으로는 라세미형이 생성되어 수득량이 반감되기 때문에 산화세균인 *Acetobacter suboxydans*, *Gluconobacter roseus* 등을 이용하여 90% 이상의 수득률로 L-sorbose를 생성시킨다(sorbose 발효).

Sorbose 발효의 주원료는 D-glucose를 Ni를 촉매로 하여 얻은 D-sorbitol을 이용한다. 표 6-34와 같은 조성의 배지를 사용하여 30°C에서 통기교반하면서 배양하며 발효도중 고농도의 sorbitol 배지를 feeding하고, 30시간 정도로 발효를 끝낸다. 발효수득률은 95%까지 도달한다.

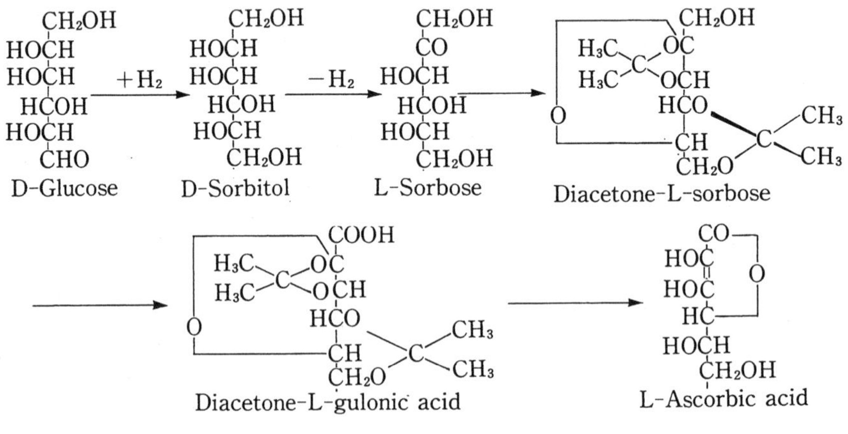

그림 6-51 Vitamin C의 합성법

표 6-34 Sorbose 발효용 배지조성

D-Sorbitol	18(%)
Corn steep liquor	0.25
NaH_2PO_4	0.1
$CaCO_3$	0.01
Octadecanol	0.02

Sorbitol 농도는 25% 정도에서도 발효가 가능하나 고농도의 경우에는 균의 증식이 지연되어 발효시간이 길어지므로 균체가 어느 정도 생육한 후 sorbitol을 feeding 하여 농도를 높이는 방법을 택하게 된다.

발효액은 균체 등의 고형분을 제거한 후 감압농축하고 methanol 을 첨가하여 sorbose 를 결정으로 석출시켜 분리한다.

Isovitamin C(D-araboascorbic acid)는 산화방지제로서 이용되며, 그림 6-52 와 같은 방법으로 제조되고 있다.

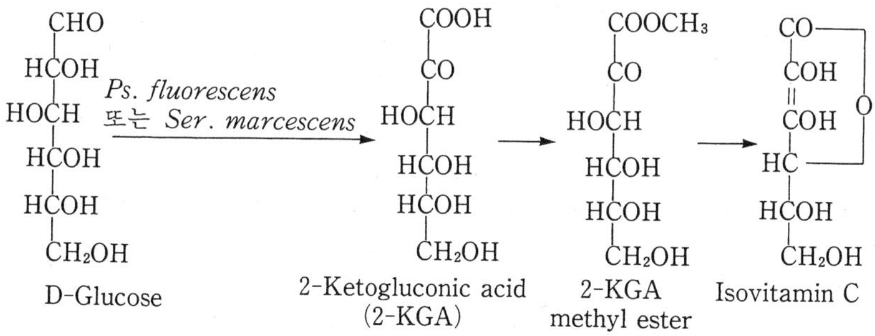

그림 6-52 Isovitamin C 의 제조법

Pseudomonas fluorescens, Serratia marcescens 등의 세균을 이용하여 포도당으로부터 생성된 2-ketogluconic acid 를 methyl ester 에 경유하여 isovitamin C 로 만든다.

한편 *Pen. notatum* 을 이용하여 glucose 로부터 직접 생성되는 것이 알려져 있으며 대당 수득률이 45%에 달하는 것으로 보고되고 있다.

6-7-2 스테로이드계 호르몬

부신피질호르몬의 일종인 cortisone 이 관절류머티스의 치료에 효과가 있다는 것이 1949 년 Hench 에 의해서 알려지면서 공업화하려는 시도가 이루어져 *Rhizopus nigricans* 등의 곰팡이에 의하여 progesterone(황체호르몬)의 11α

위치의 수산화에 성공하여 cortisone의 제조에 크게 기여하였다. 그후 cortisone으로부터 보다 강력한 hydrocortisone(cortisol)과 prednisone, prednisolone, triamcinolone 등이 실용화되고 있는데 이들의 제조는 합성법과 미생물에 의한 반응을 결합시켜서 이루어지고 있다.

미생물에 의한 스테로이드의 변환반응은 수 없이 연구되었으나 주로 ① 수산화반응(hydroxylation) ② 탈수소반응(dehydrogenation) ③ 수소첨가반응(hydrogenation) ④ 에폭시화반응(epoxidation) ⑤ 측쇄 및 핵의 분열 등으로 이루어진다.

스테로이드의 미생물 변환에 있어서는 미생물은 단순히 반응을 촉매하는 효소로 생각하면 된다. 즉 적당한 배지에서 증식시킨 균체를 적합한 조건하에서 스테로이드와 접촉시키면 반응이 진행된다.

스테로이드를 변환시키는 상업적인 예는 표 6-35와 같다.

표 6-35 상업적 스테로이드 변환

반 응	기질 생성물	미 생 물	회 사
11α-Hydroxylation	Progesterone →11α-Hydroxyprogesterone	*Rhizopus nigricans*	Upjohn Company
11β-Hydroxylation	Component S→Cortisol	*Curvularia lunata*	Pfizer Inc., Gist-Brocades
16α-Hydroxylation	9α-Fluorocortisol → 9α-Fluoro-16α-hydroxycortisol	*Streptomyces roseochromogenes*	E. R. Squibb and Sons, Lederle Laboratories
1-Dehydrogenation	Cortisol→Prednisolone	*Arthrobacter simplex*	Schering Corp.
	Diendiol[a]→Triendiol[b]	*Septomyxa affinis*	Upjohn Company,
1-Dehydration, side chain splitting	Progesterone → 1-Dehydrotestololactone	*Cylindrocarpon radicicola*	E. R. Squibb and Sons
Side chain splitting	β-Sitosterol → Androstadiendione, and/or 9α-hydroxyandrostendione	*Mycobacterium sp., M.fortuitum* mutants	G. D. Searle and Co., Upjohn Company

[a]Diendiol=11β, 21-dihydroxy-4, 17(20)-pregnadiene-3-one
[b]Triendiol=11β, 21-dihydroxy-1, 4, 17(21)-dihydroxy-1, 4, 17(20)-pregnatriene-3-one(precursors in the production of 6α-methylprednisolone).

6-7-3 식물생장호르몬

Gibberellin은 식물세포의 분열, 성장 및 종자의 발아를 촉진하는 호르몬으로 맥아제조시에 발아의 촉진과 α-amylase와 β-amylase의 활성을 증가시키는데 이용되고 있다.

곰팡이의 일종이며 벼의 키다리병균인 *Gibberella fujikuroi*(*Fusarium moniliforme*의 완전세대의 균)가 벼에 기생하면 벼가 이상하게 키가 크고 결실은 불량하여 결국은 죽게 된다. 이 균의 배양액으로부터 생리활성물질을 분리하여 gibberellin으로 명명하였고, 그 후 분리기술의 진보와 고등식물로부터의 추출에 의해서 38종 이상의 gibberellin이 알려지고 있다. 가장 중요한 것은 gibberellic acid라고 불려지는 GA_3와 GA_7이다.

공업적 생산에는 *Gibberella fujikuroi*를 포도당, 호박산, 무기염 등을 함유하는 배지(pH 5.0~6.0)를 사용하여 탱크배양하면 1 g/l 이상의 gibberellin 혼합물을 얻는다. 배양액에 활성탄을 첨가하여 gibberellin을 흡착시킨 후 아세톤으로 용출하고 초산에틸로 추출하여 gibberellin의 조결정을 얻게 된다. 조결정은 여러 단계의 정제공정을 거쳐 여러 종류의 gibberellin으로 단리된다.

6-7-4 Dextran

Dextran은 수혈시의 혈장증량제로서 가장 많이 이용되고 냉온수에 잘 용해하며, 점도와 유효성을 가지고 있어서 유제 및 안정제로서 아이스크림, 시럽, 젤리 등에 사용된다. 또 대용혈장으로도 사용되고 dextran의 황산에스테르는 항혈액응고제로서 사용된다.

Dextran의 공업적 제조에는 설탕을 원료로 하여 젖산균인 *Leuconostoc mesenteroides*가 이용되고, *Acetobacter capsultatum*은 덱스트린으로부터 dextran을 만드는 것으로 알려져 있다. Dextran은 다음 식과 같이 설탕으로 생성되는 포도당으로 된 다당류이며 과당이 유리된다.

$$n(\text{Sucrose}) \rightarrow (\text{Glucose})_n + n(\text{Fructose})$$

생성되는 포도당의 결합에는 α-1, 6 결합, α-1, 4 또는 α-1, 3 결합이 있는데 그 종류와 비율이 균주에 따라 다르다. 또한 생산조건에 따라 만들어진 dextran의 분자량이 다르게 된다.

대용혈장으로 사용되기 위해서는 α-1, 6 결합이 많은 것이 필수조건이며 HCl 가수분해 및 분별침전에 의해서 평균분자량 약 75, 000의 것으로 만든다. 제조법에는 발효법과 효소법이 있다.

(1) 발 효 법

설탕 10%와 yeast extract, 무기염류 등을 첨가한 배지에 *Leuconostoc mesenteroides*를 접종하여 25°C에서 소량의 통기를 하면서 교반 배양하면 pH가 중성이었던 것이 4. 4~4. 6 정도로 저하하면서 dextran이 생겨 점도가 상승한다.

적당한 시기에 발효를 중지시켜 발효액을 침전조로 옮겨 메탄올을 첨가하여 dextran을 침전시키고 분리한 후, pyrogen(발연성 물질)을 함유하지 않은 물에 용해하여 메탄올로써 재침전시켜 분리한다. 이것을 다시 물에 용해하여 염산으로 분자량이 75, 000이 되게 부분가수분해하고 세균과 고형물을 여과한다. 얻어진 가수분해액에 메탄올을 사용하여 분별침전시켜 평균분자량 75, 000 정도의 구분을 분리한다.

(2) 효 소 법

설탕으로부터 dextran을 생성하는 효소인 dextransucrase는 균체외 효소이며 안정하므로 이 효소를 이용하는 방법이다.

이 효소법은 반응조건을 조절함으로써 필요한 분자량의 것을 얻을 수 있고, 균체, 기타의 불순물의 혼입없이 반응이 진행되어 순도가 높은 dextran을 얻는 등 이점이 많다.

6-7-5 효소저해물질

효소저해물질은 이제까지 알려지지 않았던 새로운 물질의 생성과 대사계와 관련된 효소계가 해명되어 생체기능의 제어관계가 밝혀짐으로써 병의 진단 및 치료약으로 사용되고 있다.

예를들면 전분의 소화억제에 의한 비만억제나 당뇨병치료에 전분가수분해효소저해물질이 이용되고, 효소의 정제시 효소저해물질을 불용성 담체에 고정화시켜 affinity chromatography를 행하여 효소를 정제하는데 이용될 수 있다. 효소저해물질을 생산하는 미생물은 세균·곰팡이·방선균 등이며, 단백질분해효소저해물질과 당가수분해저해물질 등이 알려져 있다(표 6-36).

표 6-36 효소저해물질

구 분	효소저해물질	효 소	미 생 물
단백질분해 효소저해물질	Leupetin	Plasmin Trypsin Papain	*Streptomyces roseus* *Streptomyces roseochromogens* *Streptomyces thioluteus*
	Antipain	Trypsin Papain	*Streptomyces michiganensis* *Streptomyces yokosukaensis*
	Chymostatin	Chymotrypsin Papain	*Streptomyces hygroseopicus*
	Elastatinal	Elastase	*Streptomyces griseoruber*
	Pepstatin	Pepsin Cathepsin D Renin	*Streptomyces testaceus*
	Phosphoramidon	Thermolysin Collagenase	*Streptomyces tanashiensis*
	Bestatin	Aminopeptidase B	*Streptomyces olivoreticuli*
	Subtilisin inhibitor	Subtilisin	*Streptomyces albogriseolus*
당가수분해 효소저해물질	BAyg 5421 물질	α-amylase	*Actiplanes* BAyg 5421
	Nojirimycin	α-, β-glucosidase α-amylase	*Sarcina lutea* *Xanthomonas oryzae*
	Panosialin	Sialidase	*Streptomyces pseudoverticillus* var. *panosialinus*
	Siastatin B	Sialidase N-acetyl-β-D-glucosaminidase	*Streptomyces verticillus* var. *quintum*
	S-GI*	Trehalase Glucoamylase β-glucosidase	*Streptomyces lavendulae*
	S-AI**	α-amylase Glucoamylase	*Streptomyces* sp. NO. 54

*S-GI : *Streptomyces*

**S-AI : *Streptomyces* amylase inhibitor

6-8 생물 고분자물질 발효

생물고분자(biopolymer)란 생물학적으로 합성되며 동시에 생물학적으로 분해될 수 있는 생체에서 유도된 모든 고분자를 일컫는다. 생체 내에서 합성되는 고분자는 다당류, 고분자유기산, 고분자 펩티드, 단백질, 핵산 등이 다 포함된다. 산업적으로 관심이 있는 것은 미생물에 의하여 세포 밖으로 분비되는 다당류(extracellular polysaccharide, exopoly saccharide)와 미생물의 세포 내에 에너지 저장물질로 축적되고 있는 polyester 계통의 플라스틱성 생물고분자(bioplastics) 등이 있다.

6-8-1 미생물다당류

표 6-37 미생물다당류

다 당 류	구 조	생 산 균 주	탄소원
Xanthan	$-Glc \xrightarrow{\beta} 4\ Glc$ $\uparrow {}^{3}_{1}\alpha$ Mann 6-OAc $\uparrow {}^{2}_{1}\beta$ GlcA $\uparrow {}^{4}_{1}\beta$ Mann 4,6-OPyruvate	*Xanthomonas campestris*	포도당, 설탕, 전분액, 유청
Curdlan	$-Glc\ 1 \xrightarrow{\beta} 3\ Glc-$	*Alcaligenes faecalis* var. *myxogenes*	포도당
Scleroglucan	$-Glc\ 1 \xrightarrow{\beta} 3\ Glc-$ $\uparrow {}^{6}_{1}\beta$ Glc	*Sclerotium glucanicum*, *Sclerotium delphinii*, *Sclerotium rolfsii*	포도당, 전분
Pullulan	$\rightarrow 6(Glc\ 1 \xrightarrow{\alpha} 4\ Glc\ 1\ \alpha$ $4\ Glc)\ 1 \rightarrow$	*Pullularia pullulans*	포도당, 설탕, 맥아당
Dextran	$-Glc\ 1 \xrightarrow{\alpha} 6\ Glc-$ several 1→2, 1→3 and 1→4 compounds	*Acetobacter* sp., *Leuconostoc mesenteroides*, *Leuconostoc dextranicum*, *Streptococcus mutans*	설 탕
Cyclodextrin	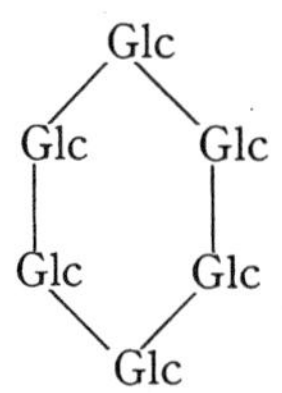	*Bacillus macerans*	전 분

Glc : Glucose, Mann : Mannose, GlcA : Glucuronic aicd,

미생물다당류는 수용성이고 독성이 없기 때문에 식품, 의약품, 화장품 등의 점도조절제, 유화제, 현탁제, 수분조절제 등으로 널리 이용되고 있다. 미생물다당류에 대해서 연구된 것은 많으나 이미 생산되고 있는 것과 전망이 있는 것은 표 6-37과 같다.

(1) Xanthan gum

Xanthan은 *Xanthomonas campestris* 등에 의해서 생산되며, 그림 6-53과 같이 D-glucose, D-mannose, glucuronic acid, acetate, pyruvate로 이루어진 기본구조가 반복되는 구조로 된 gum의 명칭이다. 분자구조 중의 pyruvate 단위의 수와 분자량은 점도에 영향을 미친다.

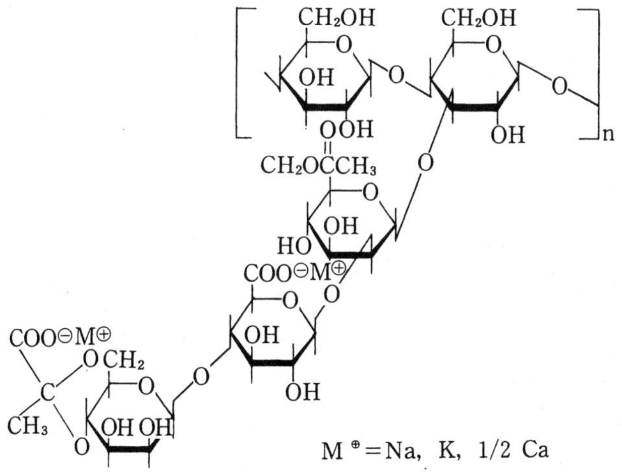

그림 6-53 Xanthan gum의 구조

공업적 제조에는 탄소원으로 포도당, 설탕, 옥수수전분 가수분해물로 2~4%, 질소원은 yeast extract, 펩톤, NH_4NO_3, 요소가 0.05~0.1%, 무기염류 및 생육인자가 함유되고 pH가 7.0인 배지에서 2일간 배양하면 점도가 점점 증가한다. 배양이 끝나면 공업용은 균체를 제거하지 않고 배양액을 직접 드럼건조기나 분무건조기로 건조하여 분말화한다. 식품용은 배양액을 약 200 cps로 희석한 다음 여과 또는 원심분리하여 균체를 제거하고, 얻은 여액에 methanol 또는 isopropanol을 가하여 침전시켜 건조한 다음 분말화한다.

식품용은 주로 점도증가 또는 겔형성을 위하여 아이스크림, 밀크쉐이크, 피자소스, 인스턴트 스프, 냉동식품, 가공치즈, 통조림 등에 0.05~0.5%의 범위에서 단독 또는 다른 증점제나 겔화제와 같이 사용되며, 공업용은 석유채취, 범랑제품, 페인트, 화장품, 의약품 등 매우 광범위하게 사용되고 있다.

(2) Curdlan

Alcaligenes faecalis var. *myxogenes*에 의해 두 종류의 β-1, 3 glucan이 생산된다. succinoglucan은 glucose, 10% succinic acid, galactose로 구성되어 있으며, curdlan은 β-1, 3의 glycoside 결합을 하고 있다. 탄소원으로 8%의 포도당을 함유한 배지에서 80시간 배양하였을 때 40g/l의 수득률로 curdlan을 얻었다. curdlan은 물에 녹지 않으므로 배양하는 동안에 점도가 증가하지 않는다.

또 curdlan은 물을 약 20배 함유할 수 있으며, 이 물을 함유한 액을 가열하면 54~60°C에서는 녹아서 투명하게 되고, 80°C가 넘으면 그 온도의 변화에 따라 겔강도가 증가한다. 이 성질을 이용하여 gel여과, 담체, affinity chromatography용, 식품용 겔화제로 이용된다.

(3) Pullulan

Pullulan은 α-1, 4와 수개의 α-1, 6의 glycoside결합을 한 glucan으로 *Aureobasidium pullulans*(*Pullularia pullulans*)에 의해 생산된다.

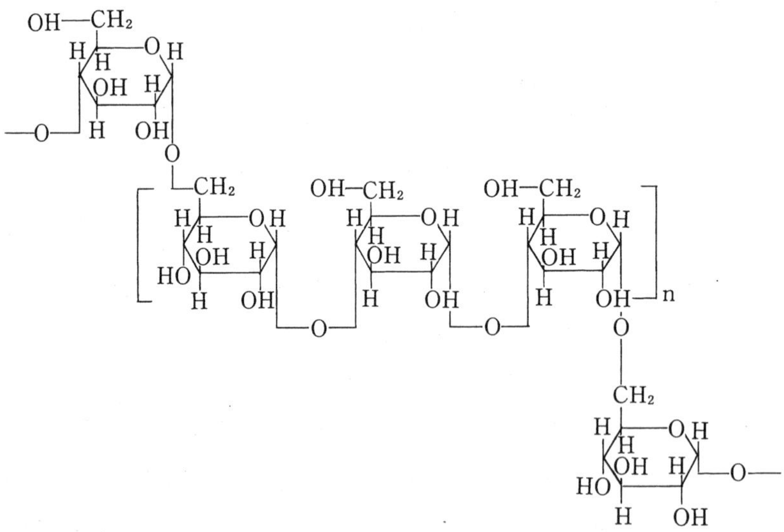

그림 6-54 pullulan의 구조

사용된 기질과 배양조건에 따라 수율과 분자량이 $5 \times 10^4 \sim 4 \times 10^6$으로 다양하다. 전분액, glucose, 설탕을 탄소원으로 하여 배양할 때, pH 5~6에서 7일간 배양하면 $1.5 \sim 4 \times 10^6$의 고분자량의 것이 얻어지고, pH 7~8에서는 $5 \sim 10 \times 10^4$의 저분자량의 것이 얻어진다. 탄소원으로 전분가수분해물을 10% 함유한 배지에서 수득률 75%로 pullulan이 생성되기도 한다.

Pullulan은 수용성이며 체내효소에 의하여 소화되지 않으므로 저칼로리 식품의 원료로 이용될 수 있고, 접착제 및 산화방지용 포장재로 식품, 의약품, 화장품에 이용된다.

(4) Scleroglucan

Scleroglucan은 *Sclerotium glucanicum, S. delphinii, S. rolfsii, S. libertiana, Helotium* sp.에 의하여 생산되며, 구조는 β-6, 1 결합을 측쇄로 하고 β-1, 3 결합으로 형성된 glucan으로 세포외에 축적되는 중성다당류이다.

물에 잘 녹으며 점착성으로 되고, 고온 또는 광범위한 pH 범위에서 pseudoplastic의 성질을 나타낸다. 이러한 성질을 이용하여 식품의 코팅제 및 겔화제로 사용된다.

(5) Dextran

Dextran은 *Leuconostoc mesenteroides, L. dextranicum* 등에 의하여 설탕으로부터 직접 발효하는 방법과 dextransucrase를 사용하는 방법이 있다 (6-7-4 참조).

(6) Cyclodextrin (CD)

전분에 cyclodextrin glucanotransferase(CGTase)를 작용시키면 glucose의 α-1, 4 결합으로 이루어진 환상구조를 가진 화합물인 cyclodextrin이 생성된다. Glucose가 6개의 α-CD, 7개의 β-CD, 8개의 γ-CD가 공업적으로 많이 생산되고 있다.

CGTase를 생산하는 균으로는 *Bacillus macerans, Bacillus megaterium, Bacillus circulans, Bacillus stearothermophilus, Klebsiella pneumoniae* 등이 있으며, CD의 생성과정은 그림 6-55와 같다.

CD는 환상구조 내부에는 소수성, 외부는 친수성으로 되어있기 때문에 소수

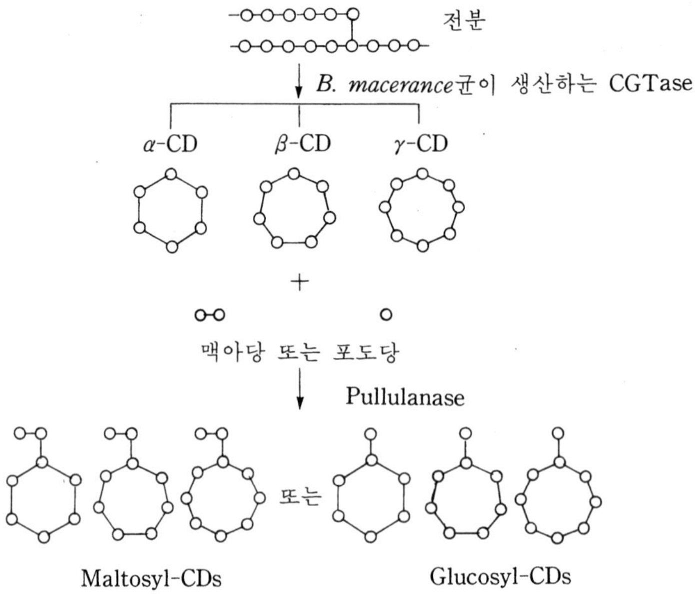

그림 6-55 CD의 생성

성(비극성) 화합물이 내부에 포접되어 안정한 화합물을 형성하고, 물질의 성질을 변화시키므로 휘발성 물질의 안정화, 산화 및 광분해물질의 보호, 물리화학적 성질의 변화, 화학반응성의 변화, 난용성 물질의 유화, 분말화 등의 기능을 가지고 있어 식품, 의약품, 화장품, 농약 등에 이용되고 있다. 그러나 CD는 물에 잘 녹지 않으므로 포도당이나 맥아당을 붙여 분지 CD를 만들어 수용성을 증가시켜서 이용범위를 확대하고 있다.

6-8-2 플라스틱성 생물고분자

미생물에 의해서 생산되는 플라스틱성 생물고분자(bioplastics)는 생체합성, 생분해성과 같은 특성때문에 수술봉합사로 사용되고 있으며 인공심장, 인공신장, 인공수정체 등의 의료용으로 사용가능성이 크고, 환경공해를 일으키는 난분해성의 합성고분자인 포장용 필름을 대체하는데도 이용되고 있다.

미생물에 의하여 생산되는 플라스틱성 생물고분자로서 현재 알려진 것으로는 PHB(poly-β-hydroxybutyrate)와 그 유사체인 PHA(poly-β-hydroxyalkanoate)계열의 polyester, 그리고 polyactide 등이 있다(그림 6-56).

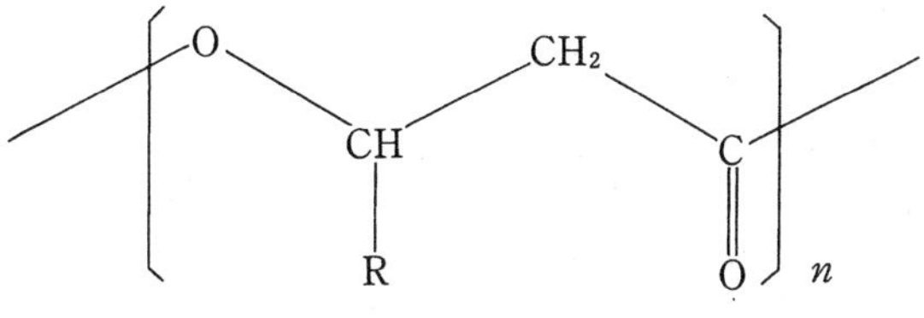

$R=CH_3$; PHB
R=Alkyl group ; PHA

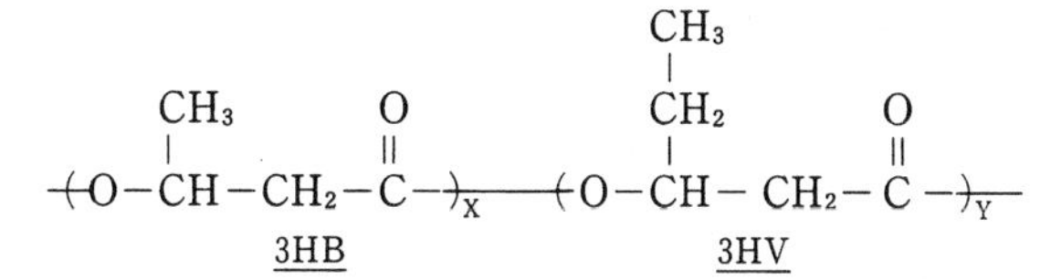

3HB/3HV Copolymer

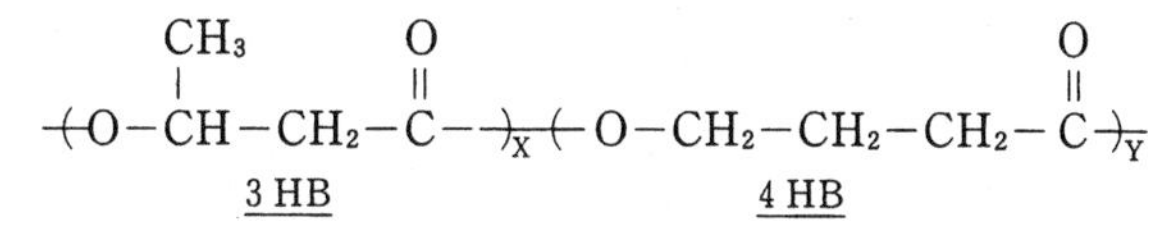

3 HB/4 HB Copolymer

그림 6-56 Polyester 계열의 bioplastics 의 구조

영국의 ICI 사는 당류를 탄소원으로 하여 *Alcaligenes eutrophus* 를 배양하여 PHB/PHV(poly-β-hydroxy valeric acid)의 공중합체(copolymer)를 생산하여 "Biopol"이라는 상품명으로 시판하고 있다.

또 propionic aicd 와 pentanoic acid 를 탄소원으로 하여 *A. eutrophus* 를 배양하여 3 HB(3-hydroxybutyrate)와 3HV(3-hydroxy valerate)의 공중합체를 생산하였고, butyric acid 를 사용하였을 때는 3 HB 와 4 HB 의 공중합체를 생산하였다.

메탄올을 사용하여 *Protomonas extorquens* 를 배양한 후 건조균체의 약 60%에 달하는 PHB 를 얻었으며, 유가배양법을 자동화함으로써 세포의 농도를 약 160 g/l 얻기도 하였고, *Methylobacterium organophilum* 을 배지 중에 질소원과 칼륨이온을 결핍하게 하여 배양했을 때 건조균체의 약 58%에 해당하는 PHB 를 얻었다.

6-9 효 소

미생물은 여러 종류의 효소를 생성한다. 이러한 효소의 작용은 미생물을 배양시켜 이용되기도 하지만, 미생물이 생산한 효소를 정제하여 만든 효소제제의 형태로 이용되기도 한다.

미생물이 생산하는 효소는 1898년 Takamine이 *Aspergillus oryzae*를 이용하여 제조한 Takadiastase가 소화제로 이용된 이래 여러 효소가 생산되어 사용되고 있다(표 6-38).

표 6-38 미생물의 효소제제

효 소	균 주	용 도
α-Amylase	*B. subtilis, B. amyloliquefaciens, B. stearothermophilus, Asp. oryzae* 등	호발제, 전분의 액화, 제과, 제빵, 물엿과 glucose의 제조, 알코올, 청주, 소화제
β-Amylase	*B. cereus, B. polymyxa* 등	맥아당의 제조
Glucoamylase	*Rhizopus delemar* 등	glucose의 제조
Pullulanase	*Klebsiella pneumoniae B. acidopullalyticus*	glucose, 맥아당
Isoamylase	*Pseudomonas amyloderamosa*	glucose, 맥아당
CGTase	*B. macerans B. stearothermophilus B. circulans B. megaterium*	사이클로 덱스트린
Cellulase Hemicellulase	*Trichoderma viride, Irpex lacteus, Aspergillus niger*	곡류·두류의 탈피, 전분제조, 간장·된장의 원료대두처리, 과즙혼탁방지, 사료첨가제
Invertase	*Saccharomyces cerevisiae*	전화당의 제조, 과자의 설탕결정 석출방지
Lactase	*Kluyveromyces fragilis*	유제품 중의 유당의 분해
Melibiase	*Mortierella vinacea*	제당
Naringinase	*Asp. niger*	감귤류의 고미제거
Hesperidinase	*Asp. niger*	감귤류 과즙·통조림의 백탁제거

효 소	균 주	용 도
Protease	*B. subtilis, B. licheniformis, Streptomyces griseus, Asp. oryzae, Asp. niger, Asp. melleus*	제과, 제빵, 고기의 연화, 수산가공, 조미액, 청주·맥주의 혼탁제거, 된장·간장의 숙양제조, 소화제, 피혁가공, 세제, 의약품
Microbial rennet	*Mucor pusillus, Mucor miehei*	치즈 제조
Pectinase	*Asp. niger, Asp. saitoi, Coniothyrium diplodiella, Sclerotina libertiana* 등	과즙·과일주의 청징, 식물섬유의 정련
Lipase	*Candida cylindracea, Candida paralipolytica, Asp. niger*	소화제, 세제, 유제품, 유지의 분해
Glucose oxidase	*Asp. niger*	밀폐포장식품의 산소, glucose 의 제거, glucose 정량
Glucose isomerase	*B. coagulans, Streptomyces phaeochromogenus, Streptomyces bobiliae*	glucose 로부터 fructose 시럽 제조
Catalase	*Asp. niger, Micrococcus lysodeikticus*	식품가공(살균, 방부) (살균에 사용한 H_2O_2의 분해)
Tannase	*Asp. niger, Asp. flavus*	홍차, 맥주의 혼탁방지
Penicillinase	*B. cereus, B. subtilis*	치즈제조(우유 중의 penicillin 을 제거)

효소는 동물이나 식물로부터도 얻을 수 있으나 미생물을 이용하면 입지조건이나 계절적 조건에 구애받지 않고, 목적하는 효소를 다량 생성하는 미생물의 육종이 가능하며, 짧은 시간에 대량으로 생산할 수 있고 제조원가도 싸며 종류도 많다는 잇점 때문에 미생물이 생산하는 효소제제가 많이 이용되고 있다.

근년에는 효소제제가 안정성이 낮고 연속사용이 어려워 효소를 고정화하여 이용하거나 유전자조작기술 및 단백질 공학기술의 발달로 효소의 생산성과 안정성이 증대되고 효소이용의 다양화와 대규모화가 이루어짐에 따라 식품공업, 피혁공업, 섬유공업, 의약품, 화장품, 세제는 물론 바이오센서, 공해처리, 연료전지 등에까지 이용이 확대되고 있다.

6-9-1 미생물에 의한 효소의 생산

(1) 효소의 생산

미생물은 어느 종류의 효소를 다량 생성, 축적하는 성질이 있으므로 목적하는 효소의 활성이 강한 균주를 선택(screening, 검색)하여야 하는데, 이때 미생물 효소의 성질(최적온도 pH, 열안정성 등)을 고려해야 한다. 미생물의 종류에 따라서 효소의 활성과 성질이 결정되나 배지조성과 배양조건에 따라서도 달라진다. 배양조건으로는 온도, 습도, pH 및 산소공급량 등의 조건이외에 배양시간이 중요하다. 미생물에 의해 생성되는 효소에는 구성효소(constitutive enzyme)와 유도효소(inducible enzyme)가 있는데, 후자의 경우에는 배지에 유도기질(inducer)을 첨가해야만 효소합성이 이루어진다. 각종 효소생산을 위한 유도기질은 표 6-39와 같다.

표 6-39 효소생산을 위한 inducer

효 소	미 생 물	기 질	Inducer
Glucoamylase	*Aspergillus niger*	Starch	Maltose, isomaltose
Amylase	*Bacillus stearothermophilus*	Starch	Maltodextrin
Dextranase	*Penicillium* sp.	Dextran	Isomaltose
Pullulanase	*Klebsiella aerogenes*	Pullulan	Maltose
Lipase	*Geotrichum candidum*	Lipid	Fatty acid
Endopolygalacturonase Exopolygalacturonase Pectin esterase	*Acrocylindrium* sp.	Polygalacturonic acid	Galacturonic acid

미생물 효소의 생산방식에는 액체배양법과 고체배양법이 있다.

액체배양법에는 통기교반배양법(submerged culture ; 심부배양법)과 정치배양법(surface culture ; 표면배양법)이 있으며, 고체배양법에는 국상자법(tray method), 퇴적배양법, 회전 drum식 배양법 등이 있다. 통기교반에 의한 액체배양은 잡균오염이 적고 배양조건의 조절이 용이할 뿐만 아니라 소요면적이나 인력이 비교적 적게 들며 대량생산이 가능하다는 장점이 있다. 반면에 고체배양은 잡균오염이 많고 인력이 많이 필요하며, 배양관리가 어려운 결점은 있으나 효소가 고농도로 생성되어 회수가 용이한 이점이 있다. 근년에는 기계화되고 배양관리도 자동화됨으로써 장소와 노력이 절약되고 대량배양도 가능하게 되었다.

(2) 효소의 추출 및 정제

추출과 정제는 효소가 변성(denaturation) 또는 실활(inactivation)하는 것을 방지하기 위하여 저온과 안정 pH 범위에서 신속하게 해야 한다.

균체외 효소는 배양액에서 균체를 제거하여 정제하면 되지만 균체내 효소는 마쇄, 자기소화, 초음파 처리, lysozyme 처리, 동결융해 등의 방법으로 균체를 파괴한 후 냉각원심분리기로 원심분리하여 세포의 조각을 제거하여 무세포추출액(cell free extract)을 얻는다. 얻어진 무세포추출액 중의 착색물질, 저분자물질, 염류, 지질, 핵산 등의 협잡물은 될 수 있는 대로 정제과정 전에 제거한다.

정제에는 일반단백질을 분리하는 것과 같이 ① 황산암모늄 등에 의한 염석법 ② acetone, ethanol, isopropanol 등의 유기용매에 의한 침전법이 이용되며, 더욱 정제할 경우에는 ③ aluminium silicate, calcium phosphate gel, alumina gel 등에 흡착시켰다가 용출시키는 흡착법 ④ cellophane 이나 colloidin 막을 이용한 투석법과 한외여과막을 이용한 한외여과법(ultrafiltration) ⑤ 양이온교환수지, 음이온교환수지, cellulose 이온교환체를 이용하는 이온교환법 ⑥ Sephadex, polyacrylamide 등의 gel 을 이용해서 단백질의 분자량 차이를 이용하여 분리하는 gel 여과법(분자체에 의한 분별법) 등이 활용된다.

농축효소는 액상 또는 분말상태로 만든다. 액상제품은 부패방지와 효소의 안정화를 위하여 glycerol, 당 또는 식염을 첨가하기도 하며, 분말제품은 동결건조법이나 저온분무건조법에 의하여 제조된다.

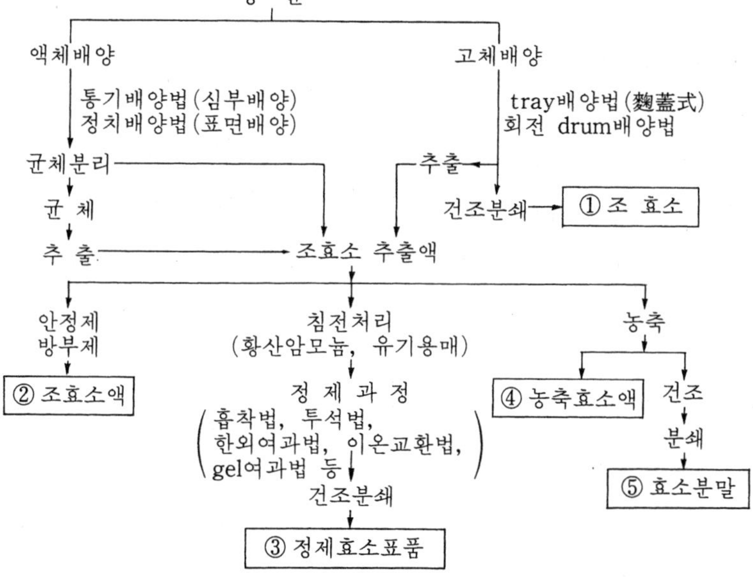

그림 6-57 미생물 효소 생산공정

결정효소를 얻으려면 정제를 잘 한 다음 효소액에 염석, 유기용매첨가, pH 변화, 여과에 의한 농축 또는 염류제거 등의 방법으로 저온하에서 결정을 석출시킨다. 또 효소를 함유한 균체를 그대로 건조·분쇄하여 사용하기도 한다. 미생물 효소의 생산공정은 그림 6-57과 같다.

6-9-2 고정화효소

(1) 고정화효소 및 고정화미생물 균체

효소는 물에 용해된 상태로 기질에 작용하고, 반응은 비연속적으로 진행되며 반응이 끝난 후 효소를 회수하여 재사용하는 것이 어렵고, 반응생성물 중에 효소가 혼입되어 제거할 필요가 있는 등 비경제적으로 사용되고 있다. 이러한 문제점을 해결하기 위하여 효소를 불용성의 담체(carrier)에 결합시키거나 일정한 공간에 포괄시킨 고정화효소(immobilized enzyme)가 개발되었다. 효소를 고정화함으로써 고정화하기 전에 비하여 다른 성질을 나타내기도 하는데, 고정화에 따른 장점과 단점은 표 6-40과 같다.

고정화효소의 공업적 이용은 aminoacylase의 고정화효소를 이용하여 합성법으로 제조한 DL-아미노산으로부터 L-아미노산을 연속적으로 광학분할하는 방법이 이용된 이후 고정화 glucose isomerase에 의한 이성화당의 제조, 고정화 penicillin amidase에 의한 penicillin으로부터의 6-aminopenicillanic acid의 제조, 고정화 lactase에 의한 저유당유의 제조 등에 사용되고 있다.

이외에도 에탄올, 요소, 젖산, 포도당 등의 임상검사용 자동분석과 바이오센서(biosensor) 등의 분석, 포괄법으로 고정화한 효소를 생체내 투여하거나 혈액을 체외로 순환시키면서 고정화 효소와 접촉시켜 치료하는 효소요법 및 인공장기 등의 의약에의 이용, 친화크로마토그래피에 의한 목적하는 물질의 고도 정제, 폐액처리, 에너지생산 등에 이용되고 있거나 활용이 기대되고 있다.

표 6-40 효소고정화의 장·단점

장 점	단 점
· 안정성이 증가 · 이용목적에 적합한 성질과 형상을 얻을 수 있음 · 재사용이 가능 · 반응의 연속화가 가능 · 반응장치가 차지하는 면적이 적어짐 · 반응 생성물의 순도 및 수득률 향상	· 고정화과정 중 효소의 손실 · 담체성분과 고정화에 따른 비용증가 · 장치 및 기술의 비용증가 · 미생물 오염의 위험성 증가

또 생물로부터 효소를 추출하지 않고, 경우에 따라서는 미생물의 복합효소계를 이용하기 위해서 미생물자체를 고정화한 고정화 미생물균체(immobilized microbial cells)가 이용되기도 한다. 최근에는 미생물이외에도 식물, 동물세포의 고정화와 이용에 관한 연구도 진행되고 있는데 이런 것을 통털어서 고정화생체촉매(immobilized biocatalyst)라 한다.

고정화 미생물균체는 고정화된 미생물의 생사와 관계없이 특정의 효소활성을 이용하는 경우와 살아있는 균체의 상태로 이용하는 경우로 나누어진다.

전자는 균체가 지니는 목적효소의 높은 활성을 이용하는 것으로 aspartase 활성이 높은 *Escherichia coli*에 의한 fumaric acid로부터의 L-aspartic acid 제조, fumarase 활성이 있는 *Brevibacterium ammoniagenes*에 의한 fumaric acid로부터의 L-malic acid의 제조 등이 공업적으로 이루어지고 있다.

후자는 고정화한 미생물을 고정화담체 중에서 증식시켜 생존상태로 유지하면서 여러 단계의 효소반응을 장기간 일정하게 유지하도록 하는 것으로 효모를 고정화한 후 증식시키면서 알코올을 장시간 연속생산하는 방법이 그 예이다.

(2) 효소 및 균체의 고정화

효소를 고정화할 때 관여할 가능성이 있는 효소 단백질 중의 작용기 중에서 활성중심(active center)에 있는 것은 고정화할 때 결합에 관여하지 않거나 변화하지 않고 고유의 구조가 유지되어야 한다. 그리고 효소단백질의 고차구조를 이루게 하는 수소결합, 소수결합, 이온결합 등은 비교적 약한 결합이므로 고차구조의 변화가 없도록 하기 위하여 효소를 고정화할 때에는 고온, 고압, 강산, 강알칼리 유기용매 등의 처리를 피하고, 아주 온화한 조건에서 고정화하여야 한다. 효소나 균체를 고정화하기 위한 많은 방법이 연구되었으나 다음의 세가지 방법이 주로 쓰이고 있다.

① 담체결합법 : 물에 불용성인 담체(carrier)에 효소를 결합시키는 방법

② 가교법 : 효소를 두가지 이상의 관능기를 가진 시약과 반응하여 가교(cross-linking)하는 방법

③ 포괄법 : 효소를 겔의 미세한 격자속에 포괄하거나(lattice entrapment), 반투막성 고분자 피막으로 둘러싸는 방법(microcapsulation)

이들 고정화하는 방법과 그 특성은 그림 6-58, 표 6-41과 같다.

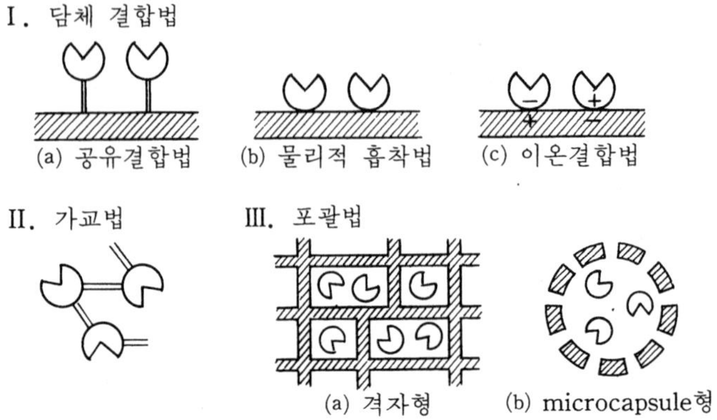

그림 6-58 효소 및 균체의 고정화법

표 6-41 고정화효소의 제법과 특성

특성	담체 결합법			가교법	포괄법
	물리적흡착법	이온결합법	공유결합법		
제법	쉽다	쉽다	어렵다	어렵다	어렵다
효소활성	낮다	높다	높다	중간	높다
기질 특이성	불변	불변	변화	변화	불변
결합력	약하다	중간	강하다	강하다	강하다
재생	가능	가능	불가	불가	불가
제법 보편성	낮다	높다	중간	낮다	높다
고정화 가격	낮다	낮다	높다	중간	낮다

1) 담체결합법

담체로 사용되는 것으로는 cellulose, dextran, agarose 등의 다당류 유도체와 폴리아크릴로니트릴, 폴리스티렌수지 등 합성고분자들로서 Sephadex, Shepharose, Affi-Gel, Bio-Gel이란 상품명으로 시판되며, 이밖에도 미국 Corning Glass Works가 개발한 다공성 유리 또는 실리카 겔, 알루미나 등의 무기 담체도 이용된다. 담체결합법은 그 결합방식에 따라 공유결합법, 이온결합법, 물리적 흡착법의 세가지로 나눈다.

① 공유결합법

물에 불용성인 담체와 효소를 고정화하는 방법으로 담체결합법 중에서 가장 많이 사용되는 방법이다. 이 방법에 의하여 효소를 담체에 결합시킬 경우 관여하는 관능기는 α- 또는 ε-아미노기(NH_2), α-, β- 또는 γ- 카르복시기(−COOH), 티올기(−SH) 또는 수산기(−OH), 이미다졸기, 페놀기 등이다. 이러한 관능기는 담체의 디아조니움염, 산아지드, 이소시아네이트 또는 활성형의 할로겐화 알킬 등과 반응한다. 따라서 이와같이 반응성이 높은 관능기를 지닌 담체와 효소를 적당한 조건하에서 반응시켜 고정화하는데, 효소의 고정화에는 이용하고 있으나 미생물의 고정화에는 사용하지 않고 있다. 그 결합방식에 따라서 디아조법, 펩티드법, 알킬화법으로 분류할 수 있다.

㉠ 디아조법

다당류, 아미노산 혼합중합물, 폴리아크릴아미드, 스티렌계 수지, 에틸렌-말레산 혼합중합물, 다공성 유리의 방향족 아미노 유도체 등의 담체를 묽은 염산과 아질산나트륨으로 디아조니움 화합물로 만들어 효소와 디아조커플링시켜서 고정화하는 방법이다. 효소단백질 중의 유리 아미노기, 히스티딘의 이미다졸기, 티로신의 페놀기 등이 이 결합에 관여한다.

㉡ 펩티드법

CM-cellulose azide, carboxy chloride 수지, isocyanate 유도체, 아미노산 혼합중합물 등에 효소단백의 아미노기를 펩티드 결합시킨다.

㉢ 알킬화법

할로겐과 같은 반응성이 있는 관능기를 가진 담체(bromoacetyl cellulose, cyanuryl cellulose 등)를 이용하여 효소단백질의 아미노기, 페놀기, SH 기와 반응시켜 알킬화하여 고정한다.

이외에 AE-cellulose, DEAE-cellulose, 아미노 알킬화한 다공성 유리 등과 같이 아미노기를 함유하고 있는 담체와 효소의 아미노기를 glutaraldehyde 와 같은 가교시약(cross-linking agent)을 사용하여 서로 공유결합시켜 고정화하는 담체가교법도 잘 이용하고 있다.

② 이온결합법

DEAE−cellulose, CM−cellulose, DEAE−sephadex, 키토산, Amberite, Duolite, Dowex 등의 이온교환기를 가진 담체에 효소를 이온결합시켜서 고정화하는 방법으로 공유결합법에 비하여 제법이 간단하고, 비교적 활성이 높은 고정화효소를 얻을 수 있으나 결합력이 비교적 약해서 반응 중 효소가 담체로부터 탈리되는 경우도 있다. 한편 활성이 저하된 고정화효소의 재생이나 활성화는 간단하다는 잇점이 있다.

③ 물리적 흡착법

활성탄, 다공성 유리, 산성백토, 표백토, kaolinite, 알루미나, 실리카 겔, 벤토나이트, 하이드록시아파타이트, 인산칼슘 겔, 금속화합물과 같은 무기물 외에 녹말, 글루텐, 키틴과 같은 천연 고분자나 소수성기를 가진 아가로스 유도체 등의 담체에 효소를 물리적으로 흡착시켜서 고정화하는 방법으로 효소단백질의 구조변화가 적고 적합한 담체를 선택하면 가격면에서 대단히 유리하지만 결합력이 약해서 탈리되기 쉬운 단점이 있다.

2) 가 교 법

담체결합법과는 달리 물에 녹지 않는 담체를 사용하지 않고 관능기를 두개 이상 가지는 시약(bifunctional 또는 multifunctional reagent)을 사용하여 효소끼리 가교시켜서 고정화하는 방법이다.

가교시약으로는 glutaraldehyde, 무수 maleic acid와 ethylene의 혼합중합물, hexamethylene diisocyanate, hexamethylene diisothiocyanate, N,N′-ethylene bis-maleic imide, bis-diazobenzidine, N,N′-polymethylene bis-iodoacetoamide 등이 있다.

3) 포 괄 법

효소자체는 변하지 않고 겔의 미세한 격자 안에 효소를 집어 넣은 격자형(lattice entrapment)과 반투막성 중합체의 피막으로 효소를 싸는 마이크로캡슐형(microcapsulation)이 있다.

이 방법은 효소와는 결합반응을 일으키지 않으므로 변화하지 않으며, 효소뿐만 아니라 미생물균체도 고정화할 수 있고, 여러 효소의 고정화도 가능한 장점이 있으나 포괄조건에 따라서 효소의 변성에 의한 실활도 있으며, 기질이나 생성물이 고분자물질인 경우에는 적용되지 못한다.

① 격 자 형

이 방법에 사용되는 고분자화합물로서는 합성고분자물질인 폴리아크릴아미드, 폴리비닐알코올, 광경화성 수지, 우레탄폴리머와 천연고분자물질인 전분, 젤라틴, 알긴산, 펙틴, 키토산, K-카라기난 등이 있다. 이중 폴리아크릴아미드 겔이 가장 많이 사용되고 있다.

② 마이크로캡슐형

효소 마이크로캡슐의 제조에서 효소활성의 저하를 막기 위하여 엄밀한 조건이 요구되는데, 고안된 방법으로는 계면중합법, 액중건조법, 상분리법, 리포솜법 등이 있다.

6-9-3 미생물 효소제제의 생산

(1) Amylase

Amylase는 전분을 구성하는 amylose, amylopectin과 glycogen 등 다당류의 α-1, 4-glucoside 결합 또는 α-1, 6-glucoside 결합을 가수분해하는 효소이며, α-amylase, β-amylase, glucoamylase, pullulanase 등이 있다. 전분에 대한 이들 효소의 작용은 그림 6-59와 같다.

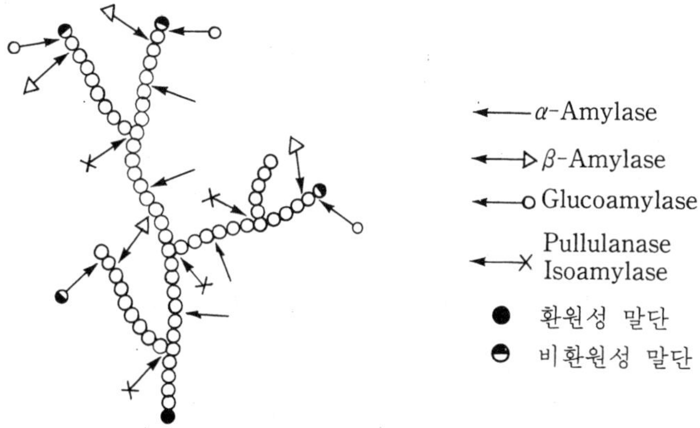

그림 6-59 Amylase에 의한 전분의 가수분해

1) α-Amylase(액화형 amylase, endoamylase)

전분의 α-1, 4 결합을 임의의 점에서 분해하나 α-1, 6 결합은 분해하지 못한다. 그 결과 전분의 점도는 급격히 저하하고 dextrin으로 되기 때문에 환원당의 증가는 크지 않으며, 반응액의 요오드 반응은 청→자→적→황→무색으로 된다. 최종분해생성물은 dextrin, 맥아당과 소량의 포도당이다. 타액, 췌액, 맥아 등에 존재하며, 미생물에는 *Bacillus subtilis* 등의 세균, *Aspergillus*속 곰팡이 등이 많이 생성된다.

① 세균 amylase

세균 amylase는 액화형의 α-amylase가 주이며, *Bacillus subtilis*, *B. mesentericus*, *B. amyloliquefaciens*, *B. stearothermophilus* 등을 이용하여 고체배양 또는 액체배양으로 생산된다.

고체배양은 밀기울에 대두박, 인산염을 첨가하고 물 또는 대두박의 알칼리 추출액을 배지로 사용한다. 이외에 카제인, 탈지분유, 옥수수 등이 첨가되는 경우도 있다. 배지를 살균하고 pH는 6.3~6.4로 조정하여 35~37°C에서 36~48시간 배양한다.

액체배양에는 정치배양법과 통기교반배양법이 있다. 정치배양에서는 액화전분에 대두박, 카제인 등을 산으로 가수분해한 것 또는 증류폐액, CSL 등과 암모늄염, 인산, K, Ca, Mg 등을 첨가한 배지를 살균한 후 얕은 쟁반에 2.5~4 cm 깊이로 넣고 종균을 접종하여 25~32°C에서 3~4일간 배양한다.

통기교반배양에서는 주탄소원으로서 액화전분, 젖당 등과 주질소원으로서는 대두박, 낙화생박 등의 알칼리추출액, casein, peptone 등으로 된 배지가 일반적으로 사용된다. corn steep liquor 등도 다른 질소원과 함께 사용할 수 있으며 질소원의 일부를 $(NH_4)_2SO_4$, NH_4Cl, $(NH_4)_2HPO_4$ 등의 암모늄염으로 대체할 수도 있다. 배양 중 pH가 중성에 유지되도록 C/N 비가 적당하여야 하며 비교적 대량의 인산염첨가가 효과적이다. 배지조성의 일례는 대두박 5%, 전분 1.5%, $(NH_4)_2HPO_4$ 1.2%, KCl 0.01%, $MgSO_4 \cdot 7H_2O$ 0.01%, pH 7.0과 같으며 35~37.5°C에서 배양하고 통기교반을 행하면서 배양한다.

고체배양이 끝난 것은 건조분말화하여 직접 제품으로 만드는 경우도 있으나 식품공업용 효소제로서는 어느 정도의 정제가 필요하다. 배양액 또는 고체배양의 추출액은 $CaCl_2$를 첨가하고 규조토를 여과보조제로 하여 청징여과액을 얻는다. Ca^{2+}는 amylase의 내열성을 증가시키는 효과가 있다.

세균 amylase는 내열성이고 Ca^{2+} 이외에 Na^+, Cl^-의 첨가에 의해서도 내열성은 더욱 증가된다.

최적 pH는 5.8~6.4이고 호발제, 술덧의 액화, 물엿이나 포도당의 제조에서 전분의 고온액화(83~88°C)에 이용되고 있다.

② 곰팡이 amylase

*Aspergillus oryzae*를 전분 8%, $NaNO_3$ 1.2%, K_2HPO_4 0.1%, $MgSO_4 \cdot 7H_2O$ 0.1%, KCl 0.05%, $FeSO_4$ 0.03%, $Mg(NO_3)_2$ 0.08%, $Mg(H_2PO_4)_2$ 0.05%, malt extract 2%의 배지에 접종하여 28~30°C에

서 3~4 일간 배양하여 α-amylase 를 얻는다. *Aspergillus niger* 에 의해 내산성 α-amylase 가 생성되는데 최적 pH 는 2.0 이다.

2) β-Amylase(당화형 amylase)

전분의 α-1,4 결합을 비환원성 말단으로부터 β-형의 맥아당을 생성하면서 차례로 끊고 α-1,6 결합의 분기점에 이르러 작용이 정지된다. 따라서 다량의 맥아당과 함께 β-limit dextrin 이 생성되므로 환원당은 증가하지만 점도는 잘 저하되지 않고 요오드반응도 적갈색을 나타낸다.

고구마, 맥아, 소맥, 대두 등에 존재하며, 이 효소를 생산하는 미생물에는 *Bacillus polymyxa*, *Bacillus cereus*, *Bacillus megaterium*, *Streptomyces pracus* 등이 있는데, 야생균주의 생산량은 일반적으로 낮지만 변이주는 야생균주보다 200 배 이상 생산하는 것도 있다.

세균 β-amylase 는 식물 β-amylase 보다 내열성(70℃)이 높고, 최적 pH 는 7.0 이다. α-amylase 와는 달리 세균 β-amylase 를 활성화하고 안정화시키는데 Ca^{2+}이 필요하지는 않다.

3) Glucoamylase(당화형 amylase)

전분의 비환원성 말단으로부터 포도당 단위로 α-1,4 결합을 차례로 분해하며 α-1,6 결합도 분해하는 exo 형의 효소이다.

Glucoamylase 의 생산균은 *Aspergillus niger*, *Aspergillus oryzae*, *Aspergillus awamori*, *Rhizopus delemar*, *Rhizopus javanicus* 등이 있는데 이 중 대표적인 균은 *Aspergillus niger* 와 *Rhizopus delemar* 이다.

Aspergillus niger 가 생산하는 glucoamylase 는 전분을 70~80% 정도 분해하고, *Rhizopus delemar* 가 생산하는 것은 전분을 완전히 분해하여 포도당이 된다. 그러므로 전분으로부터의 포도당제조에 이용된다.

4) Isoamylase(pullulanase, R 효소)

Amylopectin 이나 glycogen 의 α-1,6 결합을 특이적으로 분해하여 직쇄의 dextrin 을 생성하는 효소이다.

요오드반응은 적자색에서 청색으로 변한다. isoamylase 는 효모에서 처음 발견되었고, 식물의 isoamylase 를 R-enzyme 이라 한다. 세균인 *Aerobacter aerogenes* 효소는 pullulan 에 작용하여 그것의 α-1,6 결합을 절단하므로 pullulanase 라고 불리운다(표 6-42).

표 6-42 각종 isoamylase의 작용비교

효 소	기 원	Amylo-pectin	Glyco-gen	α-Limit dextrin	Isomal-tose	Pullu-lan	생 성 물
효 모 isoamylase	효 모	+	+	+	−	−	직쇄 dext-rin, maltose, glucose
식 물 isoamylase (R-enzyme)	쌀, 감자, 맥아, 잠두, 옥수수	+	−	+	−	−	직쇄 dext-rin, maltose
세 균 isoamylase (pullulanase)	*Aerobacter aerogenes*, *Streptomyces mirabilis*	+	+	+	+	+	직쇄 dext-rin, maltose, maltotriose

5) Cyclodextrin glycosyltransferase(CGTase, *Bacillus macerans*의 amylase)

전분에 작용하여 α-1, 4 결합을 분해시켜 포도당 6~8개로 된 환상의 cyclodextrin(CD)을 생성한다(cyclization). 포도당 6개로 된 것을 α-CD, 7개로 된 것을 β-CD, 8개로 된 것을 γ-CD라고 한다. 이 효소는 *Bacillus macerans*에서 처음 발견되었으며, 효소의 작용에 의해 전분의 점도가 저하되고 요오드반응이 감소되므로 α-amylase라고 볼 수 있으나 새로운 α-1, 4 결합을 가진 cyclodextrin을 만드는 점에서 보면 일종의 전이효소이다.

또 전분이외에 적당한 당의 수용체가 존재하게 되면 분자간 전이반응으로 cyclodextrin이 개열하여 수용체(A)의 4위탄소의 −OH에 전이시켜 α-1, 4 결합을 생성하는 작용을 가진다(coupling). 그리고 직쇄의 oligo당간에 불균질

표 6-43 각종 세균 CGTase의 분자적 특성

균 주	최적 pH	pH 안정성	최적온도	분자량	주생성물*	생성률(%)
B. macerans	6.0	6.0~9.5	60	145,000	CG_6	50~60
B. stearothermophilus	6.0	7.0~9.2	70	68,000	CG_6	62
K. pneumoniae	5.2	6.0~7.5	−	68,000	CG_6	50
B. megaterium	5.2~5.7	7.1~9.0	55	75,000	CG_7	−
B. circulans	6.6~7.2 5.2~6.2	7.1~9.0 7.5~9.0	55	−	CG_7	−
Bacillus sp. (alkaliphilic)	4.5~4.7	6~10	45	88,000	CG_7	73

*CG_6 : α-CD, CG_7 : β-CD

화 반응(disproportionation)을 촉매하기도 한다.

최근에는 효소의 개환반응(coupling)을 이용하여 새로운 당전이제품을 만드는데 이용되고 있다(그림 6-60, 표 6-43).

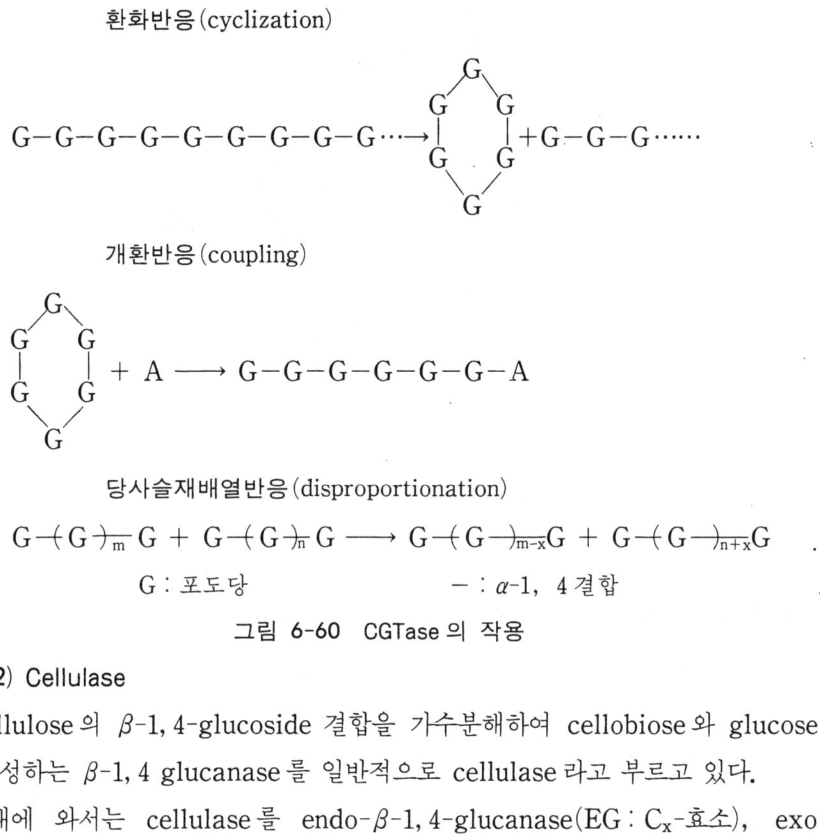

그림 6-60 CGTase의 작용

(2) Cellulase

Cellulose의 β-1, 4-glucoside 결합을 가수분해하여 cellobiose와 glucose를 생성하는 β-1, 4 glucanase를 일반적으로 cellulase라고 부르고 있다.

근래에 와서는 cellulase를 endo-β-1, 4-glucanase(EG : C_x-효소), exo-β-1, 4-glucanase C(cellobiohydrolase ; CBH : C_1효소), β-glucosidase (cellobiase)의 3가지 효소가 서로 상승효과를 나타내는 복합효소계(cellulase complex)라 부르기도 한다(그림 6-61).

수용성의 cellulose인 carboxy methyl cellulose(CMC)를 가수분해하는 효소를 CMCase 또는 C_x효소라 하고, 물에 녹지 않는 cellulose를 분해하는 효소를 C_1효소라 하는데, C_1효소는 단독으로 불용성 cellulose는 잘 분해하지 못하며 C_x효소와 같이 있으므로 상승작용이 생긴다.

현재 공업적 생산에 이용되는 균주는 *Tricoderma viride, Aspergillus niger, Irpex lacteus, Fusarium moniliforme* 등이 있다.

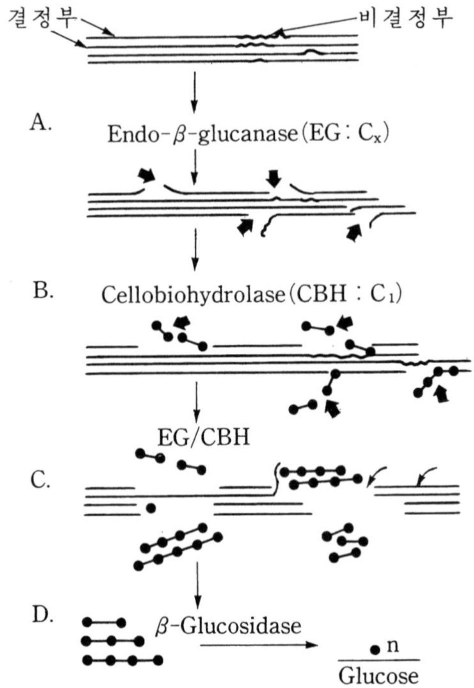

그림 6-61 Cellulase 의 효소작용원리

Cellulase 제제는 일반적으로 hemicellulase, pectinase, protease 가 섞여 있고 이들의 효소작용과 함께 식물세포막을 분해하여 그 내용물을 쉽게 추출할 수 있으므로 전분제조, 대두단백의 추출, 해조로부터의 한천의 추출, 곡류 및 두류의 탈피, 소화제, 사료가공 등에 이용된다.

(3) Hemicellulase

Hemicellulose 는 식물의 세포벽에 존재하며, 알칼리로 추출되는 다당류의 총칭이다. 이를 가수분해하는 것이 hemicellulase 인데 분해하는 다당류의 종류에 따라 xylanase, galactanase, mannase, arabinase 의 4 종류로 분류한다. 공업적으로 사용되는 hemicellulase 제제는 없고 다른 효소제에 함유된 상태로 이용되고 있다.

(4) Invertase (sucrase, saccharase)

Invertase 는 sucrose 를 glucose 와 fructose 로 가수분해하는 효소로 fructose 측에서부터 절단하는 β-fructosidase 와 glucose 로부터 절단하는 α-glucosidase 가 있다. 식품공업에서 이용되는 것은 전자의 것으로 생산균주는 *Saccharomyces cerevisiae* 가 이용된다.

Sucrose 를 분해한 전화당은 sucrose 보다 용해도가 높기 때문에 당의 결정 석출을 방지할 수 있고 또 흡수성이므로 식품의 수분을 적절히 유지할 수가 있다. 초콜릿, 양갱, 아이스크림 등에 이용되며 인공벌꿀의 제조에도 사용된다.

(5) Lactase(β-galactosidase)

젖당(lactose)을 가수분해하여 glucose 와 galactose 로 만드는 β-galactosidase 로서 *Saccharomyces fragilis*(*Kluyveromyces fragilis*), *Saccharomyces lactis, Candida spherica, Candida pseudotropicalis* 등의 균체로부터 추출한다. 식품공업에서 빵의 개량, 저유당유의 제조, 아이스크림에서 유당결정을 감소시킬 목적으로 사용한다.

(6) Melibiase(α-galactosidase)

Melibiose, raffinose, stachyose 와 같은 당류의 α-D-galactoside 를 가수분해하는 효소로 공업적인 생산균주에는 *Mortiella vinacea* 가 있다. 이 효소는 제당공업에서 설탕의 결정화를 방해하는 raffinose 를 설탕과 galactose 로 분해하여 설탕수율을 향상시킨다(그림 6-62).

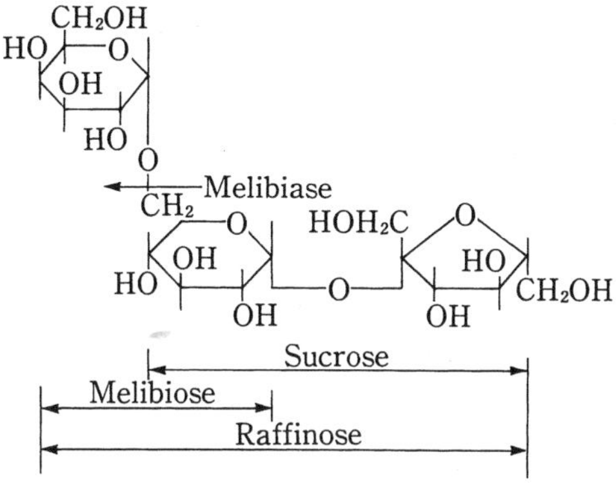

그림 6-62 Melibiase 의 작용

(7) Naringinase

쓴맛(苦味)이 강한 감귤류는 그대로 가공하기는 곤란한데 이 쓴맛의 주성분은 naringin(naringenin-7-glucorhamnoside)이다. Naringin 은 naringinase 에 의해서 rhamnose 와 glucose 의 α-1, 2-결합이 가수분해되어 rhamnose 와 쓴맛이 없는 naringenin-7-glucoside(prunin)로 되고 이것이 다시 β-glucosidase에 의해서 glucose와 naringenin이 된다(그림 6-63).

공업적 생산균주로는 *Aspergillus niger, Aspergillus oryzae, Coniothyrium diplodiella, Sclerotinia libertiana* 등이 있다.

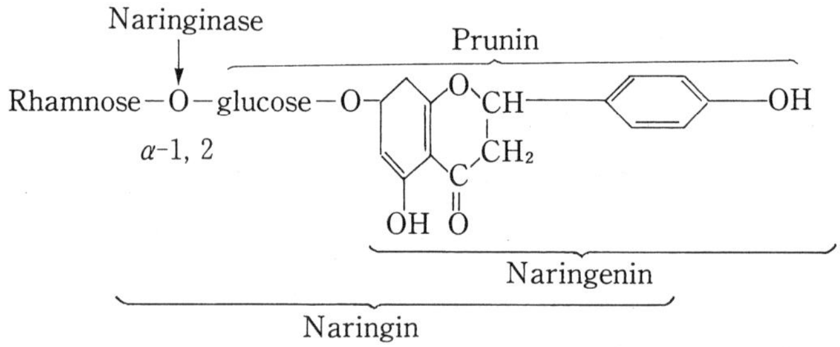

그림 6-63 Naringinase의 작용

(8) Hesperidinase

Hesperidin(hesperetin-7-rutinoside)은 밀감류에 함유되어 있고 비타민 P로서 의약용으로 사용되기도 하지만 과즙이나 통조림으로 만들었을 때 백탁의 원인이 되기도 한다. hesperidinase는 hesperidin의 rhamnose와 glucose의 α-1, 6-결합을 가수분해하여 rhamnose와 용해도가 높은 hesperetin-7-glucoside가 생성되는데 백탁을 방지에 이용된다(그림 6-64). 최적 pH 3.5, 최적온도 60℃, 안정 pH 3.0~8.5이다. 밀감통조림 제조시 산과 알칼리로 겉질을 제거하고 수세시에 효소액에 담그면 hesperidin을 용해시켜 제거할 수 있다. 공업적으로 *Aspergillus niger*가 이용된다.

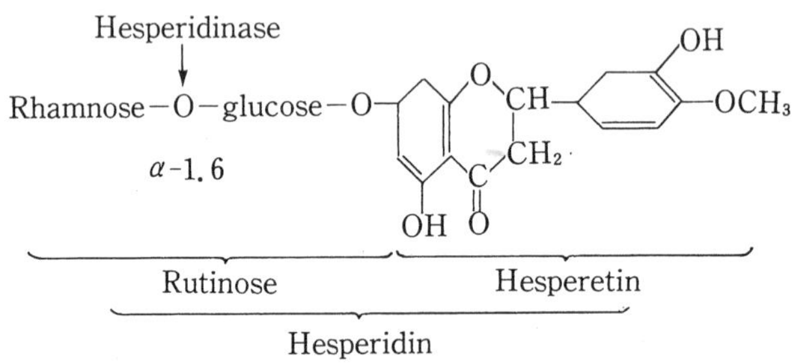

그림 6-64 Hesperidinase의 작용

(9) Protease

1) Protease의 종류

① 최적 pH 또는 작용 pH에 의한 분류

효소반응의 최적 pH에 따라 산성, 중성, 알칼리성 protease로 분류한다.

② 작용위치에 의한 분류

㉠ Endopeptidase : peptide 결합의 중간에 작용하여 두 개의 peptide를 생성한다. proteinase라고도 한다.

㉡ Exopeptidase : 말단의 α-amino기 또는 말단의 α-carboxyl기에 작용하는 aminopeptidase와 carboxypeptidase가 있으며, dipeptide에만 작용하는 dipeptidase가 있다.

③ 활성화 양식에 따른 분류

Serine protease는 serine 잔기가 효소활성에 관여하며 thiol protease는 thiol기(SH기)가 관여하고, 금속 protease는 효소활성에 관여하는 금속을 함유하고 있다.

2) 미생물 protease

① 곰팡이 protease

곰팡이 protease는 산성(최적 pH 3 정도), 중성(최적 pH 6, 7) 및 알칼리성 protease(최적 pH 8～10)의 3종류로 분류된다.

*Aspergillus oryzae*는 이 3종류의 protease를 모두 생성하나 그 비율은 배지의 pH에 따라 크게 달라진다. 즉 pH 4에서는 산성 protease, pH 7에서는 중성과 알칼리성 protease가 많이 생성된다. 따라서 쌀코지와 같이 C/N 비가 크고 산성으로 기울어지기 쉬운 배지에서는 산성 protease, C/N 비가 적은 밀기울 또는 대두박 등에서는 중성 또는 알칼리성 protease가 많이 생성된다.

Aspergillus niger, Aspergillus saitoi, Aspergillus awamori 등의 흑국균은 내산성의 산성 protease를 생성한다. *Penicillium* sp.이나 *Trametes sanguinea*의 protease도 모두 산성 protease이다.

② 세균 protease

세균 protease 중 *Bacillus subtilis*의 protease를 subtilisin이라고 하며 대표적인 효소이다. 그 작용 pH 범위에 따라 최적 pH 7.0의 중성 protease와 pH 10.5의 알칼리성 protease가 있다. 중성 protease는 EDTA(ethylene diamine tetra acetic acid)에 저해를 받으며, 알칼리성 protease는 DFP(diisopropyl fluorophosphate)에 저해를 받는다.

공업적인 생산균주로는 *Bacillus licheniformis, Bacillus Amylolique-*

faciens, Bacillus megaterium, Bacillus pumilus 가 있다.

③ 방사선균 protease

Streptomycin 생산에 이용되는 *Streptomyces griseus* 는 배지 중에 protease 를 대량으로 생산한다. 최적 pH 는 7~8 이며 Ca^{2+}에 의하여 안정화된다. 이 효소는 넓은 기질 특성을 가지며 소염작용이 있으므로 의약용에도 사용된다.

이상에서와 같이 미생물에 의해 생산된 protease 는 제과, 제빵, 고기의 연화, 수산가공, 조미액의 제조, 청주·맥주의 혼탁제거, 된장·간장의 숙양제조, 소화제, 피혁가공, 세제, 소염제 등에 활용되고 있다.

(10) 미생물 응유효소

치즈 제조시 송아지의 제 4 위에서 얻어지는 산성 protease 인 rennet 이 우유 단백질을 응고시키는데 사용되어 왔는데, 치즈의 수요증가와 송아지의 부족으로 새로운 대체효소가 필요하게 되었다.

Mucor pusillus Lindt 라는 곰팡이가 생산하는 protease 는 단백질분해력에 비하여 응유력이 훨씬 강한 것이 알려져 치즈제조에 미생물응유효소로 이용되고 있다. 그후 *Endothia parasitica, Mucor michei* 등의 효소도 이용되고 있다.

(11) Pectinase

Pectin 은 고등식물에 널리 분포되어 있고, 식물조직의 것은 냉수에 불용성이며 온수에 가용성의 점질물인 protopectin 으로 존재하고 있다. 이것을 묽은 산 또는 온수로 추출하면 pectin 으로 얻어진다. pectin 은 galacturonic acid 가 α-1, 4 결합을 한 polygalacturonic acid(pectic acid)의 카르복실기의 60~80 % 가 methyl ester 로 되어 있다. 이 methyl ester 함량이 낮은 것을 pectinic acid 라 한다.

Pectinase 는 pectin 질의 가수분해에 관여하는 효소군의 총칭으로 기질인 pectin 질의 종류, 효소의 분해형식에 따라 protopectinase, pectin esterase (PE), polygalacturonase(PG)로 대별된다(그림 6-65). protopectinase 는 불용성의 천연 pectin 을 가용성 pectin 으로 만든다. pectin esterase 는 pectin 의 methyl ester 를 분해하여 pectic acid 를 만든다. polygalacturonase 는 펙틴산의 α-1, 4 결합을 가수분해하여 endo 형과 exo 형이 있다.

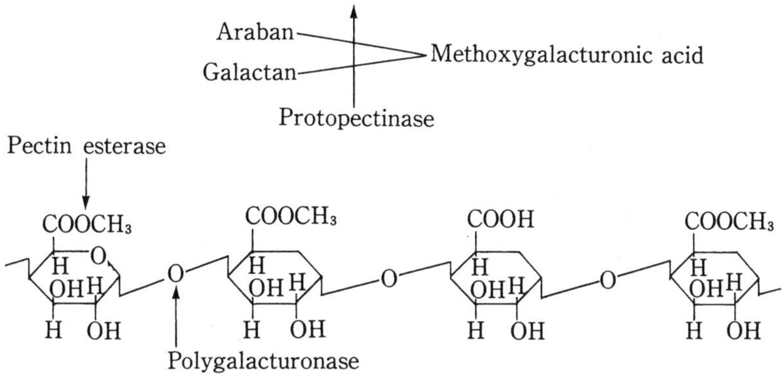

그림 6-65 펙틴의 구조와 Pectinase의 분해형식

펙틴의 분해는 PE와 PG의 상호작용으로 일어나기 때문에 과즙의 청징을 위해서는 PE와 PG의 혼합비가 이 효소사용에서 아주 중요하다.

Pectinase의 생산에 이용되는 미생물에는 *Aspergillus niger, Aspergillus wentii, Aspergillus saitoi, Coniothyrium diplodiella, Sclerotinia libertiana* 등이 있다. pectinase는 과즙의 청징제 및 착즙시 수득량의 증가에 이용되며, PG를 함유하지 않은 PE제제로 pectic acid를 만들어 당농도가 낮은 젤리제조에 이용하고 있다.

(12) Lipase

Lipase는 중성지방을 지방산과 글리세린으로 가수분해하는 효소로 공업적 생산균주에는 *Aspergillus niger, Candida cylindracea, Sclerotinia libertiana* 등이 있다. 일반적으로 lipase의 효소반응 속도는 기질과 물의 계면의 면적에 의하여 지배되며, 미생물 lipase의 효소화학적 성질과 작용특이성은 미생물에 따라 상당히 다르다.

이 효소는 소화제, 세제, 지방산 제조, 유제품에 작용하여 우유의 특유한 지방산함량을 높임으로써 유제품의 방향을 부여하는데 이용된다.

(13) Glucose oxidase

Glucose를 산화해서 glucono-δ-lactone(가수분해되어 gluconic acid로 된다)과 H_2O_2를 생성하는 효소로서 *Aspergillus niger, Penicillium notatum*에 의해 생성하는 notatin(penicillin B)과 같은 물질이다. 최적 pH는 5.6~5.8, 최적온도는 30~40℃이다. 식품공업에서 glucose와 산소를 제거하므로 계란분

말의 제조, 과즙, 맥주, 청주, 기타 산화에 의한 식품의 갈변방지에 이용되며, 기질특이성이 강해서 glucose의 정량분석에 이용할 수도 있다.

(14) Glucose isomerase

D-glucose로부터 D-fructose로 이성화하는 효소로써 이 효소를 이용하여 감미도가 낮은 포도당 시럽에서부터 감미도가 높은 과당시럽을 제조하는 방법이 공업화되고 있다.

공업적 생산균주로는 *Bacillus coagulans, Streptomyces albus, Streptomyces bobiliae, Streptomyces phaeochromogenus* 등이 있으며, D-xylose를 탄소원으로 하였을 때 생성되는 유도효소로 Mn^{2+}, Co^{2+}, Mg^{2+} 등에 의해서 효소활성이 촉진된다.

이 효소에 의해 제조된 제품은 제과, 제빵, 통조림용 시럽 등에 널리 사용되고 있다.

(15) Catalase

Catalase는 과산화수소를 분해하는 것 외에 과산화수소의 존재하에 알코올이나 개미산 등의 산화를 촉매하는 효소이다. 생산균주로는 *Micrococcus lysodeikticus, Pseudomonas spheroides* 등의 세균이 있다.

우유, 치즈, 어묵의 살균에 과산화수소를 이용하면 저장성이 증대하지만 잔존하는 과산화수소가 문제가 되므로 이를 분해하는 목적으로 활용된다.

(16) Tannase

Tannin의 ester결합이나 depside결합을 분해하는 효소로 *Aspergillus niger, Aspergillus flavus, Penicillium glaucum* 등에 의해서 생산된다. 홍차, 맥주의 혼탁방지에 이용된다.

(17) Penicillinase

Penicillinase는 페니실린의 β-lactam 환의 펩티드결합을 가수분해하여 항균성을 상실하게 하는 효소이다. 페니실린 처리를 한 젖소에서 짠 우유에 페니실린이 잔존하면 치즈 제조시에 starter의 발육을 저해하므로 penicillin을 분해시키는데 사용한다. 공업적으로 *Bacillus cereus, Bacillus subtilis* 등을 페니실린 첨가하에 배양하면 penicillinase가 생성된다.

제 7 장 그 밖의 발효공업

7-1 미생물균체의 생산

7-1-1 식용 및 사료용 미생물

(1) 미생물균체성분

미생물균체에는 70~80%의 수분이 함유되어 있고, 건조물에 함유된 성분은 단백질, 지질, 탄수화물, 핵산, 회분, 비타민이며 그 함량은 표 7-1과 같다. 균체의 성분은 미생물의 종류에 따라 다르고 배지조성, 배양조건, 생육시기 등에 따라서 변한다. 예를들면 배지성분의 C/N 비에 따라 지질함량은 크게 달라지며, 핵산함량은 대수증식기에 있는 균체가 높다.

표 7-1 미생물균체의 주요성분 (건물 100 g 중의 함량)

성분 / 미생물	단백질 (g)	지 질 (g)	탄수화물 (g)	핵 산 (g)	회 분 (g)	비 타 민			
						A(IU)*	B_1(mg)	B_2(mg)	C(mg)
세 균	40~80	5~40	10~30	15~25	4.5~14	−	0.9~2.6	4~7	−
효 모	38~70	2~60	24~37	5~10	3~9	−	0.5~2.5	2.5~8.5	−
곰 팡 이	13~48	1~5	30~60	1~3	2.5~6.5	−	−	−	−
양 송 이	43.5	2.4	44.7	−	9.4	−	1.2	4.1	35
클로렐라	40~50	10~30	10~25	1~5	6~10	10,000~30,000	0.04~0.24	0.21~0.58	20~50

* 비타민 A 1 IU=비타민 A 0.3γ에 상당

균체성분 중에는 단백질 또는 지질의 함량이 높고 비타민과 무기질이 함유되어 있어서 식·사료 미생물로 이용되는 것이 있다. 대표적인 식·사료 미생물은 표 7-2와 같다. 또 핵산성분은 균체로 부터 추출되어 정미성 nucleotide를 생산하는데 이용되고 있다.

표 7-2 식·사료 미생물

균 주	탄 소 원	비 고
Candida utilis (*Torulopsis utilis*)	펄프폐액·목재당화액	torula 효모(pentose 자화성)
C. utilis var *major*	당 밀	종래의 torula 효모의 2배 크기를 갖는 육성주
Mycotorula japonicus	펄 프 폐 액	공업생산주(일본)
C. utilis var *thermophila*	당 밀	고온(30℃)에서 생육하는 변이주
Sacch. fragilis	lactose 함유액	
Rhodotorula gracilis	당 액	유지효모
Lipomyces sp.	당 액	유지효모
C. tropicalis	탄 화 수 소	
C. lipolytica	탄 화 수 소	
Agaricus campestris	당 액	양송이
Chlorella pyrenoidosa	CO_2, 태양에너지	
Chlorella vulgaris	CO_2, 태양에너지	
Scenedesmus guadricauda	CO_2, 태양에너지	클로렐라의 2배의 침강속도를 갖는다.
Spirillium	CO_2, 태양에너지	

(2) 단백자원으로서의 미생물균체

식량 및 사료로서의 단백질은 고등식물 또는 고등동물로부터 공급되어 왔으나 세계인구의 급격한 증가로 인한 이들 자원의 부족때문에 단백질의 절대 부족현상이 일어나고 있다. 따라서 이용하지 않았던 농축한 어육·식물성 유지 종자 등의 단백자원을 활용하거나 아미노산의 강화에 의한 단백질 영양효율을 개선하기 위하여 미생물 단백질(single cell protein, SCP)을 이용하는데 기대를 갖게 되었다.

미생물단백질의 생산은 농업생산에 비해서 증식속도가 빠르므로 생산효율이 높고 공업적 생산이 가능하므로 좁은 면적에서 큰 수확을 얻을 수 있을 뿐만 아니라 기후조건 등의 영향도 받지 않으며 관리가 용이한 장점을 가지고 있다.

미생물단백질의 생산에는 사용하는 원료가 경제성이 있어야 하고, 원료에 따른 적합한 균주가 선정되어야 하며 원료나 균주에 따라 적당한 배지조성, 배양장치, 배양방법 및 회수공정 등이 확립되어야 한다.

특히 새로운 원료나 미생물을 이용할 때에는 안전성에 대하여 충분한 검토가 이루어져야 한다.

미생물 단백질로서 개발된 미생물균체의 조단백질 함량과 아미노산 조성은 표 7-3과 같다. 조단백질 함량은 세균 60~80%, 효모 50~70%, 곰팡이 50~60%, 조류 및 담자균은 50~60%로 균에 따라 차이는 있으나 높은 편이고, 아미노산 조성 역시 균에 따라 다르긴 하지만 고루 함유하고 있는데, lysine이 특히 많다.

사료에 n-paraffin을 이용하여 생산한 효모를 15% 첨가할 경우 대조구에 비하여 닭의 산란율, 체중증가율이 떨어지지 않고 생존율, 수정률, 부화율은 더 좋아졌으며 돼지사육에도 좋은 성적을 나타내었고, 담수어 및 해수어의 사료에도 30% 정도 첨가할 수 있다고 한다.

미생물단백질의 식용화도 검토되어 비스킷, 크래커, 파이 등에 균체를 섞어 영양가를 높이는 방법이 시도되고 있다. 이처럼 기호성이 좋은 식품으로 가공하여 사용하여야 한다.

표 7-3 각종 SCP, 어분 및 대두의 조단백질함량과 아미노산조성 (g/16 g·N)

	조단백질 함량 g/ 건물 100 g	Ile	Leu	Phe	Thr	Try	Val	Arg	His	Lys	Cys	Met	함황 아미노산
FAO기준		3.0	6.5		4.0	1.0	4.0			5.5			2.5
어 분	66.2	4.7	7.6	4.2	4.3	1.2	5.3	5.8	2.4	7.7	0.9	3.0	3.9
대 두 박	45.0	5.4	7.7	5.1	4.0	1.5	5.0	7.7	2.4	6.5	1.4	1.4	2.8
효모(*n*-paraffin)	60~62	4.9	7.3	4.5	5.0	1.2	6.0	5.2	2.0	7.1	1.3	1.6	2.9
효 모(methanol)	58~60	4.7	7.2	4.3	4.8	1.2	5.2	5.0	2.1	6.5	1.5	1.9	3.4
효 모(ethanol)	53.0	4.5	7.1	4.1	5.5	1.2	5.7	4.4	2.1	6.6	0.4	1.4	1.8
효 모(펄프폐액)	46.0	5.2	6.2	4.6	3.8	1.1	5.7	5.0	2.0	6.2		1.1	
세 균(methanol)	72	4.8	7.6	3.6	4.6	1.0	5.6	5.0	2.0	6.8	0.7	2.5	3.2
세 균(methane)	75.6	5.0	7.9	5.2	4.9	2.7	6.2	5.0	1.6	4.3	0.4	3.0	3.4
세 균(수소)	75.0	5.3	9.5	5.1	5.3		8.1	8.0	2.8	6.4		2.8	
곰팡이(초산)	49.2	4.5	8.1	5.5	4.1		6.7	4.9	1.6	6.7		1.6	
곰팡이(펄프폐액)	56~63	4.3	6.9	3.7	4.6	1.2	5.1			6.4	1.1	1.5	2.6
담자균(methanol)	58.4	4.2	6.6	2.2	4.1		5.8	7.2	Trace	7.3		0.9	
클로렐라(광합성)	58.2	4.2	8.1	5.1	3.6	1.5	5.9	5.8	1.8	7.7		1.3	

그러나 특히 탄화수소를 이용한 미생물 균체에 대해서는 발암성 화합물(benzopyrene 등), 중금속, mycotoxin, 균의 병원성 및 감염성 등에 대하여 신중한 검토가 행해져야 한다.

1) 아황산펄프폐액을 이용한 효모의 생산

아황산펄프폐액(sulfite waste liquor, SWL)은 흑갈색의 점성이 있는 액체로서 약 3%의 발효성 당을 함유하고 있으므로 효모제조원료로 활용됨과 동시에 폐액처리(BOD의 저하)의 목적을 달성할 수 있다. 아황산펄프폐액에는 6탄당 외에도 5탄당이 다량 함유되어 있기 때문에 5탄당과 6탄당을 동시에 자화할 수 있는 *Candida utilis*, 친주의 2배 크기인 *Candida utilis* var. *major*, *Candida tropicalis*, *Mycotorula japonica* 등이 이용된다. 배양은 소포효과가 좋은 Waldhof 형의 연속배양탱크에서 통기교반배양이 사용된다.

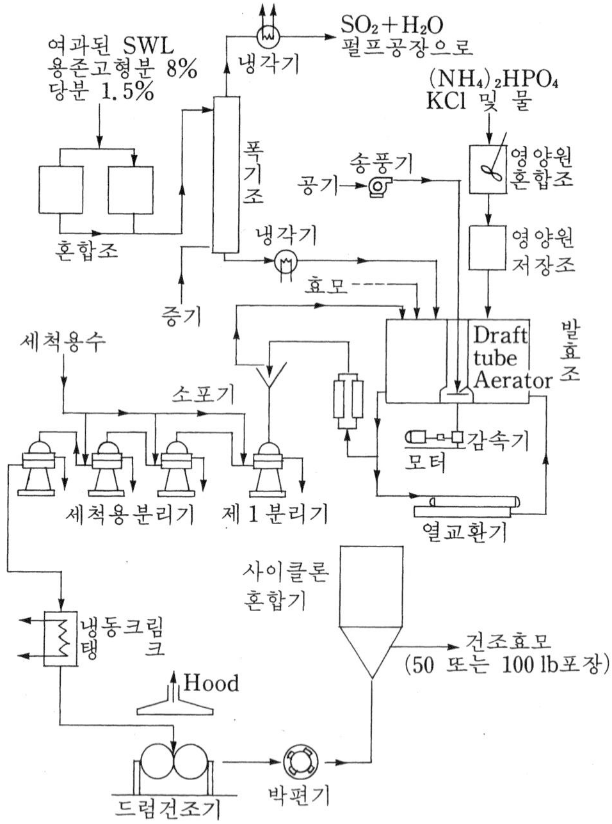

그림 7-1 아황산폐액으로부터의 효모제조공정

아황산펄프폐액에는 효모의 증식을 저해하는 아황산, lignin 분해물, furfural 등을 제거하기 위하여 폭기탑을 통과시켜 증기폭기(steam stripping)하여 유리 아황산을 제거회수하고 다시 석회석을 채운 중화조를 통과시킨다. 발효탱크 내의 pH를 4.8로 유지시키기 위하여 암모니아를 첨가, pH 조절과 질소원으로 이용한다. 요소가 질소원으로 이용되기도 한다.

무기염류로는 과인산석회, KCl, $MgSO_4$ 등을 첨가하며 미리 배양된 효모를 첨가하여 30°C에서 배양한다. 배양이 끝난 효모 현탁액은 소포기에서 거품을 제거하고 원심분리하여 얻은 효모농축액을 분리시킨 다음 세척하여 건조시킨다(그림 7-1).

2) 석유계 탄화수소를 이용한 균체생산

탄화수소를 탄소원으로 증식할 수 있는 미생물은 효모, 곰팡이, 세균 등 광범위하게 알려져 있지만 단백질 함량이 많고 균체의 분리가 용이한 효모가 공업적으로 유리하다. 이용되는 균으로는 *Candida tropicalis*, *can. lipolytica*, *Can. intermedia* 등이 있다. 사용되는 기질은 경유(gas oil)와 n-paraffin이 있다. n-paraffin은 분자사별(molecular sieve)법이나 요소부가화합물(urea adduct)법으로 석유로부터 분리되는데 탄소수 C_{16}~C_{18}인 n-paraffin이 가장 잘 자화된다.

탄화수소는 물에 불용성이므로 배양탱크에 미세한 에멀젼을 형성시키기 위해서는 효율이 높은 통기와 교반이 가능한 장치가 필요하다. 당질을 이용하는 경우에 비해서 산소가 많이 필요하며 발효열이 높기 때문에 냉각하기 위한 효율적인 냉각장치가 필요하다.

배양공정에는 BP(British Petroleum Co.)법, IFP(Institude Francais du Pétrole)법, Esso-Nestle법, USSK법, Gulf법, Kaneka법, D̀IC(Dai Nippon Ink Co.)법 등이 있으며, 배양탱크는 Waldhof형, air-lift형이 주로 사용되고 있다.

배양이 끝나면 원심분리기에 의해서 고형분 약 16%로 분리 농축한 후 세척된 균체크림은 다중효용관에서 약 23%까지 농축시키고 분무건조기나 플래시건조기로 건조한다.

분무건조기에 의해서 고운 분말의 제품이 얻어지며, 플래시건조기에 의해서는 사료용에 적합한 크기의 입상제품을 얻게 된다.

3) Methane을 이용한 균체생산

Methane은 천연가스의 주성분으로, 순수한 상태로 얻을 수 있으며 유망한 탄소원이라 할 수 있다. 그러나 액화하기가 곤란하기 때문에 먼거리를 수송하기가 어렵고, 비용이 많이 소요될 뿐만 아니라 폭발의 위험성이 있어 이에 따른 안전장치가 필요하다.

Methane을 이용하여 생육할 수 있는 미생물은 *Methylomonas methanica, Methylococcus capsulatus, Methylovibrio soengenii, Methanomonas margaritae* 등 비교적 특이한 세균에 한정되어 있다. methane은 methane oxygenase에 의해서 methanol로 산화되어 대사된다.

$$CH_4+O_2+XH_2 \longrightarrow CH_3OH+H_2O+X$$

4) Methanol을 이용한 균체생산

Methanol은 naphtha, methane, 천연가스 등을 원료로 하여 합성되며, 현재 SCP 생산을 위한 가장 중요한 기질의 하나이다. Methanol자화성 미생물은 비교적 한정되어 있으며, 균체수득량이 적고 methanol이나 그 대사생성물인 formaldehyde가 유해한 것이 결점이 되고 있다. 그러나 균체분리가 용이하고, 균체를 물로 세척함으로써 유해물질이 제거되기 때문에 균체수득량만 증가시킬 수 있다면 유리한 방법이라 할 수 있다.

Methanol을 자화하는 미생물에는 효모, 세균, 곰팡이가 있는데 균체생산을 위해서는 *Kloeckera, Pichia, Hansenula, Candida, Saccharomyces, Torulopsis*속이 이용되고 있다.

배지에는 일반적인 무기염 이외에 corn steep liquor 등의 유기영양원이 첨가되고 생육에 요구되는 비타민이 보충된다.

표 7-4 Methanol 자화성 미생물

효 모	세 균
Saccharomyces sp. *Pichia pastoris* *Candida* sp. *Torulopsis glablata* *Torulopsis methanovascence* *Kloeckera* sp.	*Pseudomonas methanolica* *Pseudomonas* sp. *Achromobacter methanolophila*

탄소원으로서의 methanol은 효모의 생육을 저해하므로 일반적으로 2～3%의 낮은 농도로 사용된다. 배양 최적온도는 30°C 정도이지만 *Kloeckera*와 같이 25°C로 낮은 것도 있다.

5) Ethanol을 이용한 균체생산

균체이용의 안전성을 고려하여 ethanol을 원료로 하는 연구가 이루어지고 있으며, *Candida, Pichia, Saccharomyces*속의 효모에 의해서 ethanol 6% 배지에서 35 g/l의 수득량이 얻어졌고, *Pichia mogi*에 의해서 이론치에 가까운 80%, *Hansenula miso*에 의해서 73%의 수득률이 보고되고 있다.

6) 셀룰로오스로부터의 균체생산

천연자원, 목재 폐기물, 폐신문지로부터의 셀룰로오스가 SCP 및 에탄올의 생산에 이용되고 있다.

셀룰로오스는 지구상에 풍부하지만 이용하기 전에 우선 발효성 당으로 분해를 하는 전처리가 필요하다. 전처리방법에는 효소적 가수분해와 산 가수분해가 있다.

효소적 가수분해에 이용되는 효소는 Cellulase로 *Cellulomonas, Actinomycetes*의 세균과 *Trichoderma, Penicillium, Thermoascus, Sporotrichum, Humicola* 등의 곰팡이에 의해 분비된다.

Cellulase의 공업적 생산에 이용되는 균은 *Trichoderma reesei*(*T. viride*), *T. koningii, Sporotrichum pvlverulentum* 등이 있다.

(3) 유지자원으로서의 미생물균체

일반적으로 미생물균체에는 2～3% 정도의 유지를 함유하나 배양조건에 따라서는 건조세포의 60%에 달하는 유지를 축적하는 것도 있다. 현재 공업적으로 생산되는 예는 없으나 미생물에 의한 식량자원생산방법의 하나로 기대되고 있다. 표 7-5에 주요 유지생산미생물을 나타내고 있다.

배양조건에서 배양액 중의 질소원농도와 C/N비가 중요하며, 일반적으로 탄소원 농도가 높고 질소원이 결핍되면 유지가 축적되지만 질소원이 결핍되면 세포증식이 잘 되지 않는다.

그러므로 초기에는 질소원을 충분히 첨가하여 증식시킨 후 질소원농도를 낮은 조건으로 바꾸는 방법도 좋은 방법이 될 수 있다.

표 7-5 유지생산미생물

구 분	균 명	원 료	유지함량 (대건조균체 %)	유지생성률* (Fat Coeff.)
세 균	*Nocardia*	n-Paraffin (C_{16}~C_{18})	78	57
효 모	*Trichosporon pullulans***	당밀, 아황산펄프폐액	31~45	10~12
	Candida reukufii	Glucose, 목재당, 당밀	8~25	1~15
	Lipomyces lipofera	Glucose, 당밀	18	15
	Lipomyces starkeyi	Glucose	50~63	12~13
	Rhodotorula gracilis	Glucose	61~74	15~21
	Cryptococcus terricolus	Glucose	71	23
	Candida sp.	n-Paraffin	20~28	24.8
곰팡이	*Geotrichum candidum****	Whey	25~42	12~19
	Fusarium lini	아황산펄프폐액	50	12~15
	Fusarium bulbigenum	Glucose	25~50	8~15
	Penicillium soppi	Sucrose	35~40	11.4~12.5
	Penicillium spinulosum	Sucrose, 당밀	63.8	16.1
	Aspergillus nidulans	Glucose, Sucrose	51	17.2
	Mucor circinelloides	Glucose	46~65	10~14
녹 조	*Chlorella pyrenoidosa*	CO_2	85	—

* 소비기질에 대한 생성유지의 중량 %
** 원균명 *Endomyces vernalis*
*** 원균명 *Oidium*(또는 *Oospora*) *lactis*

유지의 축적에는 충분한 산소공급이 필요하며, 유지함량은 대수증식기에 있는 균체에는 적고 정상기의 초기부터 사멸기의 후기 사이에 있는 균체에는 최대가 된다.

미생물 유지의 조성은 표 7-6과 같이 식물성 유지와 비슷하며, 중성유지, 유리지방산, 인지질 및 불검화물로 구성되어 있다.

구성지방산은 palmitic acid, stearic acid, oleic acid, linoleic acid 등의 우수한 지방산이 많으며 유지의 독성이 나타나지 않으므로 유지자원으로서의 전망은 밝다고 하겠다.

표 7-6 미생물 유지의 성상과 조성

미생물명 / 함량(%)	효모			불완전균	곰팡이			녹조류		올리브기름
	Rhodotorula gracilis	*Lipomyces lipofera*	*Candida utilis*	*Geotrichum candidum*	*Aspergillus nidulans*	*Aspergillus sydowi*	*Penicillium chrysogenum*	*Chlorella pyrenoidsa*		
지질 함량(건물량)	49.6%	25~33%	6.4%	?	45 %	7.7~12 %	2.67%	% 23.4	% 75.5	—
검화가	—	—	180.7	191.7	290.8	169.5	176.6	—	—	182~188
산가	—	유리산 33%	122.4	11.2	유리산 0.8%	43.4	58.8	—	—	1.8~45
요오드가	—	—	120.5	63.1	73.4	114.4	89.0	163	125	87~88
불검화물(지질에 대한 %)	3.1	2.4	12.3	1.25	1.4	8.2	3.0	12.0	3.3	—
인지질(지질에 대한 %)	3.0	—	2.4	—	—	6.2~9.2	—	—	—	—
포화지방산 (총지방산에 대한 %)										
$\leq C_{14}$	1.1	C_{12} : 0.1	3.3	—	C_{14} : 0.7	—	C_{14} : 3.7	—	—	—
C_{16}(Palmitic acid)	29.8	25.6	7.9	25.7	20.9	10.9	12.0	16.6	11.4	7
C_{18}(Stearic acid)	8.8	5.9	3.8	17.1	15.9	13.6	5.7	0.4	3.5	2
$\geq C_{20}$	1.4	5.1	0.2	—	1.4	C_{24} : 0.9	C_{24} : 0.7	—	—	—
불포화지방산 (총지방산에 대한 %)										
C_{16}(Palmitoleic acid)	1.8	1.3	7.6	—	1.2	—	—	29.1	18.0	—
C_{18}(Oleic acid)	40.1	54.5	21.5	41.2	40.3	36.6	53.3	53.9 (Oleic–Linolenic)	67.1 (Oleic–Linolenic)	85
(Linoleic acid)	11.2	5.7	49.7	11.8	17.0	20.2	20.8			6
(Linolenic acid)	1.0	0.7	4.4	0.12	0.2	—	—			—
$\geq C_{20}$	C_{20} : 1.0	1.1	—	—	2.4	2.1	C_{20} : 4.1	—	—	—

(4) 단세포 녹조류의 균체생산

조류는 태양에너지를 이용하여 CO_2를 고정하고 질소, 무기질 등을 동화하여 증식하는 독립영양균으로 우주항공식품으로 연구되기도 하였으며 배기가스 등에 의한 공해오염의 방지에도 이용될 수 있다.

조류 중 보통 이용되고 있는 클로렐라는 *Chlorella pyrenoidosa, Chlorella ellipsoidea, C. vulgaris* 등이 있으며, 이외에도 *Scenedesmus*와 남조류인 *Spirulina*가 있다.

Chlorella 배양은 옥외에서 배양하는 경우와 실내의 탱크에서 배양하는 경우가 있으며, 옥외에서 배양할 때는 배양지를 이용하는 경우가 많다(그림 7-2).

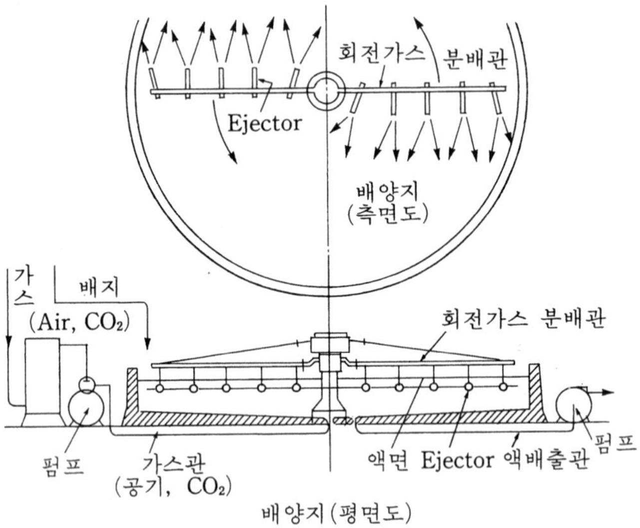

그림 7-2 클로렐라의 대량배양장치

클로렐라 배양은 pH 5~7이 알맞고, 하루에 1회 pH를 조절하며, 25°C 부근에서 배양한다. 배양지에는 배양액 중으로 CO_2와 공기 또는 액을 분출하는 반동으로 회전하는 ejector가 일정 간격으로 부착된 수평관이 장치되어 있으며, 광합성에 필요한 CO_2를 공급하는 동시에 교반이나 순환에 의해서 조류가 침강하는 것을 방지하고 액 중에 항상 떠 있도록 해야 한다.

배양지의 깊이는 10~15 cm 정도가 적당하며, CO_2는 공기와 혼합하여 공급하고 그 농도는 0.1~0.5%로 충분하다고 하며, 대량 배양시의 통기량은 매분 배양액의 1/10~1/20 용량이 보통이다. 클로렐라가 배양되면 일정시간마다 배양액을 꺼내서 조체(藻體)를 원심분리하고 그 분리액은 다시 배양기로 보낸다. 그 후 클로렐라의 균체는 물로 세척하여 진공건조한다.

클로렐라는 단백질을 40~50%, 지방을 10~30% 함유하고, 비타민 A 및 비타민 C가 풍부하다. 그 밖에도 비타민 B_{12}, 판토텐산, 엽산, 콜린, 비오틴, 비타민 K, 무기질이 많으므로 식사료의 강화용으로도 유용하다. 그러나 사람에 대한 소화율이 매우 낮은 편이므로 메탄올 처리를 하면 소화율을 향상시킬 수 있다.

(5) 식용버섯

버섯류에는 먹을 수 있는 것이 많은데 송이버섯은 자연에서 채취하고, 느타리버섯, 팽이버섯, 만가닥버섯, 표고버섯, 목이버섯, 양송이버섯 등은 인공재배에 의해서도 생산이 가능하다.

1) 식용버섯의 성분

식용버섯의 수분은 70~95%이며, 5~30%가 고형물이다. 건조중량으로 조단백질은 10~30%, 조지방은 1~8%이며, 탄수화물로는 trehalose라는 이당류가 5~10% 정도 존재하여 버섯의 맛과 자실체형성에도 중요한 역할을 한다. 그 밖에도 조섬유와 회분이 함유되어 있고 조섬유에는 chitin 등이 있다.

미량성분으로 비타민 B_2, 비타민 C 및 ergosterol(provitamin D_2)도 있으며, 항암작용 등이 있는 생리활성물질도 함유하고 있다.

2) 버섯의 생리상태

버섯류는 엽록소를 가지고 있지 않아 탄소동화작용을 할 수가 없으므로 다른 생물로부터 영양분을 섭취하여야 한다. 영양분의 섭취방법에 따라 활물기생균과 사물기생균으로 나눈다.

활물기생균은 살아있는 나무의 뿌리에 균근을 형성하고 나무가 동화한 영양분을 균근으로 받아들여 생장하는 것으로 송이버섯이 여기에 속하며, 인공재배가 매우 어렵다.

사물기생균은 나무, 낙엽 등과 같이 죽은 식물체의 분해물에 포함된 영양분을 이용하여 생장하는 것으로 표고, 느타리, 목이, 팽이 등의 버섯이 여기에 속한다. 그 밖에도 유기물이 많은 퇴비나 동물의 배설물에서 자라는 양송이버섯 등이 있다. 한편 이들 중에는 액체의 화학합성배지에서 재배가 가능한 것도 있어, 현재 연구가 진행되고 있다.

3) 버섯의 배지

현재 버섯의 인공재배에는 원목, 톱밥, 볏짚, 퇴비 등이 사용된다. 탄소원으로는 이들의 주성분인 셀룰로오스 또는 리그닌이 이들 분해효소에 의해 분해되어 이용되며, 질소성분은 주로 단백질을 분해하여 사용하나 부족한 경우에는 쌀겨, 옥수수 등을 첨가하기도 한다. thiamine과 그 밖에 비타민 및 미량성분도 버섯의 생육에 중요한 성분이 된다.

4) 자실체의 발생과 환경조건

버섯의 포자가 발아한 1차균사는 배지중에서 다른 1차균사와 융합하여, 2차균사를 형성한 다음 생육하고, 적당한 온도, 수분, 광선 등의 환경조건에 두면 급속히 생리적 변화를 일으켜 자실체를 형성하게 된다.

① 온 도

각종 버섯의 균사발육과 버섯발생에 미치는 온도의 영향은 가장 중요하다. 균사발육온도와 자실체(버섯) 발생온도는 표 7-7과 같이 다르기 때문에 적온유지는 버섯재배의 성패를 결정하는 요인이 된다.

표 7-7 각종 버섯의 균사발육과 버섯 발생온도 (℃)

구 분	표 고	느타리	목 이	팽 이	양송이
균사발육온도	5～32	5～35	15～26	7～30	8～27
균사발육적온	15～28	22～28	20～30	20～23	23～25
버섯발생온도	10～25	5～25	20～26	3～15	8～18
버섯발생적온	15～18	10～22	20～25	8～10	13～16

※ 각종 버섯의 품종(저온성 품종, 중온성 품종, 고온성 품종)에 따라 상당한 온도차이를 나타냄

② 수 분

수분과 버섯의 관계는 온도와 함께 꼭 필요한 중요요인이 된다. 일반적으로 자실체의 발생 및 생육에는 균사발육시기보다도 다량의 수분과 충분한 습도를 필요로 한다.

③ 광 선

균사발육시에는 어두운 환경에서 대부분 잘 자라지만 버섯발생에는 어느 정도의 광선을 필요로 하는 버섯도 있다.

④ 산소와 CO_2

버섯은 호기성 균으로서 균사발육이나 어린버섯이 발생할 때 산소의 소비

가 많고 다량의 CO_2를 배출하게 된다. 특히 자실체 발생시에는 더 많은 산소를 요구하므로 환기와 통풍이 인공재배시 중요하다. 이때 온도와 습도와의 상관관계도 고려해야 한다.

5) 식용버섯의 생산

표고버섯은 주로 참나무에 구멍을 내어 톱밥종균을 접종하면 6~12개월 후부터 자실체를 봄과 가을에 2번 발생하여 수확하는 것으로 수년간 생산이 가능하다. 최근에는 연중재배 생산을 위하여 온실 또는 비닐하우스를 이용하여 재배하는 주년재배법(일명 집약재배법)이 확립되기도 하였다. 느타리버섯은 원목재배, 볏짚재배, 톱밥재배 등에 의하여 생산이 가능하나 우리나라에서는 주로 볏짚을 다발로 하여 이용하는 다발재배법에 의해 생산되고 있다.

팽이버섯은 톱밥을 쌀겨와 함께 섞어 병에 넣어 이용하는 병재배에 의해 생산되고 있으며, 양송이는 볏짚을 주원료로 하여 만든 퇴비를 사용하여 재배하는 방법이 이용되고 있는데, 재배방법에 따라 상자식과 턴널식이 있다.

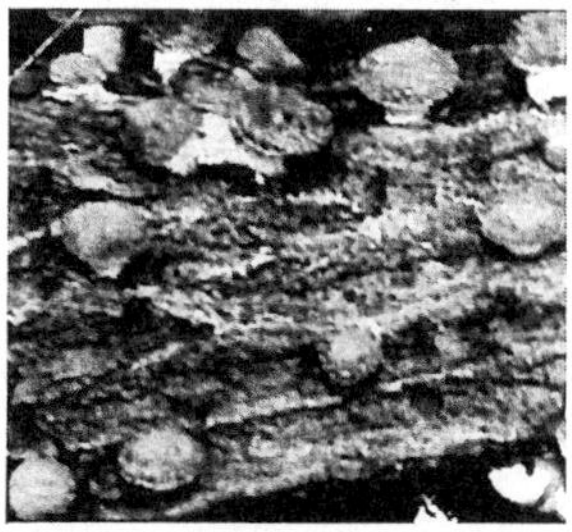

표고버섯

느타리버섯

팽이버섯

양송이버섯

그림 7-3 식용버섯의 자실체

7-1-2 빵효모의 생산

발효빵을 만들기 위해서는 효모를 첨가하는데 효모는 알코올발효에 의해서 탄산가스를 생성하며 밀가루반죽 속에 기포를 발생시키고 동시에 빵의 향미나 질도 좋게한다. 이러한 작용을 하는 효모를 빵효모라 하며, 배양한 효모를 분리, 압착하여 그대로 정형한 압착효모(compressed yeast)와 건조하여 저장과 수송에 편리하게 한 건조효모(dry yeast)의 두 형태가 있다.

빵효모의 제조공정은 그림 7-4와 같다.

(1) 원 료

1) 당 밀

당밀에는 사탕수수당밀(cane molasses)과 사탕무당밀(beet molasses)이 있다. 사탕수수당밀은 약 50% 이상의 당분을 함유하고 있으며 환원당 이외에는 거의가 sucrose이다. 또한 biotin, pantothenic acid, inositol, 비타민 B_6, nicotinic acid, folic acid 등이 함유되어 있으므로 효모의 발육소는 별도로 첨가할 필요가 없다. 폐당밀은 협잡물이나 콜로이드성 물질을 많이 함유하고 흑갈색이므로 미리 전처리를 하여야 한다. 즉 3~4배의 물로 희석하고 소석회 또는 암모니아를 첨가하여 pH를 6~7로 조정하여 가열한 다음 방치하여 침전시켜 제거한다. 상등액은 잔존하는 부유물질을 완전히 제거하기 위해서 당밀청징기(molasses clarifier)를 이용한다.

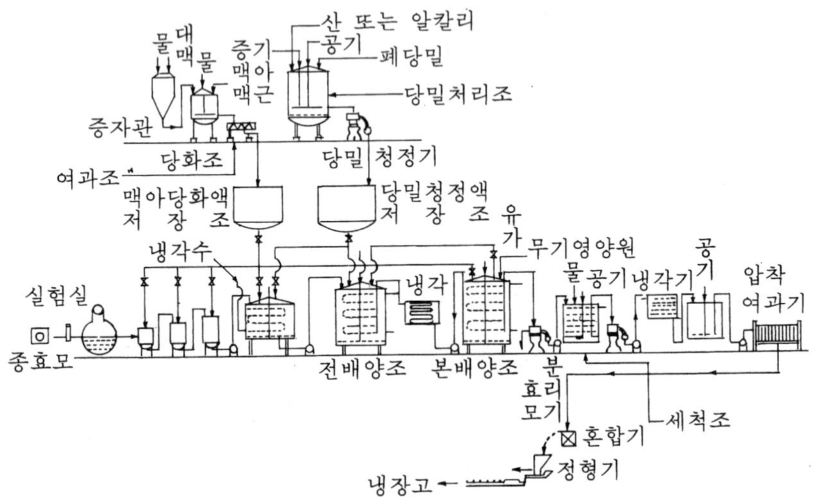

그림 7-4 빵효모의 제조공정

청징액은 저장조에 저장하여 살균을 한 후 효모제조원료로 한다.

2) 부 원 료

사탕수수당밀의 질소함량은 0.3~0.4%이나 대부분 비발효성 환원물질을 형성하고 있어 효모에 의해서 이용되기 어렵기 때문에 보리, 맥아, 맥근, 쌀겨, CSL, 요소 등의 유기질소화합물이나 황산암모늄 및 암모니아수 등의 무기질소원이 사용된다. 인산원으로 과인산석회, 인산암모늄 등을 첨가한다.

(2) 종효모(starter)의 배양

빵효모로는 *Saccharomyces. cerevisiae* 계통의 것으로 ① 발효력이 강력하여 밀가루반죽의 팽창력이 우수하고 ② 생화학적 성질이 일정하고 ③ 물에 잘 분산되며 ④ 자기소화에 대한 내성이 있어서 보존성이 좋고 ⑤ 장기간에 걸쳐 외관이 손상되지 않으며, ⑥ 당밀배지에서 증식속도가 빠르고 수득률이 높은 등의 성질을 갖춘 균주가 이용되고 있다.

선택되어 보존중인 효모균은 맥아즙(Blg. 9~12°)을 이용하여 25°C 에서 정치배양하며 배양관 이후에는 당밀배지를 이용하여 28°C 정도에서 통기배양한다.

순수사면배양 1 백금이→Freudenrich 플라스크(10 ml)→Pasteur 플라스크(150 ml)→Carlsberg 관(10 l)→배양관(500 l)→배양탱크(5000l)

얻어진 배양액은 폐당밀을 주원료로 하는 대형의 배양탱크에 이식하여 전배양을 거쳐 본배양을 하게된다.

(3) 본 배 양

효모는 혐기적 상태에서는 알코올 발효가 주로 일어나지만 충분한 산소를 공급하면 호흡을 하게되고 증식속도가 빨라진다. 효모는 증식하면서 호흡열이 발생하므로 대량배양에 있어서는 배양탱크에 냉각장치가 필요하다.

효모는 배양액 중의 당농도가 높으면 호기적 조건하에서도 알코올발효를 하게되며 그 결과 균체의 대당수득률은 감소된다. 반대로 당이 부족되면 자기소화가 일어나고 제품의 질이 나빠진다. 그러므로 당농도는 적당하게 유지하여야 하는데 그 농도가 0.1%이다.

그러나 실제로 정확하게 유지하는 것이 어려우므로 0.5~1.0% 정도의 당농도에서 배양되고 있다. 또 질소원 농도도 증식기에는 충분한 양이 공급되지 않으면 안되나 배양후기에는 질소농도가 높으면 제품효모의 보존성이나 내당성이 저하하게 된다.

인산농도도 낮으면 효모의 수득량이 감소되고 너무 높으면 효모의 발효력이 저하되어 제품의 질이 떨어지게 된다. 그러므로 효모제조에 있어서는 영양원 농도의 조절이 대단히 중요한 문제로서 각 배양단계에서는 항상 최적농도로 유지되도록 효모의 증식속도에 비례하여 당, 무기염의 첨가량을 조절하여 일정하게 저농도로 유지하는 유가배양법에 의해서 배양된다. 이를 위한 배양과정에서의 영양분의 첨가는 효모의 지수적 증가에 대응하는 지수적 첨가로 이루어진다. 이를 지수적 유가배양(incremental feeding culture)이라 한다. 효모가 지수적 증식을 하고 있는 경우의 증식상태는 다음 식으로 나타낼 수 있다.

$$x_2 = x_1 e^{\mu(t_2 - t_1)}$$

단, X_1, X_2는 각각 시간 t_1, t_2에 있어서의 효모량이고, μ는 단위균체량의 증식속도를 나타낸다. 위의 식을 변형하면 다음 식이 된다.

$$\mu = \frac{2.303 \log(x_2/x_1)}{(t_2 - t_1)}$$

$t_2 - t_1 = 1$ 일 때의 (x_2/x_1)는 1 시간당 증식률(H, hourly growth rate)을 나타내며, $\mu = \log H \times 2.303$ 의 식이 성립한다.

11 시간 배양하여 종효모 200 kg 으로부터 1200 kg 의 효모가 얻어졌을 때 μ와 H 는 다음과 같이 구할 수 있다.

$$\mu = \frac{\log(1200/200) \times 2.303}{11} = 0.1629$$

$$\therefore \ H = 1.177$$

그러므로 이 비율로 당첨가량과 통기량을 증가시키는 것이 좋으며 효모에 대한 당의 공급량은 증식기에는 0.16~0.18 g 당/시간/g 생효모, 배양의 최종단계인 숙성시에는 0.04 g 당/시간/g 생효모를 표준으로 한다.

다음에 질소, 인의 첨가량은 효모의 원소함량(건물량에 대해서 N : 6.5~7.5 %, P : 0.8~1.2 %)으로부터 계산하여 결정한다. 효모의 증식에 있어서 중요한 점은 당에 대한 질소 및 인의 첨가비율이다. 이 비율은 당밀의 종류, 균주, 배양조건 등에 따라 다르나 당 : N : P 는 100 : 2.5~3.5 : 0.3~0.5 정도가 적합하다. 질소원, 인산원의 첨가방법은 일부는 원료액에 첨가하고 대부분은 지수적으로 첨가한다.

온도는 효모의 증식속도 및 품질에 영향을 미치는데, 최적온도는 25~26°C에서 시작되며 약 30°C까지가 허용범위이다.

pH는 3.5~4.5의 범위에서 배양하는 것이 잡균오염의 억제효과가 있으므로 안전하다. pH가 너무 낮으면 효모가 착색된다. 질소원의 황산암모늄과 암모니아수를 적당히 배합해서 사용하면 어느 정도 배양 중의 pH를 조절할 수 있다.

(4) 균체의 분리, 정형 및 포장

배양이 끝난 효모는 방치하면 자기소화가 일어나므로 곧 분리를 하지 않으면 안된다. 분리에는 균체분리용의 특수한 연속원심분리기인 효모분리기(yeast seperator)가 이용된다. 배양이 끝난 배양액의 효모농도는 5~8% 정도이나 원심분리기로 처리하여 1/6~1/8로 농축한다. 분리된 농축효모크림은 5~6배량의 냉수를 가하여 세척하고 다시 원심분리된다. 이 세척작업은 10°C 이하로 냉각하면서 보통 3~4회 반복한다.

세척이 끝난 효모는 5°C 이하로 냉각하여 압착여과기(filter press)로 압착한다. 얻어진 압착효모(bulk yeast)의 수분은 65~70%이다.

최근에는 연속작업이 가능한 진공탈수기(rotary vacuum filter drum)를 응용한 효모탈수기(yeast dehydrator)가 이용되고 있다.

압착한 효모는 혼합기에서 혼합된다. 이때 물이나 유화제를 분무하여 수분함량을 조절하는 동시에 정형하기 쉽도록 하고, 또 제품의 용해성을 향상시킨다. 이 공정 중 *Lactobacillus delbrueckii*와 같은 젖산균이 첨가되는 경우도 있다.

정형기에 의해서 정형된 효모는 흡수성이 강한 종이를 안쪽으로, 배수성이 강한 방수지를 밖으로 하여 2중 포장한다. 최근에는 정형 및 포장이 자동화되고 있다. 포장된 제품인 압착효모(compressed yeast)는 0~4°C의 냉장고에 저장한다.

(5) 건조빵효모

건조빵효모에는 저수분에서 장기간 보존할 수 있는 균주가 선택되며, 압착효모와 같이 배양한다. 배양균체는 압착효모의 것에 비하여 질소가 적고 탄수화물, 특히 trehalose가 많이 축적되는 효모가 좋으며, 배양에 있어서도

trehalose를 대량 함유하도록 질소기아(nitrogen starvation) 등의 조작이 필요하다. 배양효모는 압착되어 입상은 압편 또는 압출조립 후 회전드럼건조, 과립상은 압출조립 후 유동층건조, 분말상은 효모크림에서 직접 분무건조를 한다. 최종제품의 수분함량은 7.5~8%가 표준이다. 수분함량이 10%에서는 보존성이 저하되고 5~6%가 되면 균주의 활성이 떨어진다.

건조효모는 저온에서 보존하는 것이 바람직하다. 사용할 때는 약 44°C의 온수를 4배량 첨가하고 약 5분간 두면 효모는 수분을 흡수하여 환원된다. 물에 용해하는 경우 균체 내에서 glutathione이 용출하여 효모의 제빵능력이 떨어지기 때문에 당, 식염 등을 용해한 온수에 녹이면 효모의 손상을 어느정도 방지할 수 있다.

7-2 미생물의 특수한 이용

7-2-1 폐수처리

인구의 도시집중화와 산업의 급속한 발달에 따른 하수와 산업폐수의 증가로 유기물 증대에 대한 자정작용이 뒤따르지 못하고, 카드뮴, 수은, 시안, PCB와 같이 분해되기 어려운 화학물질을 함유하고 있어서 이들 하수와 산업폐수에 의한 공해는 심각한 환경문제를 일으키고 있다. 따라서 환경보존을 위하여 각종 정화처리를 한 후 방류하도록 규제하고 있다.

폐수의 오염도는 BOD(biochemical oxygen demand, 생화학적 산소요구량) 또는 COD(chemical oxygen demand, 화학적 산소요구량)로 나타낸다. BOD는 미생물에 의해서 폐수 중의 유기물이 분해될 때 소비되는 산소량을 ppm 또는 mg/l로 표시한 것으로 20°C에서 5일간 배양 분해하여 측정한다. COD는 폐수 중의 유기물을 산화제($KMnO_4$)로써 산화할 때 소비되는 산소량을 ppm 또는 mg/l로 표시한 것이다.

폐수 중에 생물에 유해한 물질이 존재하는 경우에는 BOD의 적정치를 얻을 수 없으므로 COD가 중시될 때도 있다.

폐수의 처리법은 물리적 처리법, 화학적 처리법, 생물학적 처리법으로 분류되며, 이 중에서 미생물에 의한 생물학적 처리법은 주로 용해성인 유기화합물을 많이 함유한 폐수의 처리에 적합한 방법이다.

생물학적 처리법에는 호기적 처리법과 혐기적 처리법이 있다.

(1) 호기적 처리법

1) 활성오니법 (Activated sludge process)

활성오니라고 불리우는 응집상태의 호기적 미생물군을 이용하여 유기물을 분해하고 처리한 다음 오니를 침전시켜 상징액을 방류하는 방법으로 처리공정의 예는 그림 7-5와 같다. 모래나 큰 쓰레기를 제거하는 1차 처리와, 폭기조(aeration tank)에서 통기하면서 활성오니로써 유기물을 산화하여 제거하는 2차 처리, 그리고 증식한 오니와 제1침전조의 오니를 처리하는 3단계로 나누어진다. 3단계에서는 침전된 활성오니의 일부를 폭기조로 반송하여 폭기조 내의 활성오니의 부족을 보충하기도 한다.

활성오니를 구성하는 미생물은 *Bacillus*, *Pseudomonas*, *Aerobacter*, *Nitrosomonas*, *Nitrobacter*, *Zooglea* 등이 주이며, 그밖에 원생동물, 곰팡이 등도 많으나 그 종류와 수는 폐수의 성질, 수온, 용존산소농도 등에 따라 달라진다. 대도시 하수처리장은 활성오니법으로 처리되고 있으며, 제약·식품공장 등에는 개량형 활성오니법이 이용되고 있다. 유기용매 등 비교적 처리가 어려운 폐수에는 고정상식 활성오니법이 운영되고 있다.

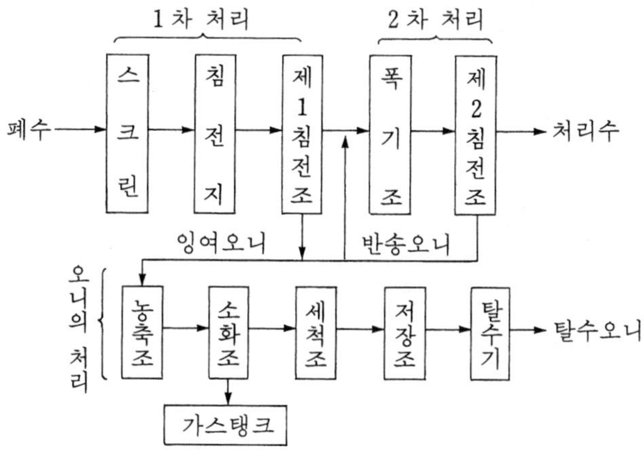

그림 7-5 활성오니법에 의한 폐수처리공정

2) 살수여상법 (Trickling filter process)

여상은 직경 5~10 cm 정도되는 자갈, 코크스 또는 도기제 원통 등의 여재를 2~3 m 두께로 깔고 그 표면에 호기성 세균이나 원생동물의 피막을 형성케 한 여상에 회전살수기로 폐수를 살포하면 폐수 중의 유기물이 흡착되어 정화된다.

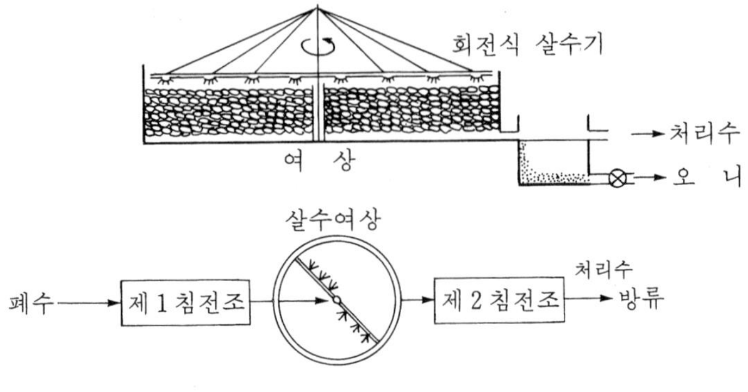

그림 7-6 살수여상법에 의한 폐수처리공정

이 방법은 BOD 600~4000 ppm의 폐수를 처리하기에 적합하며, 각종 폐수 처리에 널리 이용된다(그림 7-6).

(2) 혐기적 처리법

유기물 농도가 높은 폐수(BOD 5000~50,000)는 먼저 혐기적 처리에 의해서 전처리하여 BOD를 낮춘 다음 활성오니법에 의하여 처리하는 것이 효율적이다. 처리법은 메탄발효에 의하는 것으로 유기물은 먼저 산생성균에 의해서 유기산, 알코올, 알데히드 등으로 분해되고, 이들은 다시 메탄생성균에 의해서 메탄이나 CO_2로 분해된다.

발효온도는 30°C 또는 50°C 정도이고, 최적 pH는 6.8~7.2이며, 특히 혐기적 처리에서는 유기산의 생성과 가스발생의 균형을 유지하여 분해를 시키는 것이 중요하다. 발생하는 가스에는 메탄가스(60~65%)와 탄산가스(30~35%)가 있고, 기타 소량의 NH_3, H_2S, H_2, O_2 등이 존재한다. 산생성에는 *Clostridium*, *Proteus*, *Pseudomonas*, *Bacillus*, *Streptococcus*, *Escherichia* 등이 관계되며, 메탄세균에는 *Methanococcus*, *Methanobacterium* 등이 있다(그림 7-7 참조).

생물학적 처리에 의해서 BOD가 저하된 폐수 중에는 저분자의 인산염이나 질소화합물이 많이 함유되어 있다. 처리된 물을 방류했을 때 이들은 바다나 호수의 조류(藻類) 등 수생(水生)식물을 지나치게 번식시켜 양식어를 사멸케 하는 원인이 되기도 한다. 처리수로부터 이들 물질의 제거가 또한 문제가 되는 경우도 있으며, 탈질성(脫窒性)의 세균이나 조류를 이용하여 제거하는 방법이 개발되고 있다.

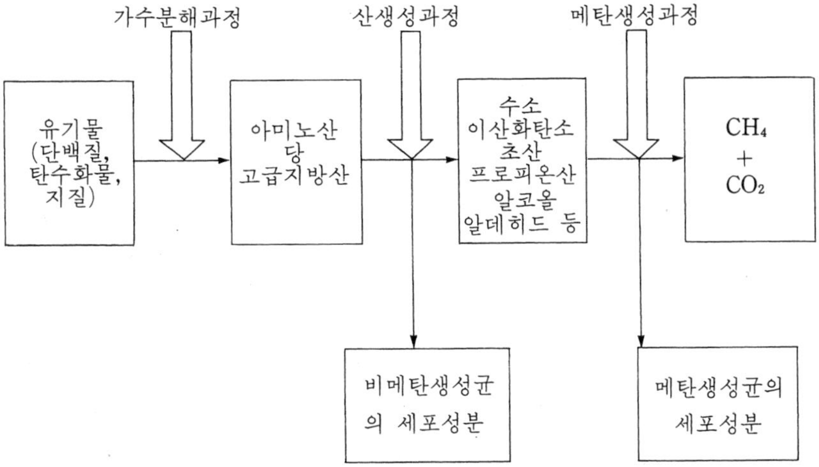

그림 7-7 메탄발효의 과정

7-2-2 미생물 정련(Bacterial leaching)

미생물을 이용하여 품위가 낮은 광석으로부터 유용한 금속을 용출시켜 효과적으로 회수하는 것을 미생물 정련이라 한다.

미생물 정련에 관여하는 미생물로 알려져 있는 것으로는 *Thiobacillus* 속(유황산화세균)과 *Ferrobacillus* 속(철산화세균)이며, *Thiobacillus thiooxidans*, *Thiobacillus concretivorus*, *Thiobacillus ferrooxidans*, *Ferrobacillus ferrooxidans*, *Ferrobacillus sulfooxidans* 가 대표적인 균이다. 이들 미생물은 화학독립영양세균(chemolithotroph)으로 철 또는 유황을 산화해서 에너지를 얻는다.

세균에 의한 금속침출의 기구는 세균이 광석 중의 유황 및 황산제일철을 산화해서 황산과 황산제이철로 되고, 이것이 광석 중의 동에 작용하여 황산동으로서 동이 용출하게 되는 것으로 생각되고 있다. 또 세균이 직접 황화금속에 접촉해서 용출하는 기구도 있는 것으로 알려져 있다.

현재 미생물정련은 주로 동과 우라늄에 이용되고 있지만, 황화광으로 존재하면 다른 금속 등에도 응용이 가능하다. 동에 대해서는 저품위광 또는 폐석을 대상으로 하는 dump leaching 이 행해지고 있다.

또 미생물정련의 응용분야의 하나로 광산폐수처리가 있다. 광산의 산성폐수 중에는 다량의 제일철이온이 함유된 것이 많은데, 이것은 보통 중화침전해서 제거하고 있지만 철산화세균의 작용에 의해 제이철로 산화함으로써 중화시키는 비용을 절감하고 철의 회수도 가능하다.

7-2-3　미생물분해

유기합성, 석유화학 등으로부터 합성된 신규물질은 사용 후 환경에 버려지면 자연계에서 분해가 어렵거나 분해가 되지 않아 자연환경을 오염시키게 된다. 이러한 물질들은 미생물에 의해서 분해시킬 수가 있다.

(1) 중성세제

중성세제를 사용한 후에 하수나 하천, 항만에 유입되어 거품을 일으킨다거나 그 폐수가 하수처리를 방해하는 것은 중성세제의 성분인 alkyl benzene sulfornâte(ABS)의 생물학적 분해가 어렵기 때문에 일어나는 현상으로 이러한 세제를 경성세제라 한다. ABS 분해율이 60－80％인 장기순양한 오니를 사용하는 활성오니법도 있으나, 최근에는 비교적 쉽게 분해되는 직쇄형구조를 가진 linear alkyl benzene sulfonate(LAS)로 바뀌어 중성세제의 오염이 줄어들고 있다.

(2) 농　　약

농약 중에는 제초제, 살균제, 살충제, 살서제 등이 있는데, 토양 중에서 장기잔류하는 것이 많다. 이들의 분해에도 미생물이 이용되고 있다(표 7-8).

표 7-8　농약의 미생물 분해

농　　약	용 도	미 생 물
Monofluoroaceticacid	살서제	*Pseudomonas*
Monochloroaceticacid	제초제	*Pseudomonas dehalogenans*
2,4-D(2,4-dichlorophenoxy acetic acid)	제초제	*Arthrobacter, Flavobacterium, Corynebacterium*
2,2-Dichloropropionic acid	제초제	*Achromobacter,Pseudomonas*
DDT(1, 1, 1-trichloro-2,2-bis [*p*-chlorophenyl] ethane)	살충제	효모, 세균
TMTD(tetramethyl tiuram disulfide)	살균제, 소독제	*Pseudomonas*
2,4,5-T(2, 4, 5-trichloropheoxy-acetic acid)	제초제	*Pseudomonas cepacia*
유기수은살균제	미생물 살균제	*Pseudomonas*

(3) 기타의 물질

유해물질인 phenol, cyan, nitrile 등, 합성고분자물질인 PVC, PVA, 카플로락담, PEG, PPG 등, 발암성 원인물질인 아민류, 해수 중의 석유 및 석유성분 등을 분해하는 데도 미생물이 이용될 수 있다.

7-2-4 미생물살충제

나무나 농작물에 자라는 해충을 선택적으로 죽이는 미생물이 있는데 이것을 미생물살충제(microbial insecticide)라고 한다. 이것은 대량생산이 가능하고, 살아있는 상태가 계속 유지되며, 다른 동·식물에게는 독성과 병원성이 없어야 하고, 화학제보다 가격이 저렴하여야 한다. 미생물살충제로는 세균, 바이러스, 곰팡이, 원생동물이 이용될 수 있다. 현재 상업화된 것은 표 7-9와 같다.

표 7-9 미생물살충제

미 생 물	대 상 체
Bacillus thuringiensis	Lepidopteran larvae
Bacillus popilliae	Japanese beetle
Hirsutella thompsonii	Citrus mites
Verticillium lecanii	Glasshouse aphids
Cotten bollworm NPV	Heliothis spp.

7-2-5 바이오센서(Biosensor)

각종의 생체물질이 가지는 분자식별기능을 이용해서 화학물질을 예측하는 기구와 장치를 바이오센서라 한다. 처음에는 효소센서가 있었으며, 그후 면역센서, 오르가넬센서, 미생물센서, 동·식물 세포센서, 동·식물 조직센서 등으로 다양하게 되었다.

표 7-10 미생물센서

미 생 물(고정화균)	전기화학기구	측정물질
Pseudomonas fluorescens	산소전극	포도당
Trichosporon brassicae	산소전극	초 산
Trichosporon brassicae	산소전극	에틸알코올
Trichosporon cutaneum	산소전극	BOD
Lactobacillus fermenti	연료전지	비타민 B_1
Lactobacillus arabinosus	pH 전극	니코틴산

미생물센서는 특정의 화학물질을 자화, 분해, 합성하는 미생물 또는 특정의 화학물질에 의해서 대사활성이 억제, 저해, 활성화되는 미생물을 선발하여 이것을 적당한 신호변화부(transducer)와 조합하여 만든 것이다(표 7-10).

7-2-6 미생물화학전지(Microbial fuel cell)

간단한 유기, 무기화합물을 영양원으로 하고 미생물의 작용에 의하여 기질의 화학에너지를 얻어 이것을 전기에너지로 변환하도록 한 것을 말한다.

고정화수소생산균(*Citrobacter freundii*)을 이용해서 수소를 생성하고, 이 수소를 연료전지에 보내어 전기를 얻었다.

이외에도 광합성 세균이나 조류를 이용하여 광에너지를 전기에너지로 변환하는 전지 등의 개발도 이루어지고 있다.

7-2-7 미생물 정량법

미생물의 증식에 특정한 영양물질이 요구되기도 하고, 특정의 물질에 의해 증식이 억제되기도 하는데 이러한 물질과 미생물의 관계를 이용하여 물질을 정량하는 방법을 미생물 정량법(microbioassay)이라 한다. 이 방법은 물리적 또는 화학적 방법으로 간단히 정량할 수 없는 물질의 정량에 이용되며 비교적 미량의 시료로 가능하고 특이성이 높다는 장점이 있다. 이 방법은 아미노산류, 비타민류 및 항생물질 등을 정량하는데 많이 이용된다.

기본배지에 정량하려는 물질(표준물질)을 농도별로 첨가하여 특정균을 접종하고 배양하여 증식의 정도를 측정한 후 그림 7-8과 같은 그래프(표준곡선)를 작성하고, 다음에는 기본배지에 시료를 적당량 첨가하고 동일한 조작에 의하여 미생물을 배양한다.

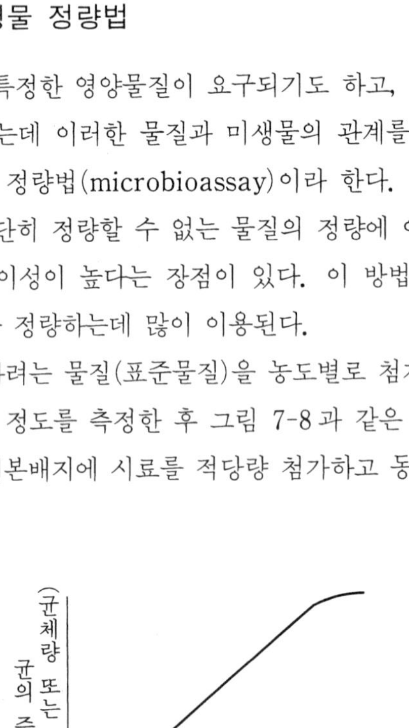

그림 7-8 영양물질과 균의 증식과의 관계

일정시간 배양 후 증식정도를 측정하여 표준곡선과 비교해서 정량한다. 정량은 목적하는 물질이 증식의 제한인자로 되는 농도범위 내에서 실시하여야 하며, 이것을 만족시키기 위해 시료를 단계적으로 희석 또는 농축하여 실시하여야 한다. 균주로는 젖산균, 효모, *Acetobacter, Clostridium* 등의 세균, *Euglena* 등의 원생동물도 이용된다(표 7-11).

한편 미생물의 효소를 이용하여 정량하거나 폐수의 BOD를 산화세균을 이용하여 측정하는 것도 미생물 정량의 예이다.

표 7-11 비타민의 미생물 정량용 균주

Vitamin	사 용 균 주	측 정 법
Thiamine	*Lactobacillus fermenti*	비탁, 산도
Riboflavin	*Lactobacillus casei*	비탁, 산도
Vitamin B_6 Total Pyridoxal+Pyridoxamine Pyridoxal	*Saccharomyces carlsbergensis* *Streptococcus faecalis* *Lactobacillus casei*	비 탁
Nicotinic acid	*Lactobacillus arabinosus* *Leuconostoc mesenteroides*	산 도
Pantothenic acid	*Lactobacillus arabinosus* *Saccharomyces carlsbergensis*	비탁, 산도
Biotin	*Lactobacillus arabinosus* *Saccharomyces cerevisiae*	비 탁
Folic acid	*Lactobacillus casei* *Streptococcus faecalis*	산 도
Vitamin B_{12}	*Lactobacillus leichmannii* *Euglena gracilis*	비 탁
p-Aminobenzoic acid	*Neurospora crassa*	균체중량
Inositol	*Saccharomyces carlsbergensis*	비 탁

참 고 문 헌

1. 河德模, "신편 발효공학", 문운당(1986)
2. 鄭基澤 · 河永鮮, "新稿 醱酵工學", 수학사(1985)
3. 金燦祚 · 金奇哲, "醱酵化學", 수학사(1983)
4. 장호남, "생물화학공학", 방한출판사(1988)
5. 柳洲鉉, "발효공학", 개문사(1986)
6. 金炳弘, "微生物生理學", 아카데미서적(1988)
7. 朱鉉圭 外, "미생물 · 유전학실험", 문운당(1985)
8. 成洛癸, "최신 발효화학", 형설출판사(1983)
9. 金 廣 外, "生物化學工學", 東和技術(1988)
10. 金燦祚 · 張智鉉, "新稿 食品微生物學", 수학사(1980)
11. 李春寧 · 朱忠魯, "生化學", 光林社(1988)
12. 李春寧 外, "新制 一般生化學", 향문사(1986)
13. 한국종균협회, "微生物과 醱酵", 11(3) (1987)
14. 姜椿基 外, "食品微生物學", 地球文化社(1994)
15. 배 무, "산업미생물학", 민음사(1992)
16. 서정훈, "공업미생물학", 형설출판사(1993)
17. 朴碩基, "호모 비불루스", 學研社(1990)
18. 林秉鍾, "새로운 酒造技術", 고시원(1971)
19. 李漢昌, "醱酵食品", 新光出版社(1991)
20. 金燦祚 外, "醱酵工學", 先進文化社(1990)
21. 洪載植 外, "醱酵工學", 地球文化社(1983)
22. 金漢植, "현대인과 와인", 태웅출판(1990)
23. 조정형, "다시 찾아야 할 우리의 술", 서해문집(1991)
24. 金浩植, "醱酵工學", 鄕文社(1971)
25. 한국식품공업협회, "食品工學", 제 65, 66, 68 호(1982~83)
26. 대한주류공업협회, "酒類工業", 제 27, 34 호(1990, 1992)
27. 酒稅法, · 施行令 · 施行規則
28. 日本醱酵工學會, "微生物工學", 產業圖書(1983)

29. 鄭東孝, "醱酵와 微生物工學", 先進文化社(1984)
30. 鄭東孝 外 4 人, "增補修訂 醱酵工學", 先進文化社(1990)
31. 趙英一 譯, 치바타이찌로오著, "固定化生體觸媒", 대광문화사(1991)
32. 鄭東孝, "增補 酵素學", 先進文化社(1992)
33. 産業硏究院, "抗生物質製造技術과 개발동향", 産業硏究院(1987)
34. 産業硏究院, "아미노酸의 製造와 이용", 産業硏究院(1988)
35. 한국식품과학회, "食品生物工學의 現況과 展望", 한국식품과학회(1988)
36. 韓國科學技術院 生物工學科, "새로운 食品 바이오테크놀로지의 原理와 應用", 韓國科學技術院 生物工學科(1990)
37. 신범수, "최신 버섯재배 기술과 경영", 오성출판사(1992)
38. 木住雅彦・堀內忠郎, "應用分子遺傳學", 講談社(1986)
39. 柳田友道, "微生物科學(1)", 學會出版 センター(1980)
40. 石川辰夫 外, "微生物科學(5)", 學會出版 センター(1985)
41. 福井三郎・佐田榮三, "バイオ生産物の分離・精製", 講談社 Scientific(1988)
42. 木下祝郎, "新版 発酵工業", 大日本圖書(1975)
43. 大亦正次郎 外, "應用微生物學", 培風館(1983)
44. 植村定治郎・相田 浩, "発酵と微生物(Ⅰ),(Ⅱ),(Ⅲ)", 朝倉書店(1973)
45. 福井三郎・斎藤日向, "Biotechnology 事典", CMC(1986)
46. 友田宜孝 外, "醱酵機械裝置", 共立出版株式會社(1964)
47. 池田庸之助, "微生物遺傳學", 地球社(1975)
48. 山田浩一, "食品工業微生物學", 光琳書院(1971)
49. 坂口健二, 岡西昌則, "分子育種と應用微生物", 講談社 Scientific(1981)
50. 微生物硏究法懇談會, "微生物學實驗法", 講談社 Scientific(1983)
51. 相田 浩 外, "アミノ酸発酵", 學會出版センター(1986)
52. 穗積忠彦, "洋酒工業", 光琳書院(1967)
53. 山田正一, "淸酒工業", 光琳書院(1967)
54. 大塚謙一, "釀造學", 養賢堂(1981)
55. 鮫島廣年・奈良高 編著, "微生物と 醱酵生産", 共立出版株式會社(1979)
56. 食品と 科學社, "食品添加物便覽", 食品と 科學社(1984)
57. バイオテクノロジー事典編集委員會, "バイオテクノロジー事典", 株式會社

シーエムシー (1986)

58. D. I. C. Wang et al, "Fermentation and enzyme technology", Wiley -Interscience(1979)
59. H. Brauer, "Biotechnology(vol. 2)", Verlag Chemie(1985)
60. H. Pape and H.-J. Rehm, "Biotechnology(vol. 4)", Verlag Chemie (1986)
61. P. F. Stanbury and A. Whitaker, "Principles of fermentation technology", Pergamon(1984)
62. G. Gottschalk, "Bacterial metabolism", Springer-Verlag(1979)
63. P. Präve et al., "Fundamentals of biotechnology", VCH(1987)
64. J. E. Bailey and D. F. Ollis, "Biochemical engineering fundamentals(2 nd ed.)" McGraw-Hill(1986)
65. B. Atkinson, "Biochemical reactors", Pion(1974)
66. B. Atkinson and F. Mavituna, "Biochemial engineering and biotechnology handbook", Macmillan(1983)
67. T.D. Brock, "Biotechnology : a textbook of industrial microbiology", Sinauer, Science Tech. (1984)
68. B. McNeil and L. M. Harvey, "Fermentation, a practical approach", IRL Press(1990)
69. B. J. B. Wood, "Microbiology of fermented foods(vol. 1)", Elsevier(1985)
70. A. L. Demain and N. A. Solomon, "Manual of industrial microbiology and biotechnology", American Society for Microbiology(1986)
71. H. J. Peppler and D. Perlman, ed, "Microbial technology(vol. 2)", 2nd ed. Academic Press(1979)
72. A. H. Rose ed, "Alcoholic beverages", Academic Press(1977)
73. M. A. Amerine et al, "Technology of winemaking", 4 th ed. Avi. (1980)
74. Gerald Reed, ed, "Prescott & Dunn's industrial microbiology", 4th ed. Avi. (1982)

75. S. F. Anderson and D. Anderson, "Winemaking", HBJ(1989)

76. J. R. A. Pollock, ed. "Brewing science(vol. 1, 2)", Academic Press (1981)

77. H.W. Blanch, S.Drew and D.I.C. Wang, "Comprehensive Biotechnology—The principles, Application and Regulations of Biotechnology in Industry, Agriculture and Culture (Vol. 3)", Pergamon Press(1985)

78. G. Reed, "Biotechnology (Vol. 5)", Verlag Chemie(1983)

79. H. J. Rehm, "Biotechnology (Vol. 6 b)", Verlag Chemie(1988)

80. J. F. Kennedy, "Biotechnology (Vol. 7 a)", Verlag Chemie(1987)

찾아보기

ㄱ

가교법 355, 358
가다랭이 304
가라시 214
가수증류 278
가습 175
가압여과기 124
가열맥아즙 179
간장덧 237
감수성주 35
감패 203
개량된장 238
건식법 174
건조 171
검색 24
건조효모 384
겉발림파정 198
격자형 358
경질미 195
고농도술덧발효법 264
고량주 229
고온당화주모 214
고정상 130
고정층 108
고정화미생물균체 355
고정화생체촉매 355
고정화효소 354
고체국법 264
고체배양 92
고포 효모 212
곡류 위스키 224, 225
곡모자 229
곡물주정 223
곡자 195, 196
곡자실 196
곡자주모 199
곰팡이 amylase 360
공기여과장치 110
공기취입장치 98
공비점 277
공비혼합물 126, 277
공여균 36
공유결합법 356
공정자동화 118
공정제어 118
공정최적화 118
공통전구체 76
과경 140
과실식초 241
과실주 138
과모 147
과육 140
과즙 145
과피 140
관성충돌 111
광열화취 192
광합성 54
교반기 98
교배 품종 140
구과 160
구멍 177
구배용출 130
구성대사 53
구성효소 77
구식 소주 221
구연산회로 64
구조유전자 30, 77
국개법 209
국광 154
국당화법 242
국상자 197
국상자법 352
귀부균 144
귀부포도 144
귀부(貴腐) 포도주 142, 151
귀부현상 151
규조토여과 217
규조토여과기 189
균주개량 27
균주보존 26
균체외분비 189
글루텐 238
금속 protease 367
기계국법 198
기계제국법 211, 236
기질준위인산화 55
기포탑 104
꼬냑 227

ㄴ

나뭇재 209
나카소에 215
내성주 35
냉각용수 164
냉응고물 180
네덜란드 진 231
노간주나무 231
노국 198
노미기리 218
노화취 191
녹맥아 158, 170
농약 392
농축입상호프 164
누룩 195
누적적 생산물 저해 81
느타리버섯 381

ㄷ

다단 97
다단형 기포탑발효조 105
다발재배법 383
단계용출 130

단발효주 135
단백질분해효소 189
단백질휴지기 175
단식증류기 222, 224, 225, 277
단조 97
단조식 양조법 187
단키야스미 213
단키조작 213
단행복발효주 135
담금 배합비율 201
담금 175, 201
담금솥 175
담금용수 164
담금조 175
담기 209
담체결합법 355, 356
당밀청징기 384
당화비율 272
당화형 amylase 361
당화휴지기 175
대두박 238
대사 53
대사제어발효 18
대용주모 200
대체원료 193
대형국상자 210
대형국상자국법 198
대형상자제국법 210
덧밥온도 202
돌연변이 31
돌연변이유전자 30
돌파정 198
동곡 196
동물단백인자 333
동화작용 53
두송 231
뒤지기 209
등전점전기영동법 132
등전점침전 128
디아조법 357
뚱단지(돼지감자) 261

ㄹ

런던 진 231
럼 230
로제포도주 151
리그닌 260
리큐르 232

ㅁ

마방 229
마이크로캡슐형 358
막분리법 128
막상 여과기 110
막여과기 189
만가닥버섯 381
매실주 232
맥아 158
맥아근 171
맥아 mash 159
맥아맥주 157
맥아법 264
맥아위스키 224
맥아제조 158
맥아즙 제조 159
맥아즙 159, 177
맥주 156
맥주박 159
멍텅구리파정 198
면여과기 189
모토시 214
모토오로시 214
모토와케 214
모토요세 212
모토타테 212
목이버섯 381
무균시료 채취 112
무균접종 112
무세포추출액 353
무포효모 212
물리적 parameter 115
물리적 흡착법 358
미량제어인자 76
미생물 단백질 372
미생물 살충제 393
미생물 응유효모 368
미생물 응유효소 368
미생물 정량법 394
미생물 화학전지 394
미생물균주 24
미생물균체 371
미생물의 기탁 26
미생물정련 391
미생물주 보존기관 26
미생물혼탁 191
미숙취 184
미야미스 207
미파정 198
밀 235
밀가루 194
밀기울 199
밀도구배침강속도법 122
밀도구배침강평형법 122

ㅂ

바꿔쌓기 209
바이오센서 354, 393
박 177
박층 chromatography 130
반죽기 194
발아 158, 170
발아상 170
발열반응 58
발포성 포도주 138, 151
발포성 사과주 154
발효 13, 54
발효공업 13
발효공정 121
발효공정제어 114
발효공학 13

발효기질 55
발효성 당 259
발효수율 272
발효조 98
발효조성제 262
발효후 공정 121
방사선균 protease 368
방해판 98, 100
방향족 아미노산계열 283
배아 172
배양공학 87
배유 172
배조 158, 171
배조실 171
배조장치 171
배초 171
백국균 197
백포도주 144
백화목 232
버찌 228
버찌주 228
β-산 162
변이원 34
변이형 35
변형 80
볏짚재배 383
병 발효법 151
병맥주 159
병행복발효 201
병행복발효주 135, 205
보강포도주 138
보드카 232
보리 158, 159
보리쌀 195
보쌈대제국법 210
보쌈바닥국법 198
보쌈상자국법 197
복발효주 135
본격장치 91
본배양 87
부원료 159
부착말단 43
분곡 196
분국 195, 199
분리공정 122
분리원 23
분말호프 164
분자사별법 375
분자육종법 21
분출 192
분출억제인자 193
분출유발인자 192
분획원심법 122
불완전 산화 57
브라운운동 111
브랜디 227
비발포성 포도주 139
비오틴요구성 287
비응집성 효모 167
비자발적 반응 58
비증식 관련형 90
비증식속도 94
비타민 B_2 332
비타민 B_{12} 333
비타민 C 338
비타민 P 366

ㅅ

사과 브랜디 228
사과식초 246
사과주 154, 228
4단 담금법 215
사시모토 213
사입 201
사탕무당밀 259
사탕수수당밀 259
산당화법 264
산발성 192
산분해간장 234, 238
산성 protease 367, 368
산소공급 109
산소이동속도 92
산패 203
산화발효 57
산화적 인산화 56
산화취 191
산화환원 balance 54
산화환원전위 55
살균 218
살수여상법 389
살수율 196
살수층 108
살수층 발효조 108
3단담금 215
3단 담금법 214
3번보리 168
3회자비법 175
상국법 210
상면발효맥주 157
상면발효효모 166
상보성 test 49
상자제국법 209, 236
생간장 237
생맥주 159
생물고분자 344
생물공학 87
생물화학공학 87
생체열역학 57
생화학적 산소요구량 388
샴페인법 151
섞기 209
선립 168
선립기 168
섬유질원료 261
섬유충진층 여과기 110
세균 amylase 359
세대시간 94
세리주 153
세메 217
세척수 164
세포막 투과성 83
세포융합 39
세포파쇄 125

소용돌이 180
소적배양법(小滴培養法) 14
소주 221
소주류 221
속양계 주모 211
속양주모 199, 214
속초법 243
수국주모 199
수복기구 34
수산화반응 340
수소결합 31
수소첨가반응 340
수수 229
수용균 35
수형 정미기 206
숙성 159
순간살균 189
순수배양 16
순양 264
술덧 201
술밑 199
스카치 위스키 224
습식법 174
식용버섯 381
식초 240
식탁용 포도주 138
식후주 139
신식 소주 221, 222
심백 205
심부배양 93
심부배양법 243, 245, 352
십자류 여과법 128
쌀막걸리 193

ㅇ

아라가히 212, 213, 214
아라하시리 217
아르마냑 228
아메리칸 위스키 226
아미노산 간장 234, 238
아미노산류 150
아밀로법 264
아밀로술밑고체국절충법 264
아밀로술밑액체국절충법 264
아이리쉬 위스키 226
아케부네 217
아황산소다법 110
아황산펄프폐액 374
알칼리성 protease 367
알코올 첨가 217
알코올내성효모 212
알코올류 149
알코올발효 60, 61, 258
알킬화법 357
α-산 162
압력조정기 187
압착효모 384
애국 198
액내배양 93
액체 chromatography 130
액체국법 264
액체배양 93
액화형 amylase 359
야마오로시 212
야마오로시 하이시 모토 213
야마하이모토 212, 213
야생형 35
야생형유전자 30
야생효모 145
약국 198
약주 194
약주류 204
양성 243
양성대사경로 65
양송이버섯 381
양조간장 234
양조식초 240
양조용수 164
양조주 135
억제물질 77
억제효소 78
에너지수율 66
에폭시화반응 340
엔트로피 58
여과기 177
여과조 177
여과층 160
여과판 177
여과포 여과기 189
여지 chromatography 130
역삼투압법 128
연속배양 95
연속살균 112
연속식 증류기 223, 224, 225, 278
연속식 증자기 207
연쇄형 저해 81
열응고물 179
염기 analogue 34
염석 127
엽상가압여과기 124
엿기름 158
영양섭취기 71
영양요구변이주 83
영양요구주 35
오가피주 232
오도리 215
오리비키 217
오리코미 212
오모오로시 214
5탄당 인산경로 68
옥분 195
와인 138
와키츠케 213, 214
요소부가화합물 375
용매추출 126

용존산소전극 116
용출 145
용해 158
우타세 213, 214
원료포도주 152
원목재배 383
원심여과기 124
위스키 223
위스키류 223
유가배양 94
유가배양법 386
유가속도 95
유기산류 150
유기용매 침전 128
유도물질 77
유도효소 77
유동층 107
유동층 발효조 107
유동층형 탑발효조 107
유압식 연속압착기 217
유전공학 15
유전자 조작 40
유전(자)공학 41
유지에너지 98
유행성 192
6 조대맥 159
6 탄당 인산회로 68
응집성 효모 167
2 단담금 201, 215
이동상 130
2 번보리 168
2 상계 수용액추출 126
이상젖산발효균 61
이상형 젖산발효 251
이온결합법 357
2 조대맥 159
이중나선 30
2 차대사 53
2 차대사산물 53
2 차발효 181
이화대사산물 79
이화대사산물억제 79
이화작용 53
2 회자비법 175
인삼주 232
일광착색 220
일광취 192
1 단담금 201, 215
일반맥주 157
일반형질도입 39
1 번보리 168
일본된장 238
일본식 간장 234
1 시간당 증식률 386
1 차대사 53
1 차대사산물 53
1 차발효 180
1 회자비법 175
입국 195, 197
입국법 193
입국온도 202
입력조정기 187
입상호프 164
입상활성탄 충전탑 223
입체배위공역설 56

ㅈ

자기소화 189
자동세미기 206
자발적 반응 58
자비법 175
자비솥 178
자유에너지 57
자유에너지변화량 58
자작나무 232
자화능 결손주 35
자화능 증대주 36
잠재효소 82
잡종 DNA 41
재래된장 238
재래소주 221
재우기 209
재제주 136
재조합 DNA 41
재조합 DNA 기술 40
저온분해법 238
적포도주 144
전구체효소 82
전기영동 131
전기영동도 131
전기투석법 128
전면발효법 243
전발효 180
전분질 부원로 166
전자전달계 55
전통민속주 138
접촉 111
접합 38
정류계수 277
정립 168
정립기 168
정밀여과법 128
정백도 206
정상상태 95
정상젖산발효 61
정상젖산발효균 61
정상형 젖산발효 251
정선 168
정선기 168
정제공정 122
정치배양법 350
정치법 243
정치자동세척방식 186
젖산균 213
제국실 197
제산 147
제성 203
제성단계 194
제 1 손질 209
제 2 손질 209
제품화 159
제한효소 43
조곡 196

조용(早湧) 213
조절유전자 30, 77
조합 218, 225
조효소제 196
종국 209
종균발효조 88
종균배양 87
종자 140
종초 242
주년재배법 383
주류 135
주모 199, 211
주박분리기 203
주박초 246
주발효 180
주발효기 268
주발효조 88
주정 258
준유성적 29
중력분 194
중류 226
중류분 225
중성 protease 367
중성세제 392
중성알코올 226
중수 217
증류 126
증류비율 272
증류식 소주 221, 222
증류주 136
증류주 220
증발계수 277
증식 관련형 89
증식기 268
증식 · 비증식 관련형 89
증식제한기질농도 97
증양 217
증유결합법 356
증류비율 272
증자비율 272
지베렐린 170
지수적 유가배양 386
진 231
진성 산막효모 143
질산환원균 213
질소기아 387
집적배양 24

ㅊ

차단 111
천립중 205
천연발효 16
청주 204
청징제 148
청징화 146
초나선 44
초류 226
초류분 225
초산균 241
초산발효 241
초산수득량 242
초임계유체 127
초임계유체추출 127
총에너지 58
총파정 198
최적화 119
최종산물 저해 80
추곡 196
춘곡 196
출국 209
충진층 108
충진층 발효조 108
침강분리 125
침맥 169
침맥용수 164
침전 127
침전조 179
침지 158
침출법 175

ㅋ

카보닐화합물 150
카사아버 261
칼럼 chromatography 130
캐나디안 위스키 227
컴퓨터 제어 117
컴퓨터 제어발효 120
코르크 149
크로마토그래피 130
키르시밧서 228
키모토 212
키모토계 주모 211

ㅌ

타피오카 261
탁주 193
탄닌흡착제 189
탈강작 85
탈수소반응 340
탈아미노기반응 273
탈지대두 234
탈취 223
탈카르복시반응 273
탱크 발효법 151
터널식 살균 189
토메소에 215
톱밥재배 383
통기교반배양 17
통기교반배양법 352
통기발효법 243
통기회전원판 101
통성 혐기성균 55
통풍제국법 211
퇴적배양법 352
투과기화법 128
투석법 128
특수형질도입 39
특이대사산물 71
특이생산기 71

ㅍ

파쇄물 145
판형 열교환기 112, 237
페놀화합물 150
펙틴분해 156
펩티드법 357
편성 혐기성균 55
평균체류시간 97
평형상수 59
평활말단 43
폐당밀 259
폐액환원 262
폐환 2중쇄구조 44
포괄법 355, 358
포도식초 246
포도주 138
포촉제 281
폭기조 389
표고버섯 381
표면발효법 243
표면배양 93
표면배양법 352
표준상태 59
표준자유에너지변화 59
표준형 배양장치 98
표준형 268
프로비타민 D 338

ㅎ

하곡 196
하레 213
하면발효효모 166
하연발효맥주 157
하츠소에 215
한국재래주 137
한냉혼탁 189
한외여과법 128
할쇄 235
합성맥주 157
합성식초 240
항악성 빈혈인자 333
해당 59
혐기적 대사 59
혐기호흡 55
협동적 생산물 저해 81
협주적 생산물 저해 80
형기적 처리법 390
형질도입 38
형질전환 36
호기적 처리법 389
호기적 대사 63
호기호흡 55
호분층 172
호프 추출물 164
호프 탄닌 163
호프 159, 160
호프분리기 179
호프수지 161
호프유 163
호화온도 160
호흡 55, 61
혼성포도주 138
혼합간장 234
홍옥 154
화락 218
화락균 218
화분배양 93
화학간장 238
화학공역설 56
화학공학 87
화학독립영양세균 391
화학삼투압공역설 56
화학적 parameter 116
화학적 변형 81
화학적 산소요구량 388
확대계 82
확대증량배양 87
확산 111
환소주 221
활성부위 80
활성오니법 389
활성탄여과 217
활성화에너지 58
황국균 208
회분배양 93
회분식 살균 112
회수공정 121
회전 drum식 배양법 352
회전발아관 170
회전식 여과기 203
회전식 진공여과기 124
효공정제어 114
효모맛 189
효모첨가조 181
효모취 188
효소당화법 242
효소저해물질 342
효소합성 조절 77
효소활성 조절 77
후류 226
후류분 225, 226
후발효 181
후발효기 268
후숙효모 236
훈취 224
흡열반응 58
흡착 127
희석률 97
희석식 소주 221, 223

영문 찾아보기

A

ABS 392
acclimatization 264
acetaldehyde 273
acetator 102
Acetic acid 250
Acetobacter 250
— *aceti* 250
— *capsultatum* 341
— *gluconicum* 257
— *melanogenum* 250
— *orleanense* 250
— *sp.* 344
— *suboxydans* 250, 257, 338
acetone 278
Achromobacter obae 286, 299
acidification 203
acridine 색소 34
actinomycin C와 D 331
actinomycin D 323
Actiplanes BAyg 5421 343
active site 80
adhumulone 162
adjunct cooker 166
adjunct 159
adlupulone 162
adsorption 127
aeration wheel 101
Aerobacter aerogenes 361
aerobic respiration 55
A-factor 76
affinity chromatography 130
ageing 159
agitator 98
AICAR 316
AICAR 발효 316
air filter 110
air-lift 발효조 106
air lift형 254, 268
air sparger 98
Alcaligenes eutrophus 349
— *faecalis* var. *myxogenes* 344, 346
alcohol fermentation 60
ale 157
aleurone layer 172
alkyl 화제 34
allosteric effect 80
allosteric effector 80
allosteric enzyme 80
allosteric 부위 80
aminopectidase 367
AMP deaminase 310
amplification 41
α-amylase 359
Amylo 법 269
Amylomyces rouxii 269
amylopectin 176
amylose 176
anabolism 53
anaerobic respriration 55
analogue resistant mutant 84
analogue 77
anaplerotic sequence 65
ankommen 181
anthocyanidin 140
antibiotics 322
antimetabolite 84
antipain 343
APF 333
aporepressor 78
Apple Jack 228
apple wine 154
arabinase 364
Armagnac 228
aroma 148

Arthrobacter oxydans 250
— *paraffineus* 249, 291
— 속 253
aseptic inoculation 112
aseptic sampling 112
Ashbya gossypii 332, 333
aspartic acid 300
aspartic acid 계열 283
aspartokinase 79
Aspergillus awamori 222, 249
— *awamori* var. *fumeus* 268, 271
— *awamori* var. *fumeus* AF-1 272
— *flavus* 249, 250, 255
— *itaconicus* 249, 256
— *kawachii* 197
— *niger* 249, 250, 253, 254, 257, 268, 271, 361, 363, 366, 367, 369
— *oryzae* 208, 235, 238, 250, 271, 361, 366
— *saitoi* 253, 367, 369
— *shirousamii* 266
— *terreus* 249, 256
— *usamii* 268, 271
— *wentii* 249, 369
assimilation 53
attenuator 78
Aureobasidium pullulans 346
aureomycin 328
autolysis 189
auxotroph 285
auxotrophic mutant 83
axial flow 99
8-azaguanine(8AG) 318
8-azaxanthine(8AX) 318
azeotropic mixture 126, 277

B

Bacillus amyloliquefaciens 368
— *cereus* 361
— *cereus* CD 109 321
— *circulans* F-2 274
— *circulans* 347
— *coagulans* 370
— *flavum* F 1-30(AEC^r) 297
— *flavum*(Hom^{leaky} Thr^-) 297
— *lactofermentum*(AEC^r) 297
— *licheniformis* 368
— *macerans* 344, 347
— *megaterium* 301, 347, 361, 368
— *megaterium* NO. 336 316
— *polymyxa* 361
— *pumilus* 368
— *stearothermophilus* 347
— *subtilis* 238, 303, 304, 311, 312, 318
— *subtilis*(ad^-) 322
baffle plate 98, 100
baiting method 24
barley 158
base deletion 33
base insertion 33
base substitution 32
base wine 152
basket centrifuge 124
batch culture 93
batch sterilization 112
BAyg 5421 343
beer 156
beet molasses 259
bench scale 91
benzopyrene 374
bestatin 343
bifunctional 358
biochemical engineering 87
bioenergetics 57
biological haze 191
bioplastics 344
Biopol 349
biopolymer 344
bioreactor 21
biosensor 21, 354, 393

biotechnology 22, 87
bitter sharp 155
bitter sweet 155
blackstrap molasses 259
Blakeslea trispora 338
blasticidins 331
blended whisky 225
blending 225
bleomycin 331
BOD 264, 388
Botrytis cinerea 144
bottom-fermentation yeast 166
bottom-fermented beer 157
bouquet 148
Bourbon whisky 226
brandy 227
Brevibacterium ammoniagenes 311, 314, 315, 319, 320, 321
— *ammoniagenes* KY 13761 312
— *divaricatum* 287, 291
— *flavum* 249, 287, 291, 295
— *flavum* AJ 3732 304
— *lactofermentum* 287
— *liquefaciens* 322
— sp. 136 291
Browning motion 111
bubble column 104
bunging equipment 187
butanol 278
Butyric acid 250

C

C_1 효소 363
C_x-효소 363
Calvados 228
cAMP 78
cAMP receptor protein 78, 80
Candida atilis 255, 303, 307, 374
— *brumptii* 249, 256
— *cylindracea* 369
— *flareri* 332
— *hydrocarbofumarica* 249, 255
— *lipolytica* 249, 253
— *polymorpha* 236
— *pseudotropicalis* 365
— *spherica* 365
— sp. N-52-2 321
— *tropicalis* 374
— *utilis* var. *major* 374
— *utilis* 255, 303, 307, 374
— *utillis* 0619 308
— 속 253, 332, 376, 377
cane molasses 259
cap 147
Caprolactam hydrolase 299
caramel화 반응 173
carboxypeptidase 173, 367
Carotenoid 336
cascade system 82
catabolism 53
catabolite repression 79
catabolite 제어 75
cavitator 102, 245
CDP-choline 311, 321
CDP-ethanolamine 321
CDP-ribitol 321
cell free extract 353
cell fusion 39
cell membrane permeability 83, 314
Cellobiase 363
Cellobiohydrolase 363
cellulase 261, 363
Cellulomonas 377
Cephalosporin 326
Cephalosporin C 327
Cephalosporium acremonium 326
cereal adjunct 166
CGTase 347, 362
Chalara paradoxa 274
champagne 방식 151
charmat 방식 152

Chemap 소포장치 116
chemical coupling hypothesis 56
chemical engineering 87
chemical modification 81
chemiosmotic coupling hypothesis 56
chemolithotroph 391
chemostat 96
cherry 228
cherry brandy 228
chill haze 189
chimera DNA 41
chitin 381
Chloramphenico 323
chloramphenicol 74, 323, 329
Chlorella ellipsoidea 380
— *pyrenoidosa* 380
— *vulgaris* 380
chloromycetin 329
chlortetracycline 329
chromomycin A_3 331
chymostatin 343
cider 154, 228
Citric acid 249
Citromyces pfefferianus 249
Claviceps purpurea 303
— *purpureus* 286
cleaning-in-place system 186
cloning 40
cloning vector 44
Clostridium acetobutylicum 278, 280, 332
— *butylicum* 280
— *saccharoacetobutylicum* 280
— 속 332
CMP 311
coA 321
coarse control 77
cob 388
COD 388
coffey still 225
Cognac 227
cohumulone 162
cold break 180
colupulone 162
complementary DNA 42
composite sheet filter 189
compounded wine 138
compressed yeast 384
conadian whisky 227
concentrated hop extract 164
cone 160
cone grit 166
cone starch 166
conformational coupling hypothesis 56
Coniothyrium diplodiella 366, 369
constitutive enzyme 77, 350
continuous culture 95
continuous sterilization 112
continuous still 224
converter 226
cooker 175
cordial 232
corepressor 78
Corticium rolfsii 274
Corynebacterium alkanolyticum (Glycerol$^-$) 291
— *glutamicum* 287, 291, 294, 295, 314
— *glutamicum* Px-115-97 304
— *glutamicum* (Hom^-Leu^-) 297
— *glutamicum* ($Hom^-Leu^-AEC^r$) 297
— *hydrocarboclastus* 291
— *versatilis* 236
coupling 362
Crabtree 효과 61
crackling 151
cross flow filtration 128
Cryptococcus laurentii 286, 299
culture collection 26
curdlan 346
curing 171

cyclization 362
cyclodextrin 344, 347, 362
cycloserine 323
cylindro-conical 발효조 106

D

data 처리 118
data 취득 117
D-Araboascorbic acid 250, 339
D-Arabonic acid 250
de novo 합성 306
Debaryomyces cantarelli 322
── *globosus* 322
── *subglobosus* 322
decoction method 175
deferrichrysine 220
dehydrogenation 340
depth filter 110
derepression 79
desensitization 85
dessert wine 139
dextrahsucrase 342
dextran 341, 344
DFP 367
D-Galactonic acid 250
D-Gluconic acid 250
D-glucono-δ-lactone 257
diacetyl 184, 273
dialysis 128
diastatic power 173
differential centrifugation 122
diffusion 111
diglucoside 141
dihydrostreptomycin 327
2, 5-Diketogluconic acid 250
dilution rate 97
dimethylsulfide 173, 219
dipeptide 367
direct digital control 119
direct set-poine control 119
directed mutagenesis 50
disc gel 전기영동법 132
disgorging 152
disintegration 126
disproportionation 362
distillation 126
D-Mannonic acid 250
DNA ligase 43
DNA polymerase 44
Dortmunder 157
double helix 30
doubling time 94
downstream processing 121
draft beer 159
dry gin 231
dry milling 174
dry yeast 384
dry 139
drying 171
D-sorbitol 338
D-xylonic acid 250

E

EDTA 367
Ehrlich 반응 142
elastatinal 343
electrodialysis 128
electromagnetic flowmeter 115
electrophoresis 131
electrophoretic mobility 131
Embden-Meyerhof-Parnas 경로 59
embryo 172
EMP 회로 248
end product inhibition 80
endergonic reaction 58
endo-β-1, 4-glucanase 363
endo-β-glucanase 172, 173
endoamylase 359
endonuclease 43
endopeptidase 367

endosperm 172
Endothia parasitica 368
enrichment culture 24
enthalpy 58
Enther-Doudoroff(ED) 경로 70
entropy 58
epoxidation 340
Eremothecium ashbyii 332
ergosterol 332, 338, 381
Erwinia herbicola 286
Erythromycin A 330
Escherichia coli 303, 304
Eseudomonas coli 286, 301
esparto 154
ester류 150
ethanol 278
excretion 189
exergonic reaction 58
exo-β-1, 4-glucanase C 363
exopeptidase 367

F

facultative anaerobe 55
FAD(flavin adenine dinucleotide) 321, 332
false bottom 177
fed-batch culture 94
feedback inhibition 80
feedback repression 79
feedback resistant mutant 85
fermentation 13, 54
fermenter 98
ferrichrome류 208
ferrichrysine 220
Ferrobacillus sulfooxidans 391
—— 속 391
filter press 124, 177
filter 177
fine control 77
finishing 159, 203
fino sherry 153
fixed-bed 108
flash pasteurization 189
Flavobacterium aminogenes 286, 304
flavonoid 150
flavoured vodka 232
floc 167
flocculent yeast 167
flor film 153
fluidized-bed 107
FMN(flavin mononucleotide) 332
fortified wine 138
frameshift mutation 33
free energe 57
French process 243
Frings acetator 245
Frings generator 243
fumarase 256
Fumaric acid 249, 255
Fusarium moniliforme 363
fusel oil 273

G

GA_3 341
GA_7 341
galactanase 364
α-galactosidase 365
β-galactosidase 365
Garman process 243
gas chromatography 130
gascon black oak 228
gassing-out법 110
gateway sensor 118
Gay-Lussac의 식 258
GDP-glucose 322
GDP-mannose 322
gel 전기영동법 132
gene manipulation 40
generalized transduction 39
generation time 94

generator 243
genetic engineering 15, 41
germination 158
Gibberella fujikuroi 341
gibberellic acid 341
gibberellin 341
gin 231
glucoamylase 361
Gluconobacter 250
— *liquefaciens* 250
— *roseus* 250, 338
glucose isomerase 369
glucose oxidase 369
β-glucosidase 363
glutamic acid 287
glutamic acid 계열 283
glycerol phosphate shuttle 67
glycerol 278, 280
glycerol 발효 61
Glycollic acid 250, 257
glycolysis 59
glyoxylate 회로 67, 250
GMP 316
GMP synthetase 320
5′-GMP 304
Golden melon 160
gradient elution 130
grain spirits 226
grain whisky 225
gratuitous inducer 77
green beer 159
green malt 158, 170
growth associated 89
guanosine-5′-monophosphate 304
5′-guanylic acid 304
gushing 192

H

Hansenula anomala 286, 303
— *jadinii* 322
— 속 376
heavy type 230
Helotium sp. 347
hemicellulase 364
hesperidin 366
hesperidinase 366
hetero lactic aicd fermentation 251
hexosemonophosphate shunt 68
Hildebrandt-Erb 법 264
histidine-serine 계열 283
HMP 경로 248
hochkräusen 181
Holland gin 231
homo lactic acid fermentation 251
hop 159, 160
hop extract 164
hop oil 163
hop pellet 164
hop powder 164
hop resin 161
hop strainer 179
hop tannin 163
hop wort 179
hopped wort 178
hot break 179
hot wort 179
hourly growth rate 386
Humicola 377
humulene 163
humulone 162
hybridization 법 49
hydrogenation 340
hydrogenation 340
hydroselection 278
hydrosol 259
hydroxylation 340
hydroxysteptomycin 327

I

idiolite 71

idiophase 71
immobilized biocatalyst 355
immobilized enzyme 354
immobilized microbial cells 355
impeller 98
5′-IMP 304
IMP의 제조 307
incremental feeding culture 386
induced mutation 34
inducer 77, 350
inducible enzyme 77, 350
inertial impaction 111
infusion method 175
infusion 224, 233
inosine-5′-monophosphate 304
5′-inosinic acid 304
interception 111
inulase 261
inulin 261
invertase 182, 364
Irish whisky 226
Irpex lacteus 363
iso-α-acid 162
isoamylase 361
isocratic elution 130
isoelectic focusing 132
Isovaleric acid 250
isovitamin C 339
Itaconic acid 249, 256

J

Jamaica 230
Jonathan 154
Josamycin 330
juice 145
Juniper 231

K

Kalman filter 118
kanamycin 328
kasten 170
kasugamycin 331
2-ketogluconic acid 250
2-keto-L-gulonic acid 250
5-ketogluconic acid 250
kettle 178
kieselguhr filter 189
killer plasmid 212
killer 인자 143
killer 포도주효모 143
killer 효모 145, 212
kiln 171
kilning 158
kirschwasser 228
Kirsch 228
Klebsiella pneumoniae 347
Kloeckera apiculata 156
── 속 376
Kluyveromyces fragilis 365
Koch 살균법 14
Kojic acid 250
kräusen 181
kräusen 첨가법 188
Krebs 회로 63

L

Labrusca 종 140
Lactic acid 249, 250
Lactobacillus brevis 249, 256
── *bulgaricus* 251
── *casei* 251
── *delbrüeckii* 226, 249, 251, 267
── *heterohiochi* 218
── *homohiochi* 218
── *leichmannii* 251
── *pentosus* 251
lactose operon 77
lager 157
lager beer 159

LAS 392
latent enzyme 82
lattice entrapment 355, 358
lauter tun 177
leaf filter 124
Leuconostoc dextranicum 344, 347
— *mesenteroides* 62, 249, 341, 342, 344, 347
Leupetin 343
L-glutamic acid 282
lightstruck flavour 192
Limousin osk 227
lipase 369
Liqueur 232
liquid culture 93
L-lysine 294
L-Malic acid 249
London gin 231
L-sorbose 338
Luedeking과 Piret식 119
lupulone 162
lupurin 160
lysine 계열 283

M

maceration 145
Maillard 반응 173
main fermenter 88
maintenance energy 98
malate-aspartate shuttle 66
Malic acid 255
malic enzyme 63
malo-lactic fermentation 142
malo-lactic 발효 63
malt 158
malt culm 171
malt whisky 224
malting 158
maltose 168
maltose permease 182
mannase 364
mannosidostreptomycin 327
marker rescue법 49
mashing 159, 175
mashing tun 175
maturation 159
meceration 155
melanoidin 220
melibiose 166
membrane filter 110, 189
membrane separation 128
metabolism 53
metabolism regulating fermention 82
metabolite analogue 84
Methanobacillus omelianskii 334
methanol 273
Methanomonas margaritae 376
5′-Methey tryptophan 285
Methylobaacterium organophilum 349
Methylococcus capsulatus 376
Methylomonas methanica 376
Methylovibrio soengenii 376
Mevalonic acid 208, 218
Michaelis-Menten식 119
Microbacterium ammoniaphilum 287
— sp. 311
microbial insecticide 393
microbial strain 24
microcapsulation 355, 358
microcarrier 19
Micrococcus lysodeikticus 370
microfiltration 128
Micromonospora sp. 334
mild ale 157
mitomycin C 323, 331
mixed growth associated 89
MLF 144
mobile phase 130
modelling 119
modification 80, 158
molasses clarifier 384

molecular cloning 40
molecular sieve 375
Monod식 119
monosodium glutamate (MSG) 282, 287
Mucor michei 368
— *pusillus Lindt* 368
— *rouxii* 269
multi-stage 97
multifunctional reagent 358
Munchener 157
must 145
mutagen 34
Mycobacterium smegmatis 332
Mycocandida riboflavina 332
Mycotorula japonica 374
myrcene 163

N

NAD 321
NADP 321
naringenin 366
naringin 365
natural wine 138
Neuberg 281
new biotechnology 19
Nippon Kikkoman 235
nitrogen catabolite 75
noble mold 144
Nocardia alkanoglutinosa(AEC^r) 297
— *gardneri* 334
— *mediterranei* 330
— *rugosa* 334
nojirimycin 343
non-flocculent yeast 167
non-growth associated 90
non-isocratic elution 130
nonspontaneous reaction 58
5′-nucleotidase 310

O

obligate anaerobe 55
oleandomycin 330
oloroso sherry 154
one-tank process 187
operator 77
operon설 77
optimization 119
optimizing 119
Orleans process 243
ourdlan 344
oxidation flavour 191
oxidative phosphorylation 56
oxychlorophosphate($POCl_3$) 314
oxytetracycline 329

P

packed-bed 108
pale ale 157
palindrome 43
palp filter 189
panosialin 343
papain 192
parameter 계산 118
parasexual breeding 29
Pasteur취 189
Pasteur 효과 61
pasteurization unit 190
patent still 224, 225, 278
peat 224
pectinase 273, 368
Pediococcus lindneri 249
— *sojae* 236
penicillin G 325, 326
penicillin 322, 325, 370
penicillinase 326, 370
Penicillium chrysogenum 250, 257
— *citrinum* 309
— *corylophilum* 250

—— *janthinellupenicillium* 249
—— *notatum* 250, 322, 325, 339, 369
—— sp. 367
—— 속 253, 377
pentosan 261
pentose phosphate cycle 68
pepstatin 343
peptidase 172
peptin esterase 368
percolation 233
percolator 178
peripheral flow 99
permease 183
pervaporization 128
PHA 348
PHB 348
phenylalanine 301
phlobaphene 163
phosphatase 177
5′-phosphodiesterase 307, 309, 310
phosphoketolase 경로 61
phosphomonoesterase 310
phosphoramidon 343
phosphotransferase 313
photosynthesis 54
phytase 172
Pichia farinosa 282
—— *membranaefaciens* 249, 255
—— 속 376, 377
pilot plant 91
Pilsner 157
pitching rate 181
pitching yeast 181
plant scale 91
plasmid 44
plate and frame filter 124
plate heat exchanger 237
polyactide 348
polyester 348
polygalacturonase 368
polymyxin 329
Port 153
pot still 224, 225, 277
powdery yeast 167
pre-isomerized hop extract 164
premalting 266
primary metabolism 53
primary metabolite 53
process control 118
production fermenter 88
progesterone 339
promoter 77
propanol 278
Propionibacterium freudenreichi 333, 334
—— *shermanii* 333, 334
Propionic acid 250
protein rest 175
proteinase 367
proteolipid 208, 217
Proteus mirabilis 321
—— *rettgeri* 286, 304
Protoaminobacter ruber IFO 3708 335
Protomonas extorquens 349
protopectinase 368
provitamin D_2 381
Pseudomonas dacunhae 286
—— *denitrificans* 286, 334, 335
—— *denitrificans* MB. 2436 335
—— *fluorescens* 249, 250, 301, 339
—— *ovalis* 250, 257
—— sp. 286
—— *spheroides* 370
pullulan 344, 346
pullulanase 361
Pullularia pullulans 344, 346
pulp filter 189
pulp 140
pyrimidine dimer 34
pyruvic aicd 계열 283

Q

quick vinegar process 243

R

R 효소 361
racemase 299
Ralls Janet 154
reactor 19
recombinant DNA 41
recombinant DNA technique 40
reddish gold 153
redial flow 99
rennet 368
replica 법 35
replicon 41
repressible enzyme 78
repressor 77
respiration 55
restriction endonuclease 43
retention time 97
Reuse 법 263
reverse osmosis 128
Reynolds number 92
R-factor 76
Rhizopus chinensis 249, 255
— *delemar* 249, 269, 361
— *javanicus* 269, 361
— *nigricans* 249, 255, 339
— *oryzae* 249, 251
Rhodopseudomonas 334
Rhodopseudomonas spheroides IFO 12203 335
riboflavin 332
ribose 248
rifamycin 330
rifamycin SV 330
RNA 311
RNA 분해법 307
roller mill 174
rotameter 115
rotary vacuum filter 124
ruby 153
Rum 230

S

saccharase 364
Saccharomyces anamensis 269
— *cerevisiae* 166, 225, 274, 338, 365
— *formosensis* 262
— *fragilis* 365
— *lactis* 365
— *peka Takeda* 269
— *robustus* 262
— *rouxii* 282, 321
— 속 376, 377
SAICAR 322
sake 204
salting-out 127
Sarcina lutea 321, 343
Sauterne 144
scale up 90
scenedesmus 380
scleroglucan 344, 347
Sclerotinia libertiana 366, 369
Sclerotium delphinii 344, 347
— *glucanicum* 344, 347
— *libertiana* 347
— *rolfsii* 344, 347
screening 24
secondary metabolism 53
secondary metabolite 53
sedimentation 127
seed fermenter 88
seed 140
serine protease 367
Serratia marcescens 250, 286, 339
settling tank 179
S-GI 343
sharp 155

sherry 153
siastatin B 343
silt 177
single cell protein 372
single stage 97
six-rowed barley 159
skin 140
slopping back 262
solera 153
solera system 154
solid-state culture 92
sparger 100
sparkling apple wine 154
sparkling 151
sparkling wine 139
specialized transduction 39
specific growth rate 94
spent grain 159
spent 177
spirulina 380
Spontaneous mutation 33
— *reaction* 58
Sporotrichum 377
— *pvlverulentum* 377
Staphylococcus aureus 321, 322
starting tank 181
stationary phase 130
steady state 95
steeping 158
stem 140
stepwise elution 130
still wine 139
stirrer 98
stout 157
Streptococcus bovis 274
— *lactis* 249
— *mutans* 344
Streptomyces albogriseolus 343
— *albus* 370
— *antibiotics* 331
— *aureofaciens* 328
— *aureus* 309
— *bobiliae* 370
— *caespitosus* 331
— *griseocarneus* 327
— *griseochromogenes* 331
— *griseoruber* 343
— *griseus* 268, 322, 327, 331, 368
— *humidus* 327
— *hygroseopicus* 343
— *kanamyceticus* 328
— *kasugaensis* 331
— *lavendulae* 343
— *michiganensis* 343
— *olivaceus* 322, 334
— *olivoreticuli* 343
— *phaeochromogenus* 370
— *pracus* 361
— *pseudoverticillus* var. *panosialinus* 343
— *reticuli* 327
— *rimosus* 328
— *roseochromogens* 343
— *roseus* 343
— sp. 322
— sp. NO. 54 343
— *tanashiensis* 343
— *testaceus* 343
— *thioluteus* 343
— *venezuelae* 329
— *verticillus* 331
— *verticillus* var. *quintum* 343
— *yokosukaensis* 343
streptomycin 322, 327
submerged culture 93, 352
substrate level phosphorylation 55
subtilisin inhibitor 343
subtilisin 367
succinic acid 249
sucrase 364
sulfite waste liquor 374
sunstruck flavour 192

supercoil 44
superhelix 44
surface culture 93, 352
sweet 139, 155
sweetification 203

T

table wine 138
Takadiastase 350
tawny 153
TCA 회로 63, 248, 249
tempering 175
terminal oxidation 252
terramycin 328
Tetracoccus sojae 236
tetracycline 328
Thermoascus 377
Thiobacillus concretivorus 391
— *ferrooxidans* 391
— *thiooxidans* 391
— 속 391
thiol protease 367
threonine 301
Tokay 144
Tom gin 231
top-fermentation yeast 166
top-fermented beer 157
Torulopsis candida 322
— *magnoliae* 282
— 속 376
tower bioreactor 105
tower fermenter 105, 107
tower loop reactor 105
Trametes sanguinea 367
transaldolase 68
transduction 38
transfection 41
transfer process 151
transfermation 36
transfer 법 188
transition 32
transketolase 68
transversion 32
trapping agent 281
tray method 352
trehalose 387
Trichoderma 377
— *koningii* 377
— *reesei* 377
trickle-bed 108
trickling generator 243
Tricoderma viride 363
trommel 170
trophophase 71
tryptophan operon 78
tryptophan 303
tunnel pasteurization 189
turbidostat 96
Two stage 법 264
two-rowed barley 159
tyrosinase 208

U

UDP-galactose 322
UDP-glucose 321
UDP-N-acetyl-glucosamine 322
ultrafiltration 128, 353
UMP 311
upstream processing 121
Urises de Melle 법 263

V

vector 41, 44
vector DNA 41
vehicle 41
vermouth 154
vicinal diketone 188
vin rosé 151
vinegar 240

Vinifera 종 139
vintage wine 145
vintage year 145
viomycin 329, 330
vitamin B_2 332
vitamin B_{12} 332
vitamin C 332
Vitis labrusca 139
— *vinifera* 139
vodka 232
Vogelbusch형 발효조 101

W

waldhof형 374
Waldhof형 발효조 100, 307
Warburg-Dickens 경로 68
wash out 97
wet milling 174
whiplash증 311
whirlpool 180
whirlpool tank 180
white oak 226
wine 138
wort 159, 177

X

Xanthan 344, 345
Xanthomonas campestris 344, 345
— *oryzae* 343
XMP aminase 320
5′-XMP 319
xylanase 364

Y

yeast bite 189
yeasty flavour 188
yeso 153
young beer 159, 182

Z

zonal centrifugation 122
Zygosaccharomyces rouxii 236, 239
— *soyae* 321
zymase 14
zymogen 82
Zymomonas mobilis 70, 274

현대 발효공학

2004년 3월 20일 초판 인쇄
2017년 3월 20일 수정판 발행

저 자 송형익 · 신중엽 · 허윤행

발행인 주 병 오

발행처 지구문화사 JIGU PUBLISHING Co.

주 소 경기도 파주시 회동길 209
파주출판문화도시

영업팀 (031)955－7566 · 7577
편집디자인팀 (031)955－7731
F A X (031)955－7730
홈페이지 www.ji-gu.co.kr
전자우편 jigupub@hanmail.net
등록번호 1979년 7월 13일 제 9-57호

ISBN 978-89-7006-094-4 값 15,000원